基坑工程设计与实例计算

唐昌意　何俊澜　主编

中国建筑工业出版社

图书在版编目（CIP）数据

基坑工程设计与实例计算/唐昌意，何俊澜主编
. —北京：中国建筑工业出版社，2022.5（2023.4重印）
ISBN 978-7-112-27312-6

Ⅰ.①基… Ⅱ.①唐…②何… Ⅲ.①基坑工程—工
程设计 Ⅳ.①TU46

中国版本图书馆 CIP 数据核字（2022）第 063730 号

本书系统性地介绍了基坑工程设计中的理论计算和工程案例，立足于《建筑基坑
支护技术规程》JGJ 120—2012、《建筑边坡工程技术规范》GB 50330—2013、《建筑桩
基技术规范》JGJ 94—2008、《混凝土结构设计规范》GB 50010—2010（2015 年版）、
《钢结构设计标准》GB 50017—2017 等现行规范标准，对常用的基坑支护结构、适用
条件和计算原理进行了详细的介绍，并编写了相应的工程案例。提供理正深基坑软件
（7.5 版）、理正结构工具箱（7.0 版）、Midas civil 2010 等软件的操作过程，供读者参
考学习。主要内容包括：基坑工程勘察与支护选型；基坑支护工程的一般规定及计算
要点；锚杆（索）设计；土钉墙（复合土钉墙）设计与实例计算；重力式水泥土墙设
计与实例计算；排桩设计与实例计算；地下连续墙设计与实例计算；基坑降水设计与
实例计算；基坑土方开挖与基坑监测。

本书供岩土工程从业人员使用，并可供大中专院校师生参考。

责任编辑：吕　娜　　郭　栋
责任校对：党　蕾

配套资源

基坑工程设计与实例计算

唐昌意　何俊澜　主编

＊

中国建筑工业出版社出版、发行（北京海淀三里河路 9 号）
各地新华书店、建筑书店经销
北京龙达新润科技有限公司制版
北京中科印刷有限公司印刷

＊

开本：787 毫米×1092 毫米　1/16　印张：19¾　字数：479 千字
2022 年 10 月第一版　　2023 年 4 月第二次印刷
定价：**79.00** 元
ISBN 978-7-112-27312-6
（39487）

《基坑工程设计与实例计算》
编写委员会

主　　编：唐昌意　何俊澜

副 主 编：曹　旋　黄钏鑫　卫岩涛　李海鹏　潘天有

编　　委：（按姓氏笔画排序）

山晓懿　王小超　韦水生　付星华　冯冼德

吕　奎　吕　超　刘文献　张兆光　姚高峰

编写单位：

广西桂禹工程咨询有限公司（何俊澜、韦水生、吕超）

珠海市规划设计研究院（唐昌意、刘文献）

广州市市政工程设计研究总院有限公司（曹旋）

重庆中环建设有限公司（黄钏鑫）

洛阳研创工程技术有限公司（卫岩涛）

晋城合为规划设计集团有限公司（李海鹏）

漳州市建设工程施工图咨询审查有限公司（潘天有）

广东南粤建筑工程有限公司（山晓懿）

中基基固建设工程有限公司（王小超）

广东中山地质工程勘察院（付星华）

海南省设计研究院有限公司（冯冼德）

桂林市勘察设计研究院（吕奎）

珠海情侣海岸建设有限公司（张兆光）

广西安科岩土工程有限责任公司（姚高峰）

前　言

21 世纪以来，我国城镇化发展迅猛，城市建设用地日趋紧张，地下空间开发利用成为工程建设的热门问题，例如：大型房屋建筑地下室工程、城市地铁车站、城市道路下穿隧道等。地下空间与基坑工程密不可分，基坑工程属于危大工程，基坑工程安全成为工程界关注的焦点。目前，基坑工程设计普遍存在设计任务重、多项目交叉、工期紧迫、设计水平良莠不齐等诸多问题。基坑工程属于岩土工程的一个分支，选型合理、结构安全和造价经济是基坑设计人员应考虑的三大因素。

本书系统性地介绍了基坑工程设计中的理论计算和工程案例，立足于《建筑基坑支护技术规程》JGJ 120—2012、《建筑边坡工程技术规范》GB 50330—2013、《建筑桩基技术规范》JGJ 94—2008、《混凝土结构设计规范》GB 50010—2010（2015 年版）、《钢结构设计标准》GB 50017—2017 等现行国家、行业规范标准。对常用的基坑支护结构、适用条件和计算原理进行了详细的介绍，并编写了相应的工程案例。提供了理正深基坑软件（7.5 版）、理正岩土软件（7.0 版）、理正结构工具箱（7.0 版）、Midas civil 2010 等软件的操作过程，供读者参考学习。希望读者参阅本书后，理论知识和软件计算能力有所提高，通过案例学习积累经验。

本书由经验丰富的工程师编写，其中第 1 章由潘天有编写；第 2 章由黄钏鑫、吕超编写；第 3 章由吕超编写；第 4 章由冯冼德、付星华编写；第 5 章由唐昌意、刘文献编写；第 6 章由唐昌意、山晓懿、何俊澜、韦水生、李海鹏编写；第 7 章由曹旋、吕奎、姚高峰编写；第 8 章由卫岩涛、王小超编写；第 9 章由张兆光编写。全书由唐昌意和何俊澜统稿。

本书编写过程中得到各编委所在单位、同行专家学者的大力支持，以及星速岩土科技群网友的建议，在此表示衷心的感谢。同时，感谢本书所引用文献的作者。

鉴于编者水平有限，书中疏漏在所难免，恳请同行专家以及广大读者批评指正。

读者如对本书有疑问或修改建议，请将意见反馈至邮箱 974828540@qq.com。

目　录

第 **1** 章
基坑工程勘察与支护选型

1.1 引言

随着经济的发展和城市化范围的扩张，为尽量地开发和利用土地并方便出行，在开发地面的同时，地下空间也在尽量地挖掘和利用。尤其是人口密度大的城市中心，结合城市建设开发利用地下空间已是必然。开发利用地下空间，很多会涉及深大基坑，由于基坑周边常常紧邻建筑物、交通干道、地铁隧道及各种管线等，施工场地紧张、施工条件复杂、工期紧迫。这些条件的制约导致基坑工程的设计和施工难度越来越大，工程建设的安全生产形势越来越严峻。支护结构是基坑工程的重要组成部分，其结构的安全性、经济合理性是基坑工程建设成败的关键因素。编者为提高从事支护结构设计人员相关理论与实践应用能力，策划和编写了本书，希望通过本书学习，读者能掌握朗肯土压力计算方法，熟悉常用支护结构设计的相关规范规定，正确使用理正基坑软件设计。

1.2 基坑工程的特点

1. 安全储备小、风险大

一般情况下，基坑工程作为临时性措施，基坑围护体系在设计计算时有些荷载，如地震作用不加考虑，相对于永久性结构而言，在强度、变形、防渗、耐久性等方面的要求低一些，安全储备能力可小一些，加上建设方对基坑工程认识上的偏差，为降低工程费用，对设计提出一些不合理的要求，实际的安全储备可能会更小些。因此，基坑工程具有较大的风险性，必须要有合理的应对措施。

2. 区域性强

基坑工程与自然条件的关系密切，设计施工中必须全面考虑气象、工程地质及水文地质条件及其在施工中的变化，充分了解工程所处的工程地质及水文地质、周围环境与基坑开挖的关系及相互影响。基坑工程作为一种岩土工程，受到工程地质和水文地质条件的影响很大，区域性强。我国幅员辽阔，地质条件变化很大，有软土、砂性土、砾石土、黄土、膨胀土、红土、风化土、岩石等，不同地层中的基坑工程所采用的支护结构体系差异很大，即使是在同一个城市，不同的区域也有差异，因此，围护结构体系的设计、基坑的施工均要根据具体的地质条件因地制宜，不同地区的经验可以参考借鉴，但不可照搬照抄。

3. 环境条件影响大

基坑工程支护结构体系除受地质条件制约以外，还受到相邻的建筑物、地下构筑物和地下管线等的影响，周边环境的容许变形量、重要性等也会成为基坑工程设计和施工的制约因素，甚至成为基坑工程成败的关键，若周边环境复杂，周边建（构）筑物重要性高，容许变形量小，基坑设计需要按照变形控制；若基坑处于空旷地区，支护结构的变形不对周边环境产生不良影响，基坑设计可按稳定性控制。

基坑支护开挖所提供的空间是为主体结构的地下室施工所用，因此任何基坑设计，在满足基坑安全及周围环境保护的前提下，要合理地满足施工的易操作性和工期要求。

4. 综合性强

基坑工程的设计和施工不仅需要岩土工程方面的知识，也需要结构工程方面的知识；同时，基坑工程中设计和施工密不可分，设计计算的工况必须与施工实际的工况一致，才能确保设计的可靠性。设计人员必须了解施工，施工人员应该了解设计，施工人员尤其要领会设计的各种工况，设计计算理论的不完善和施工中的不确定因素会增加基坑工程失效的风险。所以，需要设计、施工人员具有丰富的现场实践经验。

5. 计算理论不完善

计算理论不完善包含两层含义：一是土压力的计算，二是支护结构的计算。

作用在基坑围护结构上的土压力不仅与位移大小、方向有关，还与作用时间有关。目前，应用于工程的土压力理论还不完善。实际设计计算中往往采用经验取值，或者按照朗肯土压力理论或库仑土压力理论计算，然后再根据经验进行修正。在考虑地下水对土压力的影响时，采用水土压力合算还是分算更符合实际情况，在学术界和工程界认识还不一致，各地制定的技术规程或规范中的规定也不尽相同。

早期的基坑支护结构设计主要依据经典的土力学原理，采用静力平衡的解析法。经典方法主要有卜鲁姆（H. Blum）的极限平衡法、求解入土深度的盾恩法、考虑板桩或支撑合理受力的等弯矩法及等反力法等。这些经典方法解决了一些基坑的基本问题，但计算仅限于力的平衡，较少考虑实际施工工况，采用这些计算方法所得到的计算结果用于基坑支护结构分析时，内力与实际情况的误差较大，难以反映复杂地下工程的施工工况，一般只适用于小型的简单基坑。之后，提出了一种近似计算方法——等值梁法，它与实际吻合度较好，计算方法简单，在工程中逐渐广泛运用；并且，在单支点等值梁计算法的基础上，通过适当假定形成了多支点板桩墙的计算模式，使之成为当时基坑设计常用的方法。在基坑支护结构日趋复杂的情况下，需要进行不同工况的分析，于是就提出了考虑施工工况的设计方法，但至此为止，基坑设计仍是以静力平衡的解析法为主，无法进行变形分析。弹性支点法（或称弹性基床系数法）较好地解决了力和变形的计算问题，成为目前设计的主要方法之一，也是我国现行基坑工程规范推荐的主要计算方法。

6. 时空效应强

实践发现，基坑工程具有明显的时空效应。时空效应指基坑支护结构的变形和周边地层的变形随时间推移而发展，也因开挖的空间尺度、开挖后的坑底暴露面积而不同，对指导基坑设计与施工具有很强的实际意义。土体所具有的流变性对作用于围护结构上的土压力、土坡的稳定性和支护结构变形等有很大的影响。这种规律尽管已被初步的认识和利用，形成了一种新的设计和施工方法，但离完善还有较大的距离。

1.3 基坑工程勘察

1.3.1 勘察的要求

建设场地区域的工程地质勘察报告是基坑支护结构设计的主要依据之一，通过勘察了解土层分布及土的物理力学性质指标，特别是土的抗剪强度指标，在土压力计算和基坑稳定性验算中均要使用，而土的渗透系数则是抗渗流稳定性、设计降水方案时必不可少的参数。这些参数是计算的依据和基础，直接影响结构的安全、经济性和合理性，因此勘察和设计都应对这些关键参数慎重选取。

基坑的勘察一般不单独进行，而是与主体工程的勘察同步进行，因此勘察方案和工作量要根据主体工程和基坑工程的设计与施工要求统一制定。在进行基坑工程的岩土勘察前，委托方应提供基本的工程资料（包括建设方案、支护形式、场地及周边的地下管线和设施资料）和设计对勘察的技术要求等。

勘探点范围应根据基坑开挖深度及场地岩土工程条件确定；基坑外宜布置勘探点，其范围不宜小于基坑深度的 1 倍；当需要采用锚杆时，基坑外勘探点的范围不宜小于基坑深度的 2 倍；当基坑外无法布置勘探点时，应通过调查取得相关勘察资料并结合场地内的勘察资料进行综合分析。依据《建筑基坑支护技术规程》JGJ 120—2012 第 3.2.1 条，基坑工程岩土勘察应符合下列规定：

1）勘探点应沿基坑边布置，其间距宜取 15～25m；当场地内存在软弱土层、暗沟或岩溶等复杂地质条件时，应加密勘探点并查明其分布和工程特性。

2）基坑周边勘探孔的深度不宜小于基坑深度的 2 倍；基坑面以下存在软弱土层或承压水含水层时，勘探孔深度应穿过软弱土层或承压水含水层。

3）应按现行国家标准《岩土工程勘察规范》GB 50021—2001 的规定进行原位测试和室内实验，并提出各层土的物理性质指标和力学指标，见表 1-1；对主要土层和厚度大于 3m 的素填土，应按照《建筑基坑支护技术规程》JGJ 120—2012 第 3.1.14 条的规定进行抗剪强度实验并提出相应的抗剪强度指标，见表 1-2。

4）当有地下水时，应查明各含水层的埋深、厚度和分布，判断地下水类型、补给和排泄条件；有承压水时，应分层测量其水头高度。

5）应对基坑开挖与支护结构适用期内地下水水位变化幅度进行分析。

6）当基坑需要降水时，宜采用抽水实验测定各含水层的渗透系数与影响半径；勘察报告中应提出各含水层的渗透系数。常见土体渗透系数经验值，见表 1-3。

7）当建筑地基勘察资料不能满足基坑支护设计与施工要求时，应进行补充勘察。

1.3.2 基坑周边环境条件调查

基坑支护设计前，应查明下列基坑周边环境条件：

1）既有建筑物的结构类型、层数、位置、基础形式和尺寸、埋深、使用年限、用途等。

2）各种既有地下管线、地下构筑物的类型、位置、尺寸、埋深等；对既有供水、污水、雨水等地下输水管线，尚应包括其使用状况及渗漏状况。

土的物理和力学性质指标汇总（结合具体措施选择使用）　表 1-1

类别	参数	类别	参数
土层特性	标高	力学参数	压缩系数 a
	层厚		压缩模量 E_s
	土层层号与名称		回弹模量 E_{ur}
	土层描述		先期固结压力 p_c
物理参数	颗粒级配		超固结比 OCR
	不均匀系数 $C_u = d_{60}/d_{10}$		压缩指数 C_c
	天然含水量 w		回弹指数 C_s
	饱和度 S_r		内摩擦角 φ（总应力及有效应力指标）
	天然重度 r		黏聚力 c（总应力及有效应力指标）
	相对密度 d_s（旧称比重 G）		无侧限抗压强度 q_u
	塑限 w_p		灵敏度 S_t
	液限 w_L		静止土压力系数 K_0
	塑性指数 I_p		十字板剪切强度 S_u
	液限指数 I_L		标贯击数 N
	孔隙比 e		比贯入阻力 P_s
水文参数	垂直渗透系数 k_v		侧向水平抗力系数 K（或比例系数 m）
	水平渗透系数 k_h		极限粘结强度标准值 q_{sk}

土的抗剪强度指标类别　表 1-2

土体类别	与水位关系	固结情况	抗剪强度指标	土压力计算方法
黏性土、黏质粉土	地下水位以上	—	三轴固结不排水抗剪强度指标 c_{cu}、φ_{cu} 或直剪固结快剪强度指标 c_{cq}、φ_{cq}	—
	地下水位以下	正常固结和超固结	三轴固结不排水抗剪强度指标 c_{cu}、φ_{cu} 或直剪固结快剪强度指标 c_{cq}、φ_{cq}	水、土压力合算
		欠固结土	宜采用自重压力下预固结的三轴不固结不排水抗剪强度指标 c_{uu}、φ_{uu}	水、土压力合算
砂质土、砂土、碎石土	地下水位以上	—	有效应力强度指标 c'、φ'	—
	地下水位以下	—	有效应力强度指标 c'、φ'，对砂质粉土缺少有效应力强度指标也可采用三轴固结不排水抗剪强度指标 c_{cu}、φ_{cu} 或直剪固结快剪强度指标 c_{cq}、φ_{cq}	水、土压力分算
			对砂土和碎石土，有效应力强度指标 c'、φ'，可根据标准贯入实验实测击数和水下休止角等物理力学指标取值	水、土压力分算

注：1. 水、土压力分算时，水压力可按静水压力计算；当地下水渗流时，宜按渗流理论计算水压力和土的竖向有效应力。

2. 当存在多个含水层时，应分别计算各水层的水压力。

常见土类的渗透系数经验值			表 1-3

土类	k 值(cm/s)	土类	k 值(cm/s)
粗砾	$(10\sim5)\times10^{-1}$	黄土(砂质)	$10^{-3}\sim10^{-4}$
砂质砾、河砂	$10^{-1}\sim10^{-2}$	黄土(黏质)	$10^{-5}\sim10^{-6}$
粗砂	$(5\sim1)\times10^{-2}$	粉质黏土	$10^{-4}\sim10^{-6}$
细砂	$(5\sim1)\times10^{-3}$	黏土	$10^{-6}\sim10^{-8}$
粉砂	$2\times10^{-3}\sim1\times10^{-4}$	淤泥质土	$10^{-6}\sim10^{-7}$
粉土	$10^{-3}\sim10^{-4}$	淤泥	$10^{-8}\sim10^{-10}$

3）道路的类型、位置、宽度、道路行驶情况、最大车辆荷载等。

4）基坑开挖与支护结构使用期内施工材料、施工设备等临时荷载的要求。

5）雨期时的场地周围地表水汇流和排泄条件。

1.3.3 地下水的勘察

地下水是基坑勘察中的重要工作内容之一，勘察报告应提供场地内上层滞水、潜水裂隙水以及承压水等有关参数，包括埋藏条件、地下水位、土层的渗流特性及产生管涌、流砂的可能性。当场地水文地质条件复杂，在基坑开挖过程中需要对地下水进行治理（降水或隔渗）时，应进行专门的水文地质勘察。当基坑开挖可能产生流砂、流土、管涌等渗透性破坏时，应有针对性地进行勘察，分析评价其产生的可能性及对工程的影响。当基坑开挖过程中有渗流时，地下水的渗流作用宜通过渗流计算确定。

1.3.4 地下障碍物

勘察应提供基坑及围护墙边界附近场地填土、暗浜及地下障碍物等的分布范围与深度，并反映其对基坑的影响情况。常见的地下障碍物有：

1）回填的工业或建筑垃圾；

2）原有建筑物的地下室、浅基础或桩基础；

3）废弃的人防工程、管道、隧道、风井等。

1.3.5 勘察报告应提供的结论和建议

1. 边坡的局部稳定性、整体稳定性和坑底抗隆起稳定性

2. 坑底和侧壁的渗透稳定性

3. 挡土结构和边坡可能发生的变形

4. 降水效果和降水对环境的影响

5. 开挖和降水对邻近建筑物及地下设施的影响

1.3.6 勘察报告应包含的内容

1. 与基坑开挖有关的场地条件、土质条件和工程条件

2. 提出处理方式、计算参数和支护结构选型的建议

3. 提出地下水控制方法、计算参数和施工控制的建议

4. 提出施工方案和施工中可能遇到的问题及防治措施和建议

5. 对施工阶段的环境保护和监测工作的建议

1.4 基坑支护工程的设计原则

基坑支护以"安全实用、保护环境、技术先进、经济合理、确保质量"为原则，进行设计和施工。

1. 安全实用要求

基坑工程涉及岩土工程、结构力学、结构设计、工程地质和施工技术等专业知识，是一项综合性很强的学科。由于影响基坑工程的不确定性因素众多，基坑工程又是一项风险性很大的工程，稍有不慎就可能酿成巨大的工程事故。因此，确保基坑工程的安全是设计的首要目标。应结合工程当地的施工经验与技术能力进行具体分析，选择成熟、可靠的设计方案；设计时，确保满足规范与工程对支护结构的承载能力、稳定性与变形计算的要求；并对施工工艺、挖土、降水等各环节进行充分的研究和论证，选择当地成熟、可靠、方便的施工方案，降低基坑工程的风险。

2. 保护环境要求

基坑工程主要集中于城市建筑密集区，工程场地周边一般分布有建（构）筑物、地下管线、市政道路等环境保护对象。当基坑临近轨道交通设施、保护建筑、管沟等敏感而重要的保护对象时，环境保护要求更加严格。因此，在充分了解环境保护对象的保护要求与变形控制要求的基础上，使基坑的变形能力满足环境保护对象的变形控制要求，必要时在基坑内外采取适当措施，减小基坑的变形。

基坑工程属于高能耗、污染较大的行业、基坑支护结构需要大量的水泥、砂、石、钢材等；工程实施过程中会产生渣土、泥浆、噪声等污染；混凝土支撑拆除后，产生大量的建筑垃圾；基坑降水会消耗地下水资源并造成地面沉降等不良后果；基坑支护加固土体留在土体内部，将来可能形成难以清除的地下障碍物。因此，基坑设计方案应尽量采取措施节约社会资源，降低能耗。可采取的技术措施包括围护结构不出红线、减小支护结构工程量、尽量采用可重复利用的材料（钢支撑、型钢水泥土搅拌墙等）、在可能的情况下采用支护结构与主体结构相结合的方案，以减少工程开发对社会的不利影响和对环境的破坏。

3. 技术先进要求

基坑工程设计与施工都是基于一定历史时期的具体工程活动，选择设计方案和施工工艺应与当前技术匹配，尽量选择技术先进，能提高安全性、经济性和节能环保的技术，尤其注意要结合规范和地方要求，淘汰落后的生产技术与工艺。

4. 经济合理要求

基坑工程的支护结构多为临时结构，在确保基坑工程安全性与变形控制要求的前提下，尽可能降低基坑工程造价，节约社会财富。这是业主关注的重点，也是检验工程师技术水平的考题。不同的基坑方案对工期会有较大的影响，对项目开发所产生的经济性差异也不容忽视。对于某些项目，不同设计方案引起的工期变化对于项目开发的经济性影响，

甚至超过方案的直接工程量差异。

基坑工程应采取合理、有效的支护结构形式和施工方案，以控制工程造价和实现工程目标。必要时，对于技术上均可行的多个设计方案，应从工期、施工难易程度、工程造价和工期引起的经济影响等多方面进行综合对比，以确定最合适的方案。在工程措施方面，一般应综合比较支护结构的工程费用、土方开挖、降水与监测等工程费用及施工技术措施费；在工期方面，应比较工期长短及由其带来的经济性差异；基坑设计方案对主体建筑的影响方面，主要考虑不同基坑围护结构占地要求而影响主体结构的建筑面积，以及对主体结构的防水、承载能力等方面的影响。

5. 确保质量要求

设计、施工、检测应严格按照现行规范进行质量控制，尤其是关键控制性工程和相关规范的强制性条文要求，应该是各个环节的重要控制点。只有事前对关键点进行梳理，过程中对各个节点控制好，才能让工程达到质量要求。

1.5 基坑工程主要支护方法及选型

基坑支护总体方案的选择直接关系到工程造价、施工进度及周围环境的安全。故基坑工程支护方案应根据工程地质、水文环境、施工条件及基坑使用要求，通过技术经济比较确定。

1.5.1 基坑常用的支护结构

1. 支挡式结构

支挡式结构是由挡土构件和支撑或锚杆组成的一类支护结构体系的统称。其结构类型包括悬臂式排桩＋支撑结构、排桩＋锚杆结构、型钢水泥土墙＋支撑结构、型钢水泥土墙＋锚杆结构、地下连续墙＋支撑结构、地下连续墙＋锚杆结构、双排桩等。这类支护结构都可用弹性支点法进行结构分析。支挡结构受力明确，计算方法和工程实践相对成熟，是目前应用最多也较为可靠的支护结构形式。

1）支撑式支挡结构

支撑式支挡结构（排桩＋支撑结构、型钢水泥土墙＋支撑结构、地下连续墙＋支撑结构）易于控制水平变形。当基坑较深或基坑周边环境对支护结构位移的要求严格时，常采用这种结构形式。

2）锚拉式支挡结构

锚拉式支挡结构（排桩＋锚杆结构、型钢水泥土墙＋锚杆结构、地下连续墙＋锚杆结构），可使挡土构件内力分布较均匀，控制变形能力弱于内支撑，主要用在较好的地层，以提供较高的锚固力。

3）悬臂式支挡结构

悬臂式支挡结构顶部位移较大，内力分布不理想，但可省去支撑和锚杆。当基坑较浅且基坑周边环境对支护结构位移的限制不严格时，可采用悬臂式支挡结构。不过，此类结构由于经济性不强，其变形难以控制。

4）双排桩支挡结构

双排桩支挡结构是一种刚架结构形式，其内力分布特性明显优于悬臂式结构，水平变形也比悬臂式结构小得多，适用的基坑深度比悬臂式结构略大，但占用的场地较大。当不适合采用其他支护结构形式且在场地条件及基坑深度均满足要求的情况下，可采用双排桩支挡结构。

仅从技术角度讲，支撑式支挡结构比锚拉式支挡结构适用范围更宽，但内支撑的设置给后期主体结构施工造成较大障碍，所以当能用其他支护结构形式时，人们一般不愿意首选内支撑结构。锚拉式支护结构可以给后期主体结构施工提供很大的便利，但有些情况下是不适合使用锚杆的。另外，锚杆长期留在地下，给相邻地域的使用和地下空间开发造成障碍，不符合保护环境和可持续发展的要求，一些国家在法律上禁止锚杆侵入红线之外的地下区域。

2. 水泥土墙

水泥土墙（图 1-1）一般用在深度不大的软土基坑。这种条件下锚杆没有合适的锚固土层，不能提供足够的锚固力，内支撑又会增加施工成本。这时，可选择水泥土墙这种支护方式。水泥土墙一般采用水泥土搅拌桩墙体，材料是水泥土，其抗拉、抗剪强度较低。按梁式结构设计时性能很差，与混凝土材料无法相比。因此，水泥土墙的厚度一般较大，按重力式结构设计。水泥土墙用于淤泥质土、淤泥中的基坑时，基坑深度不宜大于 7m。由于按重力式设计，需要较大的墙宽。当基坑深度大于 7m 时，随基坑深度增加，墙的宽度、深度增大，经济、施工成本和工期各方面都不具备优势了。

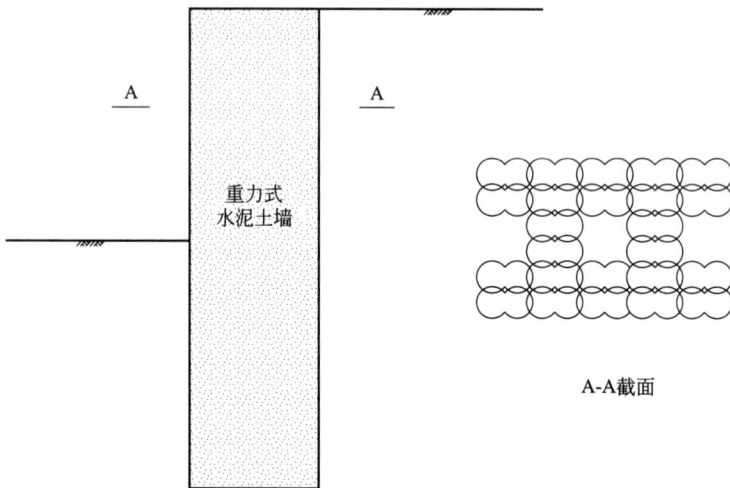

图 1-1　重力式水泥土墙支护剖面

3. 土钉墙

土钉墙（图 1-2）是一种经济简便、施工快速、不需大型施工设备的基坑支护形式。目前，土钉墙的设计理论还不完善。设计方法主要按土钉墙整体滑动稳定性控制，同时对单根土钉抗拔力进行验算，而土钉墙面层及连接按构造设计。

土钉墙是自稳定体系结构，土钉墙的支护深度极其依赖于被支护土体的物理力学性

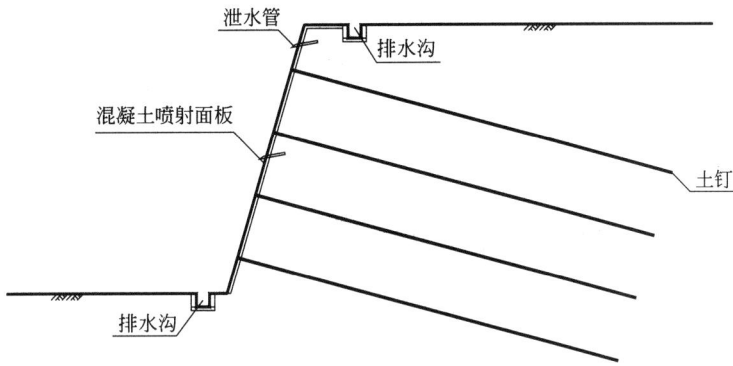

图1-2 土钉墙支护剖面

质，土体的抗剪强度高、内摩擦角大，土钉的抗拔力就高，土钉墙的自稳性就好，因此土钉墙不适合软土中的基坑支护。

土钉墙与水泥土桩、微型桩及预应力锚杆组合形成复合土钉支护后，支护应用范围有所扩大，主要形成下列几种形式：①土钉＋预应力锚杆；②土钉＋水泥土桩；③土钉＋水泥土桩＋预应力锚杆；④土钉＋微型桩＋预应力锚杆。不同的组合形式作用不同，可根据实际工程需要选择。

1.5.2 基坑支护的主要方法

基坑支护的总体方案主要有顺作法和逆作法两类基本类型，它们具有各自的特点。在同一个基坑工程中，顺作法和逆作法也可以在不同的基坑区域组合使用，从而满足特定条件下工程的技术经济性要求。基坑工程的总体支护方案分类如图1-3所示。

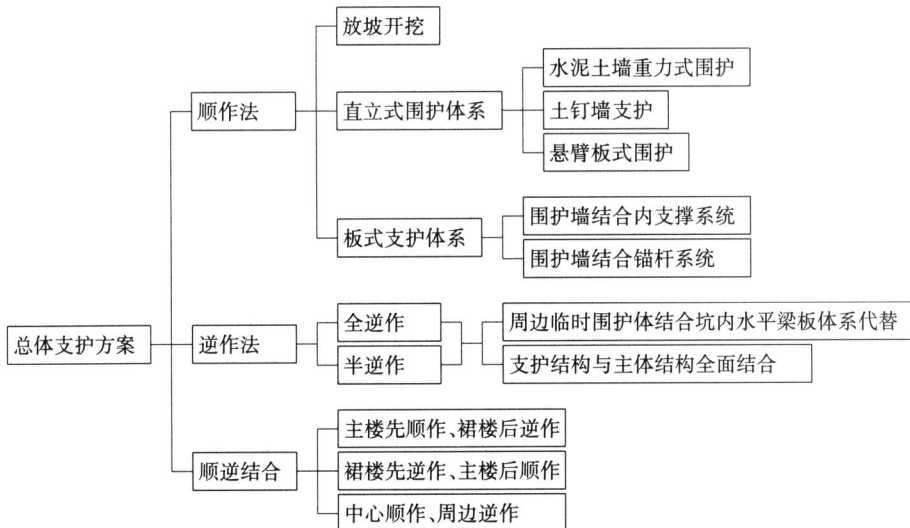

图1-3 基坑工程总体支护方案分类

逆作法只在某些特殊情况下使用，比如严格控制周围环境变形时采用。本书主要讲解顺作法施工。

顺作法，是指先施工周边围护结构，然后由上而下分层开挖，并依次设置水平支撑（或锚杆系统），开挖至坑底后，再由下而上施工主体地下结构基础底板、竖向墙柱构件及水平楼板构件，并按一定的顺序拆除水平内支撑系统（如果有水平内支撑），进而完成地下结构施工的过程。当不设支护结构而直接采用放坡开挖时，则是先直接放坡开挖至坑底，然后自下而上依次施工地下结构。

顺作法是基坑工程的传统开挖施工方法，施工工艺成熟，支护结构体系与主体结构相对独立；相比逆作法，其设计、施工均比较便捷。由于是传统工艺，对施工单位的管理和技术水平的要求相对较低，施工单位的选择面较广。

另外，顺作法相对于逆作法而言，其基坑支护结构的设计与主体设计关联性较低，受主体设计进度的制约小，基坑工程有条件可以尽早开工。顺作法常用的总体方案包括放坡开挖、直立式围护体系和板式支护体系三大类。其中，直立式围护体系又可分为水泥土墙重力式围护、土钉墙支护和悬臂板式支护（双排桩支护），板式支护又包括竖向支护体结合内支撑系统和竖向支护体结合锚杆系统两种形式。

1. 放坡开挖

放坡开挖一般适用于建筑结构与周边控制构筑物距离大，有足够放坡空间。由于基坑敞开施工，工艺简便、造价低、施工进度快。但这种施工方式要求具有足够的施工场地，否则将限制放坡的范围。另外，采用大放坡后将明显增加土方开挖量，给土方的堆放也提出要求，土方回填量相比有支护的基坑大幅度增加，也要保证回填土的密实度。放坡开挖剖面如图 1-4 所示。

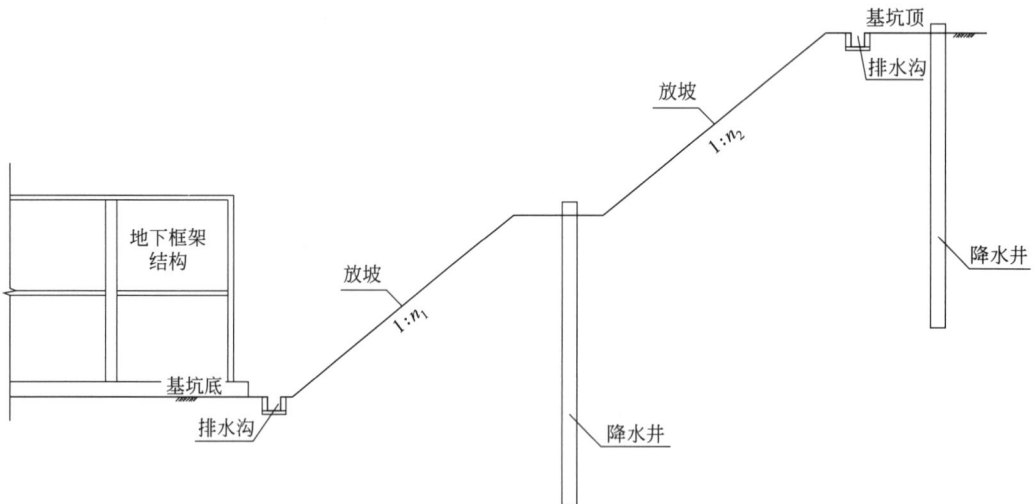

图 1-4 放坡开挖剖面

2. 直立式围护体系

1）**重力式水泥土墙支护和土钉墙支护**

重力式水泥土墙多用于软土地区的支护，土钉墙支护则用于非软土地区的支护。采用水泥土墙重力式支护和土钉墙支护的直立式支护体系经济性较好，由于基坑内部没有支撑杆件，土方开挖和地下结构的施工都比较方便。但直立式支护体需要占用较宽的场地空间，比如水泥土墙往往比较厚，土钉墙中的土钉有一定长度，因此设计时应考虑红线的限制。另外，水泥土墙重力式支护和土钉墙支护的开挖深度有限，对地层有要求。

2）悬臂板式支护

悬臂板式支护指采用具有一定刚度的板式支护体，如钻孔灌注桩、地下连续墙或者钢板桩。单排悬臂灌注桩支护一般用于浅基坑。在工程实践中，由于其顶部变形较大，材料性能难以充分发挥，经济性不好，多用在浅基坑中。

双排桩、格栅地下连续墙等所构成的悬臂板式支护体系，加宽了挡土结构厚度，整体刚度显著增大，有效减小变形，支挡性能比单排桩明显改善。图 1-5 为双排桩支护剖面。

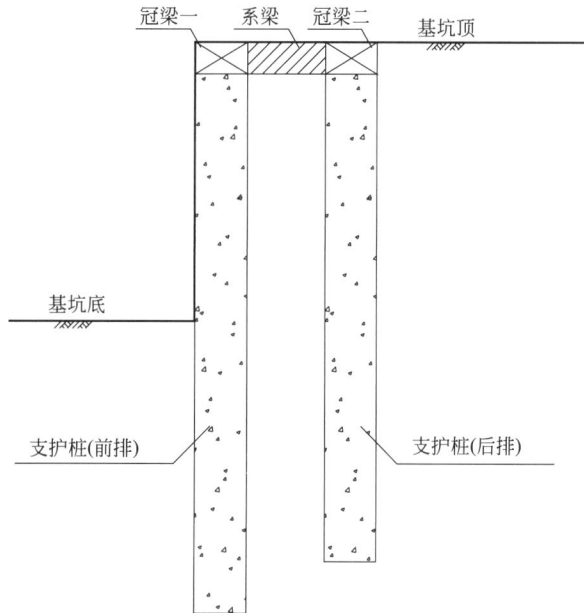

图 1-5 双排桩支护剖面

3. 板式支护体系

板式支护体系由支护墙（竖向支护体）和内支撑（锚杆）组成，支护墙的形式主要包括地下连续墙、一字形排列的灌注桩、型钢水泥土搅拌墙、钢板桩及钢筋混凝土板桩等。内支撑可采用钢筋混凝土支撑和钢支撑。

1）支护墙结合内支撑系统

在基坑周边环境条件复杂、开挖深度较大、变形控制要求高的软土地区，支护墙结合内支撑系统是常用的支护形式。围护墙＋内支撑典型基坑支护剖面如图 1-6 所示。

2）支护墙结合锚杆系统

此系统系利用锚杆抗拔力来抵抗作用在支护墙上的侧压力，锚杆依赖土体本身的强度来提供锚固力，因此土体的强度越高，锚固效果越好，反之越差。这种支护方式不适用于软弱地层。围护墙＋锚杆典型基坑支护剖面如图 1-7 所示。

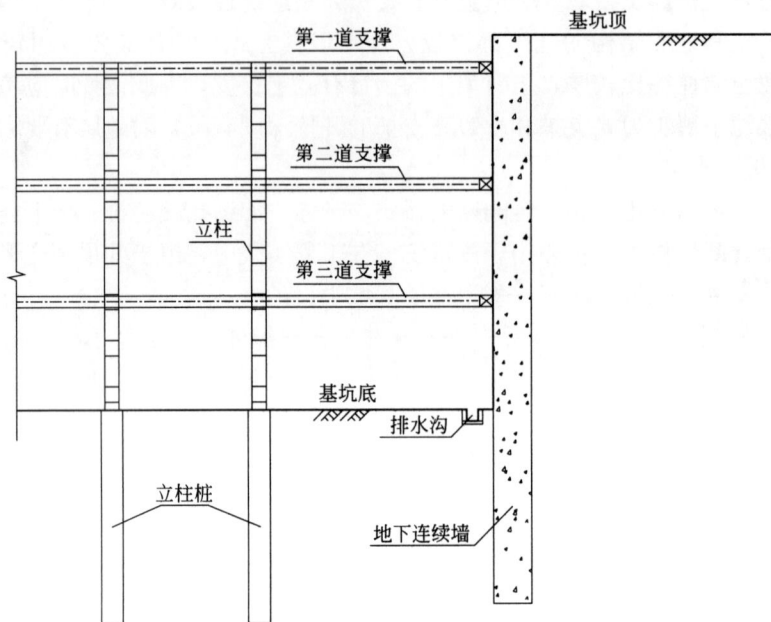

图 1-6　围护墙＋内支撑典型基坑支护剖面

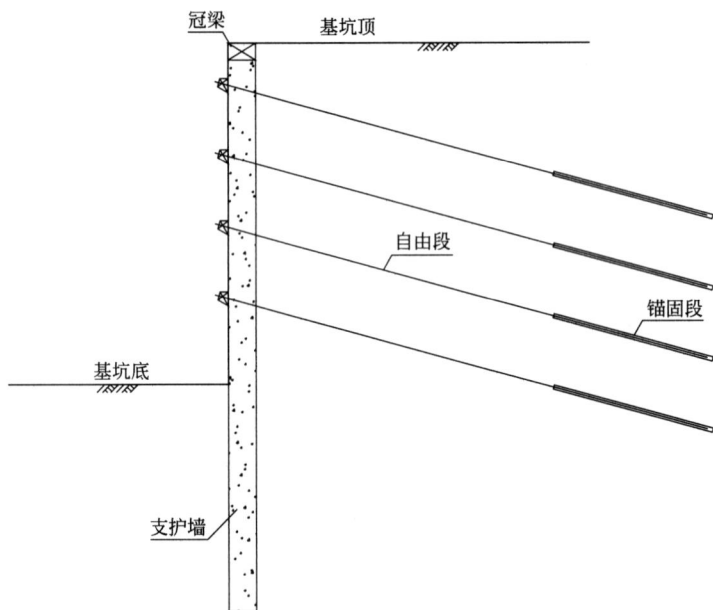

图 1-7　围护墙＋锚杆典型基坑支护剖面

1.5.3　基坑支护结构的选型

支护结构选型时，应综合考虑下列因素：

1）基坑深度；

2）土的性状及地下水条件；

3）基坑周边环境对基坑变形的承受能力及支护结构一旦失效可能产生的后果；

4）主体地下结构及其基础形式、基坑平面尺寸及形状；

5）支护结构施工工艺的可行性；

6）施工场地条件及施工季节；

7）经济指标、环保性能和施工工期。见表1-4。

基坑支护选型 表 1-4

结构类型		适用条件		
		安全等级	基坑深度、环境条件、土类和地下水条件	
支挡式结构	锚拉式结构	一级 二级 三级	适用于较深的基坑	1. 排桩适用于可采用降水或截水帷幕的基坑 2. 地下连续墙宜同时用作主体地下结构外墙，可同时用于截水 3. 锚杆不宜用在软土层和高水位的碎石土、砂土层中 4. 当邻近基坑有建筑物地下室、地下构筑物等，锚杆的有效锚固长度不足时，不应采用锚杆 5. 当锚杆施工会造成基坑周边建（构）筑物的损害或违反城市地下空间规划等规定时，不应采用锚杆
	支撑式结构		适用于较深的基坑	
	悬臂式结构		适用于较深的基坑	
	双排桩		当锚拉式、支撑式和悬臂式结构不适用时，可考虑采用双排桩	
	支护结构与主体结构结合的逆作法		适用于基坑周边环境条件很复杂的深基坑	
土钉墙	单一土钉墙	二级 三级	适用于地下水位以上或经降水的非软土基坑，且基坑深度不宜大于12m	当基坑潜在滑动面内有建筑物、重要地下管线时，不宜采用土钉墙
	预应力锚杆复合土钉墙		适用于地下水位以上或经降水的非软土基坑，且基坑深度不宜大于15m	
	水泥土桩复合土钉墙		用于非软土基坑时，基坑深度不宜大于12m；用于淤泥质土基坑时，基坑深度不宜大于6m；不宜用在高水位的碎石土、砂土层中	
	微型桩复合土钉墙		适用于地下水位以上或经降水的基坑，用于非软土基坑时，基坑深度不宜大于12m；用于淤泥质土基坑时，基坑深度不宜大于6m	
重力式水泥土墙		二级 三级	适用于淤泥质土、淤泥基坑，且基坑深度不宜大于7m	
放坡		三级	1. 施工场地应满足放坡条件 2. 可与上述支护结构形式结合	

注：1. 当基坑不同部位的周边环境条件、土层性状、基坑深度等不同时，可在不同部位分别采用不同的支护形式。

2. 支护结构可采用上、下部以不同结构类型组合的形式。

第2章
基坑支护工程的一般规定及计算要点

2.1　基坑支护工程的一般规定

2.1.1　设计使用期限

依据《建筑基坑支护技术规程》JGJ 120—2012 第 2.1.5 条：设计使用期限是指设计规定的从基坑开挖到预定深度至完成基坑支护使用功能的时段。基坑支护的设计使用期限不应小于 1 年。

2.1.2　基坑的功能要求

1. 保证基坑周边建（构）筑物、地下管线、道路的安全和正常使用；
2. 保证主体地下结构的施工空间。

2.1.3　支护结构的安全等级

依据《建筑基坑支护技术规程》JGJ 120—2012 第 3.1.3 条：基坑支护设计时，应综合考虑基坑周边环境和地质条件的复杂程度、基坑深度等因素，按规范表 3.1.3（表 2-1）采用支护结构的安全等级。对同一基坑的不同部位，可采用不同的安全等级。

支护结构的安全等级

表 2-1

安全等级	结构重要性系数 γ_0	破坏后果
一级	1.1	支护结构失效、土体过大变形对基坑周边环境或主体结构施工安全的影响很严重
二级	1.0	支护结构失效、土体过大变形对基坑周边环境或主体结构施工安全的影响严重
三级	0.9	支护结构失效、土体过大变形对基坑周边环境或主体结构施工安全的影响不严重

2.1.4　支护结构的极限状态

依据《建筑基坑支护技术规程》JGJ 120—2012 第 3.1.4 条：支护结构设计时采用承载力能力极限状态和正常使用极限状态。

1. 承载能力极限状态

（1）支护结构构件或连接因超过材料强度而破坏，或因过度变形而不适于继续承受荷载，或出现压屈、局部失稳；

（2）支护结构和土体整体滑动；

（3）坑底因隆起而丧失稳定；

（4）对支挡结构，挡土构件因坑底土体丧失嵌固能力而推移或倾覆；

（5）对锚拉式支挡结构或土钉墙，锚杆或土钉因土体丧失锚固能力而拔动；

（6）对重力式水泥土墙，墙体倾覆或滑移；

（7）对重力式水泥土墙、支挡式结构，其持力土层因丧失承载能力而破坏；

（8）地下水渗流引起的土体渗透破坏。

2. 正常使用极限状态

（1）造成基坑周边建（构）筑物、地下管线、道路等损坏或影响其正常使用的支护结构位移；

（2）因地下水位下降、地下水渗流或施工因素而造成基坑周边建（构）筑物、地下管线、道路等损坏或影响其正常使用的土体变形；

（3）影响主体地下结构正常施工的支护结构位移；

（4）影响主体地下结构正常施工的地下水渗流。

2.1.5 支护结构、基坑周边建筑物和地面沉降、地下水控制的计算和验算

《建筑基坑支护技术规程》JGJ 120—2012 第 3.1.5 条：支护结构、基坑周边建筑物和地面沉降、地下水控制的计算和验算应采用下列表达式：

1. 承载能力极限状态

（1）支护结构构件或连接因超过材料强度或过度变形的承载能力极限状态设计，应符合下式要求：

$$\gamma_0 S_d \leqslant R_d \tag{2.1-1}$$

式中　γ_0——支护结构重要性系数，按《建筑基坑支护技术规程》JGJ 120—2012 第 3.1.6 条（表 2-1）的规定采用；

　　　　S_d——作用基本组合效应（轴力、弯矩等）设计值；

　　　　R_d——结构构件的抗力设计值。

对临时性支护结构，作用基本组合的效应设计值应按下式确定：

$$S_d = \gamma_F S_k \tag{2.1-2}$$

式中　γ_F——作用基本组合的综合分项系数，按《建筑基坑支护技术规程》JGJ 120—2012 第 3.1.6 条的规定采用，不小于 1.25；

　　　　S_k——作用标准组合的效应。

（2）整体滑动、坑底隆起失稳、挡土构件嵌固段推移、锚杆与土钉拔动、支护结构倾覆与滑移、土体渗透破坏等稳定性计算和验算，均应符合下式要求：

$$\frac{R_k}{S_k} \geqslant K \tag{2.1-3}$$

式中　R_k——抗滑力、抗滑力矩、抗倾覆力矩、锚杆和土钉的极限抗拔承载力等土的抗力标准值；

　　　　S_k——滑动力、滑动力矩、倾覆力矩、锚杆和土钉的拉力等作用标准值的效应；

　　　　K——安全系数。

2. 正常使用极限状态

由支护结构水平位移、基坑周边建筑物和地面沉降等控制的正常使用极限状态设计，应符合下式要求：

$$S_d \leqslant C \qquad (2.1\text{-}4)$$

式中 S_d——作用标准组合效应（位移、沉降等）设计值；

$\quad\quad\ C$——支护结构水平位移、基坑周边建筑物和地面沉降的限值。

3. 支护结构水平位移

《建筑基坑支护技术规程》JGJ 120—2012 第 3.1.8 条，基坑支护设计应按下列要求设定支护结构的水平位移控制值和基坑周边环境的沉降控制值：

1）当基坑开挖影响范围内有建筑物时，支护结构水平位移控制值、建筑物的沉降控制值应按不影响其正常使用的要求确定，并应符合现行《建筑地基基础设计规范》GB 50007—2011 中对地基变形允许值的规定；当基坑开挖影响范围内有地下管线、地下构筑物、道路时，支护结构水平位移控制值、地面沉降控制值应按不影响其正常使用的要求确定，并应符合现行相关标准对其允许变形的规定。

2）当支护结构构件同时用作主体地下结构构件时，支护结构水平位移控制值不应大于主体结构设计对其变形的限值。

3）当无本条第 1）、2）款情况时，支护结构水平位移控制值应根据地区经验按工程的具体条件确定。

支护结构的水平位移大小直接决定着支护结构的支护安全性，由于支护结构的水平位移受基坑开挖深度、支护结构的刚度、支护形式、土的性质等因素影响，可依据《建筑基坑工程监测技术标准》GB 50497—2019 表 8.0.4（本书表 9-6）并结合地方规范取值。

4. 基坑周围环境允许变形

基坑的施工不可避免地会对周围环境带来影响，直接体现在基坑周围土体的沉降。对周围建（构）筑物等产生的沉降设计值，应控制在建（构）筑物的容许沉降以内。地基的容许变形值应符合《建筑地基基础设计规范》GB 50007—2011 中对地基变形容许值的规定，以及相关规范对地下管线、地下构筑物、道路变形的要求。表 2-2 是《建筑地基基础设计规范》GB 50007—2011 第 5.3.4 条对地基变形容许值的规定。

建筑物的地基变形容许值 表 2-2

变形特征		地基土类别	
		中、低压缩性土	高压缩性土
砌体承重结构基础的局部倾斜		0.002	0.003
工业与民用建筑相邻柱基的沉降差	框架结构	0.002l	0.003l
	砌体墙填充的边排柱	0.0007l	0.001l
	当基础不均匀沉降时不产生附加应力的结构	0.005l	0.005l
单层排架结构(柱距为6m)柱基的沉降量(mm)		(120)	200
桥式吊车轨面的倾斜(按不调整轨道考虑)	纵向	0.004	
	横向	0.003	

变形特征		地基土类别	
		中、低压缩性土	高压缩性土
多层和高层建筑 的整体倾斜	$H_g \leqslant 24$	0.004	
	$24 < H_g \leqslant 60$	0.003	
	$60 < H_g \leqslant 100$	0.0025	
	$100 < H_g$	0.002	
体形简单的高层建筑基础的平均沉降量(mm)		200	
高耸结构基础的倾斜	$H_g \leqslant 20$	0.008	
	$20 < H_g \leqslant 50$	0.006	
	$50 < H_g \leqslant 100$	0.005	
	$100 < H_g \leqslant 150$	0.004	
	$150 < H_g \leqslant 200$	0.003	
	$200 < H_g \leqslant 250$	0.002	
高耸结构基础的沉降量(mm)	$H_g \leqslant 100$	400	
	$100 < H_g \leqslant 200$	300	
	$200 < H_g \leqslant 250$	200	

注：1. 本表数值为建筑物地基实际最终变形允许值；

2. 有括号者仅适用于中压缩性土（土体压缩性分类参照《建筑地基基础设计规范》GB 50007—2011 第4.2.6 条）；

3. l 为相邻柱基的中心距离，mm；H_g 为自室外地面起算的建筑物高度，m；

4. 倾斜指基础倾斜方向两端点的沉降差与其距离的比值；

5. 局部倾斜指砌体承重结构沿纵向 6～10m 内基础两点的沉降差与其距离的比值。

2.1.6 支护结构内力设计值

《建筑基坑支护技术规程》JGJ 120—2012 第3.1.7条，支护结构重要性系数与作用基本组合的效应设计值的乘积（$\gamma_0 S_d$）可采用下列内力设计值表示：

$$M = \gamma_0 \gamma_F M_k \qquad (2.1-5)$$

$$V = \gamma_0 \gamma_F V_k \qquad (2.1-6)$$

$$N = \gamma_0 \gamma_F N_k \qquad (2.1-7)$$

式中 M、V、N——分别为弯矩设计值（kN·m）、剪力设计值（kN）、轴向拉力或压力设计值（kN）；

M_k、V_k、N_k——分别为标准组合弯矩值（kN·m）、标准组合剪力值（kN）、标准组合轴向拉力或压力值（kN）。

2.2 土压力计算

2.2.1 水平荷载

《建筑基坑支护技术规程》JGJ 120—2012 第3.4.1条，计算作用在支护结构上的水平荷载时，应考虑下列因素：

1) 基坑内外土的自重（包括地下水）；

2) 基坑周边既有和在建的建（构）筑物荷载；

3) 基坑周边施工材料和设备荷载；

4) 基坑周边道路车辆荷载；

5) 冻胀、温度变化及其他因素产生的作用。

2.2.2 基坑顶附加荷载作用下的土中附加竖向应力 $\Delta\sigma_k$ 计算

1. 地面均布荷载作用下的土中附加竖向应力 $\Delta\sigma_k$（图 2-1）

$$\Delta\sigma_k = q_0 \tag{2.2-1}$$

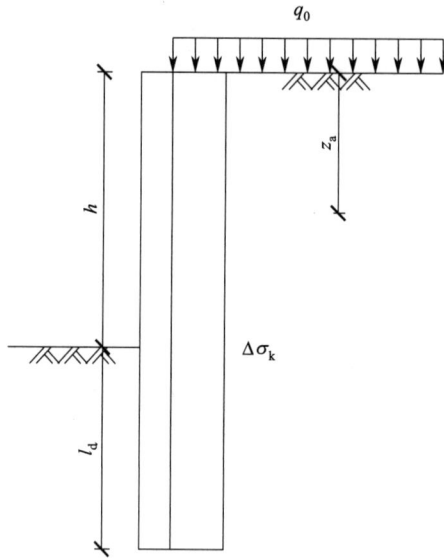

图 2-1 地面均布荷载作用下土中附加竖向应力分布图

2. 矩形或条形基础荷载作用下的土中附加竖向应力 $\Delta\sigma_k$（图 2-2）

（1）对条形基础下的附加荷载：

当 $d + a/\tan\theta \leqslant z_a \leqslant d + (3a+b)/\tan\theta$ 时：

$$\Delta\sigma_k = \frac{p_0 b}{b + 2a} \tag{2.2-2}$$

式中　p_0——基础底面附加压力标准值（kPa）；

　　　d——基础埋置深度（m）；

　　　b——基础宽度（m）；

　　　a——支护结构外边缘至基础的水平距离（m）；

　　　θ——附加荷载的扩散角（°），宜取 45°；

　　　z_a——支护结构顶面至土中附加竖向应力计算点的竖向距离。

当 $z_a < d + a/\tan\theta$ 或 $z_a > d + (3a+b)/\tan\theta$ 时：取 $\Delta\sigma_k = 0$。

（2）对矩形基础下的附加荷载：

当 $d + a/\tan\theta \leqslant z_a \leqslant d + (3a+b)/\tan\theta$ 时：

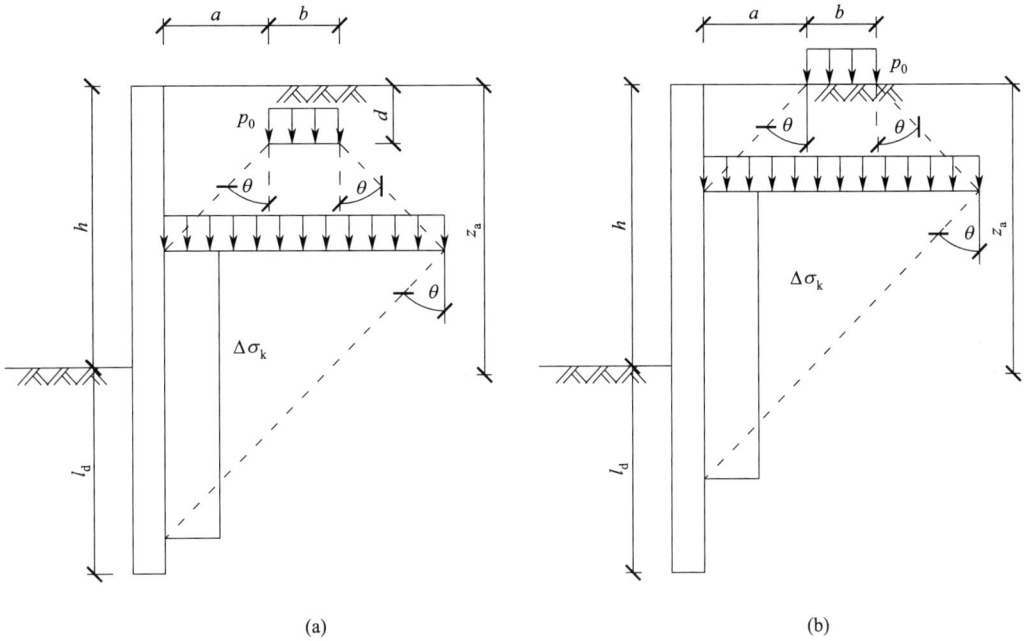

图 2-2　局部附加荷载作用下土中附加竖向应力计算

（a）条形基础或矩形基础；（b）作用在地面的条形或矩形附加荷载

$$\Delta\sigma_k = \frac{p_0 bl}{(b+2a)(l+2a)} \tag{2.2-3}$$

式中　b——与基坑边垂直方向的基础尺寸（m）；

　　　　l——与基坑边平行方向的基础尺寸（m）。

当 $z_a < d + a/\tan\theta$ 或 $z_a > d + (3a+b)/\tan\theta$ 时：取 $\Delta\sigma_k = 0$。

（3）对作用在地面的条形、矩形附加荷载，按式（2.2-2）和式（2.2-3）计算土中附加竖向应力标准值 $\Delta\sigma_k$ 时，应取 $d=0$（图 2-2）。

3. 当支护结构顶部低于地面，其上方采用放坡或土钉墙时

支护结构顶面以上土体对支护结构的作用宜按库仑土压力理论计算，也可将其视作附加荷载并按下列公式计算土中附加竖向应力标准值（图 2-3）：

（1）当 $a/\tan\theta \leqslant z_a \leqslant (a+b_1)/\tan\theta$ 时：

$$\Delta\sigma_k = \frac{\gamma h_1}{b_1}(z_a - a) + \frac{E_{ak1}(a+b_1-z_a)}{K_a b_1^2} \tag{2.2-4}$$

$$E_{ak1} = \frac{1}{2}\gamma h_1^2 K_a - 2ch_1\sqrt{K_a} + \frac{2c^2}{\gamma} \tag{2.2-5}$$

（2）当 $z_a < a/\tan\theta$ 时，$\Delta\sigma_k = 0$。

（3）当 $z_a > (a+b_1)/\tan\theta$ 时，$\Delta\sigma_k = \gamma h_1$。

式中　z_a——支护结构顶面至土中附加竖向应力计算点的竖向距离；

　　　　a——支护结构外边缘至放坡坡脚的水平距离（m）；

　　　　b_1——放坡坡面的水平尺寸（m）；

　　　　θ——附加荷载的扩散角（°），宜取 45°；

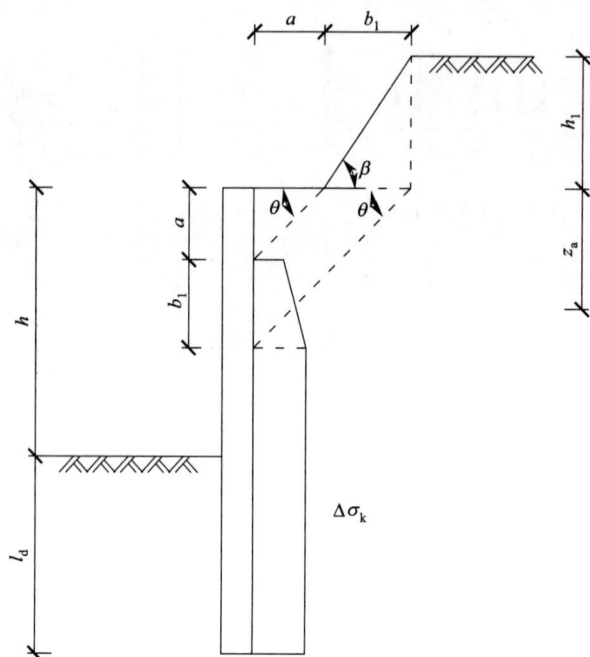

图 2-3 支护结构顶部以上采用放坡或土钉墙时土中附加竖向应力计算

h_1——地面至支护结构顶面的竖向距离（m）；

γ——支护结构顶面以上的天然重度（kN/m^3），对多层土，取各层土按厚度加权的平均值；

c——支护结构顶面以上土的黏聚力（kPa）；

K_a——支护结构顶面以上土的主动土压力系数，对多层土，取各层土按厚度加权平均值；

E_{ak1}——支护结构顶面以上土体自重所产生的单位宽度主动土压力标准值（kN/m）。

2.2.3 作用在支护结构上的土压力计算

作用在支护结构上的土压力计算时，一般将土层分界点、水位线、附加应力变化点等特征点的土压力强度标准值计算出来后，计算支护结构土压力强度对应的面积，即可得到单位宽度的土压力。涉水支护土压力的计算分静水和渗流两种情况，静水情况下的土压力分水土合算和水土分算两种情况，土压力计算分类见图 2-4。

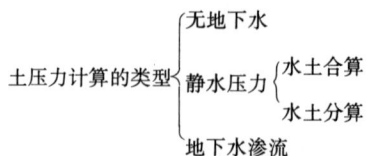

图 2-4 土压力计算分类

1. 地下水位以下的黏性土、黏质粉土，按水土合算计算土压力（图2-5）

$$p_{ak} = \left(\sum_{i=1}^{n} \gamma_i h_i + \sum_{j=1}^{m} \Delta\sigma_{k,j} \right) K_{a,i} - 2c_i \sqrt{K_{a,i}} \qquad (2.2\text{-}6)$$

$$p_{pk} = \left(\sum_{i=1}^{n} \gamma_i h_i \right) K_{p,i} + 2c_i \sqrt{K_{p,i}} \qquad (2.2\text{-}7)$$

$$K_{a,i} = \tan^2 \left(45° - \frac{\varphi_i}{2} \right) \qquad (2.2\text{-}8)$$

$$K_{p,i} = \tan^2 \left(45° + \frac{\varphi_i}{2} \right) \qquad (2.2\text{-}9)$$

式中　$K_{a,i}$、$K_{p,i}$——分别为第 i 层土的主动土压力系数、被动土压力系数；

c_i、φ_i——分别为第 i 层土的黏聚力（kPa）、内摩擦角（°），依据《建筑基坑支护技术规程》JGJ 120—2012 第 3.1.14 条的规定取值（本书表 1-2）；

γ_i、h_i——分别为第 i 层土的重度（水下时采用饱和重度，kN/m^3）、厚度（m）；

p_{ak}——支护结构外侧第 i 层土计算点主动土压力强度标准值（kPa），当 $p_{ak} < 0$ 时，应取 $p_{ak} = 0$；

p_{pk}——支护结构内侧第 i 层土计算点被动土压力强度标准值（kPa）；

$\Delta\sigma_{k,j}$——支护结构外侧第 j 个附加荷载作用下计算点的土中附加竖向应力标准值（kPa），根据附加荷载类型按式(2.2-1)～式(2.2-5) 计算。

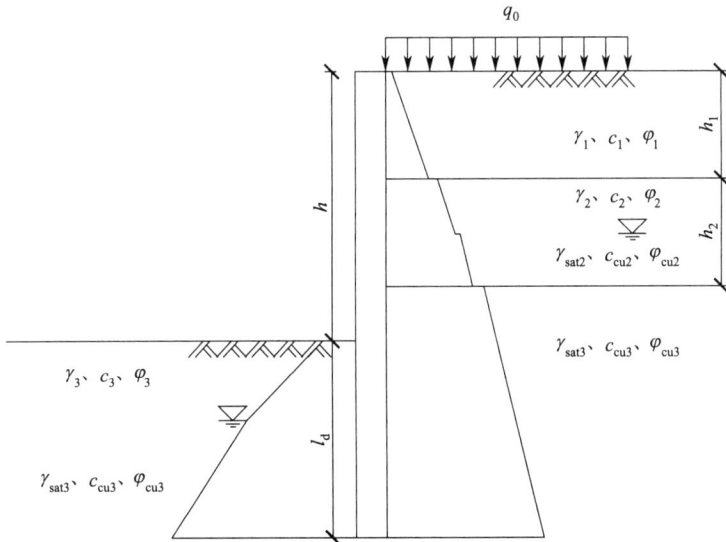

图 2-5　水土合算计算土压力计算图示

2. 地下水位以下的砂质粉土、砂土、碎石土，按水土分算计算土压力（图2-6）

$$p_{ak} = \left(\sum_{i=1}^{n} \gamma_i h_i + \sum_{j=1}^{m} \Delta\sigma_{k,j} - u_a \right) K_{a,i} - 2c_i \sqrt{K_{a,i}} + u_a \qquad (2.2\text{-}10)$$

$$p_{pk} = \left(\sum_{i=1}^{n} \gamma_i h_i - u_p \right) K_{p,i} + 2c_i \sqrt{K_{p,i}} + u_p \qquad (2.2\text{-}11)$$

$$u_a = \gamma_w h_{wa} \tag{2.2-12}$$

$$u_p = \gamma_w h_{wp} \tag{2.2-13}$$

式中　u_a、u_p——分别为支护结构外侧计算点静止地下水压力、支护结构内侧计算点静止地下水压力（kPa）；

　　　γ_w——地下水重度（kN/m^3），取 $\gamma_w = 10kN/m^3$；

　　γ_i、h_i——分别为第 i 层土的重度（水下时采用饱和重度，kN/m^3）、厚度（m）；

　　　h_{wa}——基坑外侧地下水位至主动土压力强度计算点的垂直距离（m）；对承压水，地下水位取测压管水位；当有多个含水层时，应取计算点所在含水层的地下水位；

　　　h_{wp}——基坑内侧地下水位至被动土压力强度计算点的垂直距离（m）；对承压水，地下水位取测压管水位。

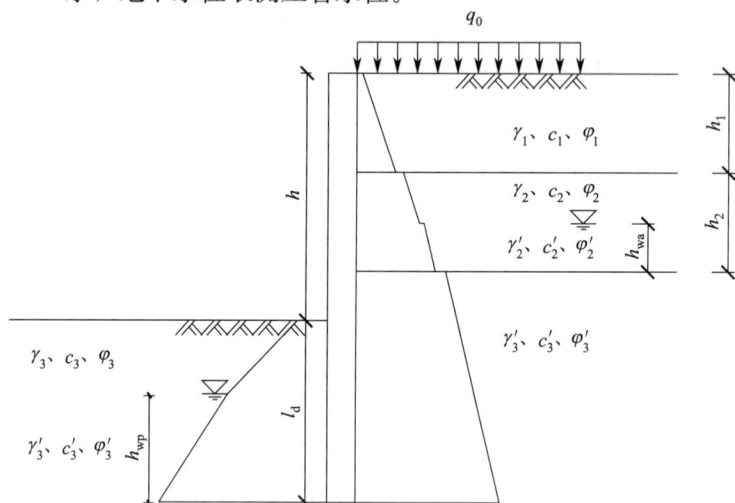

图 2-6　水土分算计算土压力计算图示

3. 地下水形成渗流时的孔隙水压力计算

根据流体力学中的伯努利方程，流体中某点的总水头（h）由位置水头（z）、压力水头（u/γ_w）和流速水头 $[v^2/(2g)]$ 三部分组成。

$$h = z + \frac{u}{\gamma_w} + \frac{v^2}{2g} \tag{2.2-14}$$

式中　h——某点的总水头（m）；

　　　z——位置水头，即某点距离基准面的垂直距离（m）；

　　　u——孔隙水压力（kPa）；

　　　γ_w——地下水重度（kN/m^3），取 $\gamma_w = 10kN/m^3$；

　　　v——地下水流速（m/s）；

　　　g——重力加速度（m/s^2）。

由于土中渗流阻力较大，渗流速度 v 在一般情况下都很小，形成的流速水头 $[v^2/(2g)]$ 也很小，一般可以忽略，总水头 h 可近似采用该点的测管水头代替：

$$h = z + \frac{u}{\gamma_w} \tag{2.2-15}$$

饱和土体中，两点间是否发生渗流，完全由总水头差（Δh）决定。当两点的总水头差>0 时，才会发生由高水头点向低水头点的流动（图 2-7）。

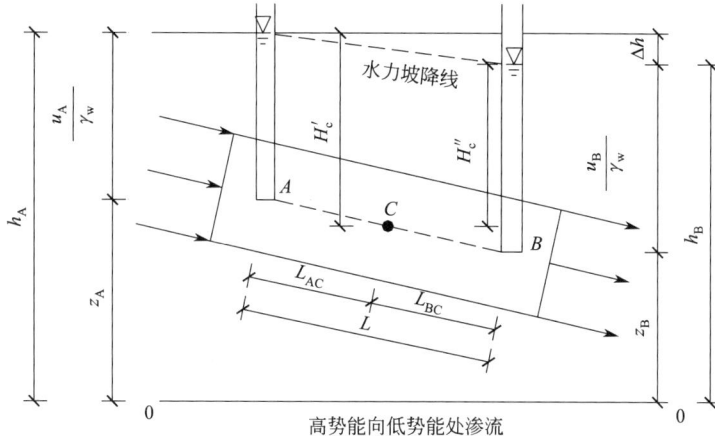

图 2-7　渗流中的水头和渗透坡降计算图示

$$\left.\begin{array}{l} h_{\mathrm{A}} = z_{\mathrm{A}} + \dfrac{u_{\mathrm{A}}}{\gamma_{\mathrm{w}}} \\[2mm] h_{\mathrm{B}} = z_{\mathrm{B}} + \dfrac{u_{\mathrm{B}}}{\gamma_{\mathrm{w}}} \end{array}\right\} \rightarrow \Delta h = h_{\mathrm{A}} - h_{\mathrm{B}} \tag{2.2-16}$$

图 2-7 中，A、B 两点的测管水头连接起来，为水力坡降线。由于渗流过程存在能量损失，测管水头沿渗流方向下降。水力梯度（水力坡降）i 是指沿着渗流方向，单位长度的水头损失。按下式计算：

$$i = \frac{\Delta h}{L} \tag{2.2-17}$$

式中　i——水力梯度（水力坡降）；

　　　Δh——水头损失（m）；

　　　L——渗流方向的长度（m）。

渗流场中某点孔隙水压力的计算（图 2-7）：

$$u_{\mathrm{c}} = \gamma_{\mathrm{w}}(H_{\mathrm{c}}' - L_{\mathrm{AC}} \times i) = \gamma_{\mathrm{w}}(H_{\mathrm{c}}'' + L_{\mathrm{BC}} \times i) \tag{2.2-18}$$

式中　u_{c}——计算点的孔隙水压力（kPa）；

　　　i——水力梯度（水力坡降）；

　　　γ_{w}——地下水重度（kN/m³），取 $\gamma_{\mathrm{w}} = 10$kN/m³；

　　　H_{c}'——计算点至上游自由水面的垂直距离（m）；

　　　H_{c}''——计算点至下游自由水面的垂直距离（m）；

　　　L_{AC}——计算点至上游点（已知点）的渗流长度（m）；

　　　L_{BC}——计算点至下游点（已知点）的渗流长度（m）。

2.2.4　土压力算例

1. 例题一

某基坑的土层分布情况如图 2-8 所示，地面均布荷载 $q_0 = 20$kPa，黏土层厚 2m，砂土层厚 15m，地下水埋深为 20m，砂土与黏土天然重度均为 $20kN/m^3$，基坑深度为 6m，采用悬臂桩支护，桩径 800mm，桩长 11m，桩间距 1400mm，根据《建筑基坑支护技术规程》JGJ 120—2012，支护桩外侧单宽主动土压力合力为多少？支护桩内侧单宽被动土压力合力为多少？

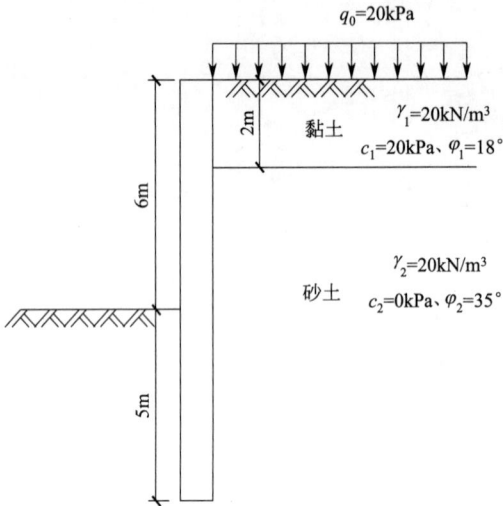

图 2-8 计算简图

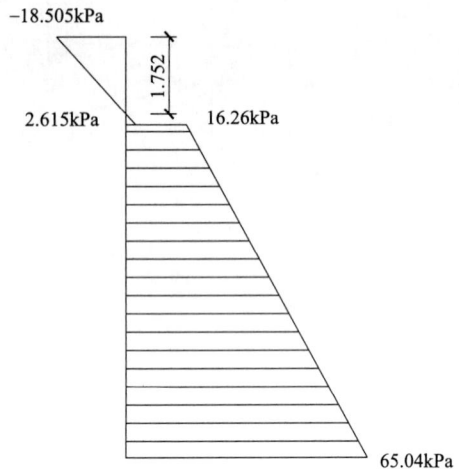

图 2-9 土压力分布图

解：(1) 各层土压力系数：

$$K_{a1}=\tan^2\left(45°-\frac{18°}{2}\right)=0.528；K_{a2}=\tan^2\left(45°-\frac{35°}{2}\right)=0.271；K_{p2}=\tan^2\left(45°+\frac{35°}{2}\right)=3.69$$

(2) 突变点主动土压力强度计算（图 2-9）：

黏土层顶面 $p_{ak1}=20\times0.528-2\times20\sqrt{0.528}=-18.505kPa<0$

黏土层底面 $p_{ak2}=(20+20\times2)\times0.528-2\times20\sqrt{0.528}=2.615kPa>0$

设距黏土层顶 h 处，令 $p_{ak}=(20+20\times h)\times0.528-2\times20\sqrt{0.528}=0$，得 $h=1.752m$

砂土层顶面 $p_{ak3}=(20+20\times2)\times0.271=16.26kPa$

砂土层底面 $p_{ak3}=(20+20\times11)\times0.271=65.04kPa$

(3) 单宽主动土合力计算：

支护桩外侧主动土压力

$$E_{ak}=\frac{1}{2}\times2.615\times(2-1.752)+\frac{16.26+65.04}{2}\times(6+5-2)=366.174kN/m$$

(4) 突变点被动土压力强度计算：

坑底 $p_{pk1}=0kPa$

桩底 $p_{pk2}=5\times20\times3.69=369kPa$

(5) 单宽被动土合力计算：

支护桩内侧被动土压力 $E_{pk}=\frac{1}{2}\times369\times5=922.5kN/m$

2. 例题二

某基坑的开挖深度为 10m，地面均布荷载 $q_0=20$kPa，坑外地下水位于地表下 6m，用桩支护、侧壁落底式止水帷幕和坑内深井降水，降水后坑底水位距离坑底 0.5m，未形成渗流，按静水压力考虑。支护桩采用长度 15m、直径 800mm 灌注桩。场地内土层分布情况如图 2-10 所示，假设坑内降水前后，坑外地下水位和土层的 c、φ 值均没有变化。根据《建筑基坑支护技术规程》JGJ 120—2012，降水后作用在支护桩外侧单宽主动压力合力为多少？作用在支护桩内侧单宽被动压力合力为多少？

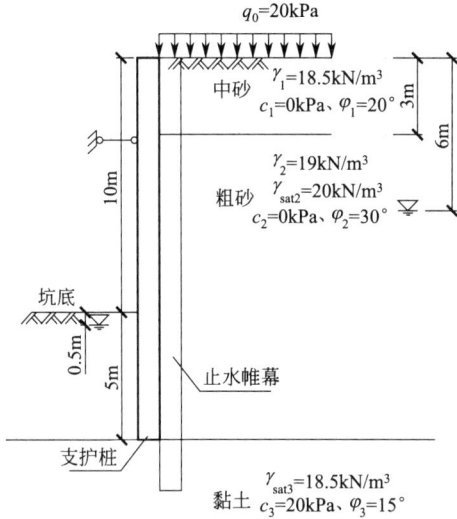

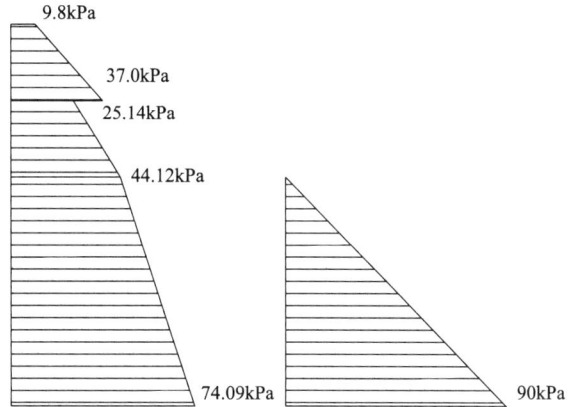

图 2-10 计算简图　　　　　图 2-11 土、水压力分布图

解：（1）各层土压力系数：$K_{a1}=\tan^2\left(45°-\dfrac{20°}{2}\right)=0.49$；$K_{a2}=\tan^2\left(45°-\dfrac{30°}{2}\right)=$

0.333；$K_{p2}=\tan^2\left(45°+\dfrac{30°}{2}\right)=3$

（2）突变点主动土压力强度计算（图 2-11）：

中砂层顶面 $p_{ak1}=20\times0.49=9.8$kPa

中砂层层底面 $p_{ak2}=(20+18.5\times3)\times0.49=37$kPa

粗砂层顶面 $p_{ak3}=(20+18.5\times3)\times0.333=25.14$kPa

地下水位处 $p_{ak4}=(20+18.5\times3+3\times19)\times0.333=44.12$kPa

粗砂层底面水压力强度 $u_{a1}=10\times(15-6)=90$kPa

粗砂层底面（不含水压力）$p_{ak5}=[20+18.5\times3+19\times3+20\times(15-6)-90]\times$

$0.333=74.09$kPa

（3）单宽主动土合力计算：

土压力：$E_{ak}=\dfrac{9.8+37}{2}\times3+\dfrac{25.14+44.12}{2}\times3+\dfrac{44.12+74.09}{2}\times9=706.0$kN/m

水压力：$E_{aw}=\dfrac{90}{2}\times9=405.0$kN/m；水土压力合计：$E_a=706.0+405=1111.0$kN/m

（4）突变点被动土压力强度计算：

坑底 $p_{pk1}=0$kPa；基坑内侧水位处 $p_{pk2}=(0.5\times19)\times3.0=28.5$kPa；桩底水压力 $u_{p1}=10\times4.5=45$kPa；桩底 $p_{pk2}=(0.5\times19+20\times4.5-45)\times3.0=163.5$kPa。

（5）单宽被动水、土压力合力计算：

支护桩内侧被动土压力 $E_{pk}=\dfrac{28.5}{2}\times0.5+\dfrac{28.5+163.5}{2}\times4.5=439.125$kN/m

支护桩内侧水压力 $E_{pw}=\dfrac{45}{2}\times4.5=101.25$kN/m

水土压力合计：$E_p=337.875+135=540.375$kN/m

3. 例题三

某基坑的开挖深度为10m，采用灌注桩＋内支撑支护结构，悬挂式止水帷幕配合坑内排水，支护桩长15m，坑内水位降到基坑底以下0.5m，坑外地下水位于地表下6m。地面均布荷载 $q_0=20$kPa，场地内土层分布情况如图2-12所示，假设坑内外形成稳定渗流，忽略卵石层的水头损失。根据《建筑基坑支护技术规程》JGJ 120—2012，计算作用在支护桩外侧单宽主动压力合力为多少？作用在支护桩内侧单宽被动压力合力为多少？

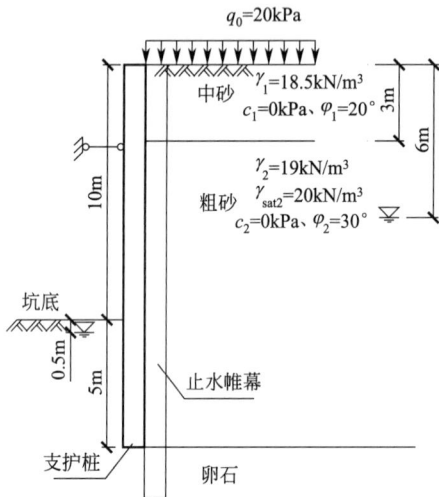

图2-12　计算简图

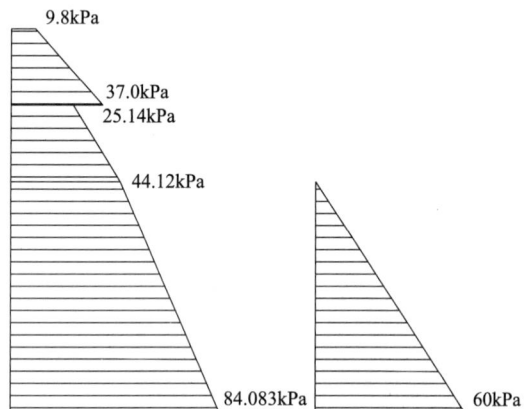

图2-13　土、水压力分布图

解：（1）各层土压力系数：$K_{a1}=\tan^2\left(45°-\dfrac{20°}{2}\right)=0.49$；$K_{a2}=\tan^2\left(45°-\dfrac{30°}{2}\right)=0.333$；$K_{p2}=\tan^2\left(45°+\dfrac{30°}{2}\right)=3$

（2）水力梯度计算：$i=\dfrac{\Delta h}{l}=\dfrac{9-4.5}{9+4.5}=0.333$

（3）突变点主动土压力强度计算（图2-13）：

中砂层顶面 $p_{ak1}=20\times0.49=9.8$kPa

中砂层层底面 $p_{ak2}=(20+18.5\times3)\times0.49=37.0$kPa

粗砂层顶面 $p_{ak3}=(20+18.5\times3)\times0.333=25.14$kPa

地下水位处 $p_{ak4}=(20+18.5\times3+3\times19)\times0.333=44.12kPa$

粗砂层底面水压力 $u_{a1}=(9-0.333\times9)\times10=60kPa$

粗砂层底面（不含水压力）$p_{ak5}=(20+18.5\times3+19\times3+20\times9-60)\times0.333=84.083kPa$

（4）单宽主动水、土压力合力计算：

土压力：$E_{ak}=\dfrac{9.8+37}{2}\times3+\dfrac{25.14+44.12}{2}\times3+\dfrac{44.12+84.083}{2}\times9=751.0kN/m$

水压力：$E_{aw}=\dfrac{60}{2}\times9=270kN/m$

水土压力合计：$E_a=751+270=1021kN/m$

（5）突变点被动土压力强度计算：

坑底 $p_{pk1}=0kPa$

基坑内侧水位处 $p_{pk2}=(0.5\times19)\times3.0=28.5kPa$

桩底水压力 $u_{p1}=10\times(4.5+0.333\times4.5)=60kPa$

桩底（不含水压力）$p_{pk2}=(0.5\times19+20\times4.5-60)\times3.0=118.5kPa$

（6）单宽被动水、土压力合力计算：

支护桩内侧被动土压力 $E_{pk}=\dfrac{28.5}{2}\times0.5+\dfrac{28.5+118.5}{2}\times4.5=337.875kN/m$

支护桩内侧水压力 $E_{pw}=\dfrac{60}{2}\times4.5=135kN/m$

水土压力合计：$E_p=337.875+135=472.875kN/m$

4. 例题四

某8m基坑，采用放坡+悬臂桩支护，支护结构顶低于地面。已知：$a=1m$，$b_1=2m$，$h=8m$，$h_1=2.6m$，$l_d=6m$，见图2-14。土层为黏性土，土层参数：$\gamma=19kN/m^3$，$\varphi=18°$，$c=20kPa$。根据《建筑基坑支护技术规程》JGJ 120—2012，计算作用在支护桩外侧单宽主动压力合力为多少？

解：（1）土压力系数：$K_{a1}=\tan^2\left(45°-\dfrac{18°}{2}\right)=0.528$

（2）附加荷载分布范围：$\dfrac{1}{\tan45°}\leqslant z_a\leqslant\dfrac{1+2}{\tan45°}$，即 $1\leqslant z_a\leqslant3$

（3）临界深 $z_0=\dfrac{2\times20}{19\times\sqrt{0.528}}=2.9>2.6$（黏聚力将造成应力叠加后0应力点计算复杂）

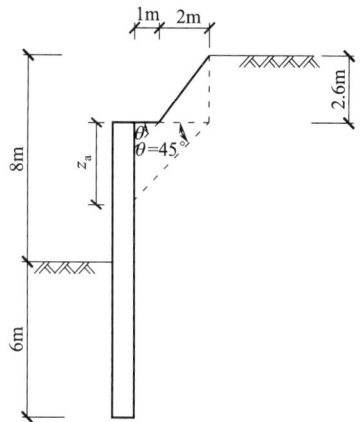

图2-14 计算简图

$$E_{ak1}=\dfrac{1}{2}\times19\times2.6^2\times0.528-2\times20\times2.6\sqrt{0.528}+\dfrac{2\times20^2}{19}=0.443kN/m>0$$

$$\Delta\sigma_k=\dfrac{19\times2.6}{2}(z_a-1)+\dfrac{0.443\times(1+2-z_a)}{0.528\times2^2}=24.49z_a-24.07$$

$$p_{ak}=\left(\sum_{i=1}^{n}\gamma_ih_i+\sum_{j=1}^{m}\Delta\sigma_{k,j}\right)K_{a,i}-2c\sqrt{K_{a,i}}=(19z_a+24.49z_a-24.07)\times0.528-2\times$$

$20 \times \sqrt{0.528}$

（4）突变点土压应力强度计算（图 2-15、图 2-16）：

令 $p_{ak}=0$，即：$(19z_a+24.49z_a-24.07) \times 0.528-2 \times 20 \times \sqrt{0.528}=0 \Rightarrow z_a=1.82 \text{m}$，满足 $1 \leqslant z_a \leqslant 3$

当 $z_a \geqslant 3\text{m}$ 时，$\Delta\sigma_k=\gamma h_1=19 \times 2.6=49.4 \text{kPa}$

当 $z_a=3\text{m}$ 时，$p_{ak}=(19 \times 3+49.4) \times 0.528-2 \times 20 \times \sqrt{0.528}=27.11 \text{kPa}$

当 $z_a=11.4\text{m}$ 时，$p_{ak}=(19 \times 11.4+49.4) \times 0.528-2 \times 20 \times \sqrt{0.528}=111.38 \text{kPa}$

（5）单宽主动土压力合力计算：

$$E_{ak}=\frac{27.11}{2} \times (3.0-1.82)+\frac{27.11+111.4}{2} \times (11.4-3)=597.74 \text{kN/m}$$

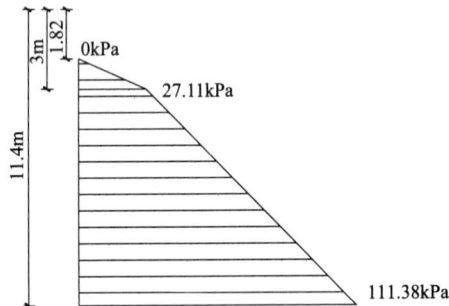

图 2-15　土压力合力分布图

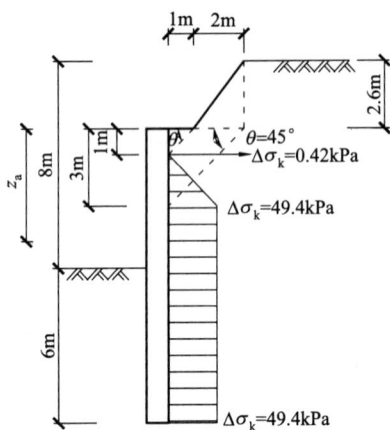

图 2-16　竖向附加应力分布图

2.3　基坑支护工程的计算要点

2.3.1　支护结构的一般要求

基坑支护设计计算，应结合对可能的变形破坏模式进行分析计算，并采用与实际相符的边界条件进行计算，最不利工况或边界条件进行控制，计算开挖工况和支撑施工顺序应与施工一致。设计时应对勘察提供的岩土参数进行复核，避免勘察参数不合理造成的安全隐患或不必要的浪费，以确保结构的安全、合理性。

《建筑基坑支护技术规程》JGJ 120—2012 第 3.1.9 条：基坑支护应按实际的基坑周边建筑物、地下管线、道路和施工荷载等条件进行设计。设计中应提出明确的基坑周边荷载限值、地下水和地表水控制等基坑使用要求。

《建筑基坑支护技术规程》JGJ 120—2012 第 3.1.10 条：基坑支护设计应满足下列主体地下结构的施工要求：

1）基坑侧壁与主体地下结构的净空间和地下水控制应满足主体地下结构及其防水的施工要求；

2）采用锚杆时，其锚头和腰梁不应妨碍地下结构外墙的施工；

3）采用内支撑时，内支撑及腰梁的设置应便于地下结构及其防水的施工。

《建筑基坑支护技术规程》JGJ 120—2012 第 3.1.11 条：支护结构按平面结构分析时，应按基坑各部位的开挖深度、周边环境条件、地质条件等因素划分设计计算剖面。对每一计算剖面，应按其最不利条件进行计算。对电梯井、集水坑等特殊部位，宜单独划分计算剖面。

《建筑基坑支护技术规程》JGJ 120—2012 第 3.1.12 条：基坑支护设计应规定支护结构各构件施工顺序及相应的基坑开挖深度。基坑开挖各阶段和支护结构使用阶段，均应符合《建筑基坑支护技术规程》JGJ 120—2012 第 3.1.4 条（见表 1-2）、第 3.1.5 条的规定。

《建筑基坑支护技术规程》JGJ 120—2012 第 3.1.13 条：在季节性冻土地区，支护结构设计应根据冻胀、冻融对支护结构受力和基坑侧壁的影响采取相应的措施。

《建筑基坑支护技术规程》JGJ 120—2012 第 3.1.15 条：支护结构设计时，应根据工程经验分析判断计算参数取值和计算分析结果的合理性。

2.3.2 支护结构的结构分析

1. 支挡式结构分析方法

《建筑基坑支护技术规程》JGJ 120—2012 第 4.1.1 条：支挡式结构应根据结构的具体形式与受力、变形特性等采用下列分析方法：

（1）锚拉式支挡结构：可将整个结构分解为挡土结构、锚拉结构（锚杆及腰梁、冠梁）分别进行分析；挡土结构宜采用平面杆系结构弹性支点法进行分析；作用在锚拉结构上的荷载应取挡土结构分析时得出的支点力；

（2）支撑式支挡结构：可将整个结构分解为挡土结构、内支撑结构分别进行分析；挡土结构宜采用平面杆系结构弹性支点法进行分析；内支撑结构可按平面结构进行分析，挡土结构传至内支撑的荷载应取挡土结构分析时得出的支点力；对挡土结构和内支撑结构分别进行分析时，应考虑其相互之间的变形协调；

（3）悬臂式支挡结构、双排桩：宜采用平面杆系结构弹性支点法进行分析；

（4）当有可靠经验时，可采用空间结构分析方法对支挡式结构进行整体分析或采用结构与土相互作用的分析方法，对支挡式结构与基坑土体进行整体分析。

2. 支挡式结构分析工况

《建筑基坑支护技术规程》JGJ 120—2012 第 4.1.2 条：支挡式结构应对下列设计工况进行结构分析，并应按其中最不利作用效应进行支护结构设计：

（1）基坑开挖至坑底时的状况；

（2）对锚拉式和支撑式支挡结构，基坑开挖至各层锚杆或支撑施工面时的状况；

（3）在主体地下结构施工过程中需要以主体结构构件替换支撑或锚杆的状况；此时，主体结构构件应满足替换后各设计工况的承载力、变形及稳定性要求；

（4）对采用水平内支撑的支撑式结构，基坑各边水平荷载不对称等各种状况。

3. 支挡式结构分析模型

《建筑基坑支护技术规程》JGJ 120—2012 第 4.1.3 条：采用平面杆系结构弹性支点法时，宜采用图 2-17 所示的结构分析模型且应符合下列规定：

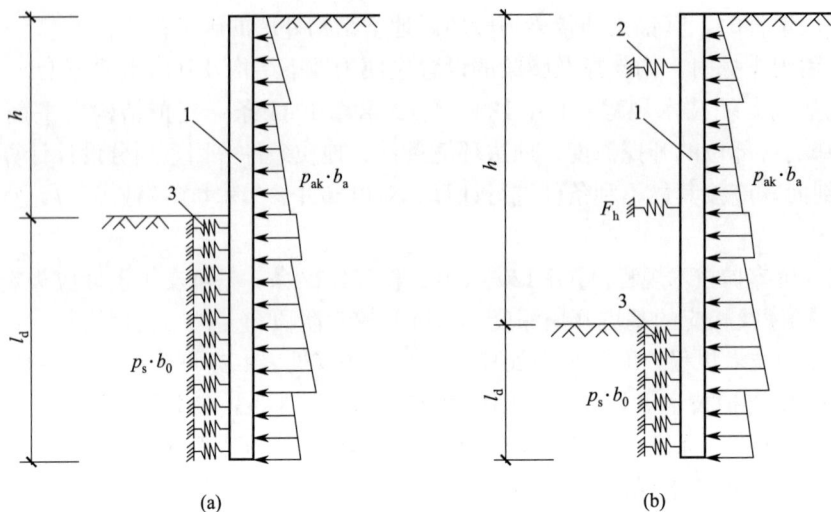

图 2-17　弹性支点法计算

(a) 悬臂式支挡结构；(b) 锚拉式支挡结构或支撑式支挡结构

1—挡土结构；2—自由锚杆或支撑简化而成的弹性支座；3—计算土反力的弹性支座

(1) 主动土压力强度标准值可按《建筑基坑支护技术规程》JGJ 120—2012 第 3.4 节（本书 2.2 节）的有关规定确定。

(2) 土反力可按《建筑基坑支护技术规程》JGJ 120—2012 第 4.1.4 条确定 [本书式 (2.3-7)、式(2.3-8)]。

(3) 挡土结构采用排桩时，作用在单根支护桩上的主动土压力计算宽度应取排桩间距，土反力计算宽度（b_0）应按《建筑基坑支护技术规程》JGJ 120—2012 第 4.1.7 条确定（图 2-18）。

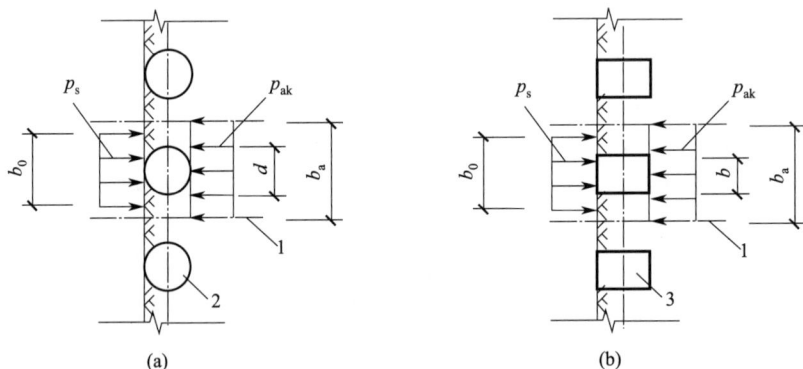

图 2-18　排桩计算宽度

(a) 圆形截面排桩计算宽度；(b) 矩形或工字形截面排桩计算宽度

1—排桩对称中心线；2—圆形桩；3—矩形桩或工字桩

(4) 挡土结构采用地下连续墙时，作用在单幅地下连续墙上的主动土压力计算宽度和土反力计算宽度（b_0）应取包括接头的单幅墙宽度。

(5) 锚杆和内支撑对挡土结构的约束作用应按弹性支座考虑，并应按《建筑基坑支护技术规程》JGJ 120—2012 第 4.1.8 条确定。

4. 排桩的土反力计算宽度

《建筑基坑支护技术规程》JGJ 120—2012 第 4.1.7 条：排桩的土反力计算宽度应按下列公式计算：

对于圆形桩

$$d \leqslant 1 \text{ 时}, b_0 = 0.9 \times (1.5d + 0.5) \tag{2.3-1}$$

$$d > 1 \text{ 时}, b_0 = 0.9 \times (d + 1) \tag{2.3-2}$$

对于矩形桩或工字桩

$$b \leqslant 1 \text{ 时}, b_0 = 1.5b + 0.5 \tag{2.3-3}$$

$$b > 1 \text{ 时}, b_0 = b + 1 \tag{2.3-4}$$

式中　b_0——单根支护桩上的土反力计算宽度（m）；当按式（2.3-1）～式（2.3-4）计算的 b_0 大于排桩间距时，取 b_0 等于排桩间距；

　　　d——桩的直径（m）；

　　　b——矩形桩或工字桩的宽度（m）。

5. 土的水平反力系数的比例系数计算

《建筑基坑支护技术规程》JGJ 120—2012 第 4.1.6 条：土的水平反力系数的比例系数宜按桩的水平荷载试验及地区经验取值，缺少试验和经验时，可按下列经验公式计算：

$$m = \frac{0.2\varphi^2 - \varphi + c}{v_b} \tag{2.3-5}$$

式中　m——土的水平反力系数的比例系数（MN/m^4）；

　　c、φ——土的黏聚力（kPa）、内摩擦角（°），按《建筑基坑支护技术规程》JGJ 120—2012 第 3.1.14 条（本书表 2-1）的规定确定；对多层土，按不同土层分别取值；

　　　v_b——挡土构件在坑底处的水平位移量（mm），当此处的水平位移不大于 10mm 时，可取 $v_b = 10$mm。

6. 土的水平反力系数计算

《建筑基坑支护技术规程》JGJ 120—2012 第 4.1.5 条：挡土构件内侧嵌固段上土的水平反力系数可按下列公式计算：

$$k_s = m(z - h) \tag{2.3-6}$$

式中　m——土的水平反力系数的比例系数（MN/m^4），按《建筑基坑支护技术规程》JGJ 120—2012 第 4.1.6 条确定；

　　　z——计算点距地面的深度（m）；

　　　h——计算工况下的基坑开挖深度（m）。

7. 分布土反力计算

《建筑基坑支护技术规程》JGJ 120—2012 第 4.1.4 条：作用在挡土构件上的分布土反力应符合下列规定：

（1）分布土反力可按下式计算：

$$p_s = k_s v + p_{s0} \tag{2.3-7}$$

（2）挡土构件嵌固段上的基坑内侧分布土反力应符合下列条件；当不符合时，应增加挡土构件的嵌固长度或取 $P_s = E_{pk}$ 时的分布土反力。

$$P_{sk} \leqslant E_{pk} \qquad (2.3\text{-}8)$$

式中　p_s——分布土反力（kPa）；

　　　k_s——土的水平反力系数（kN/m³），按《建筑基坑支护技术规程》JGJ 120—2012 第 4.1.5 条的规定取值［式(2.3-6)］；

　　　v——挡土构件在分布土反力计算点使土体压缩的水平位移值（m）；

　　　p_{s0}——初始土反力强度（kPa）；作用在挡土构件嵌固段上的基坑内侧初始土压力强度可按《建筑基坑支护技术规程》JGJ 120—2012 公式(3.4.2-1) 或公式 (3.4.2-5) 计算［对应本书式(2.2-6) 和式(2.2-10)］，但应将公式中的 p_{ak} 用 p_{s0} 代替、σ_{ak} 用 σ_{pk} 代替、u_a 用 u_p 代替，且不计 $2c_i\sqrt{K_{a,i}}$ 项；

　　　P_{sk}——挡土构件嵌固段上的基坑内侧土反力标准值（kN），通过按《建筑基坑支护技术规程》JGJ 120—2012 公式(4.1.4-1)［对应本书式(2.3-7)］计算的分布土反力得出；

　　　E_{pk}——挡土构件嵌固段上的被动土压力合力（kN），按《建筑基坑支护技术规程》JGJ 120—2012 公式(3.4.2-3) 或公式(3.4.2-6)［对应本书式(2.2-7) 或式(2.2-11)］计算的被动土压力强度标准值得出。

8. 锚拉式支挡结构的弹性支点刚度系数计算

《建筑基坑支护技术规程》JGJ 120—2012 第 4.1.9 条：锚拉式支挡结构的弹性支点刚度系数应按下列规定确定：

（1）锚拉式支挡结构的弹性支点刚度系数宜通过《建筑基坑支护技术规程》JGJ 120—2012 附录 A 规定的基本试验，按下式计算：

$$k_R = \frac{(Q_2 - Q_1)b_a}{(s_2 - s_1)s} \qquad (2.3\text{-}9)$$

式中　Q_1、Q_2——锚杆循环加荷或逐级加荷试验中 Q-s 曲线上对应锚杆锁定值与轴向拉力标准值的荷载值（kN）；对锁定前进行预张拉的锚杆，应取循环加载试验中在相当于预张拉荷载的加载量下卸载后的再加载曲线上的荷载值；

　　　s_1、s_2——Q-s 曲线上对应于荷载为 Q_1、Q_2 的锚头位移值（m）；

　　　b_a——结构计算宽度（m），排桩时取排桩间距，地下连续墙取单幅墙宽；

　　　s——锚杆水平间距（m）。

（2）缺少试验时，弹性支点刚度系数也可按下列公式计算：

$$k_R = \frac{3E_s E_c A_p A b_a}{[3E_c A l_f + E_s A_p (l - l_f)]s} \qquad (2.3\text{-}10)$$

$$E_c = \frac{E_c A_p + E_m (A - A_P)}{A} \qquad (2.3\text{-}11)$$

式中　E_s——锚杆杆体的弹性模量（kPa）；

　　　E_c——锚杆的复合弹性模量（kPa）；

　　　A_p——锚杆杆体的截面面积（m²）；

A——锚杆固结体的截面面积（m^2）；

l_f——锚杆的自由段长度（m）；

l——锚杆的锚固段长度（m）；

E_m——锚杆固结体的弹性模量（kPa）。

（3）当锚杆腰梁或冠梁的挠度不可忽略不计时，尚应考虑其挠度对弹性支点刚度系数的影响。

9. 支撑式支挡结构的弹性支点刚度系数计算

《建筑基坑支护技术规程》JGJ 120—2012 第4.1.10条：支撑式支挡结构的弹性支点刚度系数宜通过对内支撑结构整体进行线弹性结构分析得出的支点力与水平位移的关系确定。对水平对撑，当支撑腰梁或冠梁的挠度可忽略不计时，计算宽度内弹性支点刚度系数（k_R）可按下式计算：

$$k_R = \frac{\alpha_R E A b_a}{\lambda l_0 s} \tag{2.3-12}$$

式中　λ——支撑不动点调整系数：支撑两对边基坑的土性、深度、周边荷载等条件相近且分层对称开挖时，取 $\lambda=0.5$；支撑两对边基坑的土性、深度、周边荷载等条件或开挖时间有差异时，对土压力较大或先开挖的一侧，取 $\lambda=0.5\sim1.0$，且差异大时取大值，反之取小值；对土压力较小或后开挖的一侧，取（$1-\lambda$）；当基坑一侧取 $\lambda=1$ 时，基坑另一侧应按固定支座考虑；对竖向斜撑构件，取 $\lambda=1$；

α_R——支撑松弛系数，对混凝土支撑和预加轴向压力的钢支撑，取 $\alpha_R=1.0$；对不预加支撑轴向压力的钢支撑，取 $\alpha_R=0.8\sim1.0$；

E——支撑材料的弹性模量（kPa）；

A——支撑的截面面积（m^2）；

l_0——受压支撑构件的长度（m）；

s——支撑水平间距（m）。

10. 锚杆和内支撑对挡土构件的作用力计算

《建筑基坑支护技术规程》JGJ 120—2012 第4.1.8条：锚杆和内支撑对挡土构件的作用力应按下式确定：

$$F_h = k_R(v_R - v_{R0}) + P_h \tag{2.3-13}$$

式中　F_h——挡土构件计算宽度内的弹性支点水平反力（kN）；

k_R——计算宽度内弹性支点刚度系数（kN/m）；采用锚杆时可按第4.1.9条的规定确定［式(2.3-9)～式(2.3-10)］，采用内支撑时可按第4.1.10条的规定确定［式(2.3-12)］；

v_R——挡土构件在支点处的水平位移值（m）；

v_{R0}——设置支点时，支点的初始水平位移值（m）；

P_h——挡土构件计算宽度内的法向预加力（kN）；采用锚杆或竖向斜撑时，取 $P_h=P \cdot \cos\alpha \cdot b_a/s$；采用水平对撑时，取 $P_h=P \cdot b_a/s$；对不预加轴向压力的支撑，取 $P_h=0$；采用锚杆时 $P=(0.75\sim0.9)N_k$，采用支撑时 $P=(0.5\sim0.8)N_k$；

P——锚杆的预加轴向拉力值或支撑的预加轴向压力值（kN）；

α——锚杆倾角或支撑仰角；

b_a——挡土结构计算宽度（m），对单根支护桩，取排桩间距；对单幅地下连续墙，取包括接头的单幅墙宽度；

s——锚杆或支撑的水平间距（m）；

N_k——锚杆轴向拉力标准值或支撑轴向压力标准值（kN）。

2.3.3　稳定性验算

1. 悬臂式支挡结构的嵌固深度 l_d

《建筑基坑支护技术规程》JGJ 120—2012 第 4.2.1、4.2.7 条：悬臂式支挡结构的嵌固深度 l_d 应符合下列嵌固稳定性的要求（图 2-19），尚不宜小于 $0.8h$。

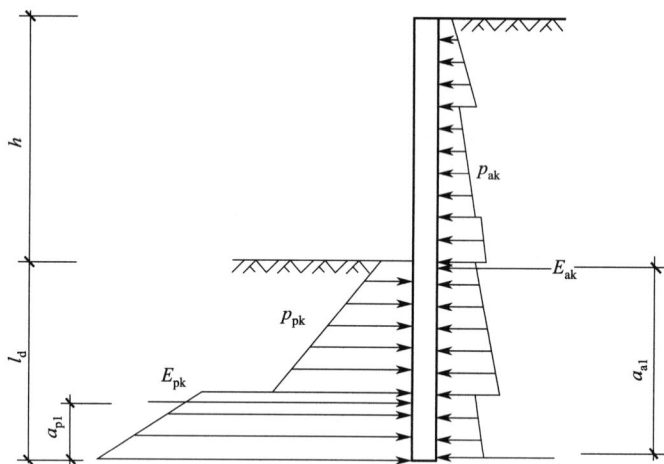

图 2-19　悬臂式结构嵌固稳定性验算

$$\frac{E_{pk}a_{p1}}{E_{ak}a_{a1}} \geqslant K_e \qquad (2.3\text{-}14)$$

式中　K_e——嵌固稳定安全系数；安全等级为一级、二级、三级的悬臂式支挡结构，K_e 分别不应小于 1.25、1.2、1.15；

E_{ak}、E_{pk}——基坑外侧主动土压力、基坑内侧被动土压力合力的标准值（kN）；

a_{a1}、a_{p1}——基坑外侧主动土压力、基坑内侧被动土压力合力作用点至挡土构件底端的距离（m）。

2. 单层锚杆和单层支撑的支挡结构的嵌固深度 l_d

《建筑基坑支护技术规程》JGJ 120—2012 第 4.2.2、4.2.7 条：单层锚杆和单层支撑的支挡结构的嵌固深度 l_d 应符合下列嵌固稳定性的要求（图 2-20），尚不宜小于 $0.3h$。

$$\frac{E_{pk}a_{p2}}{E_{ak}a_{a2}} \geqslant K_e \qquad (2.3\text{-}15)$$

式中　K_e——嵌固稳定安全系数；安全等级为一级、二级、三级的锚拉式支挡结构和支撑式支挡结构，K_e 分别不应小于 1.25、1.2、1.15；

a_{a2}、a_{p2}——基坑外侧主动土压力、基坑内侧被动土压力合力作用点至支点的距离（m）。

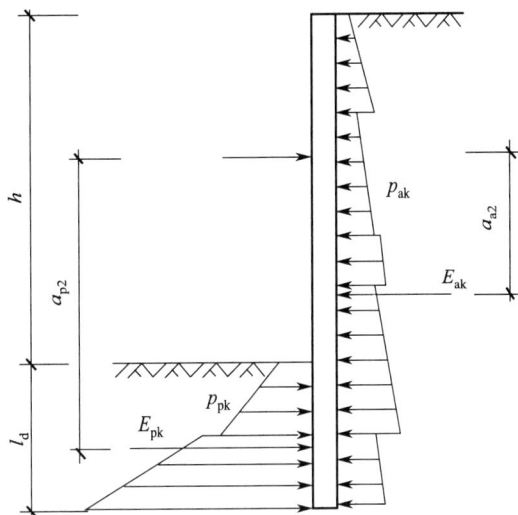

图 2-20　单层锚杆和单层支撑的支挡结构嵌固稳定性验算

3. 整体稳定性验算

《建筑基坑支护技术规程》JGJ 120—2012 第 4.2.3 条：锚拉式、悬臂式和双排桩支挡结构应按下列规定进行整体稳定性验算：

（1）整体滑动稳定性可采用圆弧滑动条分法进行验算；

（2）采用圆弧滑动条分法时，其整体稳定性应符合下列规定（图 2-21）：

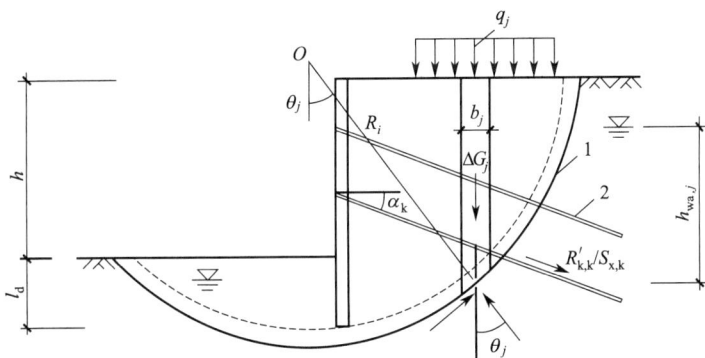

图 2-21　圆弧滑动条分法整体稳定性验算
1—任意圆弧滑动面；2—锚杆

$$\min\{K_{s,1},K_{s,2},\cdots,K_{s,i},\cdots\}\geqslant K_s \qquad (2.3\text{-}16)$$

$$K_{s,i}=\frac{\sum\{c_jl_j+[(q_jb_j+\Delta G_j)\cos\theta_j-u_jl_j]\tan\varphi_j\}+\sum R'_{k,k}[\cos(\theta_k+\alpha_k)+\psi_v]/s_{x,k}}{\sum(q_jb_j+\Delta G_j)\sin\theta_j}$$

$$(2.3\text{-}17)$$

式中　K_s——圆弧滑动整体稳定安全系数；安全等级为一级、二级、三级的锚拉式支挡结构，K_s 分别不应小于 1.35、1.3、1.25；

　　　$K_{s,i}$——第 i 个滑动圆弧的抗滑力矩与滑动力矩的比值；抗滑力矩与滑动力矩之比的最小值宜通过搜索不同圆心及半径的所有潜在滑动圆弧确定；

c_j、φ_j——第 j 土条滑弧面处土的黏聚力（kPa）、内摩擦角（°），按《建筑基坑支护技术规程》JGJ 120—2012 第 3.1.14 条的规定取值（表 1-2）；

b_j——第 j 土条的宽度（m）；

θ_j——第 j 土条滑弧面中点处的法线与垂直面的夹角（°）；

l_j——第 j 土条的滑弧段长度（m），取 $l_j = b_j / \cos\theta_j$；

q_j——作用在第 j 土条上的附加分布荷载标准值（kPa）；

ΔG_j——第 j 土条的自重（kN），按天然重度计算；

u_j——第 j 土条在滑弧面上的孔隙水压力（kPa）；基坑采用落底式截水帷幕时，对地下水位以下的砂土、碎石土、粉土，在基坑外侧，可取 $u_j = \gamma_w h_{wa,j}$，在基坑内侧，可取 $u_j = \gamma_w h_{wp,j}$；在地下水位以上或对地下水位以下的黏性土，取 $u_j = 0$；

γ_w——地下水重度（kN/m^3）；

$h_{wa,j}$——基坑外地下水位至第 j 土条滑弧面中点的压力水头（m）；

$h_{wp,j}$——基坑内地下水位至第 j 土条滑弧面中点的压力水头（m）；

$R'_{k,k}$——第 k 层锚杆在滑动面以外的锚固体极限抗拔承载力标准值与锚杆杆体受拉承载力标准值（$f_{ptk}A_p$）的较小值；锚固体的极限抗拔承载力应按《建筑基坑支护技术规程》JGJ 120—2012 第 4.7.4 条的规定计算，但锚固段应取滑动面以外的长度；对悬臂式、双排桩支挡结构，不考虑 $\sum R'_{k,k}[\cos(\theta_k + \alpha_k) + \psi_v]/s_{x,k}$ 项；

α_k——第 k 层锚杆的倾角（°）；

$s_{x,k}$——第 k 层锚杆的水平间距（m）；

ψ_v——计算系数，可按 $\psi_v = 0.5\sin(\theta_k + \alpha_k)\tan\varphi$ 取值；此处，φ 为第 k 层锚杆与滑弧交点处土的内摩擦角；

θ_k——滑弧面在第 k 层锚杆处的法线与垂直面的夹角（°）。

4. 坑底隆起稳定性验算

《建筑基坑支护技术规程》JGJ 120—2012 第 4.2.4 条：支挡结构的嵌固深度应符合下列坑底隆起稳定性要求：

（1）锚拉式支挡结构和支撑式支挡结构的嵌固深度应符合下列规定（图 2-22）：

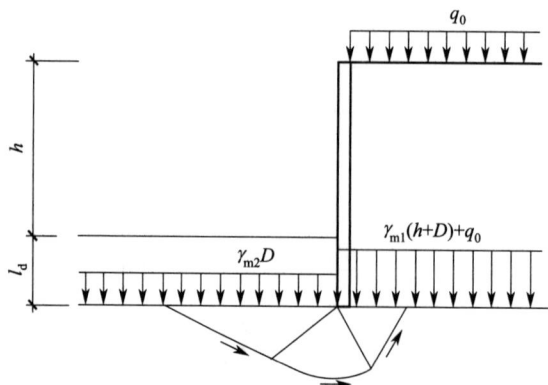

图 2-22 挡土构件底端平面下土的抗隆起稳定性验算

$$\frac{\gamma_{m2}l_d N_q + cN_c}{\gamma_{m1}(h+l_d)+q_0} \geqslant K_b \qquad (2.3\text{-}18)$$

$$N_q = \tan^2\left(45° + \frac{\varphi}{2}\right)e^{\pi\tan\varphi} \qquad (2.3\text{-}19)$$

$$N_c = (N_q-1)/\tan\varphi \qquad (2.3\text{-}20)$$

式中　K_b——抗隆起安全系数；安全等级为一级、二级、三级的支护结构，K_b 分别不
　　　　　应小于 1.8、1.6、1.4；

γ_{m1}、γ_{m2}——分别为基坑外、基坑内挡土构件底面以上土的重度（kN/m^3）；对地下水位
　　　　　以下的砂土、碎石土、粉土，取浮重度；对多层土，取各层土按厚度加权
　　　　　的平均重度；

　　l_d——基坑底面至挡土构件底面的土层厚度（m）；

　　h——基坑深度（m）；

　　q_0——地面均布荷载（kPa）；

N_c、N_q——承载力系数；

　c、φ——挡土构件底面以下土的黏聚力（kPa）、内摩擦角（°），按《建筑基坑支护
技术规程》JGJ 120—2012 第 3.1.14 条的规定取值（表 1-2）。

（2）当挡土构件底面以下有软弱下卧层时，挡土构件底面土的抗隆起稳定性验算的部
位尚应包括软弱下卧层，公式(2.3-18) 中的 γ_{m1}、γ_{m2} 应取软弱下卧层顶面以上土的重度
（图 2-23），l_d 应以 D 代替，D 为基坑底面至软弱下卧层顶面的土层厚度（m）。

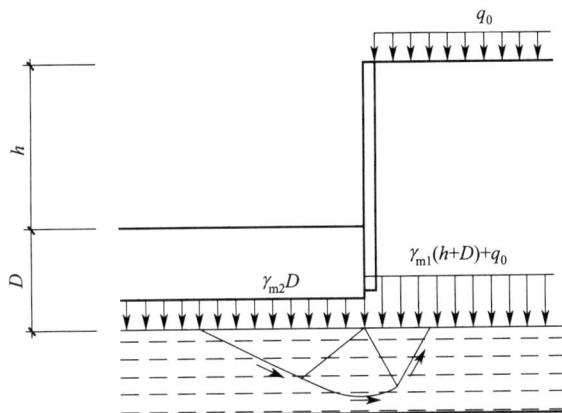

图 2-23　软弱下卧层的抗隆起稳定性验算

（3）悬臂式支挡结构可不进行抗隆起稳定性验算。

5. 锚拉式支挡结构和支撑式支挡结构嵌固稳定性验算

《建筑基坑支护技术规程》JGJ 120—2012 第 4.2.5 条：锚拉式支挡结构和支撑式支
挡结构，当坑底以下为软土时，其嵌固深度应符合以最下层支点为轴心的圆弧滑动稳定性
要求（图 2-24）：

$$\frac{\sum[c_j l_j + (q_j b_j + \Delta G_j)\cos\theta_j \tan\varphi_j]}{\sum(q_j b_j + \Delta G_j)\sin\theta_j} \geqslant K_r \qquad (2.3\text{-}21)$$

式中　K_r——以最下层支点为轴心的圆弧滑动整体稳定安全系数；安全等级为一级、二

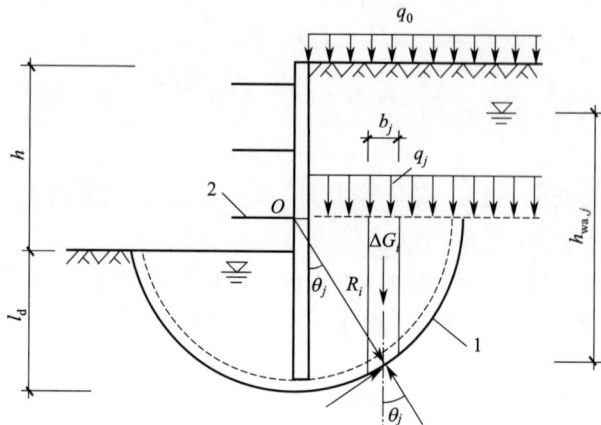

图 2-24 以最下层支点为轴心的圆弧滑动稳定性验算

1—任意圆弧滑动面；2—最下层支点

级、三级的支挡结构，K_r 分别不应小于 2.2、1.9、1.7；

c_j、φ_j——第 j 土条滑弧面处土的黏聚力（kPa）、内摩擦角（°），按《建筑基坑支护技术规程》JGJ 120—2012 第 3.1.14 条的规定取值（表 1-2）；

l_j——第 j 土条的滑弧段长度（m），取 $l_j = b_j / \cos\theta_j$；

q_j——作用在第 j 土条上的附加分布荷载标准值（kPa）；

b_j——第 j 土条的宽度（m）；

θ_j——第 j 土条滑弧面中点处的法线与垂直面的夹角（°）；

ΔG_j——第 j 土条的自重（kN），按天然重度计算。

6. 渗透稳定性验算

（1）《建筑基坑支护技术规程》JGJ 120—2012 附录 C 第 C.0.1 条：坑底以下有水头高于坑底的承压水含水层，且未用截水帷幕隔断其基坑内外的水力联系时，承压水作用下的坑底突涌稳定性应符合下式规定（图 2-25）：

$$\frac{D\gamma}{h_w \gamma_w} \geqslant K_h \qquad (2.3\text{-}22)$$

式中　K_h——突涌稳定安全系数；K_h 不应小于 1.1；

D——承压水含水层顶面至坑底土层厚度（m）；

γ——承压水含水层顶面至坑底土层的天然重度（kN/m³），对多层土，取各层土按厚度加权的平均天然重度；

h_w——承压水含水层顶面的压力水

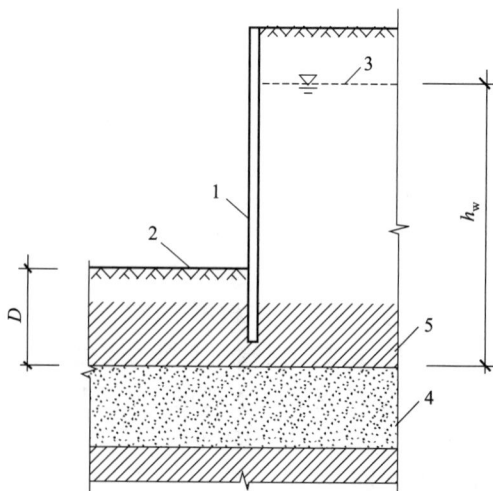

图 2-25 坑底土体的突涌稳定性验算

1—截水帷幕；2—基底；3—承压水测管水位；

4—承压水含水层；5—隔水层

头高度（m）；

γ_w——水的重度（kN/m^3）。

（2）《建筑基坑支护技术规程》JGJ 120—2012 附录 C 第 C.0.2 条：悬挂式截水帷幕底端位于碎石土、砂土或粉土含水层时，对均质含水层，地下水渗流的流土稳定性应符合下式规定（图 2-26）：

$$\frac{(2l_d+0.8D_1)\gamma'}{\Delta h\gamma_w}\geqslant K_f \tag{2.3-23}$$

式中　K_f——流土稳定性安全系数；安全等级为一、二、三级的支护结构，K_f 分别不应小于 1.6、1.5、1.4；

l_d——截水帷幕在坑底以下的插入深度（m）；

D_1——潜水水面或承压水含水层顶面至基坑底面的土层厚度（m）；

γ'——土的浮重度（kN/m^3）；

Δh——基坑内外的水头差（m）；

γ_w——水的重度（kN/m^3）。

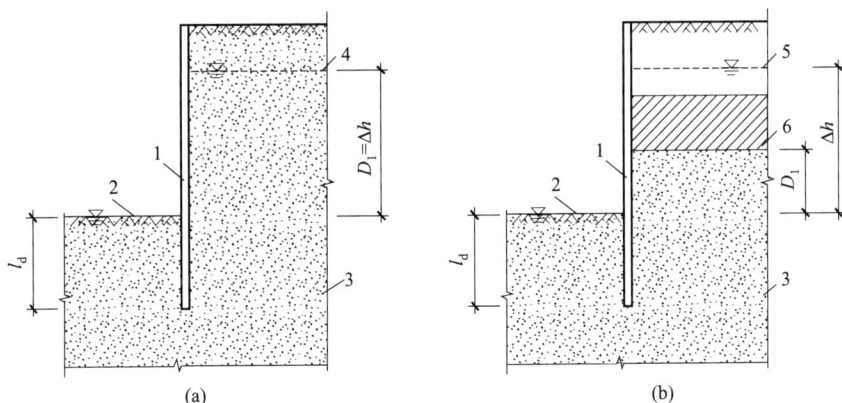

图 2-26　采用悬挂式帷幕截水时的流土稳定性验算

（a）潜水；（b）承压水图

1—截水帷幕；2—基坑底面；3—含水层；4—潜水水位；5—承压水测管水位；6—承压含水层顶面

（3）《建筑基坑支护技术规程》JGJ 120—2012 附录 C 第 C.0.3 条：坑底以下为级配不连续的砂土、碎石土含水层时，应进行土的管涌可能性判别。

第 3 章

锚杆（索）设计

3.1 锚杆（索）概述

锚杆（索）是一种受拉杆，它的一端与挡土构件连接，另一端通过钻孔、插入锚杆（索）、灌浆、养护等工序锚固在稳定的地层中，以承受土压力对挡土结构所受到的水土压力，从而利用锚杆（索）与地层间的锚固力来维持挡土结构的稳定。锚杆全长由锚头、自由段和锚固段三段构成。自由段在破裂面以内，锚固段则在计算破裂面以外，锚固段才能提供抗拔力。见图 3-1。

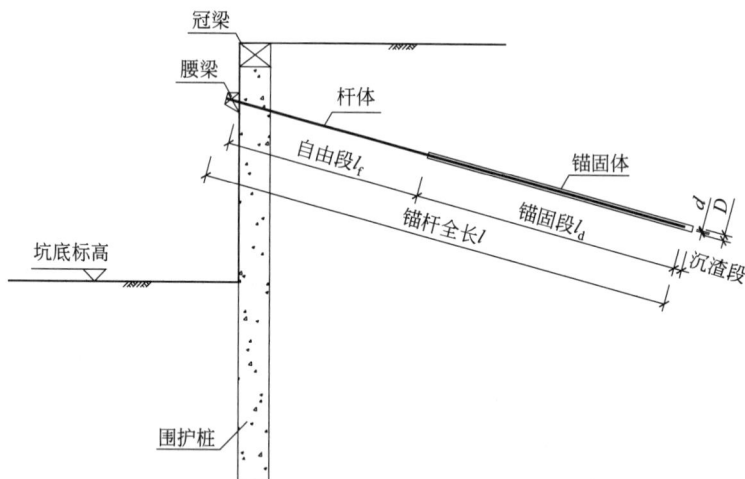

图 3-1　锚杆支护典型断面（构造大样）

D—锚固体直径；d—杆体直径

锚杆自由段长度是锚杆杆体不受注浆固结体约束可自由伸长的部分，也就是杆体用套管与注浆固结体隔离的部分。锚杆自由段应超过理论滑动面。

锚杆有多种类型，基坑工程中主要采用钢绞线锚杆，当设计的锚杆承载力较低时，也可采用钢筋锚杆。从锚杆杆体材料上讲，钢绞线锚杆杆体为预应力钢绞线，具有强度高、性能好、运输安装方便等优点。由于其抗拉强度设计值是普通热轧钢筋的 4 倍左右，是性价比较高的杆体材料。预应力钢绞线锚杆在张拉锁定的可操作性、施加预应力的稳定性方面均优于钢筋。因此，预应力钢绞线锚杆应用最多。

锚杆的适用条件如下：

（1）锚拉结构宜采用钢绞线锚杆；当设计的锚杆抗拔承载力较低时，也可采用钢筋锚杆；当环境保护不允许在支护结构使用功能完成后锚杆杆体滞留于基坑周边地层内时，应采用可拆芯钢绞线锚杆；

（2）在易塌孔的松散或稍密的砂土、碎石土、粉土、填土层，高液性指数的饱和黏性土层，高水压力的各类土层中，钢绞线锚杆、钢筋锚杆宜采用套管护壁成孔工艺；

（3）锚杆注浆宜采用二次压力注浆工艺；

（4）锚杆锚固段不宜设置在淤泥、淤泥质土、泥炭、泥炭质土及松散填土层内；

（5）在复杂地质条件下，应通过现场试验确定锚杆的适用性。

3.2 锚杆（索）布置及构造

3.2.1 锚杆的布置

锚杆的布置按《建筑基坑支护技术规程》JGJ 120—2012 第 4.7.8 条：

1）锚杆的水平间距不宜小于 1.5m；多层锚杆，其竖向间距不宜小于 2.0m；当锚杆的间距小于 1.5m 时，应根据群锚效应对锚杆抗拔承载力进行折减或相邻锚杆应取不同的倾角。

2）锚杆锚固段的上覆土层厚度不宜小于 4.0m。

3）锚杆倾角宜取 15°～25°，不应大于 45°，不应小于 10°；锚杆的锚固段宜设置在土的粘结强度高的土层内。

4）当锚杆上方存在天然地基的建筑物或地下构筑物时，宜避开易塌孔、变形的地层。

3.2.2 锚杆的构造

锚杆的构造按《建筑基坑支护技术规程》JGJ 120—2012 第 4.7.9 条：

1）锚杆成孔直径宜取 100～150mm；

2）锚杆自由段的长度不应小于 5m，且穿过潜在滑动面进入稳定土层的长度不应小于 1.5m；钢绞线、钢筋杆体在自由段应设置隔离套管；

3）土层中的锚杆锚固段长度不宜小于 6m；

4）锚杆杆体的外露长度应满足腰梁、台座尺寸及张拉锁定的要求；

5）锚杆杆体用钢绞线应符合现行国家标准《预应力混凝土用钢绞线》GB/T 5224 的有关规定；

6）普通钢筋锚杆的杆体宜选用预应力螺纹钢筋、HRB400、HRB500 螺纹钢筋；

7）应沿锚杆杆体全长设置定位支架；定位支架应能使相邻定位支架中点处锚杆杆体的注浆固结体保护层厚度不小于 10mm，定位支架的间距宜根据锚杆杆体的组装刚度确定，对自由段宜取 1.5～2.0m；对锚固段宜取 1.0～1.5m；定位支架应能使各根钢绞线相互分离；

8）钢绞线用锚具应符合现行国家标准《预应力筋用锚具、夹具和连接器》GB/T 14370 的规定；

9）锚杆注浆应采用水泥浆或水泥砂浆，注浆固结体强度不宜低于 20MPa。

3.2.3 腰梁、冠梁及垫块的构造及计算要求

腰梁、冠梁及垫块的构造按《建筑基坑支护技术规程》JGJ 120—2012 第 4.7.10 条～第 4.7.15 条：

1）锚杆腰梁可采用型钢组合梁或混凝土梁。锚杆腰梁应按受弯构件设计。锚杆腰梁的正截面、斜截面承载力，对混凝土腰梁，应符合现行国家标准《混凝土结构设计规范》GB 50010 的规定；对型钢组合腰梁，应符合现行国家标准《钢结构设计标准》GB 50017 的规定。当锚杆锚固在混凝土冠梁上时，冠梁应按受弯构件设计。

2）锚杆腰梁应根据实际约束条件按连续梁或简支梁计算。计算腰梁的内力时，腰梁的荷载应取结构分析时得出的支点力设计值。

3）型钢组合腰梁可选用双槽钢或双工字钢，槽钢之间或工字钢之间应用缀板焊接为整体构件，焊缝连接应采用贴角焊。双槽钢或双工字钢之间的净间距应满足锚杆杆体平直穿过的要求。

4）采用型钢组合腰梁时，腰梁应满足在锚杆集中荷载作用下的局部受压稳定与受扭稳定的构造要求。当需要增加局部受压和受扭稳定性时，可在型钢翼缘端口处配置加劲肋板。

5）混凝土腰梁、冠梁宜采用斜面与锚杆轴线垂直的梯形截面；腰梁、冠梁的混凝土强度等级不宜低于 C25。采用梯形截面时，截面的上边水平尺寸不宜小于 250mm。

6）采用楔形钢垫块时，楔形钢垫块与挡土构件、腰梁的连接应满足受压稳定性和锚杆垂直分力作用下的受剪承载力要求。采用楔形混凝土垫块时，混凝土垫块应满足抗压强度和锚杆垂直分力作用下的受剪承载力要求，且其强度等级不宜低于 C25。

3.3 锚杆（索）的设计

3.3.1 锚杆轴向拉力标准值、设计值及杆体的受拉承载力计算

1. 锚杆轴向拉力标准值 N_k

锚杆轴向拉力标准值 N_k 按《建筑基坑支护技术规程》JGJ 120—2012 第 4.7.3 条计算：

$$N_k = \frac{F_h s}{b_a \cos\alpha} \tag{3.3-1}$$

式中　N_k——锚杆的轴向拉力标准值（kN）；

　　　F_h——挡土构件计算宽度内的弹性支点水平反力（kN），按《建筑基坑支护技术规程》JGJ 120—2012 第 4.1 节的规定［本书式(2.3-13)］确定；

　　　s——锚杆水平间距（m）；

b_a——结构计算宽度（m）；

α——锚杆倾角（°）。

2. 锚杆轴向拉力设计值 N

锚杆轴向拉力设计值 N 按《建筑基坑支护技术规程》JGJ 120—2012 第 3.1.7 条计算：

$$N = \gamma_0 \gamma_F N_k \tag{3.3-2}$$

式中　γ_0——支护结构重要性系数，按《建筑基坑支护技术规程》JGJ 120—2012 第 3.1.6 条（表 2-1）规定采用；

γ_F——作用基本组合的综合分项系数，按《建筑基坑支护技术规程》JGJ 120—2012 第 3.1.6 条规定采用，不小于 1.25。

3. 锚杆杆体的受拉承载力验算

锚杆杆体的受拉承载力按《建筑基坑支护技术规程》JGJ 120—2012 第 4.7.6 条计算：

$$N \leqslant f_{py} A_p \tag{3.3-3}$$

式中　N——锚杆轴向拉力设计值（kN），按《建筑基坑支护技术规程》JGJ 120—2012 第 3.1.7 的规定计算［本书式(3.3-2)］；

f_{py}——预应力钢筋抗拉强度设计值（kPa）；当锚杆杆体采用普通钢筋时，取普通钢筋强度设计值（f_y）；

A_p——预应力钢筋的截面面积（m²）。

3.3.2　锚杆的非锚固段长度计算

依据《建筑基坑支护技术规程》JGJ 120—2012 第 4.7.5 条，锚杆的非锚固段长度 l_f 应按下式确定，且不小于 5.0m（图 3-2）：

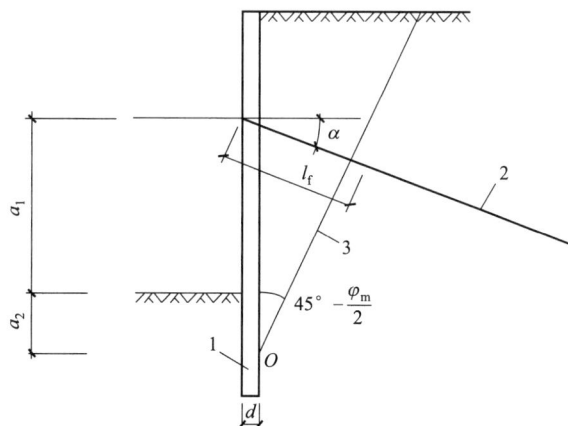

图 3-2　理论直线滑动面

1—挡土构件；2—锚杆；3—理论直线滑动面

$$l_{\mathrm{f}} \geqslant \frac{(a_1 + a_2 - d\tan\alpha)\sin\left(45° - \dfrac{\varphi_{\mathrm{m}}}{2}\right)}{\sin\left(45° + \dfrac{\varphi_{\mathrm{m}}}{2} + \alpha\right)} + \frac{d}{\cos\alpha} + 1.5 \tag{3.3-4}$$

式中　l_{f}——锚杆非锚固段长度（m）；

　　　α——锚杆的倾角（°）；

　　　a_1——锚杆的锚头中点至基坑底面的距离（m）；

　　　a_2——基坑底面至挡土构件嵌固段上基坑外侧主动土压力强度与基坑内侧被动土压力强度等值点 O 的距离（m）；对多层土地层，当存在多个等值点时应按其中最深处的等值点计算；

　　　d——挡土构件的水平尺寸（m）；

　　　φ_{m}——O 点以上各土层按厚度加权的内摩擦角平均值（°）。

3.3.3　锚杆极限抗拔承载力的确定

锚杆极限抗拔承载力 R_{k} 按《建筑基坑支护技术规程》JGJ 120—2012 第 4.7.3 条确定：

1）锚杆极限抗拔承载力应通过抗拔试验确定，其试验方法应符合《建筑基坑支护技术规程》JGJ 120—2012 附录 A 的规定。

2）锚杆极限抗拔承载力标准值也可按下式估算，但应按《建筑基坑支护技术规程》JGJ 120—2012 附录 A 规定的抗拔试验进行验证：

$$R_{\mathrm{k}} = \pi d \sum q_{\mathrm{sk},i} l_i \tag{3.3-5}$$

式中　d——锚杆的锚固体直径（m）；

　　　l_i——锚杆的锚固段在第 i 土层中的长度（m）；锚固段长度为锚杆在理论直线滑动面以外的长度，理论直线滑动面按《建筑基坑支护技术规程》JGJ 120—2012 第 4.7.5 条的规定确定；

　　　$q_{\mathrm{sk},i}$——锚固体与第 i 土层之间的极限粘结强度标准值（kPa），应根据工程经验并结合《建筑基坑支护技术规程》JGJ 120—2012 表 4.7.4（表 3-1）取值。

锚杆极限粘结强度标准值　　　　　　　　　　表 3-1

土的名称	土的状态密实程度	q_{sk}（kPa）		土的名称	土的状态密实程度	q_{sk}（kPa）	
		一次常压注浆	二次压力注浆			一次常压注浆	二次压力注浆
填土		16～30	30～45	粉细砂	稍密	22～42	40～70
淤泥质土		16～20	20～30		中密	42～63	75～110
					密实	63～85	90～130
黏性土	$I_{\mathrm{L}} > 1$	18～30	25～45	中砂	稍密	54～74	70～100
	$0.75 < I_{\mathrm{L}} \leqslant 1$	30～40	45～60		中密	74～90	100～130
	$0.5 < I_{\mathrm{L}} \leqslant 0.75$	40～53	60～70		密实	90～120	130～170
	$0.25 < I_{\mathrm{L}} \leqslant 0.5$	53～65	70～85	粗砂	稍密	80～130	100～140
	$0 < I_{\mathrm{L}} \leqslant 0.25$	65～73	85～100		中密	130～170	170～220
	$I_{\mathrm{L}} \leqslant 0$	73～90	100～130		密实	170～220	220～250

土的名称	土的状态密实程度	q_{sk}(kPa)		土的名称	土的状态密实程度	q_{sk}(kPa)	
		一次常压注浆	二次压力注浆			一次常压注浆	二次压力注浆
粉土	$e>0.9$	22~44	40~60	砾砂	中密、密实	190~260	240~290
	$0.75 \leqslant e \leqslant 0.9$	44~64	60~90	风化岩	全风化	80~100	120~150
	$e<0.75$	64~100	80~130		强风化	150~200	200~260

注: 1. 采用泥浆护壁成孔工艺时,应按表取低值后再根据具体情况适当折减;

2. 采用套管护壁成孔工艺时,可取表中的高值;

3. 采用扩孔工艺时,可在表中数值基础上适当提高;

4. 采用分段劈裂二次压力注浆工艺时,可在表中二次压力注浆数值基础上适当提高;

5. 当砂土中的细粒含量超过总质量的30%时,按表取值后应乘以0.75的系数;

6. 对有机质含量为5%~10%的有机质土,应按表取值后适当折减;

7. 当锚杆锚固段长度大于16m时,应对表中数值适当折减。

3.3.4 锚杆锚固长度的计算

锚杆锚固长度按《建筑基坑支护技术规程》JGJ 120—2012第4.7.2、4.7.9条第3款确定。锚杆的极限抗拔承载力应符合下式要求:

$$\frac{R_k}{N_k} \geqslant K_t \qquad (3.3\text{-}6)$$

式中 K_t——锚杆抗拔安全系数;安全等级为一级、二级、三级的支护结构,K_t分别不应小于1.8、1.6、1.4;

    N_k——锚杆轴向拉力标准值(kN),按《建筑基坑支护技术规程》JGJ 120—2012第4.7.3条的规定计算,见式(3.3-1);

    R_k——锚杆极限抗拔承载力标准值(kN),按《建筑基坑支护技术规程》JGJ 120—2012第4.7.4条的规定计算,见式(3.3-5)。

不满足式(3.3-6)要求时,可调整式(3.3-5)中的锚杆长度或锚固体直径。

3.3.5 锚杆设计注意事项

为了使锚杆与周围土层有足够的接触应力,锚固体上覆土层厚度不宜小于4m,上覆土层厚度太小,接触应力也小,锚杆与土的粘结强度会较低。当锚杆采用二次高压注浆时,上覆土层有一定厚度才能保证在较高注浆压力作用下注浆,浆液不会从地表溢出或流入地下管线内。锚杆倾角宜取15°~25°,不应大于45°,也不应小于10°。理论上讲,锚杆水平倾角越小,锚杆拉力的水平分力所占比例越大。但是锚杆水平倾角太小,会影响注浆效果。锚杆水平倾角越大,锚杆拉力的水平分力所占比例越小,锚杆拉力的有效值减小,就会需要更长的锚杆长度,也就越不经济。同时,锚杆的竖向分力较大,对锚头连接要求更高并使挡土构件有向下变形的趋势。另外,应按尽量使锚杆锚固段进入粘结强度较高土层的原则确定锚杆倾角。

锚杆施工时的塌孔、对地层的扰动,会引起锚杆上部土体的下沉。若锚杆之上存在建(构)筑物等,锚杆成孔造成的地基变形可能使其发生沉降甚至损坏。因此,设置锚杆需避开易塌孔、变形的地层。

锚杆间距并不是越小越好，锚杆太密，会出现群锚效应，降低锚杆的抗拔力。根据《建筑基坑支护技术规程》JGJ 120—2012 第 4.7.8 条的条文说明：当土层锚杆间距为 1.0m 时，考虑群锚效应的锚杆抗拔力折减系数可取 0.8；锚杆间距在 1.0～1.5m 之间时，锚杆抗拔力折减系数可按此内插；锚杆间距超过 1.5m 时，无明显群锚效应。

3.4 锚杆（索）的张拉和检测

3.4.1 预应力锚杆的张拉锁定

预应力锚杆的张拉锁定按《建筑基坑支护技术规程》JGJ 120—2012 第 4.8.7 条：

1）当锚杆固结体的强度达到设计强度的 75% 且不小于 15MPa 后，方可进行锚杆的张拉锁定。

2）拉力型钢绞线锚杆宜采用钢绞线束整体张拉锁定的方法。

3）锚杆锁定前，应按《建筑基坑支护技术规程》JGJ 120—2012 表 4.8.8 的张拉值进行锚杆预张拉；锚杆张拉应平缓加载，加载速率不宜大于 $0.1N_k/\min$，此处，N_k 为锚杆轴向拉力标准值；在张拉值下的锚杆位移和压力表压力应保持稳定，当锚头位移不稳定时，应判定此根锚杆不合格。

4）锁定时的锚杆拉力应考虑锁定过程的预应力损失量；预应力损失量宜通过对锁定前、后锚杆拉力的测试确定；缺少测试数据时，锁定时的锚杆拉力可取锁定值的 1.1～1.15 倍。

5）锚杆锁定尚应考虑相邻锚杆张拉锁定引起的预应力损失，当锚杆预应力损失严重时，应进行再次锁定；锚杆出现锚头松弛、脱落、锚具失效等情况时，应及时进行修复并对其再次锁定。

6）当锚杆需要再次张拉锁定时，锚具外杆体的长度和完好程度应满足张拉要求。

3.4.2 锚杆的抗拔承载力的检测

锚杆的抗拔承载力的检测按《建筑基坑支护技术规程》JGJ 120—2012 第 4.8.8 条：

1）检测数量不应少于锚杆总数的 5%，且同一土层中的锚杆检测数量不应少于 3 根。

2）检测试验应在锚杆的固结体强度达到 15MPa 或达到设计强度的 75% 后进行。

3）检测锚杆应采用随机抽样的方法选取。

4）抗拔承载力检测值：一级基坑（$1.4N_k$）；二级基坑（$1.3N_k$）；三级基坑（$1.2N_k$）。

5）检测试验应按《建筑基坑支护技术规程》JGJ 120—2012 附录 A 的验收试验方法进行。

6）当检测的锚杆不合格时，应扩大检测数量。

土钉墙（复合土钉墙）设计与实例计算

4.1 土钉墙（复合土钉墙）概述

4.1.1 土钉墙（复合土钉墙）的简介

1. 土钉墙与复合土钉墙的概念

土钉墙是数十年来新兴的一类挖方边坡或基坑开挖时用于确保边坡或基坑壁稳定的一种挡土结构，它主要由面板、土钉两大主要构件以及原位土体共同组成。其中，土钉为植入土体内的细长杆件，通常由钢筋＋注浆体或型钢组成。采用钢筋＋注浆体形式时，此时土钉也可称为全长粘结型锚杆。目前，型钢式的土钉应用最广泛的是钢管式土钉，有时也称为"锚管"。

植入土钉后，原位土体被加固，被加固的土体与土钉、面板共同受力，共同形成原位"挡土墙"，以起到保持边坡稳定的作用。复合土钉墙是近 30 多年来为了克服土钉墙的一些固有缺陷而加以改进的一种新型土钉墙，通常由传统土钉墙加入锚杆、水泥土桩、微型桩中的一种或多种共同使用而形成的一种新的支护形式。

2. 土钉墙与复合土钉墙的起源

国内最早有记录的土钉墙应用是 1980 年的山西柳湾煤矿边坡支护。20 世纪 90 年代，深圳最早将这一技术应用于基坑支护工程中，随后出台了多部行业及地方规范、标准，使得这一新兴支护形式得到了广泛的推广与提高。

4.1.2 土钉墙（复合土钉墙）的类型

土钉墙在不产生歧义的情况下，也泛指复合土钉墙，其目前的主要类型有四种：土钉墙、锚杆（锚索）复合土钉墙、水泥土桩复合土钉墙、微型桩复合土钉墙；另外，还有上述三种复合土钉墙相互组合的四种类型的复合土钉墙。以下为各种基本型土钉墙（复合土钉墙）的组成结构。

土钉墙主要由纵横密布的土钉群、钢筋混凝土面板（一般采用喷射混凝土工艺施工）及原位土体共同组成。这是土钉墙最基本的组成形式。

锚杆（索）复合土钉墙主要由土钉群、钢筋混凝土面板、原位土体以及局部设置的锚杆（索）共同组成。这种复合土钉墙采用预应力锚杆（索）主动约束边坡变形，从而改善了土钉墙的变形位移。

水泥土桩复合土钉墙主要由土钉群、钢筋混凝土面板、原位土体及水泥土桩共同组成。这种复合土钉墙在土钉墙中加入了水泥土桩，一般用于形成止水帷幕，以实现阻断基坑内外的地下水水力联系或者延长地下水的渗透路径，达到减少基坑外水位降深或避免出现渗透破坏的目的。

微型桩复合土钉墙主要由土钉群、钢筋混凝土面板、原位土体以及微型桩共同组成。在土钉墙中加入微型桩，可以提高"墙体"的刚度，以改善土钉墙的变形位移或实现垂直开挖的目的。

4.1.3 土钉墙（复合土钉墙）的特点

土钉墙是在原位土体中植入土钉，并在坡面设置钢筋混凝土面板，使得土钉、原位土体、钢筋混凝土面板共同受力，以维持坡体稳定性的一种支护形式，这种特殊的构造也形成了以下特点：

（1）土钉墙能合理地利用土体的自稳能力，将原位土体作为支护结构不可分割的一部分，其结构形式合理且造价低廉。

（2）结构轻型，柔性大，具有良好的抗震性和延性，破坏前有明显且过程较长的变形，能起到提前示警作用，也为加固抢险提供了更多的时间。国内外的研究表明，土钉墙支护结构的抗震性能优异，在发生高烈度地震的区域，极少发生土钉墙严重破坏的案例。调查发现，2008年汶川地震中，采用土钉墙支护的路堑或路堤，支护结构基本未发生破坏或轻微破坏，表现出远远高于其他支护形式的抗震性能。

（3）坡面密封性好，钢筋混凝土面板将坡面完全覆盖，可以有效防止地表水对坡面的冲刷，也可以阻隔坡体内的地下水沿坡面渗出，有利于保持坡体的稳定性。

（4）抵抗施工质量风险能力强，土钉墙数量众多且间距小，靠土钉与原位土体共同起作用，个别土钉施工质量差或失效时，其邻近的其他土钉能分担较大的荷载，不致出现整体或局部明显破坏，即个别土钉的质量问题或失效对整体稳定性影响不大。

（5）施工工作面小，施工方便灵活，支护结构占用空间小，不对主体结构造成影响。放坡开挖的土钉墙，支护结构几乎完全不占用主体作业空间，垂直开挖的复合土钉墙，仅有腰梁和锚杆锚头会局部占用基坑内的空间，所以土钉墙支护结构占用空间很小。目前，无论是钻孔注浆型还是击入钢管型土钉，土钉施工的主流施工方均为采用履带式钻机施工，仅需2～4m宽的施工平台即可完成土钉施工。挂网喷混凝土施工的工作面要求更小，仅需满足工人绑扎钢筋及喷射混凝土的工作面即可。

（6）施工速度快，工期短。土钉施工与土方开挖配合，土方每开挖一层土方，土钉施工随即跟上，随后立即进行挂网喷混凝土施工，不需要养护或占用施工工期。

（7）经济性好。土钉墙及复合土钉墙均属于轻型支护结构，其工艺简单、工程量少、单价低，共同造就了其成本低廉的特点。笔者在实际参与的工程中发现，同一条件下采用土钉墙支护，相较于其他支护形式能节省造价20%～50%。

4.1.4　土钉墙（复合土钉墙）的适用条件

1. 土钉墙的适用条件

土钉墙适用于地下水位以上或经人工降水后的填土、黏性土或含细颗粒土的砂性土基坑支护，但不适用于以下条件：

（1）含水丰富的粉细砂、中细砂及含水丰富且松散中粗砂、砾砂及卵石层等。

（2）受地下水影响，易造成开挖面不稳定或喷混凝土层与开挖面无法形成有效粘结的，或过于干燥且松散的砂层，无法确保土钉完成施工前的边坡自稳的。

（3）流塑状的淤泥质土或淤泥。此类土层通常无法满足土钉墙施工完成前要求坡面维持稳定的需求，因而无法采用土钉墙支护。当地层为软塑状的淤泥质土时，如果坡面能维持土钉墙完成施工前的坡面稳定，是可以采用土钉墙支护的。笔者亲历的多个类似工况的基坑，采用土钉墙支护均取得了较好的效果，但应注意控制土钉的排距不要过大，而且施工中应严格控制土方开挖分段分层进行，严禁超挖。

（4）膨胀土。膨胀土由于存在较严重的失水收缩与吸水膨胀，容易在失水收缩时喷混凝土面与坡面脱离，而吸水膨胀时产生较大的膨胀压力，导致喷混凝土面破坏或土钉被拔出失效，从而导致基坑支护失效。

（5）对基坑变形、沉降要求较高的基坑。土钉墙属于轻型支护结构，土钉需要土体产生一定的位移变形方可产生抗力从而抵消土压力，因此土钉墙相较于如桩锚支护等其他支护形式，其变形位移较大，不能适用于这类对变形位移要求较高的基坑支护。

（6）深度大于 12m 的深基坑。

（7）对用地红线有严格要求的场地。放坡开挖的土钉墙，一般占地较大；并且设置土钉墙后，一般支护结构（含土钉）都会超出用地红线范围，此时土钉墙将不再适用。

（8）基坑支护安全等级为一级的基坑工程。

2. 复合土钉墙的适用条件

复合土钉墙的适用范围大于土钉墙，但复合土钉墙仍不适用于以下条件的基坑支护工程：

（1）淤泥质土、淤泥等软弱土层太过深厚的基坑，如软弱土层厚度大于复合土钉墙能施工的深度时；

（2）深度超过 20m 的深基坑；

（3）膨胀土层深基坑，原因同普通型土钉墙；

（4）对变形位移要求非常严格的深基坑；

（5）对用地红线有严格要求的深基坑，即便采取垂直开挖方式的复合土钉墙支护，其土钉或锚杆（索）也有可能超过用地红线范围，此时复合土钉墙一般较难满足此要求从而不适用；

（6）基坑支护安全等级为一级的基坑工程。

4.2　土钉墙（复合土钉墙）的构造

4.2.1　土钉墙（复合土钉墙）的受力特征

1. 土钉墙的作用机理

土是一种由固、液、气三相组成的松散堆积物，受固体颗粒间的相互咬合、搭接以及细土颗粒之间的范德华力、库仑力等作用，从而在宏观上表现出具有一定的抗剪强度。

土体具有较低的抗剪强度，不考虑其抗拉强度（虽然有，但是很低，实际工程中一般不予考虑），通过其抗剪强度，一般土体都具有一定的自稳能力，即能以一定的高度保持其直立状态而不破坏。一般将这个高度称为临界高度，而当边坡的直立高度大于临界高度或在坡顶施加超载使土中的剪切应力大于土体的抗剪强度时，边坡将发生失稳破坏。

传统的支护理念为被动支护理念，即以支护结构的自身刚度和强度支承土压力，防止边坡发生剪切破坏。而土钉墙是通过在土体内设置一定长度和密度的土钉，这种土钉通常具备远高于原位土体的抗剪强度和抗拉强度，土钉与原位土体共同作用，从而使原位土体得到改良形成抗剪与抗拉强度高于原始土体的复合土体。经改良的复合土体，抗剪、抗弯、抗拉强度均远大于原始土体，使得复合土体能承受更大的剪应力，从而提高边坡的整体稳定性。这一支护理念也被称为主动支护理念。

2. 土钉的作用与受力特征

1）土钉的作用

土钉在土钉墙支护结构中起主导作用，其在复合土体中的作用可以概括为以下几点：

（1）承担主要荷载作用。在复合土体中，土钉与土体共同承担外来荷载与土体自重应力产生的剪应力。由于土钉有较高的抗剪、抗拉和抗弯能力，所以当土体进入塑性变形状态后，应力逐渐向土钉转移，延缓了复合土体塑性区的展开与开裂的出现。当土体开裂时，土钉的分担作用将更加突出。

（2）应力传递与扩散作用。依靠土钉与土的相互作用，土钉将所承受的荷载沿全长向周围土体扩散及向深处土体传递，复合土体内的应力水平和集中程度比原始土边坡大大降低，从而延缓了变形、开裂的产生和发展。

（3）加固土体作用。原始土体内，常常有空隙、裂隙发育，往土钉孔中进行压力注浆时，按照注浆原理，浆液顺着裂隙流动、渗透，形成网络状胶结体。胶结体的形成，不仅增加了土钉与周边土体的粘结力，而且提高了土体的原位强度。对于打入式土钉，在打入土钉的过程中，具有一定的挤土效应，挤土效应使得土颗粒密实度增加，有效应力增加，从而提高土体的抗剪强度，起到加固土体的作用。

（4）箍束骨架作用。该作用是由于土钉本身的刚度和强度以及它在土体内的空间分布所共同决定的。土钉制约着土体的变形，使土钉之间能形成土拱，从而使复合土钉获得了较大的承载力，并将复合土体构成一个整体。

（5）对坡面的约束作用。在坡面上设置的与土钉连成一体的钢筋混凝土面板是发挥土钉有效作用的重要组成部分。坡面鼓胀变形是开挖卸荷、土体侧向变形以及塑性变形和开裂发展的必然结果，限制坡面鼓胀能起到削弱内部塑性变形、加强边界约束的作用，这对土体开裂变形阶段尤为重要。土钉使面层与土体紧密接触，从而使面层有效地发挥作用。

2）土钉的受力特征

土钉主要受力为粘结应力（剪应力）和拉应力，其中粘结应力为土钉与土体沿土钉长度方向分布的粘结应力，通常以剪应力的形式表现；拉应力为作用在土钉杆体上的拉应力。

（1）粘结应力。国内外的研究表明，粘结应力沿土钉长度方向上的分布很不均匀，存在着严重的应力集中现象。土钉受力后，粘结应力以峰值的形式向尾部传递且不断增大，如图 4-1(a) 所示。土钉较长时，初始受力阶段，粘结应力及拉应力峰值都出现在离钉头较近的部位，尾部较长范围内没有应力；随着土方开挖、荷载的加大，土钉与土体之间出现相对位移，土钉拉应力峰值加大且向土钉的尾部传递，靠近钉头部位的粘结应力显著降低；土方进一步开挖或荷载进一步增大后，峰值继续向尾部传递，头部的粘结应力进一步下降甚至接近于零。沿着土钉的长度方向，粘结应力会出现一正一负两个峰值的粘结应力（剪切应力）。其中，靠近钉头处的粘结应力为正，此处土体相对于钉头有往外移动的趋势，即土体带动土钉往外拔，此区域也可简单理解成锚杆的自由段；靠近尾部的粘结应力为负，此处土钉有向坡体外运动的趋势，亦即土体握裹住土钉，限制土钉往外拔，此区域也可简单地理解为锚杆的锚固段，期间粘结应力为零处，土体与土钉之间没有相对位移的趋势，可以认为是潜在破裂面的位置，也可简单地理解为自由段与锚固段的分界处。

（2）拉应力。土钉上的拉应力即为土体传递给土钉粘结应力的累计值，从数值上为自钉头向钉尾先增后减，于粘结应力为零处拉应力达到峰值，随后逐渐递减；最后，在钉尾减为零。与粘结应力不同的是拉应力最终传递到土钉的钢筋或型钢上，是作为土钉抗拉强度验算的重要依据。拉应力在土钉上的分布见图 4-1(b)。

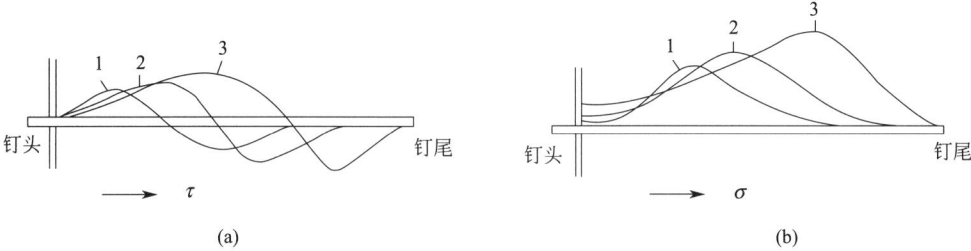

图 4-1 土钉内力沿土钉全长的分布

（a）粘结应力分布图；（b）拉应力分布图

1—边坡高度小（荷载小）；2—边坡高度中等（荷载中等）；3—边坡高度大（荷载大）

3）土钉与土的粘结强度

土钉与土的粘结强度通常用极限粘结强度标准值（q_{sk}）表征，表示某种条件下土体能为土钉提供的粘结应力极值的能力。土钉在工作中，界面剪应力超过极限粘结强度时，浆体与周围土体之间产生相对滑动。钉-土的界面粘结强度越高，土钉的抗拔力越高。影响界面粘结强度的主要因素有土的性状、成孔或安装方式、注浆压力及注浆量等。根据《建筑基坑支护技术规程》JGJ 120—2012，土钉的极限粘结强度标准值取值见表 4-1。

土钉的极限粘结强度标准值　　　　　　　　　　　　　　　　　　表 4-1

土的名称	土的状态	q_{sk}(kPa)	
		成孔注浆土钉	打入钢管土钉
素填土		15～30	20～35
淤泥质土		10～20	15～25
黏性土	$0.75 < I_L \leqslant 1$	20～30	20～40
	$0.25 < I_L \leqslant 0.75$	30～45	40～55
	$0 < I_L \leqslant 0.25$	45～60	55～70
	$I_L \leqslant 0$	60～70	70～80

土的名称	土的状态	q_{sk}(kPa)	
		成孔注浆土钉	打入钢管土钉
粉土		40～80	50～90
砂土	松散	35～50	50～65
	稍密	50～65	65～80
	中密	65～80	80～100
	密实	80～100	100～120

3. 面层的作用与受力特征

1）面层的作用

钢筋混凝土面层在土钉墙中起到如下作用：

（1）承受土压力。面层承受传递到其上的土压力，并将荷载传递给土钉，防止坡面局部崩塌，这在松散的土体尤为重要。

（2）限制土体的侧向膨胀变形。面层能承受土压力，并将荷载传递给土钉，面层具有一定的刚度，能在土钉的"固定作用"下限制土体的侧向膨胀、变形。

（3）变形与受力协调作用。通过与土钉的紧密连接及相互作用，增强了土体的土钉墙的整体性，使土钉墙的土-钉-面层连接成一个有效的整体。同时，面层一般按单层双向配筋，且配筋率一般较低，厚度一般为80～100mm，故面层的侧向抗弯刚度一般较小，有较好的变形能力，具备一定的柔性，能很好地适应土体的变形与位移。因此，土体具备一定的变形位移空间，使得土体应力得以释放，土压力明显小于静止土压力。同时，通过面层的变形协调，使得土压力及各土钉的受力得到协调，降低土钉受力的不均匀性。

（4）坡面防护作用。面层可以对坡面起到较好的防护作用，可以有效防止雨水、地表水对坡面的冲刷，也能有效阻挡地下水渗流对坡面造成的冲刷，是土钉墙防水系统的重要组成部分。

2）面层的受力特征

土钉墙中，当土体产生位移时，土钉由于长度较大，深入了稳定的土体内且土钉的强度远远大于土体，故而土钉的位移量小于土体，土钉间的土体有向外的相对运动趋势。但土钉与土之间存在摩擦力，即土钉限制了土体的向外运动。受摩阻力影响，靠近土钉处的土体位移量小，远离土钉的土体位移量大，由于土钉普遍间距较小，因此土体在土钉之间形成了土拱，见图4-2。土拱承受拱后土体的土压力，并将土压力传递给拱支点——土钉，土钉再传递给深处稳定区土体。由于土拱的存在，土拱后的土压力并未传递给面层。即便因土钉间距较大未能形成土拱，土体变形区内的部分土压力也通过钉-土界面的摩擦力传递给了土钉。因此，面层承受的土压力实际上远小于基于挡土墙理论的主动土压力。实际工程中发现，抗剪强度大的土体更容易形成土拱，从而减小面层的土压力；而软土则较难形成土拱，面层的土压力会相对较大。

目前，尚未完全揭示面层承受土压力的机理，无法精确地计算面层所承受的土压力。相关规范也没有给出明确的计算公式和计算方法，仅给出了面层设计的构造要求，设计人员可以根据当地经验结合工程实际确定面层的结构、构造。国内外的工程实践表明，目前尚未发生因面层破坏而造成的工程事故，这一方面证明了面层所受的土压力很小，另一方面也证明了按照构造要求进行面层的结构设计是可以满足工程安全需求的。

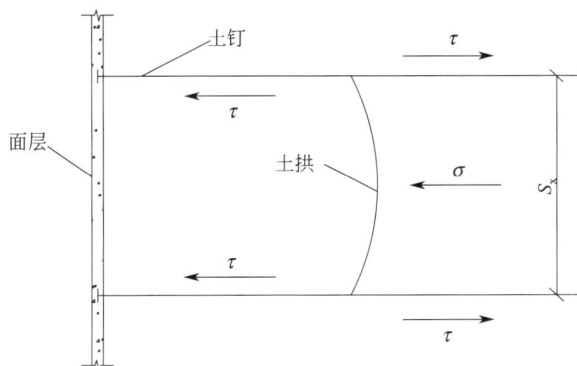

图 4-2　土钉土拱受力示意图

4. 土钉墙的受力过程

荷载首先通过土钉与土之间的相互摩擦作用，其次通过面层与土之间的相互作用，逐步施加及转移到土钉上。土钉墙受力大体上可以分为以下四个阶段：

（1）土钉安设初期，基本不受拉力或仅受很小的拉力。面层施工完成后，对土体的卸荷变形有一定的约束作用，面层会将受到的土压力传递给土钉。这一阶段，土体剪应力较小，未超过土的抗剪强度，土体处于线弹性变形阶段，尚未出现塑性变形。土体的侧向土压力主要由土体自身承担，土钉、面层仅承担很小一部分土压力。

（2）下一层土方开挖，边坡土体继续产生向坡外运动的趋势，新增的主动土压力一部分通过钉—土摩擦作用直接传递给土钉，一部分土压力传递给面层，由面层在土钉与面层连接部位以集中力的形式传递给土钉，两者都对土钉产生拉应力。此时土钉的受力特征为：沿全长钉头处拉应力较大，向钉尾处递减；最下二三排土钉离基坑底较近，承担了主要的荷载，有阻止土体应力及位移向上排土钉传递的作用，故此时，越上部的土钉受力越小。土钉通过钉—土摩擦作用，完成应力传递和应力扩散，调动土钉周边更大范围的土体共同受力，体现了土钉的主动约束机制，土体进入塑性变形状态。

（3）土方继续向下开挖，各排土钉受力继续增大，土体塑性变形区不断加大，塑性变形量也不断加大，土体发生局部剪切破坏，土体变形区钉—土之间产生相对位移，使得剪应力向土钉更深处传递，受力较大的土钉拉力峰值从土钉头部向中部转移，土钉通过钉—土摩擦作用承担的拉应力作用部分增大，约束作用增强。下排土钉分担了更大的荷载，在深度方向上土钉最大受力点向下移，土钉拉力在竖直和水平方向上均表现为中间大、两头小的形状。土体中逐渐产生剪切裂缝、地表开裂，土钉逐渐进入弯剪、拉剪复合受力状态，其刚度开始发挥作用，通过分担及扩散作用，抑制或延缓了剪切破裂面的延展，土体进入局部渐进性开裂破坏阶段。

（4）土体剪切应力达到极限不再增加，但剪切变形（塑性位移）继续增加，土体开裂或产生剪切破坏，抗剪强度下降至残余抗剪强度，土钉承担主要荷载，土钉在弯剪、拉剪等复合应力状态下注浆体破坏、钢筋屈服，破裂面贯通，边坡进入整体破坏阶段。

4.2.2 土钉墙（复合土钉墙）的破坏类型

土钉墙的稳定性分析可以验证初步设计各个参数的合理性、可行性，确定支护结构的安全性、经济性和适用性，是土钉墙应用的理论基础，是设计工作中极其重要的一项内容。土钉墙究竟会发生哪些模式的破坏，许多国家进行了大量的试验研究，建立了不同的破坏模式，产生了相应的分析计算方法，这些方法有不同的破裂面形状假定、不同的钉—土作用和内力模型、不同的安全性定义，因为是在不同时期、不同国家根据不同的试验结果提出的，分析结果往往只和相应的试验结果相一致，目前还没有得到普遍认可的统一的设计分析计算方法。有人认为这些破坏模式均有可能发生，也有人认为其中只会有一种或部分发生。但不管有多少种可能，公认的是内部整体稳定性破坏模式肯定发生。另外，笔者认为外部整体稳定性破坏也有可能发生。

1. 内部稳定性破坏

内部稳定性破坏是指破裂面全部或部分穿过被加固土体内部时的破坏形式，如图 4-3(a) 所示。

2. 外部稳定性破坏

外部稳定性破坏是指破裂面不穿过被加固土体内部时的破坏形式，如整体圆弧滑动面失稳，如图 4-3(b) 所示。

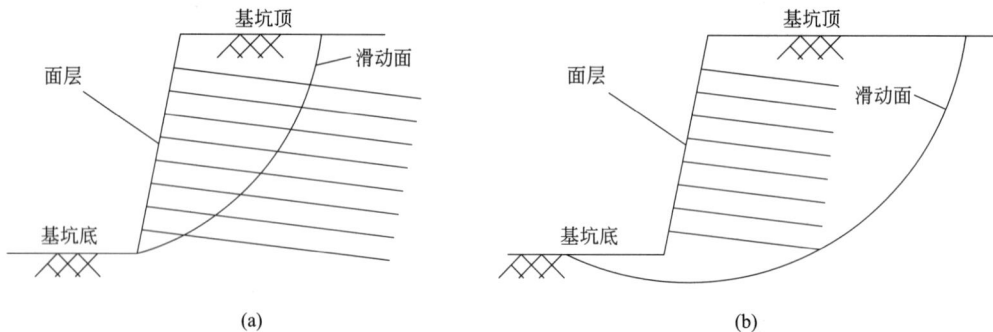

图 4-3　土钉墙整体稳定性破坏模式

4.2.3 土钉墙的构造要求

1）土钉墙、预应力锚杆复合土钉墙的坡比不宜大于 1∶0.2。当基坑较深、土体的抗剪强度较低时，宜取较缓的坡比；反之，可以取较大的坡比。对砂土、碎石土、松散填土，确定土钉墙坡度时应考虑开挖时坡面的局部自稳能力。

2）土钉水平间距和垂直间距宜为 1.0～2.0m；当基坑较深、土的抗剪强度较低时，土钉间距应取小值。土钉倾角应取 5°～20°。土钉长度应按各层受力均匀、各土钉拉力与相应土钉极限承载力的比值接近的原则确定。

3）钢筋土钉的构造应满足以下要求：

（1）规范规定土钉成孔直径宜取 70～120mm，但实际工程中常用 60～150mm 的孔径，设计人员可以根据工程实际情况，结合地区经验采用合适的孔径。

（2）规范规定土钉钢筋宜选用 HRB400、HRB500 钢筋，钢筋直径 16～32mm。实际工程中常用 HRB400 钢筋，用于土钉的钢筋直径一般为 20～28mm。

（3）规范规定土钉注浆孔可采用水泥浆或水泥砂浆，其强度不宜低于 20MPa。

（4）应沿土钉全长按 1.5～2.5m 间距设置对中支架，土钉的钢筋保护层厚度不应小于 20mm。

4）钢管土钉的构造应满足下列要求：

（1）钢管的外径不宜小于 48mm，壁厚不宜小于 3mm；钢管的注浆孔应设置在钢管末端 $l/2～l/3$ 范围内；每个注浆孔截面的注浆孔数量宜为 2 个且对称布置，注浆孔的孔径宜为 5～8mm，注浆孔外应设置保护倒刺。

（2）钢管采用焊接连接时，接头强度不应低于钢管的强度；接头可采用数量不少于 3 根，直径不小于 16mm 的钢筋沿截面均匀布置搭接焊。当采用双面满焊时，布置于两侧钢管上的焊缝长度均不得小于钢管的直径，接头钢筋的长度不得小于 2 倍钢管直径；采用单面焊接时，焊缝长度不得小于 2 倍钢管的直径，接头钢筋的长度不得小于 4 倍钢管直径。实际工程中，还经常采用钢管从外部进行帮焊，帮焊钢管的内径同土钉钢管的外径，壁厚不小于土钉钢管的壁厚。具体做法为截取长度为 2 倍钢管直径的钢管，从中对半，并将帮焊管片两侧等长布置土钉钢管接头两侧，采用满焊焊接。

5）土钉墙喷射混凝土面板的构造应满足下列要求：

（1）喷射混凝土面层的厚度宜取 80～100mm。

（2）喷射混凝土的设计强度等级不应小于 C20。

（3）喷射混凝土面层中应配置钢筋网和通长的加强筋。

（4）钢筋网应采用单层双向配筋，宜采用 HPB300 级钢筋，钢筋直径宜取 6～10mm，钢筋间距宜取 150～250mm；钢筋网间的搭接长度应大于 300mm。实际工程中应充分调查工程所在地的建筑材料市场供货情况，因部分区域不销售直径小于 8mm 的钢筋，此时应根据当地市场的供货能力调整钢筋直径；混凝土面层的配筋率应根据土层情况、基坑深度、基坑顶荷载等灵活调整，如土层为软塑状、松散状、自立能力差、抗剪强度低、基坑深度较深、基坑顶存在较大荷载等各种可能导致侧向土压力较大的，应采用较大直径的钢筋和较小的钢筋间距；反之，可以取较小的钢筋直径和较大的钢筋间距。

（5）加强筋的直径宜取 14～20mm；当充分利用土钉的杆体的抗拉强度时，加强筋的截面面积不应小于土钉杆体截面面积的 1/2。

（6）土钉墙与加强筋宜采用焊接连接，其连接应满足承受土钉拉力的要求；当在土钉拉力作用下混凝土面层的局部冲切承载力不足时，应采取增加钢垫板、锚墩、型钢承压板或局部加厚混凝土面层等加强措施。

（7）土钉墙应设置泄水孔，泄水孔的间距宜取 1.5～3.0m，透水性大、给水性强的地层取小值，反之取大值；泄水管宜采用塑料管制作，管径 50～100mm，管尾深入面层下一般不小于 300mm，位于面层下的管身应加工透水孔，孔径宜取 10～20mm，管身的面积孔隙率宜为 10%～20%，且开孔区域及管尾孔应外包 1～2 层透水土工布；管尾区域宜设置反滤包，反滤包由挖坑后采用级配中粗砂充填而成，反滤包宜采用直径 300mm 的圆柱体，其深度不应小于位于土体内的管身长度。

（8）喷射混凝土面层在坡顶应向外反包，反包宽度不应小于 1.0m，其构造应与坡面一致，在坡顶可采用钢筋插筋用以固定钢筋网片。

（9）上述构造要求适用于深度不大于12m的基坑工程。深度超过12m的，应予以加强并经过计算论证。

4.3 土钉墙设计

4.3.1 土钉墙的设计计算

设计工作中，土钉墙支护形式的设计计算内容主要包括各个工况的内部整体稳定性验算、各工况下各排单根土钉抗拔承载力验算、各工况下各排单根土钉抗拉承载力验算，如基坑底以下存在淤泥、淤泥质土等软弱下卧层时，还应进行基坑抗隆起稳定性验算；基坑底以下存在承压水且承压水头高于基坑底标高时，还应进行基坑抗突涌稳定性验算。以下对上述各种验算内容分别阐述。

1. 整体稳定性验算

根据《建筑基坑支护技术规程》JGJ 120—2012规定，土钉墙整体稳定性计算采用力矩极限平衡法，假定发生整体稳定性破坏时，其滑动面为圆弧滑动面。计算时应对各个开挖及支护工况搜索计算各个潜在圆弧滑动面，求取各个潜在滑动面对应的稳定性系数，将每个工况的求取的最小稳定性系数作为该工况的稳定性系数，并确保每一工况的最小稳定性系数均满足规范要求。土钉墙整体稳定性验算可参见本书2.3.3节。

2. 土钉抗拔承载力验算

计算中要每个工况逐一验算每排已施工土钉的抗拔承载力是否满足规范要求，其验算方法如下：

$$\frac{R_{k,j}}{N_{k,j}} \geq K_t \tag{4.3-1}$$

式中　K_t——土钉抗拔安全系数；安全等级为二级、三级的土钉墙，分别取值不小于1.6、1.4；

$N_{k,j}$——第 j 层土钉的轴向拉力标准值（kN），可按公式（4.3-2）计算；

$R_{k,j}$——第 j 层土钉的极限抗拔承载力标准值（kN），可按公式（4.3-7）计算。

单根土钉的轴向拉力标准值可按下式计算：

$$N_{k,j} = \frac{1}{\cos\alpha_j} \zeta\eta_j p_{ak,j} s_{x,j} s_{z,j} \tag{4.3-2}$$

式中　α_j——第 j 层土钉倾角（°）；

ζ——墙面倾斜时的主动土压力折减系数，可按公式（4.3-3）计算；

η_j——第 j 层的土钉轴向拉力调整系数，可按公式（4.3-4）计算；

$p_{ak,j}$——第 j 层土钉处的主动土压力强度标准值（kPa），可按公式（4.3-6）计算；

$s_{x,j}$——土钉的水平间距（m）；

$s_{z,j}$——土钉的垂直间距（m）。

$$\zeta = \tan\frac{\beta-\varphi_m}{2}\left(\frac{1}{\tan\frac{\beta+\varphi_m}{2}} - \frac{1}{\tan\beta}\right)/\tan^2\left(45-\frac{\varphi_m}{2}\right) \tag{4.3-3}$$

式中　β——土钉墙坡面与水平面的夹角（°）；

φ_m——基坑底以上各土层按厚度加权的等效内摩擦角平均值（°）。

$$\eta_j = \eta_a - (\eta_a - \eta_b)\frac{z_j}{h} \qquad (4.3\text{-}4)$$

$$\eta_a = \frac{\sum (h - \eta_b z_j) \Delta E_{aj}}{\sum (h - z_j) \Delta E_{aj}} \qquad (4.3\text{-}5)$$

式中　z_j——第 j 层土钉至基坑顶面的垂直距离（m）；

　　　h——基坑深度（m）；

　　ΔE_{aj}——作用在以 $s_{x,j}$、$s_{z,j}$ 为边长的面积内的主动土压力标准值（kN）；

　　　η_a——计算系数，可按公式(4.3-5)计算；

　　　η_b——经验系数，可取 0.6～1.0，一般硬塑状黏土取 0.6，可塑状黏土取 0.7，软塑状黏土取 0.8，砂土、淤泥质土取 0.9，淤泥取 1.0。

$$p_{ak} = \sigma_{ak} K_{a,i} - 2c_i \sqrt{K_{a,i}} \qquad (4.3\text{-}6)$$

式中　σ_{ak}——支护结构外侧计算点的土中竖向土应力标准值（kPa）；

　　$K_{a,i}$——第 i 层土的主动土压力系数；

　　　c_i——第 i 层土的黏聚力（kPa）。

$$R_{k,j} = \pi d_j \sum q_{sk,i} l_i \qquad (4.3\text{-}7)$$

式中　d_j——第 j 层土钉的锚固体直径（m），对成孔型土钉，按成孔孔径计算；对打入式钢管土钉，按钢管外径计算；

　　$q_{sk,i}$——第 j 层土钉与第 i 层土的极限粘结强度标准值（kPa），根据表 4-1 取值；

　　　l_i——第 j 层土钉滑动面以外部分在第 i 层土中的长度，直线滑动面与水平面夹角取 $\dfrac{\beta - \varphi_m}{2}$。

$$N_j = \gamma_0 \gamma_F N_k \qquad (4.3\text{-}8)$$

式中　N_j——土钉的轴向拉力设计值（kN）；

　　　N_k——土钉的轴向拉力标准值（kN），可按公式(4.3-2)计算；

　　　γ_0——结构重要性系数，二级、三级基坑分别取值 1.0、0.9；

　　　γ_F——作用基本组合的综合分项系数，不应小于 1.25。

$$N_j \leqslant f_y A_s \qquad (4.3\text{-}9)$$

式中　f_y——土钉杆体材料的抗拉强度设计值（kPa）；

　　　A_s——土钉杆体材料的截面面积（m²）。

4.3.2　复合土钉墙的设计计算

复合土钉墙整体稳定性计算见图 4-4。

$$K_{s0} + \eta_1 K_{s1} + \eta_2 K_{s2} + \eta_3 K_{s3} + \eta_4 K_{s4} \geqslant K_s \qquad (4.3\text{-}10)$$

$$K_{s0} = \frac{\sum c_i l_i + \sum W_i \cos\theta_i \tan\varphi_i}{\sum W_i \sin\theta_i} \qquad (4.3\text{-}11)$$

$$K_{s1} = \frac{\sum N_{uj} \cos(\theta_i + \alpha_j) + \sum N_{uj} \sin(\theta_i + \alpha_j) \tan\varphi_i}{s_{xj} \sum W_i \sin\theta_i} \qquad (4.3\text{-}12)$$

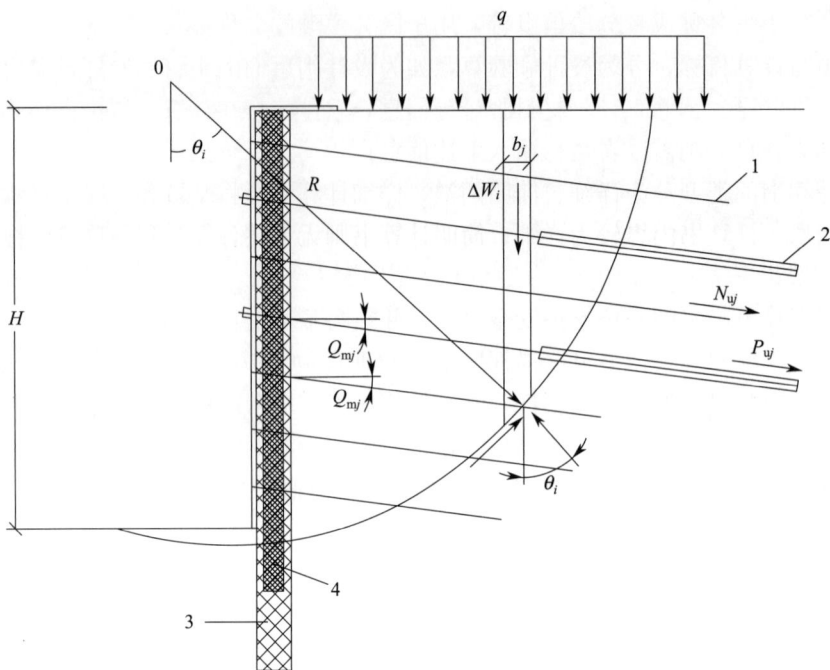

图 4-4　复合土钉墙整体稳定性计算图

q—地面附加分布荷载；R—假定圆弧滑移面半径；

1—土钉；2—预应力锚杆；3—截水帷幕；4—微型桩

$$K_{s2} = \frac{\sum P_{uj} \cos(\theta_i + \alpha_{mj}) + \sum P_{uj} \sin(\theta_i + \alpha_{mj}) \tan\varphi_i}{s_{2xj} \sum W_i \sin\theta_i} \tag{4.3-13}$$

$$K_{s3} = \frac{\tau_q A_3}{\sum W_i \sin\theta_i} \tag{4.3-14}$$

$$K_{s4} = \frac{\tau_y A_4}{s_{4xj} \sum W_i \sin\theta_i} \tag{4.3-15}$$

式中　　　　　　　　　K_s——整体稳定性安全系数，对应于基坑安全等级一、二、三级，分别取 1.4、1.3、1.2；开挖过程中最不利工况下，可乘以 0.9 的系数；

K_{s0}、K_{s1}、K_{s2}、K_{s3}、K_{s4}——整体稳定性分项抗力系数，分别为土、土钉、预应力锚杆、截水帷幕及微型桩产生的抗滑力矩与土体下滑力矩比值；

c_i、φ_i——第 i 个土条在滑弧面上的黏聚力及内摩擦角；

l_i——第 i 个土条在滑弧面上的弧长；

W_i——第 i 个土条重量，包括作用在该土条上的各种附加荷载；

θ_i——第 i 个土条在滑弧面中点处的法线与垂直面的夹角；

η_1、η_2、η_3、η_4——土钉、预应力锚杆、截水帷幕及微型桩组合作用折减系数，取值方法如下：

（1）η_1 宜取 1.0；

（2）$P_{uj} \leqslant 300kN$ 时，η_2 宜取 0.5～0.7，随着锚杆抗力的增加而减小；

（3）截水帷幕与土钉墙复合作用时，η_3 宜取 0.3～0.5；水泥土抗剪强度取值较高、水泥土墙厚度较大时，η_3 宜取最小值；

（4）微型桩与土钉墙复合作用时，η_4 宜取 0.1～0.3；微型桩桩体材料抗剪强度取值较高、截面积较大时，η_4 宜取最小值；基坑支护计算范围内主要土层均为硬塑状黏性土等较硬土层时，η_4 取值可提高 0.1；

（5）预应力锚杆、截水帷幕、微型桩三类构件共同复合作用时，组合作用折减系数不应同时取上限；

s_{xj}——第 j 根土钉与相邻土钉的平均水平间距；

s_{2xj}、s_{4xj}——第 j 根预应力锚杆或微型桩的平均水平间距；

N_{uj}——第 j 根土钉在稳定区（即滑移面外）所提供的摩阻力，可按《复合土钉墙基坑支护技术规范》GB 50739—2011 第 5.3.4 条取值；

P_{uj}——第 j 根预应力锚杆在稳定区（即滑移面外）的极限抗拔力，按现行《建筑基坑支护技术规程》JGJ 120—2012 的有关规定计算；

α_j——第 j 根土钉与水平面之间的夹角；

α_{mj}——第 j 根预应力锚杆与水平面之间的夹角；

τ_q——假定滑移面处相应龄期截水帷幕的抗剪强度标准值，根据实验结果确定；

τ_y——假定滑移面处微型桩的抗剪强度标准值，可取桩体材料的抗剪强度标准值；

A_3、A_4——单位计算长度内截水帷幕或单根微型桩的截面积。

杆（索）应符合锚杆（索）的其他相关构造要求，详见本书 3.2.2 节。

4.4 锚杆（索）复合土钉墙实例计算

1. 工程简介

本工程拟设 2 层地下室，基坑深度 8.0m，基坑外为一栋一层民房。根据 2 层地下室地板的底标高，基坑采用分 1 级放坡采用锚杆复合土钉墙支护。基坑顶民房 20kPa 超载考虑，根据勘察报告，基坑开挖范围内未揭露地下水，基坑设计不考虑地下水的影响，基坑支护安全等级二级，基坑壁从上到下土层物理力学指标见表 4-2，基坑平面及剖面详见图 4-5、图 4-6。

岩土物理指标取值表 表 4-2

土层名称	分层厚度（m）	天然重度（kN/m³）	直剪快剪		侧摩阻力 q_{sik}（kPa）	
			黏聚力（kPa）	内摩擦角（°）	钢管土钉	锚杆
杂填土	1.2	16.0	7.0	5.0	15	15
红黏土①	5.2	17.5	35.1	11.2	60	60
红黏土②	1.5	18.0	10.0	15.0	50	50
中风化石灰岩	5.0	24.5	100.0	50.0	300	300

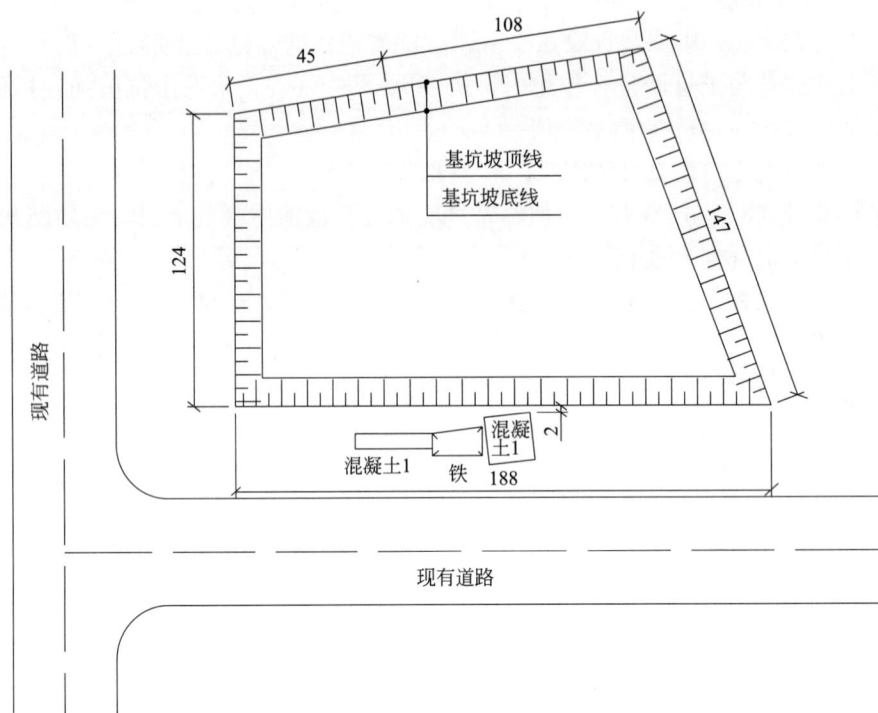

图 4-5 基坑平面布置图（单位：m）

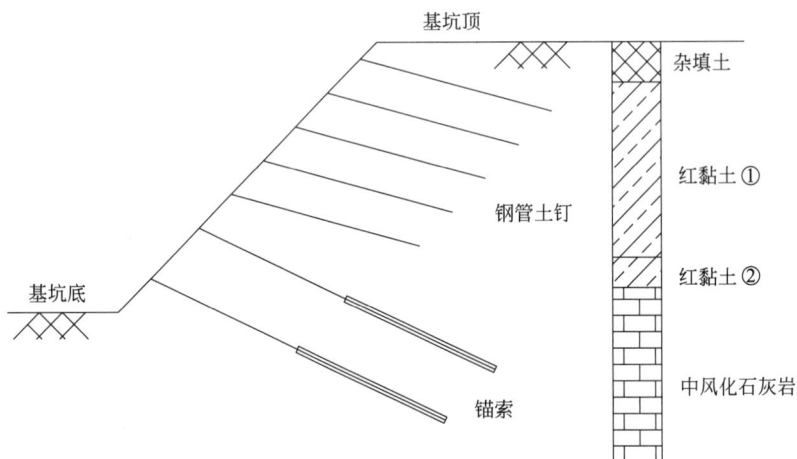

图 4-6 基坑剖面图

2. 软件计算过程

1）打开软件

操作步骤如下：打开理正深基坑软件→设置工作目录→点击单元计算→点击新增项目→在下拉菜单中点击土钉墙支护设计，如图 4-7、图 4-8 所示。

操作说明：

（1）选择计算执行的规范，可选的有《建筑基坑支护技术规程》JGJ 120—2012 及部分地区规范，读者应根据工程所处区域及实际需要选择。

图 4-7　进入理正深基坑软件的操作步骤

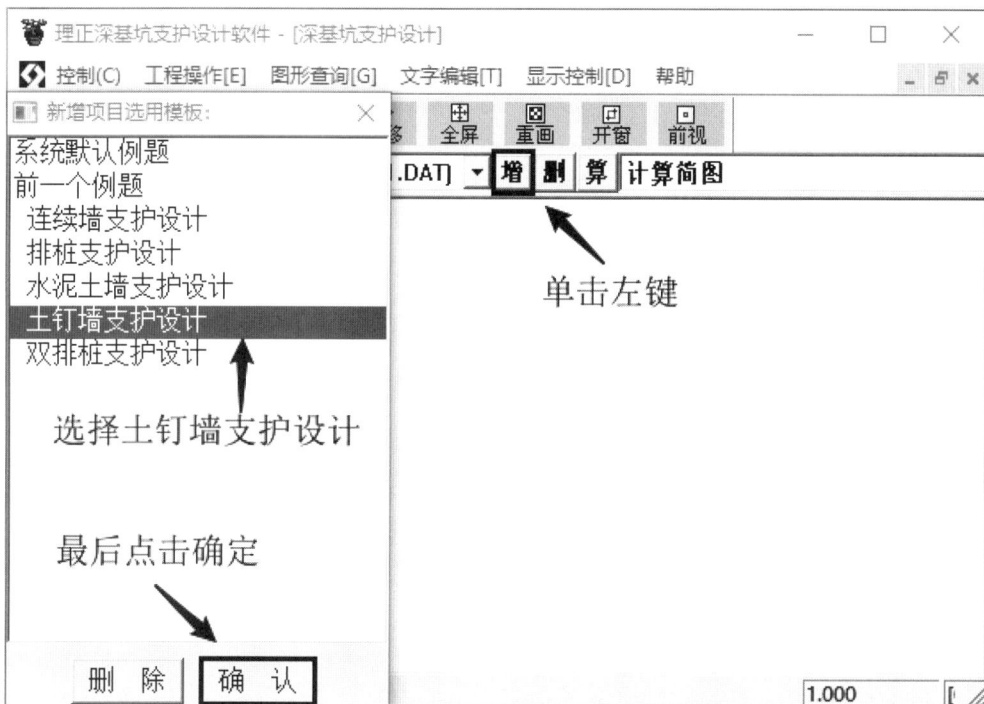

图 4-8　新增锚杆复合土钉墙支护设计的操作步骤

（2）设置软件工作目录，便于软件存储计算模型等备份文件，避免文件丢失。

（3）理正软件可以采用单元计算或整体计算两种计算模块：

单元计算即选取某支护区段具有代表性的剖面建模计算，一般根据区段工程地质条件、外部超载等各个影响因素选取最不利条件进行建模，以确保工程安全。

（4）点击菜单栏"增"字按钮新增项目。

（5）在弹出的下拉菜单中选择新增的项目类型为"土钉墙支护设计"。

2）基本信息输入

操作步骤如下：在左下角输入计算工程名称、区段等特征信息→输入支护结构安全等级、支护结构重要性系数、基坑支护深度、开挖坡度、计算目标、放坡级数、超载个数等信息→设置平台及上边坡信息→输入超载信息，见图4-9。

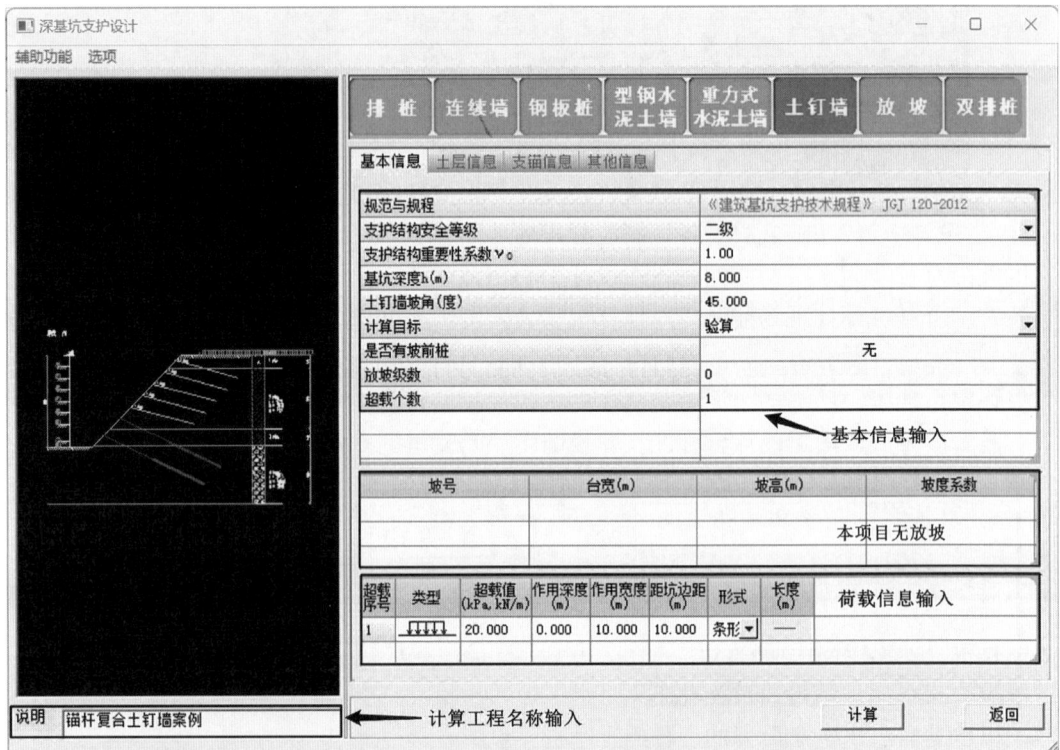

图 4-9　基本信息输入的操作步骤

操作说明：

（1）输入的工程名称、区段等信息。用于区分模型的所代表的工程与支护区段。

（2）根据《建筑基坑支护技术规程》JGJ 120—2012 进行的基坑支护安全等级，但此规范的等级划分比较主观，没有具体的量化指标，需要读者根据当地经验进行综合划分。如果当地已出台基坑支护地方性规范且地方性规范有具体量化划分基坑安全等级指标的，基坑支护安全等级应按地方性规范进行划分。

基坑支护安全等级为一级、二级、三级的，其支护结构重要性系数分别为 1.1、1.0、0.9。

（3）基坑深度。指基坑顶到基坑底的总深度，如有多级平台应为多级平台的总和；如坡顶有放坡的，应包含坡顶放坡坡高。

（4）放坡坡度。如基坑边坡为一坡到底，此处即为基坑边坡的坡度。

（5）放坡级数。即为放坡的分级数量，不含垂直开挖部分；当放坡级数不为 0 时，需在下方的对话框中输入放坡信息，即自上而下分级放坡的平台宽度、坡高、坡度等信息。

（6）超载个数。即坡顶需要设置的超载的个数；当超载个数不为 0 时，需在下方的对话框中输入超载信息，即基坑顶超载的类型、荷载大小、分布宽度、深度等信息。如采用均布荷载时即为坡顶边缘向外无限延伸的均布荷载，此时荷载仅能布置于地面；如为条形荷载时可以设置荷载的埋深、位置、分布宽度等；三角形荷载可以用于模拟坡顶放坡的工况，此时应注意荷载分布的大小方向；按笔者的工程经验，超载取值参考如下：民房按每层 20kPa，工地板房按每层 10～15kPa，小区道路、村道等 20kPa，市政道路 40kPa，其他工业建筑、专用设备等按权属方的资料采用。

（7）计算目标。分为设计与验算，如设置为设计，则在后面的支锚设置截面不需要设置土钉的长度、牌号、钢管壁厚、钢筋直径等参数，计算中软件会自动计算给出所需的参数并自动完成计算；如设置为验算，则需要预设所有的土钉参数并对按此参数的基坑支护模型进行计算。

3）土层信息输入

操作步骤如下：输入土层数→输入是否采用坑内加固土→输入基坑内外水位→分层输入各土层厚度、抗剪强度等指标，如图 4-10 所示。

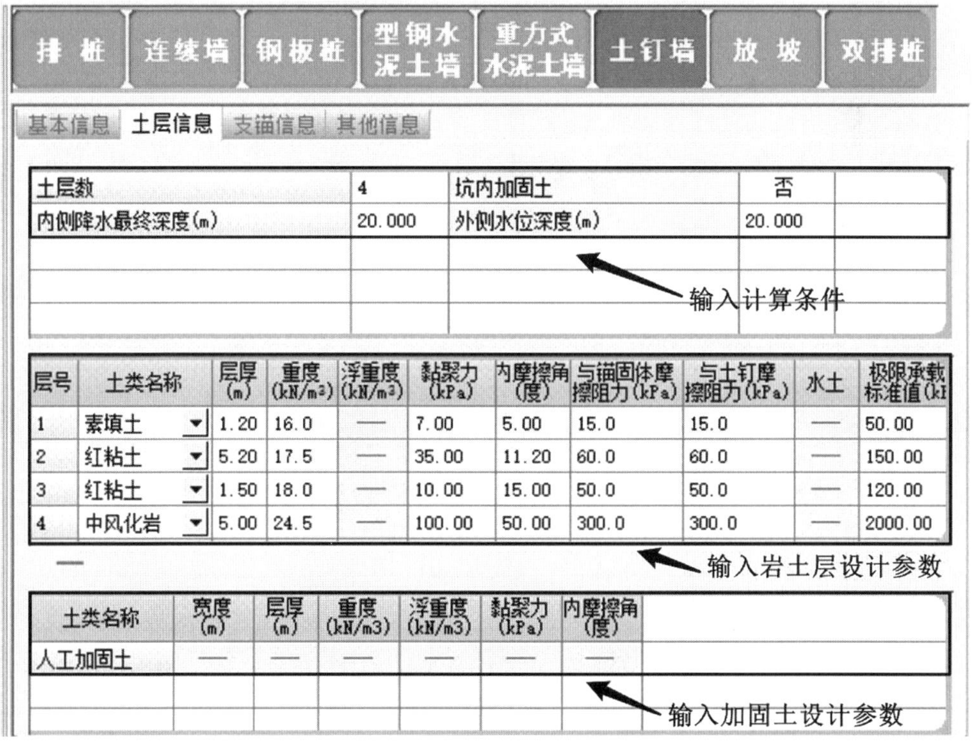

| 排 桩 | 连续墙 | 钢板桩 | 型钢水泥土墙 | 重力式水泥土墙 | 土钉墙 | 放 坡 | 双排桩 |

基本信息　土层信息　支锚信息　其他信息

| 土层数 | 4 | 坑内加固土 | 否 |
| 内侧降水最终深度(m) | 20.000 | 外侧水位深度(m) | 20.000 |

输入计算条件

层号	土类名称	层厚(m)	重度(kN/m³)	浮重度(kN/m³)	黏聚力(kPa)	内摩擦角(度)	与锚固体摩擦阻力(kPa)	与土钉摩擦阻力(kPa)	水土	极限承载标准值(k
1	素填土	1.20	16.0	—	7.00	5.00	15.0	15.0	—	50.00
2	红粘土	5.20	17.5	—	35.00	11.20	60.0	60.0	—	150.00
3	红粘土	1.50	18.0	—	10.00	15.00	50.0	50.0	—	120.00
4	中风化岩	5.00	24.5	—	100.00	50.00	300.0	300.0	—	2000.00

输入岩土层设计参数

土类名称	宽度(m)	层厚(m)	重度(kN/m3)	浮重度(kN/m3)	黏聚力(kPa)	内摩擦角(度)
人工加固土	—	—	—	—	—	—

输入加固土设计参数

图 4-10　土层信息输入的操作步骤

操作说明：

（1）输入土层的层数应自基坑顶到对基坑稳定性有影响最底层土的下一层土为止，且不少于支护结构或止水措施穿越的土层数；如基坑底以下存在软弱土层的，应输入至软弱土以下一层，如软弱土很厚钻探未揭穿的也可输入至钻探底标高即可。

（2）如地下水位在基坑所需降水标高以上的，基坑外水位按勘察报告提供的水位输入，基坑内水位按基坑降水所需的水位输入，一般按基坑底以下 0.5m 输入；地下水位在基坑所需降水高度以下的，基坑内外均按勘察水位输入即可。

（3）各土层的重度按勘察报告提供的输入，如地下水位以下的，还需输入浮重度；地下水位以下的，土层属于透水性土的如砂土、砾土、粉土等按水土分算，弱透水性土如黏土、粉质黏土等按水土合算；其他指标按勘察报告提供的取值建议输入即可。

（4）如基坑底或基坑底以下地层抗剪强度较低，可能发生整体稳定性破坏的，通常会在基坑底的坡脚前设置坑内加固土，一般采用搅拌桩或高压旋喷桩的形式进行坑内加固，也有采用素混凝土桩进行坑内加固的。坑内加固土的抗剪强度、重度等，宜采用面积置换率进行加权平均指标换算。

4）支锚信息输入

操作步骤如下：输入支锚道数→选择土钉类型→输入各道土钉的间距、倾角、直径、长度、材料牌号、材料尺寸等各项参数→设置工况，如图 4-11、图 4-12 所示。

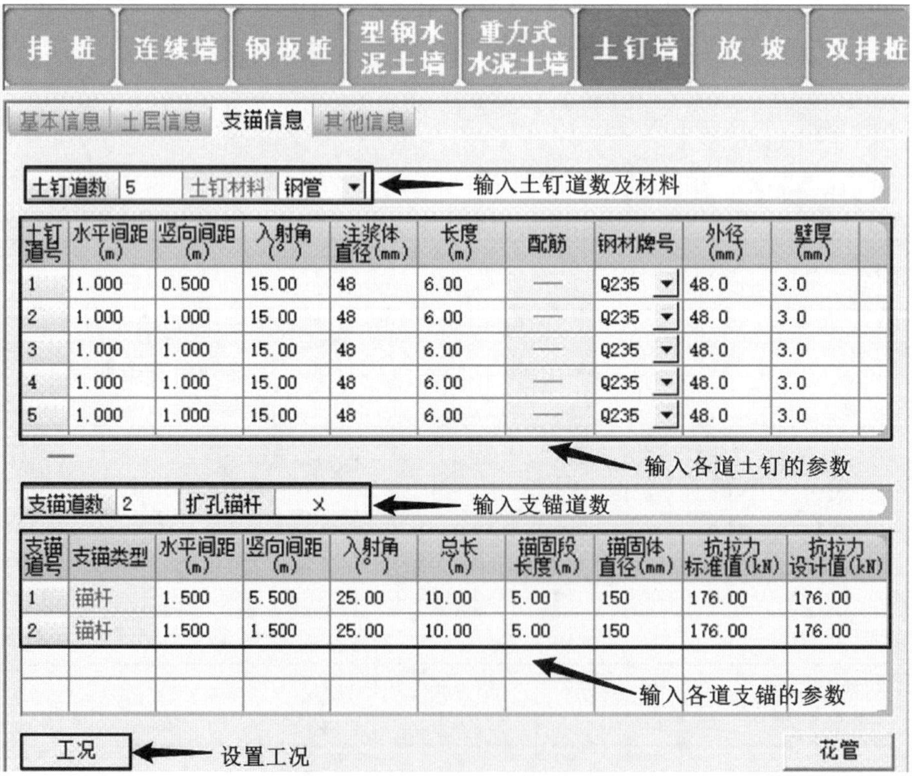

图 4-11　支锚信息输入的操作步骤

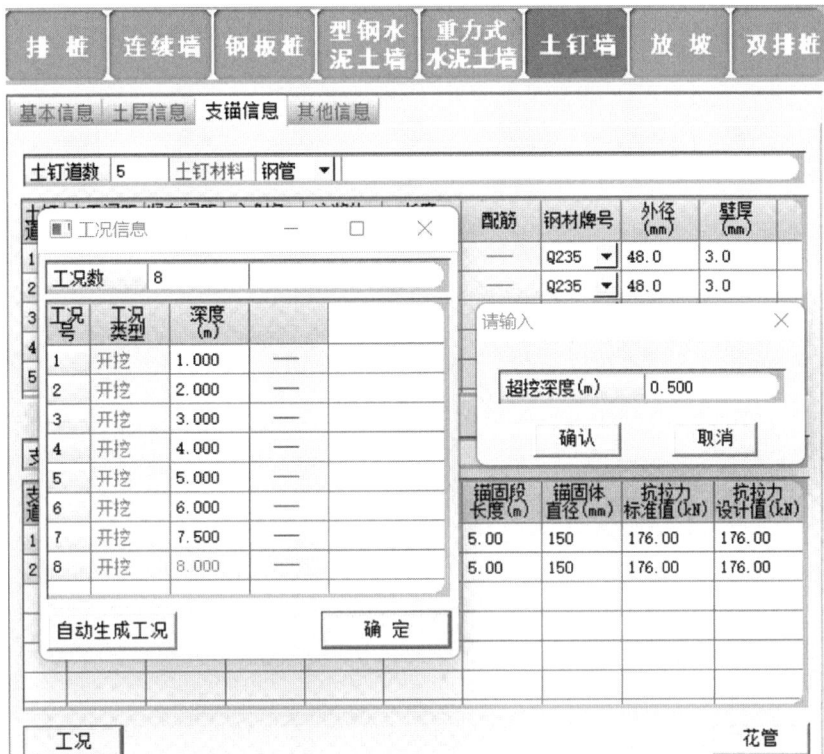

图 4-12　工况设置的操作步骤

操作说明：

（1）输入土钉道数，并输入土钉的竖向间距、横向间距、倾角、长度、外径、材料牌号、材料尺寸等，需要注意的是土钉道数、长度、间距不是一次确定的，需要通过多次试算最终确定。

（2）如土钉为钢管的土钉外径、注浆体外径均与钢管外径相同，钢管牌号一般用Q235；如采用钢筋土钉，注浆体外径即成孔直径，钢筋牌号一般用 HRB400。

（3）工况设置即设置每层土方开挖的底标高，应与土钉的布置相对应并为土钉预留足够的施工空间（即超挖深度）。根据笔者的经验，超挖深度以 0.3～0.5m 为宜，过小则无法保证土钉的施工空间，过大则容易因超挖造成基坑稳定性不满足规范要求或出现局部失稳破坏；此处可简单按自动生成工况，超挖深的按照设计设置即可。

5）其他信息输入

操作步骤如下：输入地下水类型→输入止水帷幕插入基坑底深度→喷射混凝土厚度、强度、钢筋分布形式、配筋率等各项参数→点击"计算"按钮，如图 4-13 所示。

操作说明：

（1）地下水类型分为潜水、承压水两种类型，根据实际情况输入即可；

（2）截水帷幕插入基坑底以下深度根据截水帷幕的实际长度输入即可；

（3）含水层顶面到基坑底的距离，如地下水为潜水时，无需输入，软件会根据土层信息输入的数据自动计算；如为承压水时，需要设计人员自行计算含水层顶标高到基坑底的

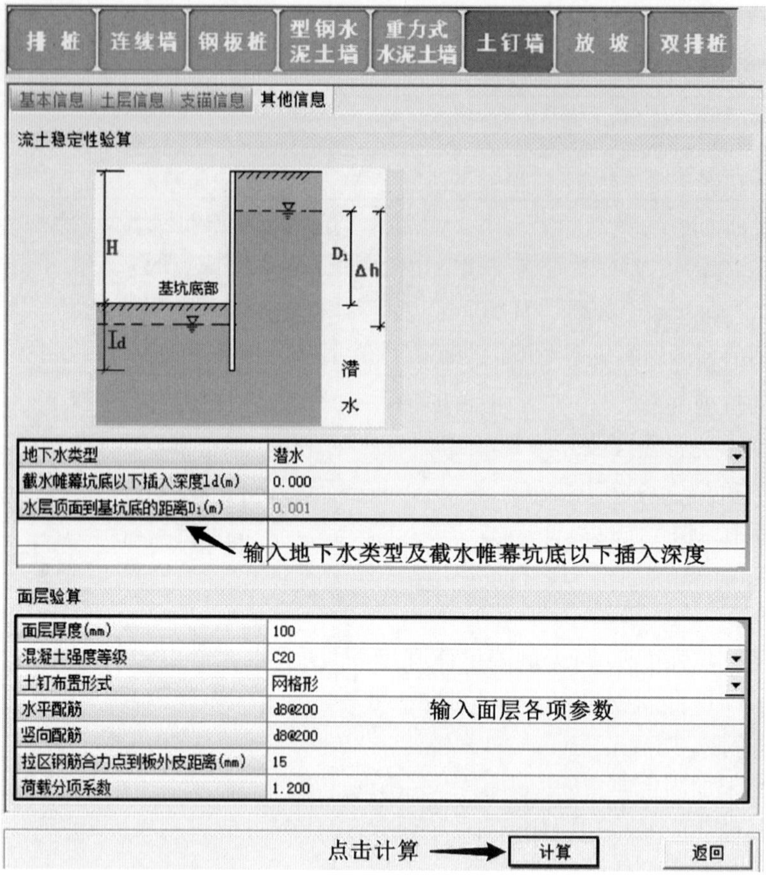

图 4-13　其他参数输入的操作步骤

垂直距离输入；

（4）设计人员需根据挂网喷混凝土的实际厚度、配筋、土钉的分布形式等输入各项挂网喷混凝土的信息，但应注意荷载分项系数，根据规范应取 1.25；

（5）完成各项信息输入后即可点击"计算"按钮，开始进行土钉墙支护设计计算，在软件返回计算结果后查看计算结果。

6）计算信息输入

操作步骤如下：选定输入计算方法、折减系数、系数等各项参数→勾选各项需要计算的项目→选取计算的类型（自动计算或详细验算），如图 4-14 所示。

操作说明：

（1）土钉墙必须进行验算的项目分别为：抗拔承载力验算、整体稳定性验算、面层验算；

根据规范要求，基坑底或基坑底以下存在软弱土层的应进行抗隆起稳定性验算；

当土钉墙与截水帷幕联合使用（即截水帷幕复合土钉墙）时，应进行基坑渗流稳定性验算；

如坑底以下有水头高于基坑底的承压水含水层，且未用截水帷幕截断基坑内外地下水水力联系的，应进行基坑抗突涌验算；当基坑采用悬挂式截水帷幕且截水帷幕底端位于碎

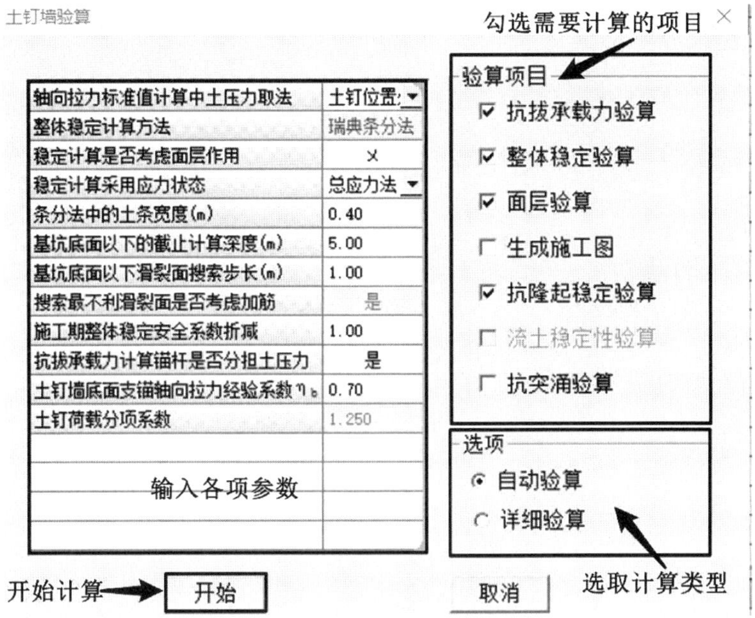

土钉墙验算

轴向拉力标准值计算中土压力取法	土钉位置▼
整体稳定计算方法	瑞典条分法
稳定计算是否考虑面层作用	×
稳定计算采用应力状态	总应力法 ▼
条分法中的土条宽度(m)	0.40
基坑底面以下的截止计算深度(m)	5.00
基坑底面以下滑裂面搜索步长(m)	1.00
搜索最不利滑裂面是否考虑加筋	是
施工期整体稳定安全系数折减	1.00
抗拔承载力计算锚杆是否分担土压力	是
土钉墙底面支锚轴向拉力经验系数 η_b	0.70
土钉荷载分项系数	1.250

输入各项参数

勾选需要计算的项目

验算项目
☑ 抗拔承载力验算
☑ 整体稳定验算
☑ 面层验算
☐ 生成施工图
☑ 抗隆起稳定验算
☐ 流土稳定性验算
☐ 抗突涌验算

选项
⊙ 自动验算
○ 详细验算

选取计算类型

开始计算 → 开始

取消

图 4-14 计算信息输入

石土、砂土或粉土含水层时应进行基坑流土稳定性验算。

（2）验算方法及各项系数取值按照规范、经验输入各项计算参数、计算方法即可，点击相应的按钮，软件会弹出相关的选取说明，读者按说明结合工程实际选取即可。

（3）自动验算与详细验算的区别在于计算过程中设计师是否参与每一步的计算结果查看与调整，一般选用自动验算即可。

3. 计算结果分析

（1）抗拔承载力验算结果（节选）：

开挖深度 (m)	支锚号	抗拔承载力标准值 R_{kj}(kN)	抗拉承载力标准值 $f_{yk}A_s$(kN)	轴向拉力标准值 N_{kj}(kN)	抗拔 安全系数
8.000	1 土钉	13.872	99.667	0.000	999.000
	2 土钉	19.261	99.667	0.372	51.838
	3 土钉	24.649	99.667	0.000	999.000
	4 土钉	30.038	99.667	0.000	999.000
	5 土钉	35.426	99.667	0.000	999.000
	6 锚杆	626.879	176.000	8.312	21.175
	7 锚杆	706.858	176.000	55.564	3.168

（2）抗拉承载力验算结果（节选）：

开挖深度 (m)	破裂角 (°)	支锚号	支锚长度 (m)	轴向拉力设计值 N_j(kN)	抗拉承载力设计值 f_yA_s(kN)	抗拉满足系数
8.000	28.2	1 土钉	6.000	0.000	91.185	999.000
		2 土钉	6.000	0.464	91.185	196.332
		3 土钉	6.000	0.000	91.185	999.000
		4 土钉	6.000	0.000	91.185	999.000
		5 土钉	6.000	0.000	91.185	999.000
		6 锚杆	10.000	10.390	176.000	16.940
		7 锚杆	10.000	69.455	176.000	2.534

（3）整体稳定验算结果：

工况号	安全系数	圆心坐标 x(m)	圆心坐标 y(m)	半径(m)
1	2.912	7.553	8.394	1.500
2	4.100	7.419	11.743	5.916
3	3.273	7.244	11.182	6.576
4	2.695	6.772	11.571	8.062
5	2.291	6.017	10.962	8.515
6	1.710	5.764	9.472	8.367
7	1.516	3.250	12.183	12.003
8	1.880	−2.357	27.628	27.638

（4）面板配筋计算结果（节选）：

编号	深度范围	荷载值(kPa)	轴向	M(kN·m)	A_s(mm^2)	实配 A_s(mm^2)
3	1.50～2.50	0.0	x	0.000	200.0(构造)	251.3
			y	0.000	200.0(构造)	251.3
4	2.50～3.50	0.0	x	0.000	200.0(构造)	251.3
			y	0.000	200.0(构造)	251.3
5	3.50～4.50	0.0	x	0.000	200.0(构造)	251.3
			y	0.000	200.0(构造)	251.3
6	4.50～8.00	33.7	x	4.211	200.0(构造)	251.3
			y	0.000	200.0(构造)	251.3

（5）抗隆起验算结果：

$$K_s=(24.5\times0.0\times319.057+100.0\times266.882)/[(69.825\times8.0+154.650\times8.0)/$$
$$(8.0+8.0)]=237.783$$

$K_s=237.783\geqslant1.600$，抗隆起稳定性满足。

4.5 水泥土桩复合土钉墙设计

4.5.1 水泥土复合土钉墙的适用条件

水泥土桩一般采用水泥土搅拌桩或高压旋喷桩工艺施工，如施工穿越的土层内没有卵石、块石、砖块等较大的硬质障碍物时一般采用搅拌桩，否则应选择高压旋喷桩施工。水泥土桩复合土钉墙除适用于普通的土钉墙外，还适用于以下情况：

（1）地下水位高于基坑底标高且基坑壁或基坑底存在承压含水层等需要设置止水帷幕的情况；

（2）基坑壁土体较软，需要设置水泥土桩增强土体抗剪强度的情况；

（3）基坑壁下部或基坑底以下存在软弱土体可能被挤出或形成基坑隆起需要进行坑底加固的情况。

4.5.2 水泥土桩复合土钉墙的设计计算

水泥土桩复合土钉墙的设计与锚杆（索）复合土钉墙设计计算基本一致，其重点在于考虑了水泥土桩产生的抗滑力矩对边坡稳定性的贡献，详细的设计计算详见 4.3 节。

当水泥土桩作为悬挂式止水帷幕时，应按下列公式进行抗渗流稳定性验算，可参看

2.3.3 节。

水泥土桩复合土钉墙的软件计算过程与常规土钉墙基本一致，本文不再赘述。

4.6 微型桩复合土钉墙设计

4.6.1 微型桩复合土钉墙的适用条件

微型桩一般指桩径小于 400mm、长细比大于 30 的桩，用于基坑支护的最常见的类型为钢管桩及其他型钢桩，目前也有小直径的钻孔灌注桩或预制混凝土管桩。用于复合土钉墙基坑支护时，最常见的组合形式为微型桩＋土钉＋锚杆（索）＋桩间挂网喷混凝土或微型桩＋土钉＋锚杆（索）＋水泥土桩。

微型桩复合土钉墙除适用于普通的土钉墙外，还适用于以下情况：

（1）基坑外无放坡条件，需要垂直开挖的基坑；

（2）基坑对变形控制要求较高，需要微型桩＋锚杆（索）进行变形控制的基坑；

（3）基坑底仍存在软土，需要在基坑底设置抗剪强度较高的桩体避免在基坑底以下形成滑动面的基坑，尤其是基坑底以下存在较薄的软弱土层随即进入坚硬土层或岩层的，往往能取得比较好的效果。

4.6.2 微型桩复合土钉墙的设计计算

微型桩复合土钉墙的设计与锚杆（索）复合土钉墙设计计算基本一致，其重点在于考虑了微型桩产生的抗滑力矩对边坡稳定性的贡献，详细的设计计算见 4.3 节。

4.6.3 微型桩复合土钉墙的构造要求

微型桩的设计及构造应符合下列规定：

（1）微型桩宜采用小直径钢管、型钢、混凝土桩等；

（2）小直径钢管、型钢、混凝土桩直径或等效直径宜取 100～300mm；

（3）微型桩填充胶结物抗压强度等级不宜低于 20MPa；

（4）微型桩的桩间距宜为 0.5～2.0m，嵌固深度不宜小于 2m。桩顶宜设置通长冠梁。

4.6.4 微型桩复合土钉墙的实例计算

理正深基坑软件中未提供微型桩复合土钉墙的建模功能，可以通过理正岩土软件中的超级土钉模块来实现，其设计实例与理正软件实操过程如下。

1. 工程简介

本工程拟设 1 层地下室，基坑深度 5.8m，基坑外 2.5m 为一栋 3 层民房。基坑采用微型桩＋水泥土桩＋锚索复合土钉墙支护，垂直开挖。基坑顶民房超载按每层 20kPa 考虑，根据勘察报告，原始地下水位为－3.0m，基坑内地下水位将降至－6.3m。基坑支护安全等级二级，基坑壁从上到下土层的物理力学指标见表 4-3，基坑平面及剖面详见图 4-15、图 4-16。

岩土物理指标取值表 表 4-3

土层名称	分层厚度（m）	天然重度（kN/m³）	直剪快剪		侧摩阻力 q_{sik}（kPa）	
			黏聚力（kPa）	内摩擦角（°）	钢管土钉	锚杆
杂填土	1.5	17.8	10.0	10.0	15	15
淤泥质土	2.5	17.6	10.1	10.5	20	20
红黏土	3.0	18.2	25.3	17.8	60	60
中风化石灰岩	5.0	24.0	100.0	40.0	200	200

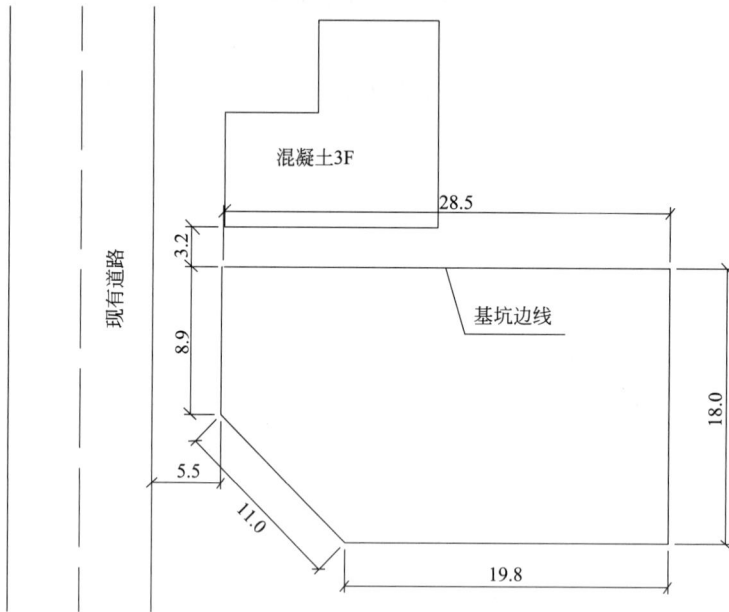

图 4-15 基坑平面布置图（单位：m）

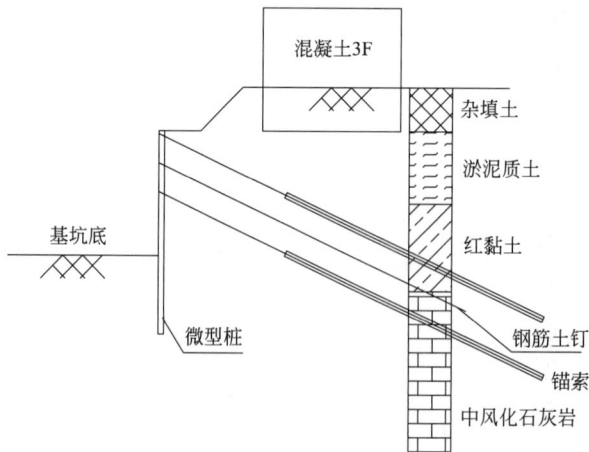

图 4-16 基坑支护剖面图

2. 软件计算过程

本基坑采用理正岩土计算 7.0 版进行计算，各计算步骤如下：

1）打开软件

操作步骤如下：打开理正岩土计算软件→设置工作目录→点击超级土钉→选择计算规范→点击新增项目，如图 4-17～图 4-19 所示。

图 4-17　进入理正岩土计算软件的操作步骤

操作说明：

（1）设置工作目录，参见 4.4 节；

（2）点击"超级土钉设计"按钮，进入超级土钉设计模块；

（3）设置计算执行规范，计算规范默认选择复合土钉墙规范；

（4）点击"增"按钮，新增项目，选择新增项目使用模板。

2）基本信息输入

操作步骤如下：在左下角输入计算工程名称→输入计算目标、基坑安全等级、支护结构重要性系数、基坑深度、开挖工况、微型桩参数、坡线段数、超载个数等信息→设置各段坡线的坡高、坡度→输入超载信息，如图 4-20 所示。

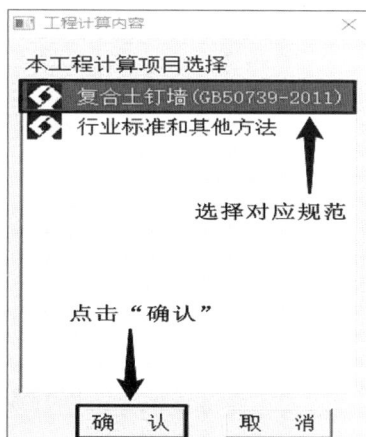

图 4-18　选择计算规范的操作步骤

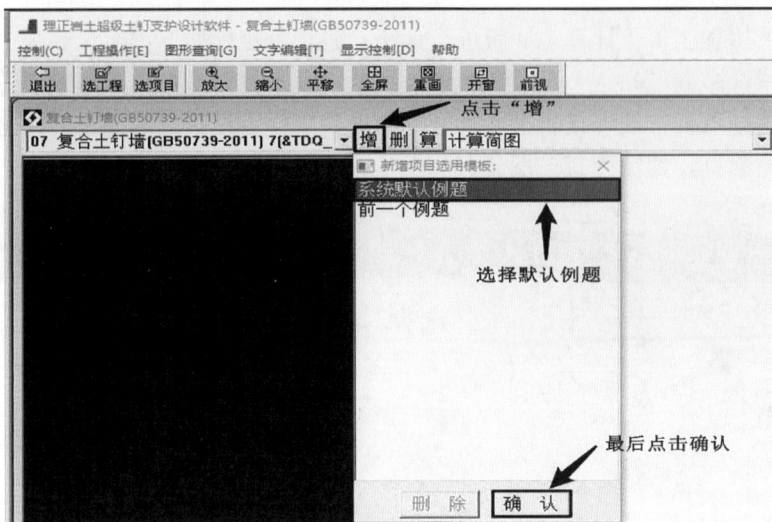

图 4-19 新建项目的操作步骤

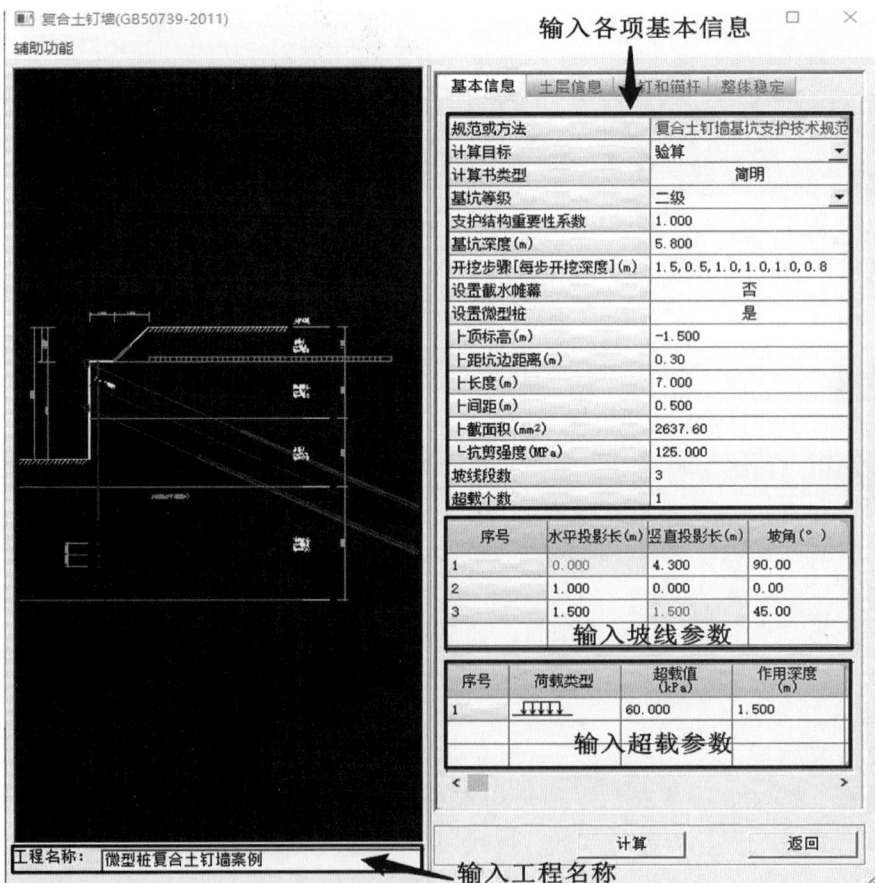

图 4-20 基本信息输入操作步骤

操作说明：

（1）填写工程名称或者分段信息等，用于区分模型的名称；

（2）填写计算目标，分为设计和验算，如为设计则后面的土钉和锚杆不需要输入土钉的长度、钢管壁厚、钢筋直径、材料牌号等信息，软件将会在计算过程中自动确定上述材料信息；如为验算，则需读者自行输入上述信息；

（3）计算书的类型分为详细、简明两类，详细计算书会将基坑各工况土钉承载力详细计算过程列出，计算书内容较为详细；简明计算书则无上述计算过程，读者应根据需要选择计算书类型；

（4）根据规范确定的基坑支护安全等级，并填写基坑支护结构重要性系数；

（5）开挖工况需要根据土钉或锚杆（索）的垂直距离以及预留的放坡平台进行设置，每层开挖步骤应与对应的土钉或锚杆（索）的施工工作平台或放坡平台相对应；

（6）微型桩的间距为微型桩的桩心间距；截面积为型钢的截面积，不含注浆体的截面积；根据钢结构等相关规范，如型钢采用的是 Q235 钢，其抗剪强度设计值为 125MPa（壁厚小于 16mm 时）；如采用其他强度的型钢或其他厚度的型钢，可以通过查表确定；如土钉墙还设置了水泥土桩，其信息输入详见 4.4 节基本信息输入操作；

（7）当坡面线有多段时，应分别分段输入，输入顺序为自基坑底开始；

（8）超载信息输入同 4.4 节基本信息输入步骤，可参看该节。

3）土层信息输入

操作步骤如下：输入土层数→输入是否采用坑内加固土→输入基坑内外水位→分层输入各土层厚度、抗剪强度等指标，如图 4-21 所示。

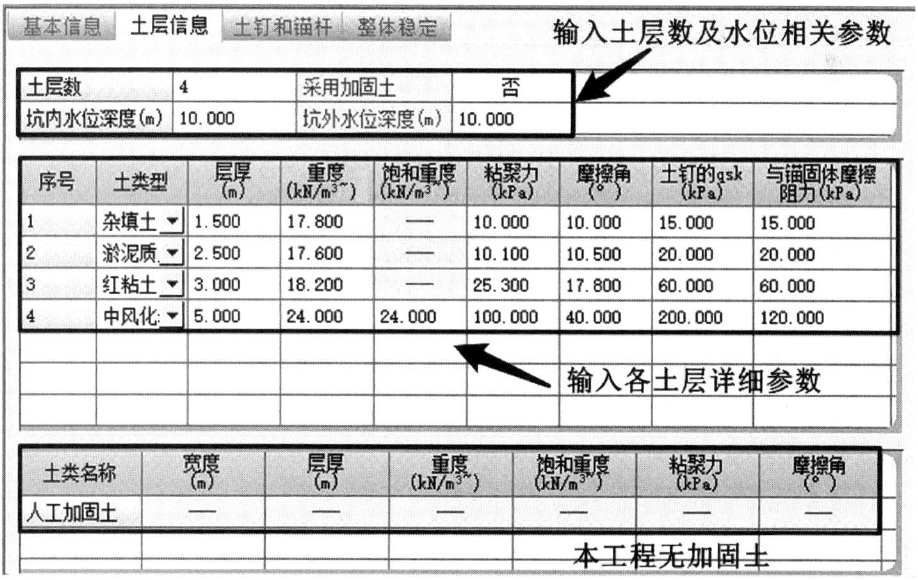

土层数	4	采用加固土	否
坑内水位深度(m)	10.000	坑外水位深度(m)	10.000

序号	土类型	层厚(m)	重度(kN/m³)	饱和重度(kN/m³)	粘聚力(kPa)	摩擦角(°)	土钉的qsk(kPa)	与锚固体摩擦阻力(kPa)
1	杂填土	1.500	17.800	—	10.000	10.000	15.000	15.000
2	淤泥质	2.500	17.600	—	10.100	10.500	20.000	20.000
3	红粘土	3.000	18.200	—	25.300	17.800	60.000	60.000
4	中风化	5.000	24.000	24.000	100.000	40.000	200.000	120.000

土类名称	宽度(m)	层厚(m)	重度(kN/m³)	饱和重度(kN/m³)	粘聚力(kPa)	摩擦角(°)
人工加固土	—	—	—	—	—	—

图 4-21　输入土层信息的操作步骤

（1）输入基坑计算所需土层数量，参见 4.4 节土层信息输入操作说明；

（2）输入基坑内外地下水水位，参见 4.4 节土层信息输入操作说明；

（3）选择是否采取坑内加固措施，如需采取坑内加固则需在下方的人工加固土信息窗口中输入加固土的各项物理力学指标，参见 4.4 节土层信息输入操作说明；

（4）输入各土层各项物理力学指标，参见 4.4 节土层信息输入操作说明，其中应注意土钉与土层的侧摩阻力可能和土层与锚固体的侧摩阻力不一致，应注意加以区分。

4）支锚信息输入

操作步骤如下：输入支锚道数→选择土钉类型→输入各道土钉的间距、倾角、直径、长度、材料牌号、材料尺寸等各项参数→输入各道锚杆（索）的间距、倾角、锚固体直径、长度、抗拉力标准值、抗拉力设计值等各项参数如图 4-22 所示。

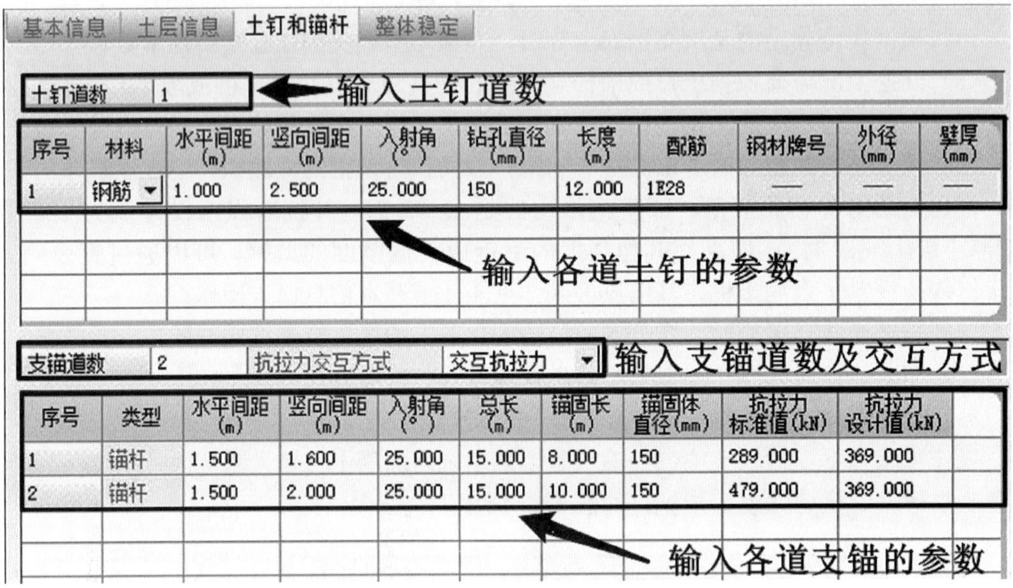

图 4-22　输入支锚信息的操作步骤

操作说明：

（1）输入土钉（钢筋土钉）的间距、倾角、钻孔直径、长度及配筋等信息，如为钢管土钉，可参照 4.4 节支锚信息输入部分。

（2）可选交互抗拉力或交互配筋信息。当选择交互抗拉力时，需要读者执行输入材料的抗拉力设计值，软件将对抗拉安全系数进行计算，抗拉力标准值需要在软件完成一次计算后读者自行根据其计算结果输入，再次计算。如选择"交互配筋信息"，读者只需输入配筋信息即可，无须自行输入抗拉力标准值，软件将自行进行计算。因为交互配筋信息只支持钢筋材料，不支持钢绞线，如此处锚杆属于锚索时，建议选用交互抗拉力。

（3）输入锚杆间距、倾角、总长、锚固段长度，视交互方式输入配筋信息或抗拉力标准值、设计值等信息。

5）整体稳定计算信息输入

操作步骤如下：选择应力状况→输入土条宽度、向下搜索深度、计算步长等信息→输入各项组合作用折减系数等各项参数→点击计算按钮，如图 4-23 所示。

操作说明：

（1）应力状况与土层信息输入时选用的岩土抗剪强度指标相对应，如选用的为总应力状态下的抗剪强度指标的，此处应选择总应力法；如岩土抗剪强度指标为有效应力指标的，此处应选有效应力；

（2）土条宽度与计算搜索步长越小，计算精度越高，但计算时长越长，读者可以根据计算精度要求与工程实际情况选用；笔者经验为一般土条宽度选 0.2～1.0m，计算步长选 0.2～1.0m；

（3）搜索最不利滑面时不考虑土钉的作用偏保守，读者可根据当地经验选用；

（4）土条切向分力与滑动方向反向时，当作下滑力对待计算结果偏保守，读者可根据当地经验选用；

（5）各项支护构件的组合作用折减系数取值办法详见 4.3 节的参数说明。

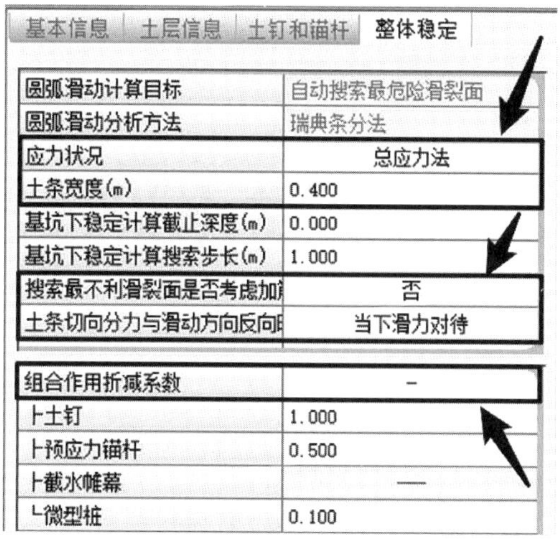

6）计算信息输入

见图 4-24。

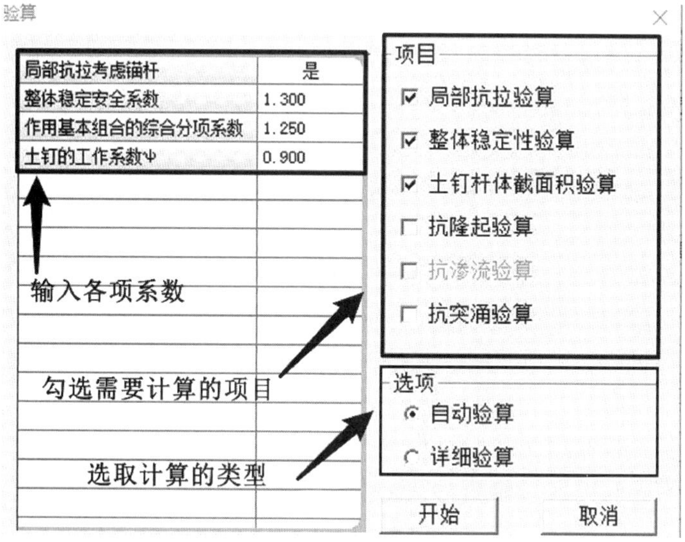

基本信息	土层信息	土钉和锚杆	整体稳定
圆弧滑动计算目标		自动搜索最危险滑裂面	
圆弧滑动分析方法		瑞典条分法	
应力状况		总应力法	
土条宽度(m)		0.400	
基坑下稳定计算截止深度(m)		0.000	
基坑下稳定计算搜索步长(m)		1.000	
搜索最不利滑裂面是否考虑加		否	
土条切向分力与滑动方向反向		当下滑力对待	
组合作用折减系数		—	
├土钉		1.000	
├预应力锚杆		0.500	
├截水帷幕		——	
└微型桩		0.100	

图 4-23　输入整体稳定性信息的操作步骤

验算

局部抗拉考虑锚杆	是
整体稳定安全系数	1.300
作用基本组合的综合分项系数	1.250
土钉的工作系数ψ	0.900

输入各项系数

勾选需要计算的项目

选取计算的类型

项目
☑ 局部抗拉验算
☑ 整体稳定性验算
☑ 土钉杆体截面积验算
☐ 抗隆起验算
☐ 抗渗流验算
☐ 抗突涌验算

选项
⊙ 自动验算
○ 详细验算

开始　　取消

图 4-24　计算信息输入的操作步骤

操作说明：

理正岩土计算信息输入要求同理正深基坑软件，详细要求参见 4.4 节计算信息输入章节。

7）计算结果查看

理正岩土超级土钉模块的计算书查看内容与理正深基坑土钉模块查看计算书的内容基本一致，可参见 4.4 节。

第5章
重力式水泥土墙设计与实例计算

5.1 重力式水泥土墙概述

5.1.1 重力式水泥土墙的基本概念

重力式水泥土墙是以水泥系材料为固化剂，通过搅拌机械采用喷浆施工将固化剂和地基土强行搅拌，形成连续搭接的水泥土柱状加固体挡墙。

1996 年 5 月在日本东京召开的第二届地基加固国际会议上，这种加固法被称为 DMM工法（Deep Mixing Method）。我国《建筑地基处理技术规范》JGJ 79 称其为深层搅拌法（简称"湿法"），并启用了"水泥土"这一专用名词。上海市《地基处理技术规范》DBJ 08-40 称其为水泥土搅拌法。本书将采用这类加固法连续搭接施工所形成的挡土墙，定名为重力式水泥土墙。

将水泥系材料和原状土强行搅拌的施工技术，近年来得到大力发展和改进，加固深度和搅拌的密实性、均匀性均得到提高。目前，常用的施工机械包括单轴搅拌桩机、双轴搅拌桩机、三轴搅拌桩机、高压喷射注浆机。不同的施工工艺，形成目前常用的重力式水泥土墙。

水泥土搅拌桩是指利用一种特殊的搅拌头或钻头，在地基中钻进至一定深度后，喷出固化剂，使其沿着钻孔深度与地基土强行拌合而形成的加固土体。固化剂通常采用水泥浆体或石灰浆体。

高压喷射注浆是指将固化剂形成高压喷射流，借助高压喷射流的切削和混合使固化剂与土体混合，达到加固土体的目的。高压喷射注浆有单管、双重管和三重管等施工工艺，固化剂通常采用水泥浆体。

5.1.2 水泥土的发展与现状

搅拌法原是我国及古罗马、古埃及等文明古国，以石灰为拌合材料，应用最早而且流传最广泛的一种加固地基土的方法。例如，我国房屋或道路建设中传统的灰土垫层（或面层），就是将石灰与土按一定比例拌合、铺筑、碾压或夯实而成；又如，万里长城和西藏佛塔以及古罗马的加普亚军用大道、古埃及的金字塔和尼罗河的河堤等，都是用灰土加固地基的范例。

应用水泥土较早的一些国家，如日本约始于 1915 年，美国约 1917 年。随后，许多国家纷纷将水泥土用于道路、水利等工程。

搅拌桩最早于 20 世纪 50 年代初问世于美国。但自 20 世纪 60 年代直到现在，不论在施工机械、质量检测、设计方法还是工程应用等方面，均以日本和瑞典领先于世。经过 40 多年的应用和研究，已形成了一种基础和支护结构两用、海上和陆地两用、水泥和石灰两用、浆体和粉体两用、加筋与非加筋两用的软土地基处理技术。它可根据加固土受力特点沿加固深度合理调整它的强度，施工操作简便、效率高、工期短、成本低，施工中无振动、无噪声、无泥浆废水污染，土体侧移或隆起较小。故在世界各地获得广泛应用，并在应用中获得进一步发展。

我国自 1977 年以来，在中央部署和地方各级科研、设计、施工、生产、高校等部门的共同协作努力下，仅十余年实际已开发研制出适合我国国情，具有不同特色而且互相配套的多种专用搅拌机械和有地质钻机等改装成功的搅拌机械，并且已经形成了庞大的专业施工队伍。每年施工各种搅拌桩达数千万延米之多，施工点遍布沿海和内陆软土地区。

搅拌桩在我国应用的头 10 年中，其主要用途是加固软土，构成复合地基以支承建筑物或结构物。将搅拌桩应用于基坑工程，虽在其发展初期已有成功的案例，但大量应用则是 20 世纪 90 年代初随着我国各地高层建筑和地下设施大量兴建而迅速兴起的，其中尤以上海及沿海各地为多。与此同时，在设计中利用弹塑性有限元分析、土工离心模拟试验等方法，结合基坑开挖现场监测，对搅拌桩重力式围护墙的稳定和变形特性进行了深入的研究。通过 20 多年的应用研究，搅拌桩重力式围护墙的结构、计算和构造等均有了较大的发展，也出现了一些新的水泥土与其他受力构件相结合的结构形式。

随着改革开放政策的深化和经济建设的发展，我国的搅拌桩设计和施工技术适应国情特点，不断登上新的台阶。大功率的三轴搅拌机加固深度可达到 25～30m，已成功应用到工程实践中。

5.1.3 重力式水泥土墙的特点及破坏形式

1. 重力式水泥土墙的特点

重力式水泥土墙是通过固化剂对土体进行加固后形成一定厚度和嵌固深度的重力墙体，以承受墙后水、土压力的一种挡土结构。

重力式水泥土墙是无支撑自立式挡土墙，依靠墙体自重、墙底摩阻力和墙前基坑开挖面以下土体的被动土压力稳定墙体，以满足围护墙的整体稳定、抗倾覆稳定、抗滑移稳定和控制墙体变形等要求。

2. 重力式水泥土墙的破坏形式

重力式水泥土墙可近似看作软土地基中的刚性墙体，其变形主要表现为墙体水平平移、墙顶前倾、墙底前滑以及几种变形的叠加等。重力式水泥土墙的破坏形式主要包括以下几种：

（1）由于墙体入土深度不够，或由于墙底土体太软弱，抗剪强度不够等原因，导致墙体及附近土体整体滑移破坏，基底土体隆起，如图 5-1(a) 所示；

（2）由于墙体后侧发生挤土施工、基坑边堆载、重型施工机械作用等引起墙后土压力增加，或者由于墙体抗倾覆稳定性不够，导致墙体倾覆，如图 5-1(b) 所示；

（3）由于墙前被动区土体强度较低、设计抗滑稳定性不够，导致墙体变形过大或整体刚性移动，如图 5-1(c) 所示；

（4）当设计墙体抗压强度、抗剪强度或抗拉强度不够，或者由于施工质量达不到设计要求时，导致墙体压、剪或拉等破坏，如图 5-1(d)、(e)、(f) 所示。

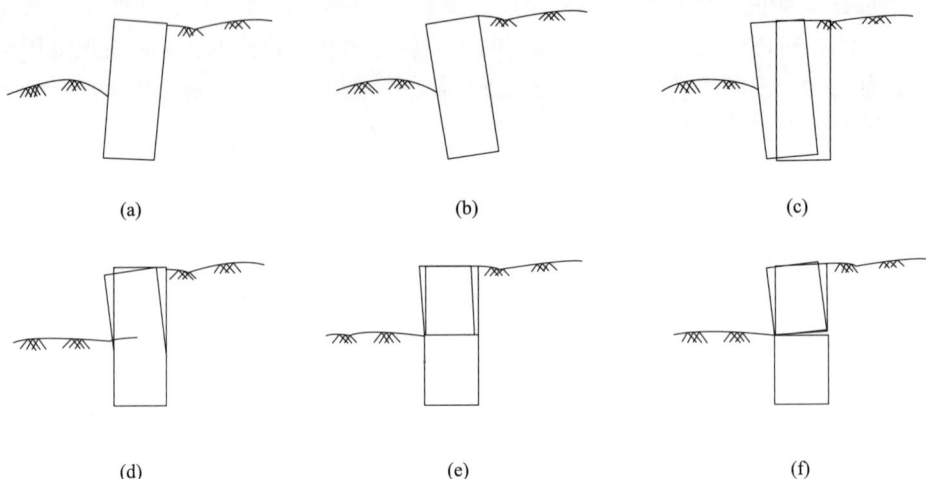

图 5-1　重力式水泥土墙的破坏形式

5.1.4　重力式水泥土墙的适用条件

1. 基坑开挖深度

重力式水泥土墙适用于开挖深度一般不超过 5m 的基坑支护。自 20 世纪 90 年代起，陆续出现开挖深度超出 6m 的基坑，1993 年底施工的某商厦的基坑开挖深度达 9.5m（部分达 12.1m），基坑面积达 12900m²。基坑开挖越深，面积越大，墙体侧向位移越难于控制。重力式水泥土墙开挖深度超出 7m 的基坑，墙体最大位移可能达到 20cm 以上，使工程的风险相应增加。鉴于目前施工机械、工艺和控制质量水平，开挖深度不宜超出 7m。

由于重力式水泥土墙侧向位移控制能力很大程度上取决于桩身的搅拌均匀性和强度指标，相比其他基坑围护墙来说，位移控制能力较弱。因此，在基坑周边环境保护要求较高的情况下，若采用重力式水泥土墙，基坑深度应控制在 5m 范围内，以降低工程风险。

2. 地质条件

国内外试验研究和工程实践表明，水泥土搅拌桩和高压喷射注浆均适用于加固淤泥质土、含水量较高而地基承载力小于 120kPa 的黏土、粉土、砂土等软土地基。对于地基承载力较高、黏性较大或较密实的黏土或砂土，可采用先行钻孔套打、添加外加剂或其他辅助方法施工。

当土中含高岭石、多水高岭石、蒙脱石等矿物时，加固效果较好；土中含伊利石、氯化物和水铝英石等矿物时，加固效果较差；土的原始抗剪强度小于 20～30kPa 时，加固效果较差。

水泥土搅拌桩当用于泥炭土或土中有机质含量较高，pH 值较低（<7）及地下水有侵蚀性时，宜通过试验确定其适用性。

当地表杂填土层厚度大，或土层中含有直径大于100mm的石块，或地下水位有变动出现流浆的可能时，应慎重采用搅拌桩。

3. 环境条件

重力式水泥土墙施工过程中，对环境可能产生两个方面的影响：

（1）水泥土墙的体量较大，搅拌桩施工过程中由于注浆压力的挤压作用，周边土体会产生一定的隆起或侧移；

（2）基坑开挖阶段围护墙体的侧向位移较大，会使坑外一定范围的土体产生沉降和变位。

因此，在基坑周边距离1～2倍开挖深度范围内存在对沉降和变形较敏感的建（构）筑物时，应慎重选用重力式水泥土墙。

5.1.5 水泥土的物理力学特性

1. 物理特性

1）重度

水泥土的重度主要与被加固土体的性质、水泥掺入比及所用水泥浆有关。水泥土重度室内试验结果表明，当水泥掺入比为5％～20％、水灰比为0.45～0.5时，水泥土较被加固土体重度增加约1％～4％。设计时，可以取1.03倍的软土天然重度作为水泥土的重度。

2）含水量和孔隙比

与天然软土相比，水泥土的含水量和孔隙比有不同程度的降低。天然软土的含水量越大或水泥掺入比越大，则水泥土加固体的含水量降低幅度越大。

3）液限与塑限

不同含水量的软土用不同的水泥掺入比加固后，其液限将稍有降低，而其塑限则有较大的提高。

2. 力学特性

1）无侧限抗压强度

水泥土的无侧限抗压强度在0.3～4.0MPa之间，约比天然软土强度提高数十倍到数百倍，主要受以下诸多因素的影响：

（1）土质。加固土的强度随着水泥掺入比和龄期的加长而增长，但有不同的增长幅度，一般初始性质较好的土加固后强度增量较大，初始性质较差的土加固后强度增量较小。

（2）龄期。水泥土的抗压强度随其加固的龄期的增长而增长，增长规律具有两个特点：①7～14d强度增长不明显，对于初始性质差的土尤其如此；②强度增长主要发生在龄期28d且持续增长至120d，其趋势才减缓，与混凝土不一样，由此应合理利用水泥土的后期强度。

（3）水泥掺入比。水泥掺入比通常指水泥掺入质量与被加固土天然质量之比（％）。试验表明，水泥土的强度随着水泥掺入比的增加而增长。其特点是随水泥掺入比的增加，水泥土的后期强度增长幅度加大。

在实际应用中，当水泥掺入比小于7％时，加固效果往往不能满足工程要求；而当掺入比大于20%时，加固费用较高，因此单轴、双轴搅拌桩水泥掺入比以12%～20%为宜，三轴搅拌桩水泥掺入比一般为20%。

（4）土的含水量。天然土的含水量越小，加固后水泥土的抗压强度越高。含水量对强度的影响还与水泥掺入比有关，水泥掺入比越大，则含水量对强度的影响越大；反之，水泥掺入比较小时，含水量对强度的影响不明显。

（5）土的化学性质。土的化学性质，如酸碱度（pH值）、有机质含量、硫酸盐含量等对加固土强度的影响很大。酸性土（pH值<7）加固后的强度较碱性土差，且pH值越低，强度越低。实践证明，当添加剂使得pH值≥11时，加固土的强度显著提高。

土的有机质或腐殖质会使土具有酸性，并会增加土的水溶性和膨胀性，降低其透水性，影响水泥水化反应的进行，从而会降低加固土的强度。

实际工程中，当土层局部遇到pH值偏低的情况时，可在水泥中掺入少量石膏（$CaSO_4$）或碱性材料，即可使土的pH值明显提高。

（6）水泥品种和强度等级。水泥搅拌桩可以采用不同品种的水泥，如普通硅酸盐水泥、矿渣水泥、火山灰质水泥等。其强度等级一般也不受限制。但水泥的品种和强度等级对水泥土的强度有一定影响。一般在其他条件均相同时，普通水泥的强度等级每提高一级，可使水泥土强度有一定的提高，目前工程上采用的水泥强度等级一般为42.5或42.5R。

（7）外加剂。固化剂中常选用某些工业废料或化学品作为外加剂，因它们分别具有改善土性、提高强度、节约水泥、促进早强、缓凝或减水的作用，所以掺加外加剂是改善水泥土加固体的性能和提高早期强度的有效措施。常用的外加剂有碳酸钙、氯化钙、三乙醇胺、木质磺酸钙等，但相同的外加剂以不同的掺量加入不同的土类或不同的水泥掺入比，会产生不同的效果。

粉煤灰是具有较高活性和明显水硬性的工业废料，可作为搅拌桩的外加剂。室内试验表明，用10%的水泥加固淤泥质黏土，当掺入占土重5%～10%的粉煤灰时，其90d龄期强度比不掺粉煤灰时提高45%～85%，而且其早期强度增长十分明显。

在水泥中掺入相当于水泥质量2%的石膏（$CaSO_4$），可使水泥土强度提高20%左右并具有早强作用。但石膏掺量不能过大，否则会使水泥土变成脆性。

不同外加剂配方对水泥土强度的影响如表5-1所示。

不同外加剂配方对水泥土强度的影响　　　　　　　　　　　　表5-1

编号	外加剂及掺量 （占水泥质量，%）	抗压强度 q_u（kPa）			
		7d 龄期		28d 龄期	
1	不掺外加剂	640	100%	1190	100%
2	塑化剂 0.25	700	110%	1270	107%
3	木质磺酸钙 0.3	800	125%	1220	103%
4	氯化钙 1.5	650	103%	1230	103%
5	氯化钠 1.0	680	106%	1070	90%
6	木质磺酸钙 0.2＋氯化钙 1.0	760	119%	1350	113%
7	氢氧化钠 0.4＋硫酸钠 1.0	800	125%	1320	111%

编号	外加剂及掺量 （占水泥质量,%）	抗压强度 q_u(kPa)			
		7d 龄期		28d 龄期	
8	三乙醇胺 0.05＋氯化钠 0.5	930	146%	1740	146%
9	硫酸钙 2.0＋木钙 0.2＋硫酸钠 1.0	760	119%	1330	112%
10	三乙醇胺 0.02＋氯化铁＋木钙 0.25	732	114%	1160	97.5%
11	三乙醇胺 0.05＋木钙 0.2	1370	214%	1870	157%

注：水泥掺入比 10%；天然含水量 60.56%。

2）抗剪和抗拉强度

水泥土的抗剪强度 c_u 与其方向应力有关。保守考虑，可取 σ_u 为零时的抗剪强度 τ_{f0} 作为桩体不排水抗剪强度值。τ_{f0} 与无侧限抗压强度 q_u 的比例介于 $1/5\sim1/2$ 之间。

水泥土的抗剪强度随抗压强度的增大而提高，但随着抗压强度的增大，两者的比值减小。当无侧限抗压强度 $q_u＝0.5\sim4.0$MPa 时，其黏聚力 $c＝0.1\sim1.1$MPa，内摩擦角 φ 约在 $20°\sim30°$ 之间。设计时，可取水泥土的 $c＝0.1q_u$；水泥土的内摩擦角可取 $10°\sim15°$。

水泥土的抗拉强度 σ_t 与无侧限抗压强度 q_u 的关系：当 $q_u＜1.5$MPa 时，σ_t 约等于 0.2MPa。设计时，可取水泥土的抗拉强度＝ $1/10\sim1/15$ 的抗压强度。

3）变形特性

水泥土与未加固土典型的应力-应变关系的比较表明，水泥土的强度虽较未加固土增加很多，但其破坏应变量却急剧减小。因此，设计时对加固土的抗剪强度不宜考虑最大值，而应考虑相对于桩体破坏应变量 ε_f 的适当值。水泥土无侧向抗压强度越大，破坏应变量越小。当 $q_u＞0.4$MPa 时，$\varepsilon_f＜2\%$；当 $q_u＜0.4$MPa 时，ε_f 为 $2\%\sim10\%$。

水泥土的变形模量与无侧限抗压强度 q_u 有关，但其关系尚无定论。国内的研究认为：$q_u＝0.5\sim4.0$MPa 时，弹性模量 $E＝(100\sim150)q_u$。

4）渗透系数

水泥土的渗透系数 k 随着加固龄期的增加和水泥掺入比的增加而减小。对于 k 值为 10^{-6}cm/s 的软土，用 10% 的水泥加固一个月后，k 值可减小到 10^{-7}cm/s 以下，它的抗渗性能明显改善。

5）负温对强度的影响

试验表明，负温一般不影响水泥搅拌桩施工，但它会使水泥土化学反应停滞而推迟搅拌桩强度的发展。

6）现场桩体强度与室内试块强度的差别

通过对有关试验资料鉴别分析，一般情况下，现场桩体强度比室内试块强度大约低 $25\%\sim35\%$，亦即现场桩体强度/室内试块强度的比值约为 $0.6\sim0.75$。珠海地区淤泥水泥土约为 0.5。

7）水泥土强度的长期稳定性

由于水泥土的化学性质甚为稳定，故水泥土强度的长期稳定性较好。根据近几年的工程实测结果分析，10 年龄期和 1 年龄期水泥土搅拌桩的强度基本相同。

5.2 重力式水泥土墙构造

5.2.1 重力式水泥土墙平面布置

1)布置形式。重力式水泥土墙墙体宽度可按经验确定，一般墙宽 B 可取开挖深度 h 的 $0.7 \sim 1.0$ 倍，对淤泥质土，不宜小于 $0.7h$；对淤泥，不宜小于 $0.8h$；平面布置可采用满堂布置、格栅形布置和宽窄结合的锯齿形布置等，常用的平面布置形式为格栅形布置，可节省工程量。双轴搅拌桩重力式水泥土墙平面布置如图 5-2 所示；三轴搅拌桩重力式水泥墙平面布置如图 5-3 所示；单轴搅拌桩或高压旋喷桩重力式水泥土墙平面布置如图 5-4 所示。

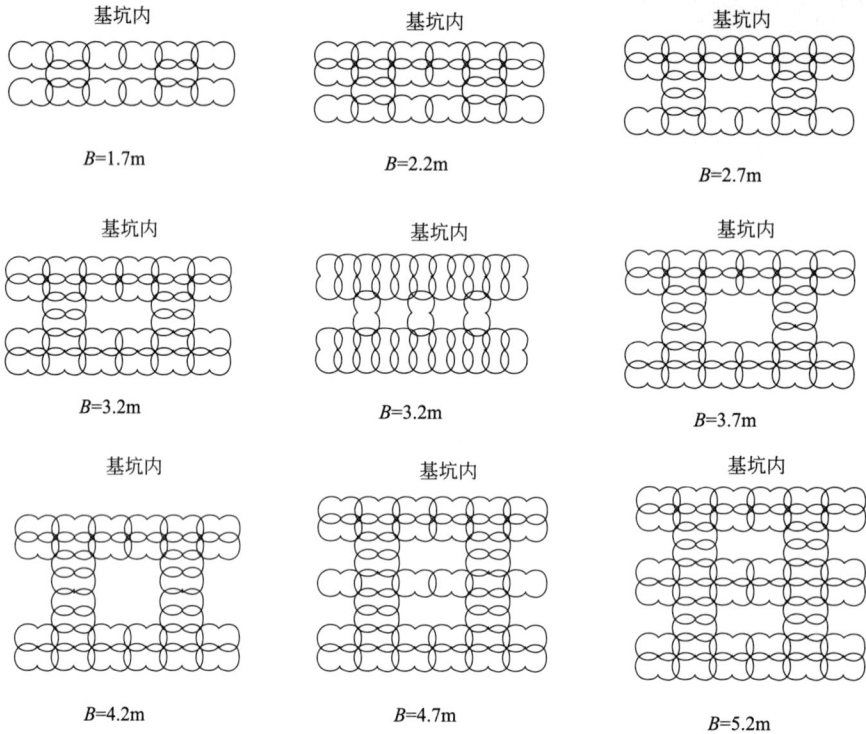

基坑内　　　　　　　基坑内　　　　　　　基坑内

$B=1.7\text{m}$　　　　$B=2.2\text{m}$　　　　$B=2.7\text{m}$

基坑内　　　　　　　基坑内　　　　　　　基坑内

$B=3.2\text{m}$　　　　$B=3.2\text{m}$　　　　$B=3.7\text{m}$

基坑内　　　　　　　基坑内　　　　　　　基坑内

$B=4.2\text{m}$　　　　$B=4.7\text{m}$　　　　$B=5.2\text{m}$

图 5-2　双轴搅拌桩常见平面布置形式

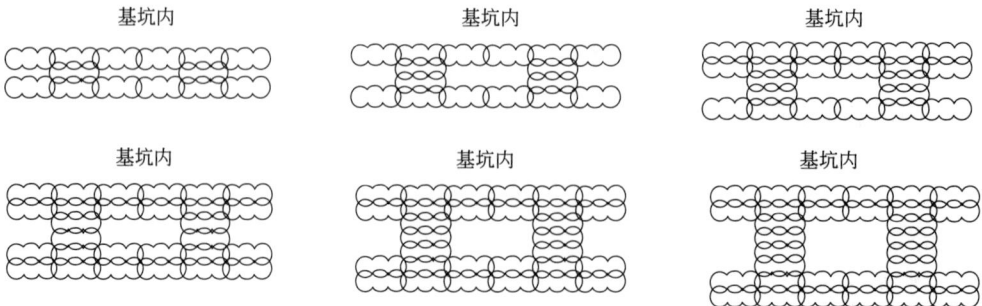

基坑内　　　　　　　基坑内　　　　　　　基坑内

基坑内　　　　　　　基坑内　　　　　　　基坑内

图 5-3　三轴搅拌桩常见平面布置形式

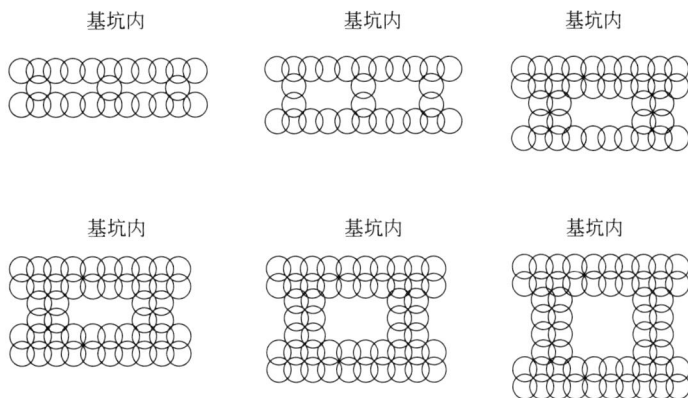

图 5-4 单轴搅拌桩或高压旋喷桩常见平面布置形式

2）截面置换率。截面置换率为水泥土截面积和断面外包面积之比。水泥土格栅的面积置换率：对淤泥质土，不宜小于 0.7；对淤泥，不宜小于 0.8；对一般黏性土、砂土，不宜小于 0.6。格栅内侧的长宽比不宜大于 2。

3）搭接宽度。搭接宽度不宜小于 200mm。墙体宽度大于等于 3.2m 时，前后墙厚度不宜小于 1.2m。在墙体圆弧段或折角处，搭接长度宜适当加大。相邻桩搭接部分的截面积为双弧形，搭接长度指搅拌轴中心连线位置的最大搭接长度。

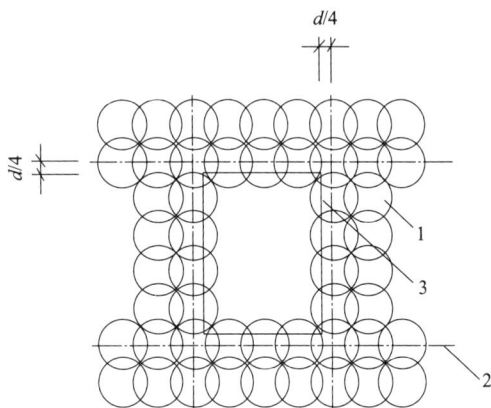

图 5-5 格栅式水泥土墙
1—水泥土桩；2—水泥土桩中心线；3—计算周长

4）转角及两侧剪力较大的部位应采用搅拌桩满打、加宽或加深墙体等措施进行加固。

5）当基坑开挖深度有变化，围护墙体宽度和深度变化较大的断面附近应当对墙体进行加强。

6）重力式水泥土墙采用格栅形式时，每个格栅的土体面积应符合下式要求：

$$A \leqslant \delta \frac{cu}{\gamma_\mathrm{m}} \tag{5.2}$$

式中 A——格栅内土体的截面面积（m^2）；

δ——计算系数，对黏性土，取 $\delta=0.5$；对砂土、粉土，取 $\delta=0.7$；

c——格栅内土的黏聚力（kPa），按本书第 2 章的规定确定；

u——计算周长（m），按图 5-5 计算；

γ_m——格栅内土的天然重度（kN/m^3）。对成层土，取水泥土墙深度范围内各层土按厚度加权的平均天然重度。

5.2.2　重力式水泥土墙竖向布置

1. 嵌固深度

重力式水泥土墙的嵌固深度，对淤泥质土，不宜小于 $1.2h$；对淤泥，不宜小于 $1.3h$；此处，h 为基坑开挖深度。

2. 断面布置方式

断面布置有等断面布置、台阶形布置等方式，常见的布置形式为台阶形，见图 5-6。

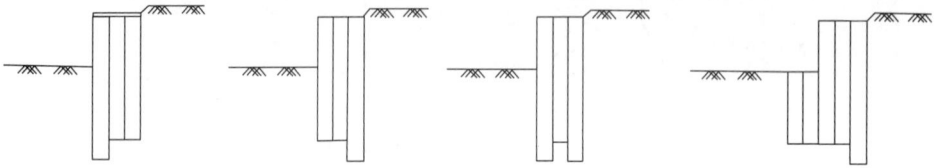

图 5-6　台阶形布置形式

5.2.3　重力式水泥土墙加固体技术要求

1）水泥掺入量：水泥掺入量定义为掺入的水泥质量与被加固土的天然质量之比，水泥搅拌桩一般为 $12\%\sim20\%$，土质好时取低值，土质差时取高值，淤泥或淤泥质土取高值，三轴搅拌桩常采用 20%。高压旋喷桩不少于 35%。

2）水泥土加固体的强度以 28d 龄期的无侧限抗压强度 q_u 为标准，淤泥水泥土 28d 的 q_u 不应低于 0.6MPa。

3）水泥加固体的黏聚力设计值取值 $0.1q_{u,28}$，内摩擦角设计取值 $10°\sim15°$。

4）水泥土加固体的渗透系数不大于 10^{-7}cm/s，水泥土墙兼作隔水帷幕。

5.2.4　重力式水泥土墙压顶板及连接构造

1）重力式水泥土墙结构顶部需设置 $150\sim200$mm 厚的钢筋混凝土压顶板，压顶板应设置双向配筋，钢筋直径不小于 $\phi8$，间距不大于 200mm。墙顶现浇的混凝土压顶板有利于墙体整体性，防止因坑外地表水从墙顶渗入墙体格栅而损坏墙体，也有利于施工场地的利用。

2）墙体内、外排加固体中，宜插入钢管、毛竹等加强构件。加强构件上端应进入压顶板，下端宜进入开挖面以下。目前，常用的方法是内排或外排搅拌体内插入微型钢管，深度至开挖面以下（一般穿过最大弯矩截面不小于 1.5m）。对开挖较浅的基坑，可以插毛竹，毛竹直径不小于 50mm。

3）水泥加固体与压顶板之间应设置连接钢筋，连接钢筋上端应锚入压顶板，下端应插入水泥加固体 $1\sim2$m，间隔梅花形布置。

5.2.5　水泥土外加剂

水泥土加固体采用设计强度和养护龄期双重控制标准。为改善水泥土加固体的性能和提高早期强度，可掺加外加剂。经常使用的外加剂有碳酸钠、氯化钙、三乙醇胺、木质磺酸钙等。外加剂的选用与水泥品种、水灰比、气候条件等有关，选用时应有一定的经验或进行室内试块试验。碳酸钠的掺量一般为水泥用量的 0.2%～0.4%，氯化钙为 2%～5%，三乙醇胺为 0.05%～0.2%。木质磺酸钙是一种减水剂，对早期强度的提高也略有影响，掺量范围为 0.2%～0.5%。

珠海地区海相淤泥的加固经验表明：单纯地加入少剂量的外加剂对室内配合比试验强度有一定的提高，但是现场抽芯强度提高有限。一般需要添加多种掺合料，掺入比一般为 20%～50%，这种新配方的固化剂对淤泥水泥土的强度有较大的提高，并且成桩效果较好。

5.3　重力式水泥土墙设计

5.3.1　抗滑移稳定性验算

重力式水泥土墙的抗滑移稳定性验算计算图示如图 5-7 所示，并应符合下式的规定：

$$\frac{E_{pk}+(G-u_mB)\tan\varphi+cB}{E_{ak}} \geq K_{sl} \qquad (5.3\text{-}1)$$

式中　K_{sl}——抗滑移稳定安全系数，其值不应小于 1.2；

E_{ak}、E_{pk}——作用在水泥土墙上的主动土压力、被动土压力标准值（kN/m），按第 2 章相关条款规定确定；

G——水泥土墙的自重（kN/m）；

u_m——水泥土墙底面上的水压力（kPa），水泥土墙底面在地下水位以下时，可取 $u_m=\gamma_w(h_{wa}+h_{wp})/2$；在地下水位以上时，取 $u_m=0$；此处 h_{wa} 为基坑外侧水泥土墙底处的水头高度（m），h_{wp} 为基坑内侧水泥土墙底处的水头高度（m）；

c、φ——水泥土墙底面下土层的黏聚力（kPa）、内摩擦角（°），按第 2 章相关条款的规定取值；

B——水泥土墙的底面宽度（m）。

5.3.2　抗倾覆稳定性验算

重力式水泥土墙的抗倾覆稳定性验算计算图示如图 5-8 所示，并应符合下式的规定：

$$\frac{E_{pk}a_p+(G-u_mB)a_G}{E_{ak}a_a} \geq K_{ov} \qquad (5.3\text{-}2)$$

式中　K_{ov}——抗倾覆稳定安全系数，其值不应小于 1.3；

a_a——水泥土墙外侧主动土压力合力作用点至墙趾的竖向距离（m）；

a_p——水泥土墙外侧被动土压力合力作用点至墙趾的竖向距离（m）；

a_G——水泥土墙自重与墙底水压力合力作用点至墙趾的水平距离（m）。

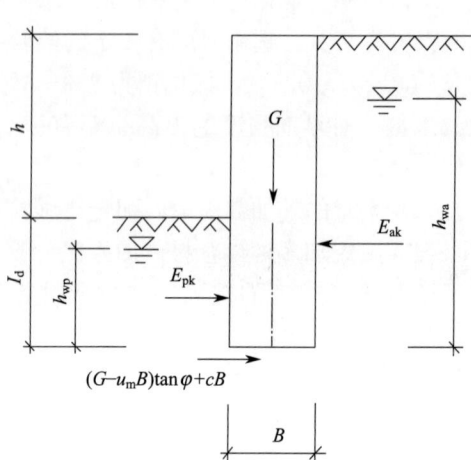

图 5-7　抗滑移稳定验算　　　　　　　　图 5-8　抗倾覆稳定性验算

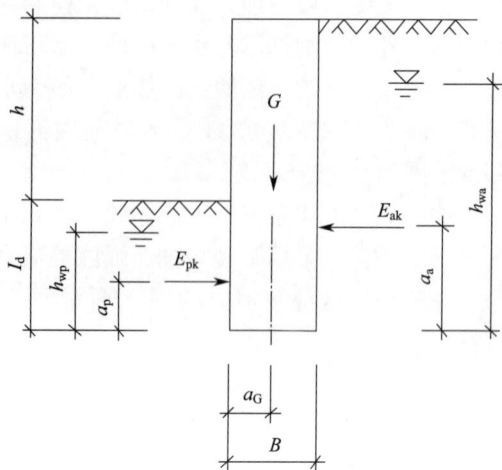

5.3.3　整体稳定性验算

重力式水泥土墙应按下列规定进行圆弧滑动稳定性验算：

1）可采用圆弧滑动条分法进行验算；

2）采用圆弧滑动条分法时，整体滑动稳定验算计算图示如图 5-9 所示，其稳定性应符合式（5.3-3）的规定：

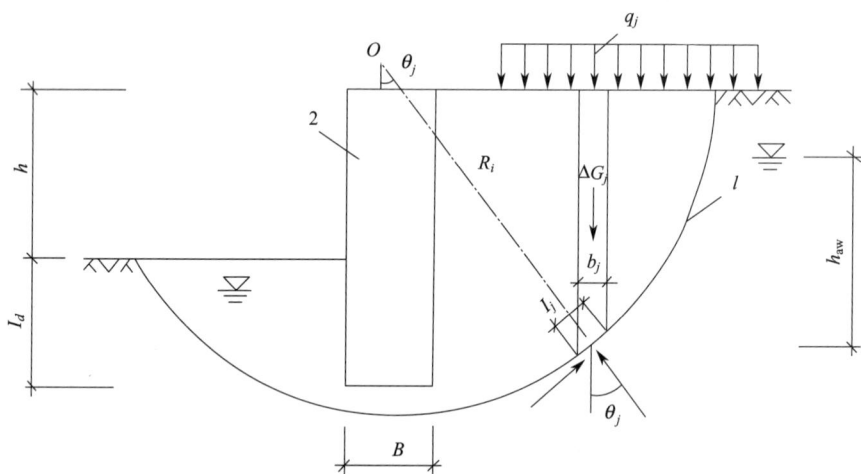

图 5-9　整体滑动稳定性验算

$$\frac{\sum\{c_j l_j + [(q_j b_j + \Delta G_j)\cos\theta_j - u_j l_j]\tan\varphi_j\}}{\sum(q_j b_j + \Delta G_j)\sin\theta_j} \geqslant K_s \tag{5.3-3}$$

式中　K_s——圆弧滑动稳定安全系数，其值不应小于 1.3；

　　c_j、φ_j——第 j 土条滑弧面处土的黏聚力（kPa）、内摩擦角（°），按第 2 章的规定取值；

b_j——第 j 土条的宽度（m）；

q_j——作用在第 j 土条上的附加分布荷载标准值（kPa）；

ΔG_j——第 j 土条的自重（kN），按天然重度计算；分条时，水泥土墙可按土体考虑；

u_j——第 j 土条在滑弧面上的孔隙水压力（kPa）；对地下水位以下的砂土、碎石土、粉土，当地下水时静止的或渗流水力梯度可忽略不计时，在基坑外侧可取 $u_j = \gamma_w h_{wa,j}$，在基坑内侧可取 $u_j = \gamma_w h_{wp,j}$；对地下水位以上的各类土和地下水位以下的黏性土，可取 $u_j = 0$；

γ_w——地下水重度（kN/m³）；

$h_{wa,j}$——基坑外地下水位至第 j 土条滑弧面中点的深度（m）；

$h_{wp,j}$——基坑内地下水位至第 j 土条滑弧面中点的深度（m）；

θ_j——第 j 土条滑弧面中点处的法线与垂直面的夹角（°）。

5.3.4 嵌固深度验算

重力式水泥土墙，其嵌固深度应满足坑底隆起稳定性要求，抗隆起稳定性可按本书第 2 章相关公式验算。此时，公式中 γ_{m1} 为基坑外墙底面以上土的重度，γ_{m2} 为基坑内墙底面以上土的重度，D 为基坑底面至墙底的土层厚度，c、φ 为墙底面以下土的黏聚力、内摩擦角。

当重力式水泥土墙底面以下有软弱下卧层时，墙底面土的抗隆起稳定性验算的部位尚应包括软弱下卧层。此时，γ_{m1}、γ_{m2} 应取软弱下卧层顶面以上土的重度，D 为基坑底面至软弱下卧层顶面的土层厚度。

5.3.5 正截面应力验算

重力式水泥土墙墙体的正截面应力应符合下列规定：

1. 当边缘应力为拉应力时

$$\frac{6M_i}{B^2} - \gamma_{cs} z \leqslant 0.15 f_{cs} \tag{5.3-4}$$

2. 压应力

$$\gamma_0 \gamma_F \gamma_{cs} z + \frac{6M_i}{B^2} \leqslant f_{cs} \tag{5.3-5}$$

3. 剪应力

$$\frac{E_{ak,i} - \mu G_i - E_{pk,i}}{B} \leqslant \frac{1}{6} f_{cs} \tag{5.3-6}$$

式中 M_i——水泥土墙验算截面的弯矩设计值（kN·m/m）；

B——验算截面处水泥土墙的宽度（m）；

γ_{cs}——水泥土墙的重度（kN/m³）；

z——验算截面至水泥土墙顶的垂直距离（m）；

f_{cs}——水泥土开挖龄期时的轴心抗压强度设计值（kPa），应根据现场试验或工程经验确定；

γ_F——荷载综合分项系数，按第 2 章取用；

$E_{ak,i}$、$E_{pk,i}$——验算截面以上的主动土压力标准值、被动土压力标准值（kN/m），可按本书第 2 章规定计算；验算截面在基底以上时，取 $E_{pk,i}=0$；

G_i——验算截面以上的墙体自重（kN/m）；

μ——墙体材料的抗剪断系数，取 0.4~0.5。

4. 重力式水泥土墙的正截面应力验算时

计算截面应包括以下部位：

（1）基坑面以下主动、被动土压力强度相等处；

（2）基坑底面处；

（3）水泥土墙的截面突变处。

5.3.6　渗透稳定性验算

渗透稳定性验算参照本书第 2 章的规定执行。

5.4　重力式水泥土墙实例计算

1. 工程概况

1）项目概况

某基坑四周为开阔场地，无重要建筑物和管线，现状场地标高 2.5m，基坑为不规则六边形，深度为 4.5m，周长为 595m，面积为 21894m²。根据基坑深度和周边环境条件，本基坑安全等级和环境等级均取三级，基坑平面布置图如图 5-10 所示。

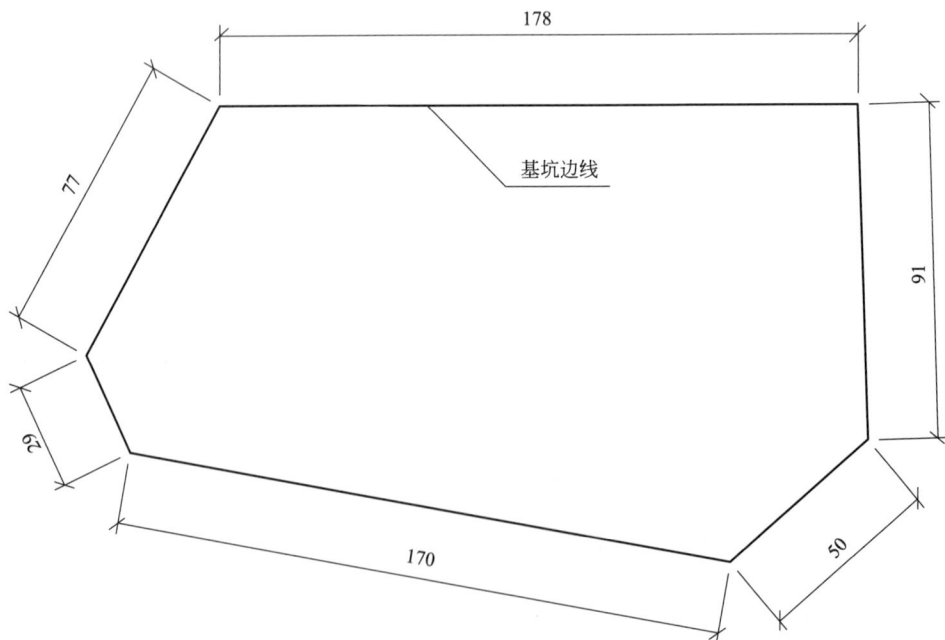

图 5-10　基坑平面布置图（单位：m）

2）地质条件

本项目地层自上而下为：素填土→淤泥→粉质黏土→风化岩层。其中，素填土为 3 年前新近填土，淤泥呈流塑状态，地下水埋深为 1.0m，为潜水。主要土层参数如表 5-2 所列。

岩土参数统计表 表 5-2

土层名称	分层厚度（m）	天然重度（kN/m³）	含水量（%）	压缩模量（MPa）	直剪快剪	
					黏聚力（kPa）	内摩擦角（°）
素填土	3	18	—	—	10	10
淤泥	10	15.5	65	1.5	5	4
粉质黏土	5	19	35	4.5	20	10
以下为风化岩	—	—	—	—	—	—

2. 理正软件计算过程

初拟设计方案：重力式水泥土实心墙厚度计算 $4.5 \times 0.8 = 3.6$m，取水泥土墙厚度为 4.2m，嵌固深度取 8.5m，坑内被动区采用水泥土加固，加固宽度 5.0m，加固深度 5.0m。具体的理正深基坑支护结构设计软件应用如下。

1）打开理正深基坑计算界面

打开理正深基坑支护结构设计软件，如图 5-11 所示，先选择规范及设置工作目录，然后点击单元计算后弹出设计界面，如图 5-12 所示；单击"增"按钮，弹出"新增项目

图 5-11　理正深基坑支护结构设计软件界面

选用模板"界面，选择"水泥土墙支护设计"，点击"确认"，进入"水泥土墙设计"界面，如图 5-13 所示。

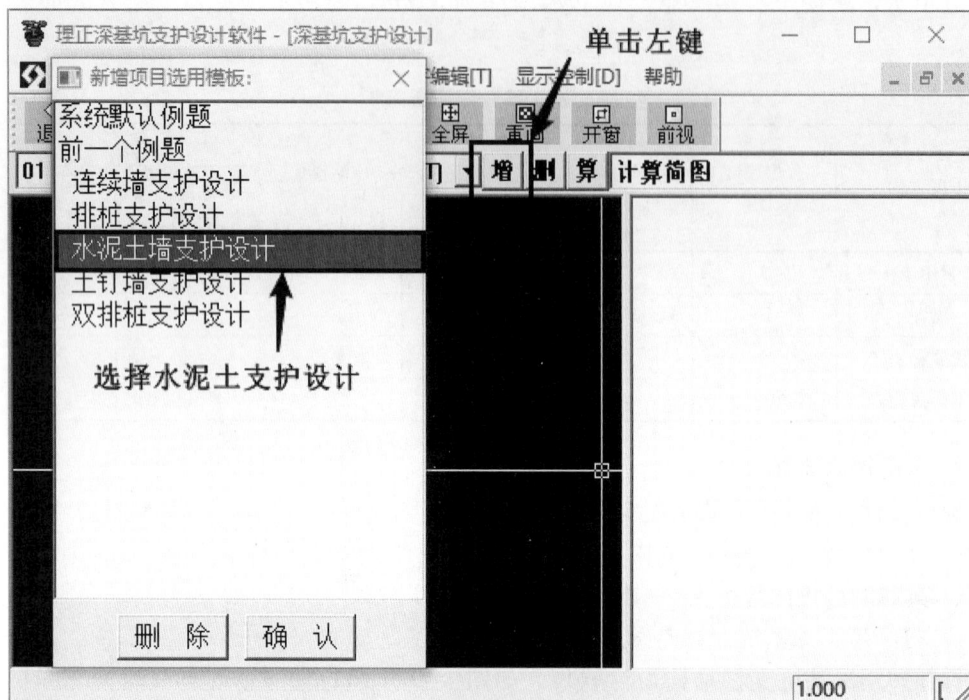

图 5-12 新增项目选用模板界面

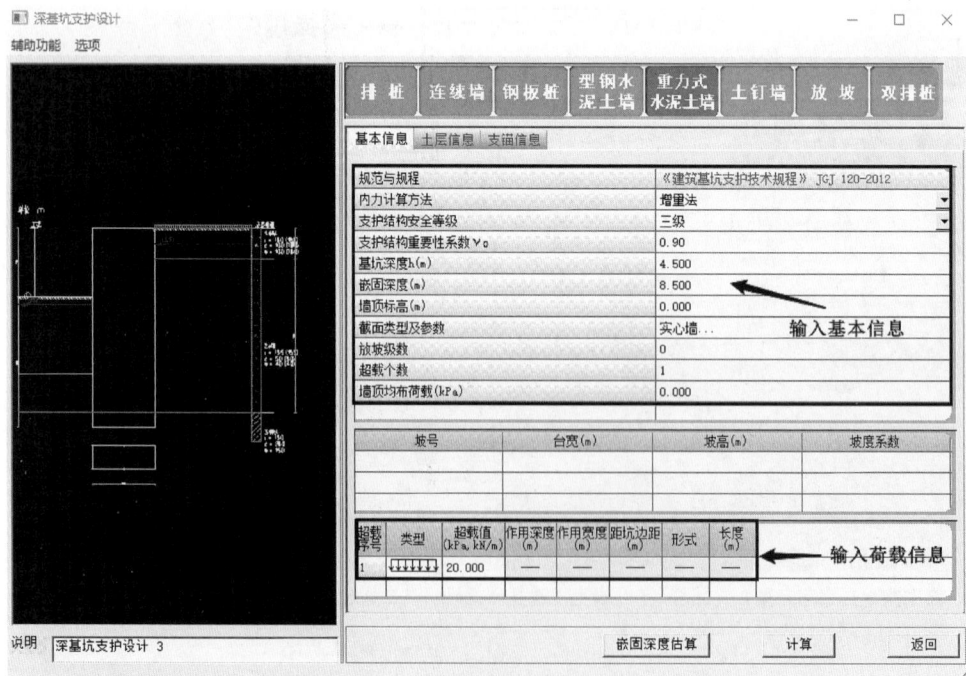

图 5-13 基本信息输入界面

2）基本信息输入

（1）选择内力计算方法：增量法。

（2）支护结构安全等级：三级。

（3）支护结构重要性系数 $\gamma_0 = 0.9$。

（4）基坑深度 h（m）：4.5m。

（5）嵌固深度（m）：8.5m（备注：一般可先按规范要求的构造要求预估，当不满足时再调整）。

（6）桩顶标高（m）：0（不放坡时为0，放坡时为坡高的负数）。

（7）截面类型及参数（图5-14）：点击该行最右侧的 $\boxed{>}$ 按钮，进入"截面选择"截面，如图5-14所示，在该截面中输入相应的参数：水泥土墙厚度：4.2m。水泥土弹性模量：$100 \times 0.6 = 60$MPa。水泥土的抗压强度：$0.5 \times 0.6 = 0.3$MPa（取抽芯抗压强度极限值的一半）。水泥土抗拉抗压强度比：规范默认值0.15。水泥土墙的平均重度：16.5kN/m³。水泥土墙抗剪断系数：0.4~0.5，本次取0.4。荷载综合分项系数：一般取1.25。

（8）超载个数1个：一般只有挖掘机行走时取20kPa，如有运土车行走时取40kPa。

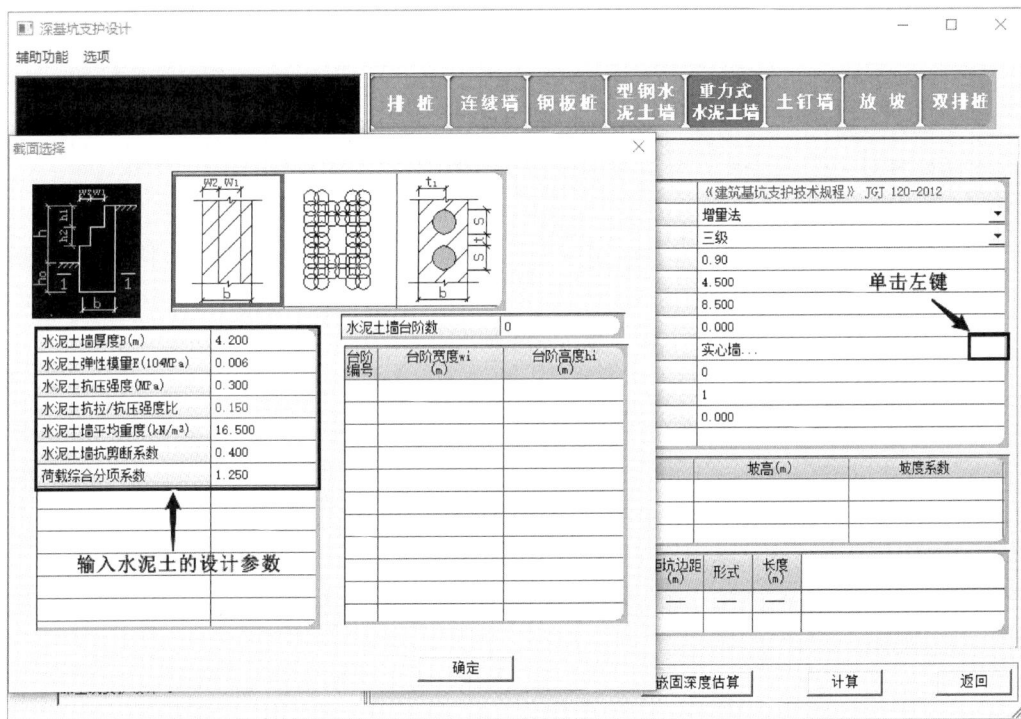

图5-14　截面选择及水泥土设计参数输入界面

3）土层信息输入（图5-15）

（1）基本输入

输入土层数：3；坑内加固土：是；内侧降水最终深度：5.0m（一般取基坑深度＋0.5m）；外侧水位深度1.0m；弹性计算方法按土层指定：×；弹性法计算方法：m法；

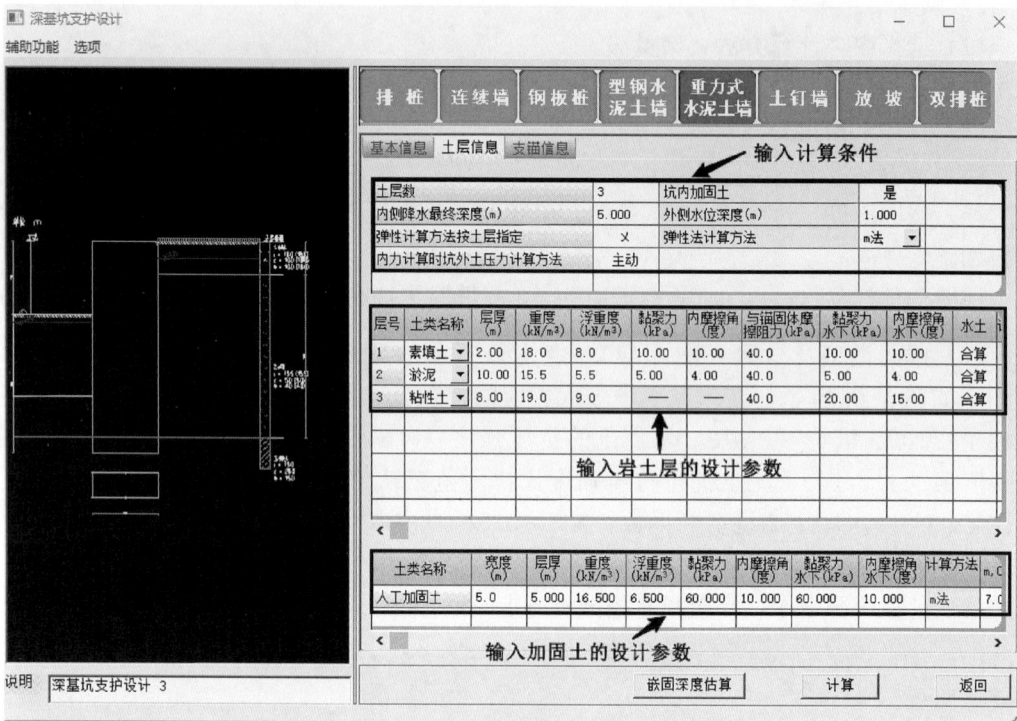

图 5-15 土层信息输入界面

内力计算时坑外土压力计算方法：主动。

（2）土层参数输入

依次选择土层名称→重度→浮重度→黏聚力→内摩擦角→黏聚力（水下）→内摩擦角（水下）→根据土的类型选择水土合算/分算→计算各土层 m 值。此处无锚杆/锚索，可以不管"与锚固体摩擦角"和"极限承载力标准值"。

（3）人工加固土参数输入

本项目采用水泥搅拌桩加固，一般加固宽度不小于基坑深度，本次取宽度和深度均为 5.0m。加固土的黏聚力 = $0.1 \times 0.6 \times 1000 = 60$ kPa，内摩擦角 = $10°$。输入完后计算一次 m 值，如图 5-16 所示。

4）支锚信息输入

本项目无锚杆或内支撑，工况数较为简单，可选择自动生成工况，支锚信息输入界面如图 5-17 所示。

5）嵌固深度估算

（1）以上信息全部输入完毕后，进行嵌固深度估算，嵌固深度计算参数界面如图 5-18 所示。嵌固深度最大值 = 全部土层厚度 - 基坑深度，当嵌固深度 >（全部土层厚度 - 基坑深度）时会出现无法计算的情况。选择围护墙底所在土层类型，本项目为黏性土，因此选择"一般土"，勾选"是否考虑构造深度""是否考虑整体稳定性""是否考虑坑底隆起稳定性"。

点击"计算"按钮，嵌固深度估算结果如图 5-19 右侧所列，根据估算需要的最小嵌

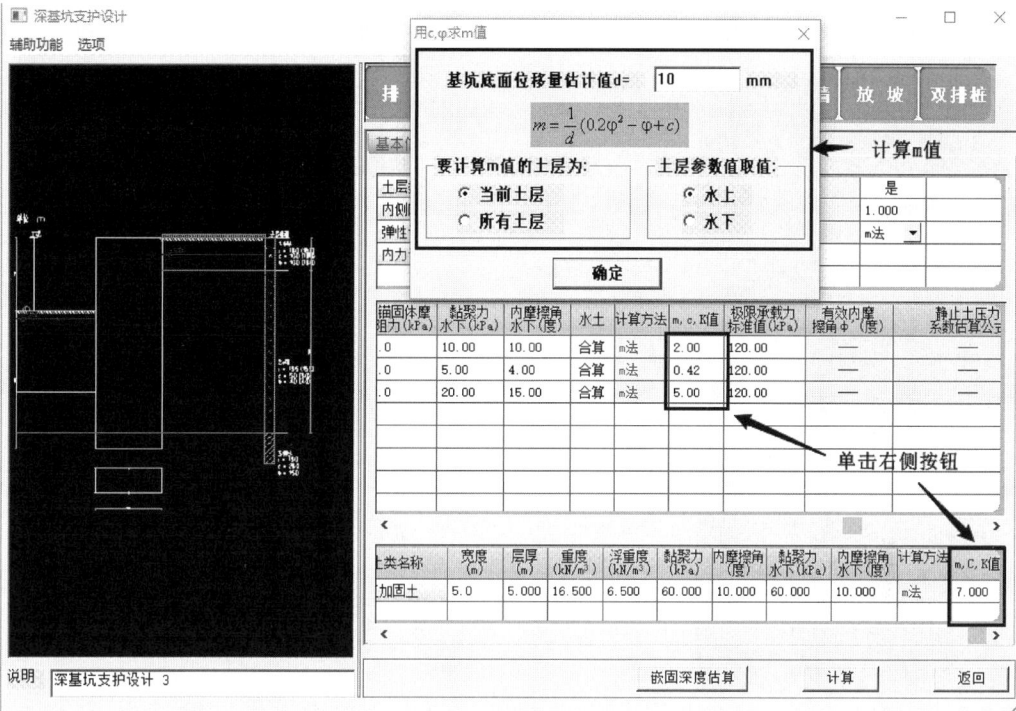

图 5-16　m 值计算界面

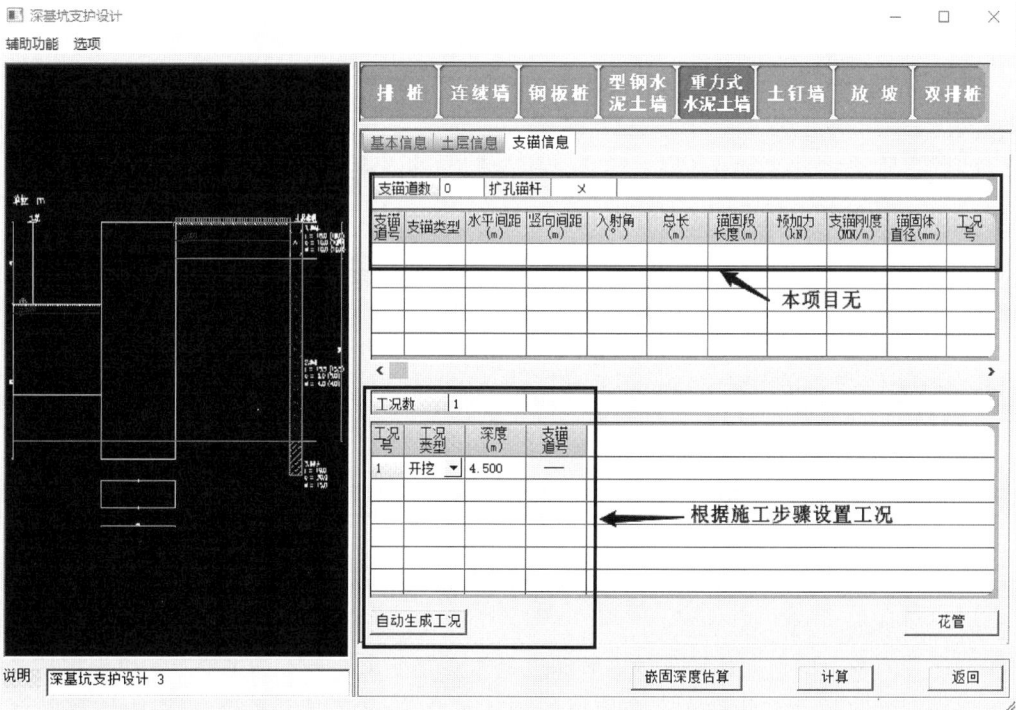

图 5-17　支锚信息输入界面

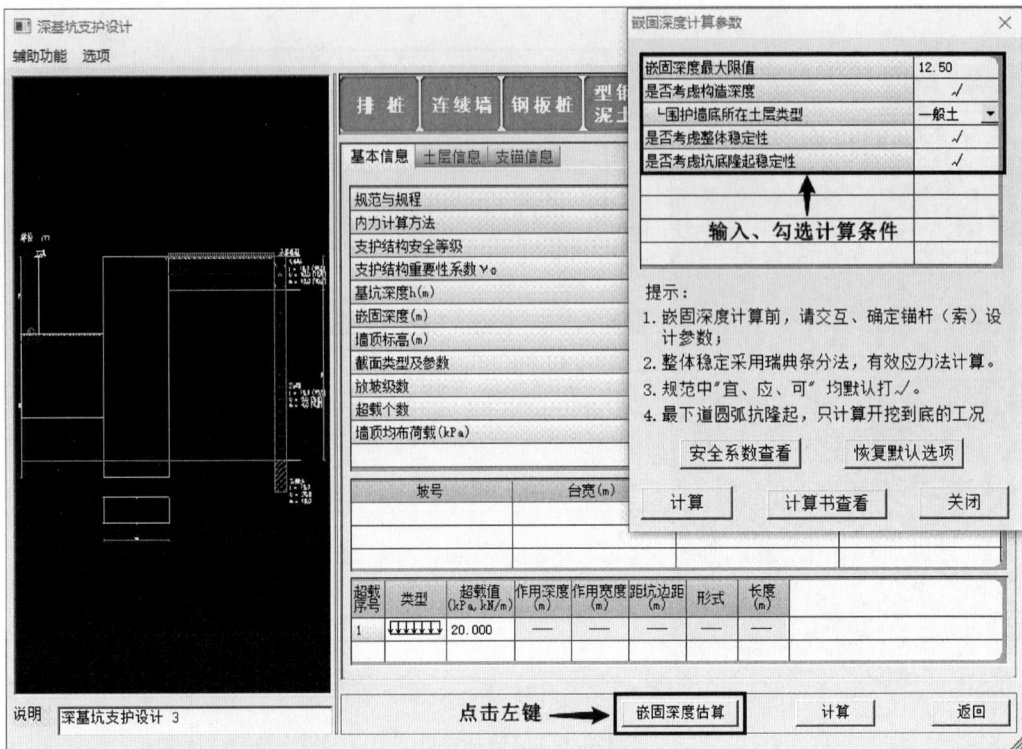

图 5-18　嵌固深度计算参数界面

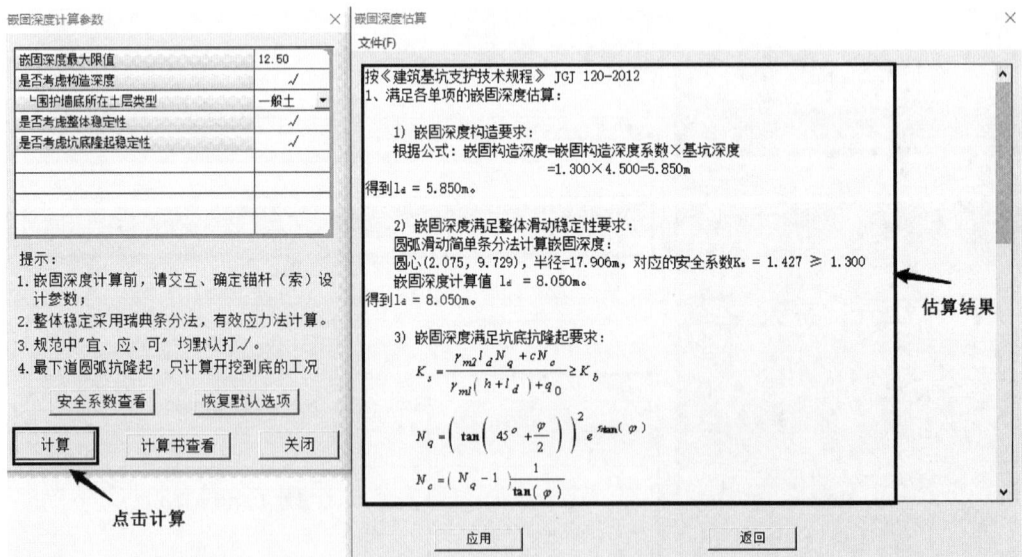

图 5-19　嵌固深度估算界面

固深度，判断基本信息初始输入的嵌固深度是否满足要求；若不满足要求，可根据估算的最小嵌固深度取整后重新输入。本项目的初始输入嵌固深度为 8.5m，嵌固估算深度为8.05m，满足嵌固要求。

（2）满足各单项的嵌固深度估算：

① 嵌固深度构造要求：根据公式：嵌固构造深度＝嵌固构造深度系数×基坑深度＝$1.300×4.500=5.850$m，得到 $l_d = 5.850$m。

② 嵌固深度满足整体滑动稳定性要求：圆弧滑动简单条分法计算嵌固深度：圆心（2.075，9.729），半径＝17.906m，对应的安全系数 $K_s = 1.427≥1.300$，嵌固深度计算值 $l_d = 8.050$m，得到 $l_d = 8.050$m。

③ 嵌固深度满足坑底抗隆起要求：

$$\frac{\gamma_{m2} l_d N_q + c N_c}{\gamma_{m1}(h+l_d)+q_0} \geqslant K_b$$

$$N_q = \left[\tan\left(45°+\frac{\varphi}{2}\right)\right]^2 e^{\pi\tan\varphi}$$

$$N_c = (N_q-1)\frac{1}{\tan\varphi}$$

支护底部，验算抗隆起：$K_s = (16.500×0.050×1.879+32.500×7.158)/[16.599×(4.500+0.050)+20.000]=2.452≥1.400$，抗隆起稳定性满足。得到 $l_d = 0.050$m。

满足以上要求的嵌固深度 l_d 计算值 8.050m。

（3）验算各单项是否满足规范要求：

① 嵌固深度构造要求：$l_d=8.050$m＞5.850，嵌固深度满足构造要求。

② 嵌固深度满足整体滑动稳定性要求：圆弧滑动简单条分法计算嵌固深度：圆心（2.075，9.729），半径＝17.906m，对应的安全系数 $K_s = 1.427≥1.300$。

③ 嵌固深度满足坑底抗隆起要求：支护底部，验算抗隆起：$K_s = (16.36×8.05×3.941+20.0×10.977)/[16.052×(4.5+8.05)+20.0]=3.335≥1.400$，抗隆起稳定性满足。

嵌固深度 l_d 采用计算值 8.050m 时，各项验算均满足规范要求，本项目取嵌固深度 8.5m。

6）开始计算

点击"计算"，弹出左侧对话框，在对话框依次选择计算条件→勾选计算项目→查看安全系数是否满足规范（一般软件自动调用规范的相关安全系数，如设计人员对某个安全系数有特殊要求，可以进行修改）→土压力调整（一般可默认）→选择自动设计或详细设计，根据计算项目的需要选择，本项目相对较简单，因此选择自动设计→点击"开始"，软件即可输出计算书，如图 5-20 所示。在该界面的右侧查看计算结果，如图 5-21 所示。

3. 计算结果分析

1）内力位移包络图

见图 5-22、图 5-23。

2）地表沉降图

见图 5-24。

3）内力取值

见表 5-3。

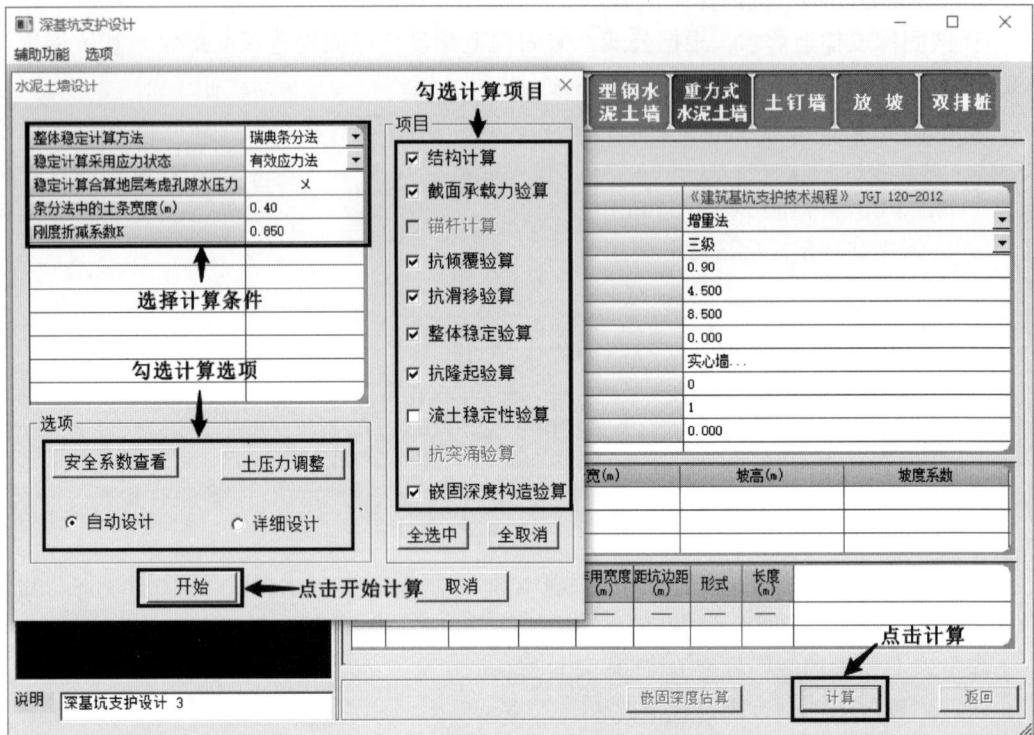

图 5-20　计算界面

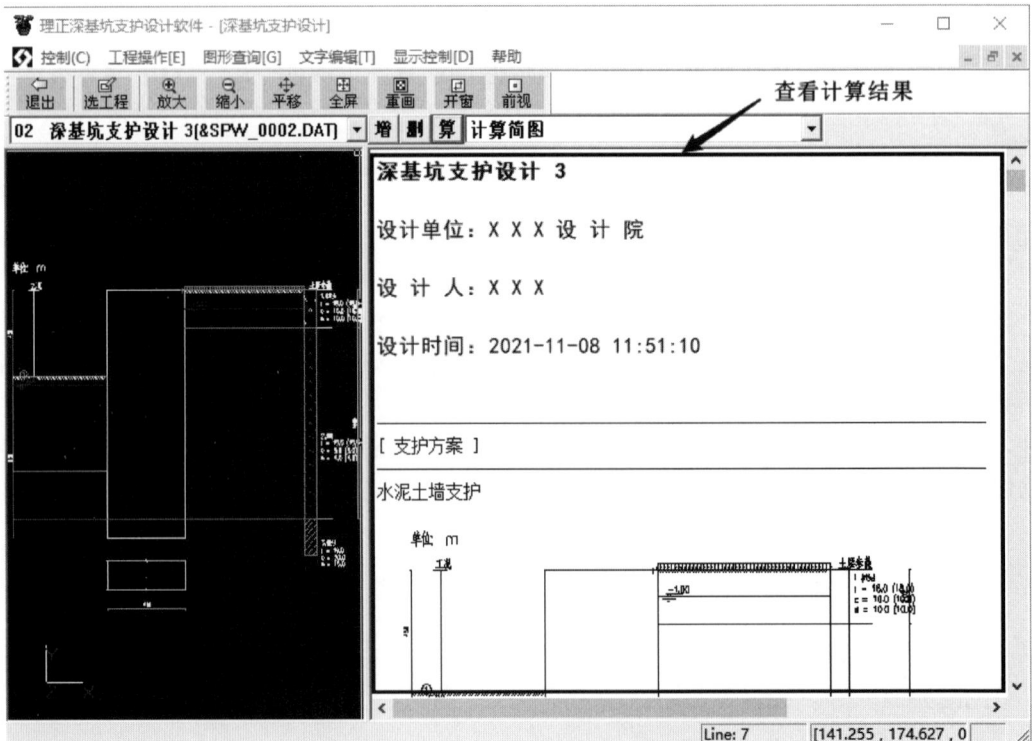

图 5-21　输出计算结果界面

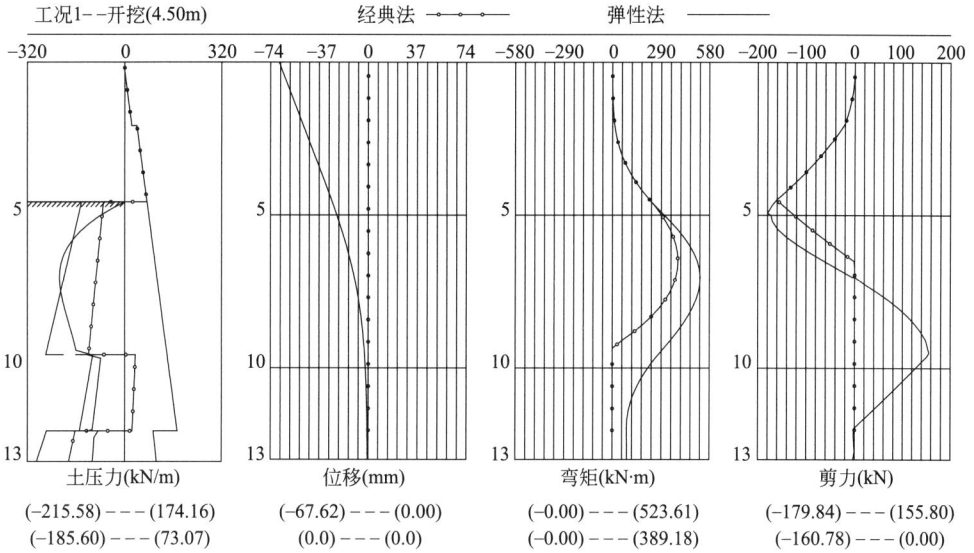

工况1--开挖(4.50m)　　　　经典法 ⊶⊶⊶⊶⊶　　　弹性法 ──────

土压力(kN/m)
(−215.58) − − − (174.16)
(−185.60) − − − (73.07)

位移(mm)
(−67.62) − − − (0.00)
(0.0) − − − (0.0)

弯矩(kN·m)
(−0.00) − − − (523.61)
(−0.00) − − − (389.18)

剪力(kN)
(−179.84) − − − (155.80)
(−160.78) − − − (0.00)

图 5-22　工况 1 位移内力图

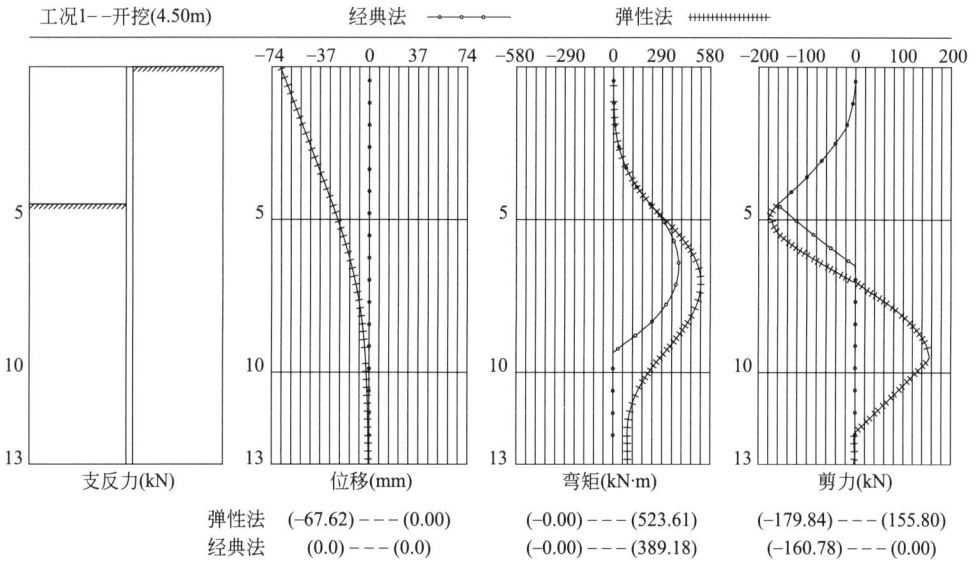

工况1--开挖(4.50m)　　　　经典法 ⊶⊶⊶⊶⊶　　　弹性法 ++++++++++++

支反力(kN)

位移(mm)

弯矩(kN·m)

剪力(kN)

弹性法　(−67.62) − − − (0.00)　　　　(−0.00) − − − (523.61)　　　　(−179.84) − − − (155.80)
经典法　(0.0) − − − (0.0)　　　　(−0.00) − − − (389.18)　　　　(−160.78) − − − (0.00)

图 5-23　内力位移包络图

内力标准值取值　　　　　　　　　　　　　　　　　　　　　　　表 5-3

序号	内力类型	弹性法计算值	经典法计算值
1	基坑外侧最大弯矩(kN·m)	523.61	389.18
2	基坑外侧最大弯矩距墙顶(m)	7.02	6.50
3	基坑内侧最大弯矩(kN·m)	0.00	0.00
4	基坑内侧最大弯矩距墙顶(m)	13.00	13.00
5	基坑最大剪力(kN)	179.84	160.78
6	基坑最大剪力距墙顶(m)	4.94	4.50

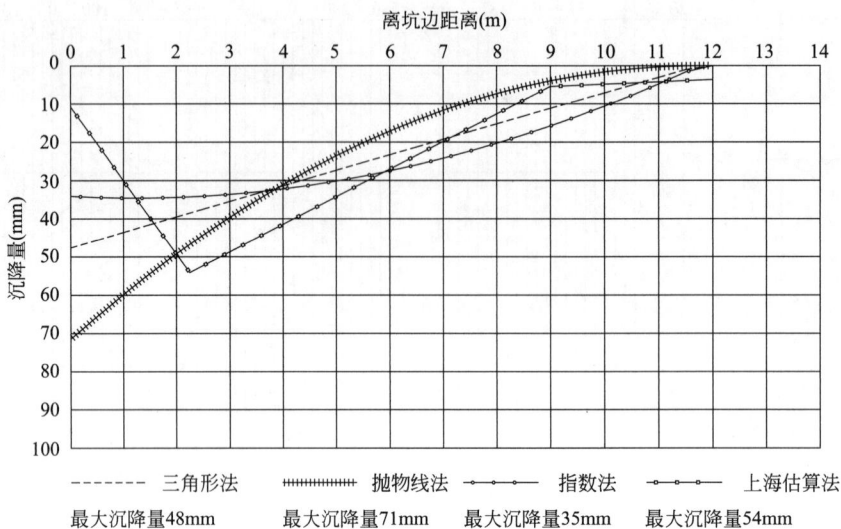

图 5-24　地表沉降图

4）截面承载力验算

（1）截面（0.00m－13.00m）承载力验算

①采用弹性法计算结果：

基坑内侧计算结果：抗弯截面距离墙顶 13.00m。

最大截面弯矩设计值 $M_i = 1.25 \times \gamma_0 \times M_k = 1.25 \times 0.90 \times 0.00 = 0.00$kN・m。

压应力验算：

$$\gamma_0 \gamma_F (\gamma_{cs} z + q) + \frac{M_i}{W} = \left[1.25 \times 0.9 \times (114.50 + 0.00) + \frac{0.00}{2.94} \right] \times 10^{-3} = 0.13 < f_{cs} = 0.3$$

抗压强度满足！

拉应力验算：

$$\frac{M_i}{W} - \gamma_{cs} z = \left(\frac{0.00}{2.94} - 114.50 \right) \times 10^{-3} = -0.11 < 0.15 f_{cs} = 0.05$$

抗拉强度满足！

基坑外侧计算结果：抗弯截面距离墙顶 7.02m。

最大截面弯矩设计值 $M_i = 1.25 \times \gamma_0 \times M_k = 1.25 \times 0.90 \times 523.61 = 589.06$kN・m

压应力验算：

$$\gamma_0 \gamma_F (\gamma_{cs} z + q) + \frac{M_i}{W} = \left[1.25 \times 0.9 \times (75.63 + 0.00) + \frac{589.06}{2.94} \right] \times 10^{-3} = 0.29 < f_{cs} = 0.3$$

抗压强度满足！

拉应力验算：

$$\frac{M_i}{W} - \gamma_{cs} z = \left(\frac{589.06}{2.94} - 75.63 \right) \times 10^{-3} = 0.12 > 0.15 f_{cs} = 0.045$$

抗拉强度不满足！

基坑剪应力验算：抗剪截面距离墙顶 4.94m

最大截面剪力标准值 $V_i=179.84$ kN·m

$$\frac{E'_{aki}-T_i-E'_{pki}-uG'}{B}=\frac{V_i-uG'}{B}=\frac{179.84-0.4\times342.34}{4.2}\times10^{-3}=0.01\leqslant\frac{1}{6}f_{cs}=0.05$$

抗剪强度满足！

②采用经典法计算结果：

基坑内侧计算结果：抗弯截面距离墙顶 13.00m。

最大截面弯矩设计值 $M_i=1.25\times\gamma_0\times M_k=1.25\times0.90\times0.00=0.00$ kN·m

压应力验算：

$$\gamma_0\gamma_F(\gamma_{cs}z+q)+\frac{M_i}{W}=\left[1.25\times0.9\times(114.50+0.00)+\frac{0.00}{2.94}\right]\times10^{-3}=0.13<f_{cs}=0.3$$

抗压强度满足！

拉应力验算：

$$\frac{M_i}{W}-\gamma_{cs}z=\left(\frac{0.00}{2.94}-114.50\right)\times10^{-3}=-0.11<0.15f_{cs}=0.05$$

抗拉强度满足！

基坑外侧计算结果：抗弯截面距离墙顶 6.50m。

最大截面弯矩设计值 $M_i=1.25\times\gamma_0\times M_k=1.25\times0.90\times389.18=437.83$ kN·m

压应力验算：

$$\gamma_0\gamma_F(\gamma_{cs}z+q)+\frac{M_i}{W}=\left[1.25\times0.9\times(72.25+0.00)+\frac{437.83}{2.94}\right]\times10^{-3}=0.23<f_{cs}=0.3$$

抗压强度满足！

拉应力验算：

$$\frac{M_i}{W}-\gamma_{cs}z=\left(\frac{437.83}{2.94}-72.25\right)\times10^{-3}=0.08>0.15f_{cs}=0.045$$

抗拉强度不满足！

基坑剪应力验算：抗剪截面距离墙顶 4.50m。

最大截面剪力标准值 $V_i=160.78$ kN·m。

$$\frac{E'_{aki}-T_i-E'_{pki}-uG'}{B}=\frac{V_i-uG'}{B}=\frac{160.78-0.4\times311.85}{4.2}\times10^{-3}=0.01\leqslant\frac{1}{6}f_{cs}=0.05$$

抗剪强度满足！

（2）截面（基坑面以下主动、被动土压力强度相等处）承载力验算

①采用弹性法计算结果：

抗弯截面距离墙顶 4.50m。

最大截面弯矩设计值 $M_i=1.25\times\gamma_0\times M_k=1.25\times0.90\times220.77=248.37$ kN·m。

压应力验算：

$$\gamma_0\gamma_F(\gamma_{cs}z+q)+\frac{M_i}{W}=\left[1.25\times0.9\times(59.25+0.00)+\frac{248.37}{2.94}\right]\times10^{-3}=0.15<f_{cs}=0.3$$

抗压强度满足！

拉应力验算：

$$\frac{M_i}{W} - \gamma_{cs}z = \left(\frac{248.37}{2.94} - 59.25\right) \times 10^{-3} = 0.03 < 0.15 f_{cs} = 0.045$$

抗拉强度满足！

基坑剪应力验算：抗剪截面距离墙顶 4.50m。

最大截面剪力标准值 $V_i = 160.78$kN・m。

$$\frac{E'_{aki} - T_i - E'_{pki} - uG'}{B} = \frac{V_i - uG'}{B} = \frac{160.78 - 0.4 \times 311.85}{4.2} \times 10^{-3} = 0.01 \leqslant \frac{1}{6}f_{cs} = 0.05$$

抗剪强度满足！

② 采用经典法计算结果：

抗弯截面距离墙顶 4.50m。

最大截面弯矩设计值 $M_i = 1.25 \times \gamma_0 \times M_k = 1.25 \times 0.90 \times 220.78 = 248.37$kN・m。

压应力验算：

$$\gamma_0 \gamma_F (\gamma_{cs}z + q) + \frac{M_i}{W} = \left[1.25 \times 0.9 \times (59.25 + 0.00) + \frac{248.37}{2.94}\right] \times 10^{-3} = 0.15 < f_{cs} = 0.3$$

抗压强度满足！

拉应力验算：

$$\frac{M_i}{W} - \gamma_{cs}z = \left(\frac{248.37}{2.94} - 59.25\right) \times 10^{-3} = 0.03 < 0.15 f_{cs} = 0.045$$

抗拉强度满足！

基坑剪应力验算：抗剪截面距离墙顶 4.50m。

最大截面剪力标准值 $V_i = 160.78$kN・m。

$$\frac{E'_{aki} - T_i - E'_{pki} - uG'}{B} = \frac{V_i - uG'}{B} = \frac{160.78 - 0.4 \times 311.85}{4.2} \times 10^{-3} = 0.01 \leqslant \frac{1}{6}f_{cs} = 0.05$$

抗剪强度满足！

以上式中　γ_{cs}——水泥土墙平均重度（kN/m³）；

γ_0——支护结构重要性系数；

γ_F——作用基本组合的综合分项系数；

f_{cs}——水泥土开挖龄期时的轴心抗压强度设计值（MPa）；

G'——验算截面以上的墙体自重（kN）；

u——墙体材料的抗剪断系数；

E'_{aki}——验算截面以上的主动土压力标准值（kN/m）；

E'_{pki}——验算截面以上的被动土压力标准值（kN/m）；

T_i——锚固力设计值（kN）。

（3）截面（基坑底面处）承载力验算：同（2）截面（基坑面以下主动、被动土压力强度相等处）承载力验算，在此不再赘述。见表 5-4。

验算分类	截面位置 （墙顶以下）	计算方法	内力计算 位置	验算项目	内力设计值 （MPa）	抗力设计值 （MPa）	是否 满足
截面（0～13.00m） 承载力验算	13.00	弹性法	基坑内侧	压应力	0.13	0.300	满足
				拉应力	−0.11	0.045	满足
	7.02		基坑外侧	压应力	0.29	0.300	满足
				拉应力	0.12	0.045	不满足
	4.94		—	剪应力	0.01	0.050	满足
	13.00	经典法	基坑内侧	压应力	0.13	0.300	满足
				拉应力	−0.11	0.045	满足
	6.50		基坑外侧	压应力	0.23	0.300	满足
				拉应力	0.08	0.045	不满足
	4.50		—	剪应力	0.01	0.050	满足
截面（基坑面以下 主动、被动土压力 强度相等处） 承载力验算	4.50	弹性法	基坑外侧	压应力	0.15	0.300	满足
				拉应力	0.03	0.045	满足
			—	剪应力	0.01	0.050	满足
	4.50	经典法	基坑外侧	压应力	0.15	0.300	满足
				拉应力	0.03	0.045	满足
			—	剪应力	0.01	0.050	满足

由表 5-4 可知：采用弹性法计算时，在距离墙顶 7.0m 处的基坑外侧，拉应力不满足要求；采用经典法计算时，在距离墙顶 6.44m 处的基坑外侧，拉应力不满足要求；其他截面处压应力、拉应力和剪应力均满足要求。一般对于淤泥水泥土，其 28d 强度不高，经常会出现强度验算不合格的情况，因此，工程上通常在基坑内外侧插入微型钢管桩来克服强度不足的问题，本项目设置了微型钢管桩。

　　5）抗倾覆稳定性验算

　　水泥土墙绕前趾的抗倾覆稳定性验算：

$$\frac{E_{pk}z_p+(G-u_mB)z_G+\sum T_i z_{T_i}}{E_{ak}z_a}=\frac{1601.87\times4.14+951.09+0}{1187.01\times4.69}=1.363\geqslant K_{ov}=1.30$$

满足规范要求。

　　T_i——锚固力设计值（kN）；

　　z_{T_i}——支点至支护结构底部或最下道支撑的竖向距离（m）。

　　6）抗滑移稳定性验算

$$\frac{E_{pk}+(G-u_mB)\tan\varphi+cB+\sum T_i}{E_{ak}}=\frac{1601.87+480.90\times\tan15+20\times4.2+0.0}{1187.01}=1.529\geqslant K_{sl}=1.20$$

满足规范要求。

式中　φ——内摩擦角（°）；

　　　T_i——锚固力设计值（kN）。

　　7）整体稳定验算

计算方法：瑞典条分法

应力状态：有效应力法

条分法中的土条宽度：0.40m

滑裂面数据：圆弧半径 $R=17.986$m，圆心坐标 $X=1.876$m，圆心坐标 $Y=9.335$m，整体稳定安全系数 $K_s=1.629\geqslant1.30$，满足规范要求。

8）抗隆起验算

从支护底部开始，逐层验算抗隆起稳定性，结果如下：

支护底部，验算抗隆起：

$$K_s=(16.500\times8.5\times3.941+20.0\times10.977)/[16.154\times(4.5+8.5)+20.0]$$
$$=3.358\geqslant1.400，抗隆起稳定性满足。$$

9）嵌固深度构造验算

根据公式：嵌固构造深度＝嵌固构造深度系数×基坑深度＝$1.300\times4.500=5.850$m，嵌固深度采用值 8.50m$\geqslant$5.850m，满足构造要求。

4. 设计方案图

重力式水泥土墙采用 $\phi700@500$ 的双轴水泥搅拌桩，水泥掺入量 15％～20％，施工工艺为四搅四喷，设计桩长为 13m，墙顶设置 200mm 厚的压顶板，压顶板配置 $\phi12@150$mm 的单层钢筋网，采用 $\phi12@1000$、长度 2.0m 的插筋与水泥搅拌桩连接，水泥土墙两侧设置 $\phi114(4.0)@1000$ 的通常微型钢管桩。坑底采用 $\phi700@500$ 的双轴水泥搅拌桩加固，加固土宽度 5.2m，厚度 5.0m，地面以下 4.5m 采用空桩，坑底以下 5.0m 采用实桩，水泥掺入量和施工工艺同重力式水泥土墙。基坑支护典型剖面如图 5-25 所示。

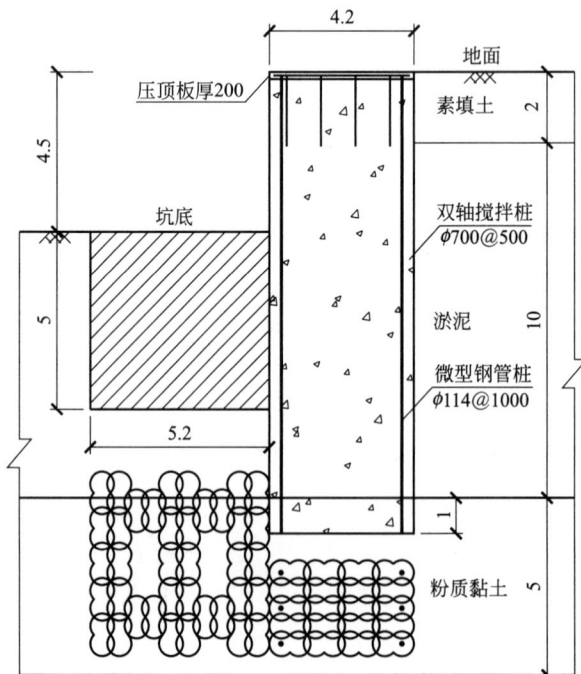

图 5-25　基坑支护典型剖面（重力式水泥土墙，单位 m）

第 **6** 章

排桩设计与实例计算

6.1 排桩概述

6.1.1 排桩的定义

排桩是利用常规的各种桩体，例如钻孔灌注桩、挖孔桩、预制桩及混合式桩等，按一定间距或连续咬合排列形成的地下挡土结构。

6.1.2 排桩的类型和特点

排桩的结构类型可分为悬臂式排桩、锚拉式排桩、支撑式排桩和双排桩等（图 6-1），这类支护都可以用弹性梁与弹性支点法计算模型进行结构分析。排桩支护体系受力明确，计算方法和工程实践相对成熟，是目前国内基坑工程中应用最多的支护结构形式之一。

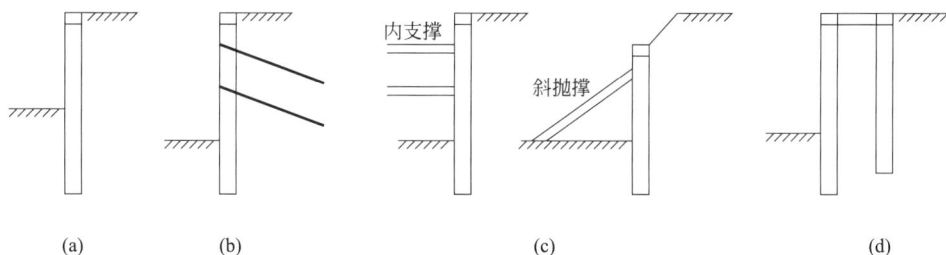

图 6-1　排桩支护体系的结构类型
（a）悬臂式排桩；（b）锚拉式排桩；（c）支撑式排桩；（d）双排桩

按照单个桩体成桩工艺的不同，排桩桩型大致分为以下几种：钻孔灌注桩、预制混凝土桩、挖孔桩、压浆桩、SMW 工法桩（型钢水泥土搅拌桩）、钢板桩等。这些按单个桩体可在平面布置上采取不同的排列形式形成挡土结构，来支挡不同地质和施工条件下基坑开挖时的侧向水土压力。图 6-2 中列举了几种常用的排桩平面布置形式。

其中，分离式排列适用于无地下水、水位较深、土质较好的情况。在地下水位较高时应与其他防水措施结合使用，例如在排桩后面另行设置隔水帷幕。一字形相切或搭接排列式，往往因为在施工中桩的垂直度不能保证及桩体缩颈等影响桩体搭接施工，从而达不到防水要求。

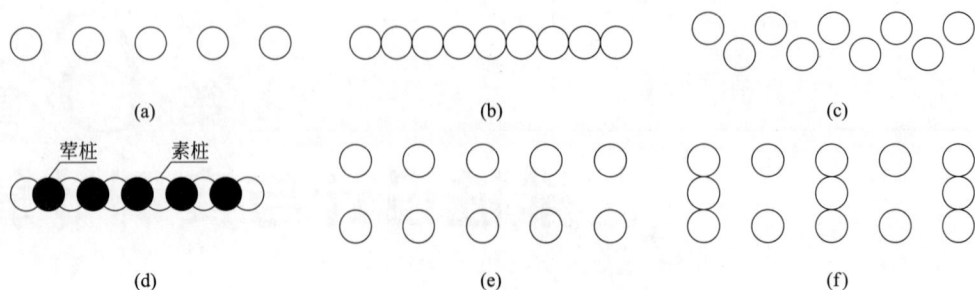

图 6-2　排桩常见的平面布置形式

(a) 分离式排桩；(b) 相切式排桩；(c) 交错式排桩；

(d) 咬合式排桩；(e) 双排式排桩；(f) 格栅式排桩

当为了增大排桩的整体抗弯刚度时，可把桩体交错排列，如图 6-2(c) 所示。有时，因为场地狭窄等无法同时设置排桩和隔水帷幕时，可采用桩与桩之间咬合的形式，形成可起到止水作用的排桩，如图 6-2(d) 所示。相对于交错式排列，当需要进一步增大排桩的整体抗弯刚度和抗侧移能力时，可将桩设置成为前后双排，将前后排桩桩顶的帽梁用横向连梁连接，就形成了双排门架式挡土结构，如图 6-2(e) 所示。有时，还将双排桩式排桩进一步发展为格栅式排列，在前后排之间每隔一定距离设置横隔式桩墙，以寻求进一步增大排桩的桩体抗弯刚度和抗侧移能力。

因此，除具有自身防水的 SMW 工法桩墙外，常采用间隔排列与防水措施结合，其施工方便、防水可靠，成为地下水较高软土地层中最常用的排桩形式。

6.1.3　排桩的选型及适用范围

1. 悬臂式排桩

悬臂式排桩顶位移较大，内力分布不理想，但可省去锚杆和支撑。当基坑较浅且其周边环境对支护结构位移的限制不严格时，可采用悬臂式排桩。

2. 支撑式排桩

仅从技术角度讲，支撑式排桩比锚拉式支挡结构使用范围要宽得多，支撑式排桩易于控制其水平变形。当基坑较深或基坑周边环境对支护结构位移的要求严格时，可采用支撑式排桩，但内支撑的设置给后期施工造成很大的障碍。所以，当能用其他支护结构形式时，一般不首选支撑式排桩。

3. 锚拉式排桩

锚拉式排桩通过对锚杆施加一定的预应力，可使其产生的水平变形较小；锚杆的位置和层数灵活，通过调整锚杆的位置和层数可使支护桩内力分布较均匀；并且，在基坑内形成无障碍空间，便于土方开挖运输和后期主体地下结构施工。

当基坑较深或基坑周边环境对支护结构位移的要求严格时，或基坑平面尺寸宽大而不适宜采用支撑式排桩时，可采用锚拉式排桩。虽然锚拉式排桩可以给后期土方开挖与主体结构施工提供很大的便利，但在下列情况下不应采用锚拉式排桩：

(1) 缺少能对锚杆提供足够的锚固力且不蠕变的土层。

(2) 受基坑周边的建筑物的基础、地下管线、地下构筑物等的妨碍，使锚杆在稳定土体内的锚固长度不足。

（3）碎石土、砂土、粉土等土层中地下水位或承压水头较高，锚杆成孔不能避免流砂或注浆液不能形成完整的固结体。

（4）锚杆施工会对基坑周边建筑物的地基基础造成损害。

（5）锚杆长期留在地下，给相邻区域的地下空间使用和开发造成障碍，不符合保护环境和可持续发展的要求。一些地区在法律上禁止锚杆侵入红线之外的地下区域，但我国大部分地方目前还没有这方面的限制，为此可采用可回收锚杆。

4. 双排桩

双排桩是一种刚架结构形式，其内力分布特性明显优于单排的悬臂式结构，水平变形也比悬臂式结构小得多，适用的基坑深度比悬臂式结构大一些，但占用场地较宽。当不适合采用其他支护结构形式且在场地条件及基坑深度均满足要求的情况下，可采用双排桩。

6.1.4 排桩的止水

对如图 6-2 所示的各种形式，仅如图 6-2(d) 所示的咬合式排桩兼具隔水作用，其他形式都没有隔水的功能。当在地下水位高的地区应用除咬合桩以外的排桩时，还需另行设置隔水帷幕。

最常见的隔水帷幕常采用水泥搅拌桩（单轴、双轴或多轴）相互搭接、咬合形成一排或多排连续的水泥土搅拌桩墙，由于搅拌均匀的水泥土渗透系数很小，可作为基坑施工期间的隔水帷幕。隔水帷幕应设置在排桩背后，如图 6-3(a) 所示。当因为场地狭窄等无法同时设置排桩和隔水帷幕时，除可采用咬合式排桩外，也可采用如图 6-3(b) 所示的方式，在两根桩之间设置旋喷桩，将两桩间土体加固，形成止水的加固体。但该方法常因桩距大小不一致和旋喷桩沿深度方向因土层特性的变化导致旋喷桩体直径不一而渗漏水。此时，也可采用如图 6-3(c)、(d) 所示的咬合型止水。其中，图 6-3(c) 中先施工水泥土搅拌桩，在其硬结之前，在每两组搅拌桩之间施工钻孔灌注桩，因灌注桩直径大于相邻两组搅拌桩之间净距，因此可实现灌注桩与搅拌桩之间的咬合，达到止水的效果；而在图 6-3(d)

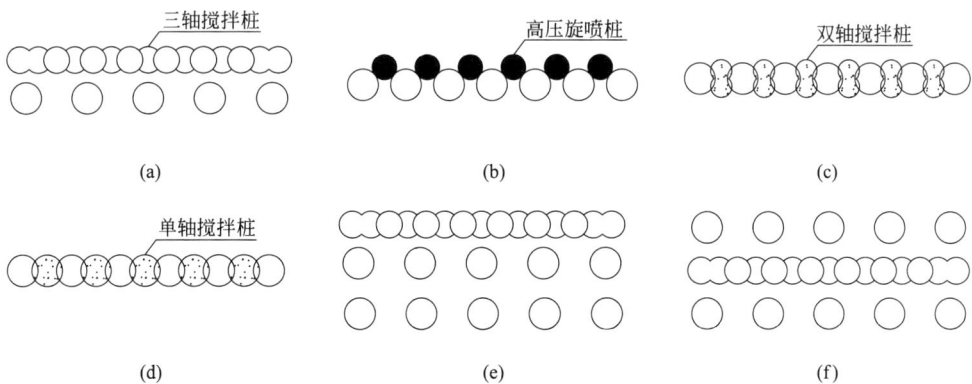

图 6-3 排桩的止水措施

(a) 连续型止水；(b) 分离式止水；(c) 咬合型止水（两桩）；
(d) 咬合型止水（单桩）；(e) 双排桩隔水帷幕（外侧）；(f) 双排桩隔水帷幕（桩间）

中，则是利用先后施工的搅拌桩和灌注桩咬合，达到止水的目的。

当采用双排桩时，视场地条件，可在双排桩之后或之间设置水泥搅拌桩隔水帷幕，分别如图 6-3(e)、(f) 所示。

采用水泥搅拌桩隔水帷幕相对比较经济，当深度超过 10m 或环境条件有特殊要求时，可增至双排搅拌桩，甚至在钻孔桩之间再补以压密注浆。目前，国内双轴水泥土搅拌桩成桩深度一般不超过 18m，所以，对于防渗深度超过此施工限制时，需另外选择止水措施，例如采用三轴搅拌桩，目前国内施工深度可达 35m 左右。近期引进了日本的新设备，例如可逐节接长钻杆的超深 SMW 工法，成墙深度可达 60m；以及 TRD 工法，成墙深度也可达 60m 以上。

防渗墙的深度应根据抗渗流或抗管涌稳定性计算确定，墙底通常应进入不透水层 3～4m，并应满足抗渗稳定的要求。防渗墙应贴近围护墙，其净距不宜大于 200mm。帷幕墙顶及与围护墙之间的地表面应设置混凝土封闭面层，防止地表水渗入。当土层的渗透性较大且环境要求严格时，宜在防渗墙与围护墙之间注浆，防渗墙的渗透系数不宜大于 10^{-6} cm/s。渗透系数应根据不同的地质条件采用不同的水泥含量，经试验确定，常用的水泥含量为 10%～20%。

6.1.5　排桩的应用

排桩与地下连续墙相比，其优点在于施工工艺简单、成本低、平面布置灵活；缺点是防渗和整体性差，一般适用于中等深度（6～10m）的基坑围护，但近年来也应用于开挖深度 20m 以内的基坑。其中，压浆桩使用的开挖深度一般在 6m 以下。在深基坑工程中，有时与钻孔灌注桩结合，作为防水抗渗措施，见图 6-2(d)。采用分离式、交错式排列式布桩以及双排桩时，当需要隔地下水时，需要另行设置隔水帷幕，这是排桩的一个重要特点。在这种情况下，隔水帷幕效果的好坏直接关系基坑工程的成败，须认真对待。

非打入式排桩与预制式板桩相比，由于无噪声、无振害、无挤土等许多优点，从而日益成为国内城区软弱地层中等深度基坑（6～15m）的主要形式。

钻孔灌注桩排桩最早在北京、广州、武汉等地使用，以后随着防渗技术的提高，与锚杆或内支撑组合，钻孔灌注桩排桩适用的深度范围已逐渐被突破。如上海港汇广场基坑工程，开挖最深达 15m 之多，采用 $d=1000$mm 钻孔桩及两排深层搅拌桩止水的复合式围护，取得了较好的效果。此外，天津仁恒海河广场，基坑开挖深度达 17.5m，采用直径 1200mm 钻孔桩，并采用三轴水泥搅拌桩机设置了直径 850mm@650mm、33m 深隔水帷幕（隔水帷幕截断第一承压含水层），工程也获得了很好的效果。表 6-1 是部分排桩的应用案例。

部分排桩支护实例 (m) 表 6-1

工程名称	坑深	桩型	桩径	桩距	桩长	支护形式
北京京温市场二期地下车库基坑工程（东侧）	16.5	灌注桩	0.6	1.2	20.5	桩—锚
北京京温市场二期地下车库基坑工程（西侧、南侧）	16.5	灌注桩	0.8	1.6	20.5	桩—锚
天津仁恒海河广场	17.5	灌注桩	1.1	1.2	30.45	桩—内撑
天津大悦城	16.5	灌注桩	1.0	1.2	30	桩—内撑
上海太平金融大厦	17.4～19.1	灌注桩	1.15	1.35	29.4	桩—内撑

工程名称	坑深	桩型	桩径	桩距	桩长	支护形式
天津津门	18.2	灌注桩	1.1	1.3	32.3	桩—内撑
北京皇都艺术中心基坑工程	29	灌注桩	1.0	1.8	36	桩—锚
中关村东升科技园二期基坑支护工程	20	灌注桩	0.8	1.5	27	桩—锚
中关村东升科技园三期基坑支护工程	16	灌注桩	0.8	1.5	22	桩—锚
中关村东升科技园二期科研楼基坑支护工程	20.7	灌注桩	0.8	1.5	27	桩—锚
清华大学物理楼基坑支护工程	22.35	灌注桩	0.8	1.2	27.5	桩—锚
清华大学综合楼基坑支护工程	20.35	灌注桩	0.8	1.5	25.5	桩—锚

挖孔桩常用于软土层不厚的地区，由于常用的挖孔桩直径较大，在基坑开挖时往往不设支撑。当桩下部有坚硬基岩时，常采用在挖孔桩底部加设岩石锚杆使基岩受力为一体，这类工程实例在我国东南沿海地区也有报道。

6.2 排桩构造

6.2.1 排桩桩型和成桩工艺要求

（1）应根据土层的性质、地下水条件及基坑周边环境要求等，选择混凝土灌注桩、型钢桩、钢管桩、预制管桩、钢板桩、型钢水泥土搅拌桩等桩型。

（2）当支护桩施工影响范围内存在对地基变形敏感、结构性能差的建筑物或地下管线时，不应采用挤土效应严重、易塌孔、易缩颈或有较大振动的桩型和施工工艺。

（3）采用挖孔且成孔需要降水或孔内抽水时，应进行周边建筑物、地下管线的沉降分析；当挖孔桩的降水引起的地层沉降不能满足周边建筑物和地下管线的要求时，应采取相应的截水措施。

（4）国内实际基坑工程中，采用混凝土灌注桩排桩占大多数。但有些情况下，适合采用型钢桩、钢管桩、钢板桩或预制桩等，有时也可以采用 SMW 工法施工的水泥土搅拌内置型钢桩。这些桩型用作挡土构件时，与混凝土灌注桩的结构受力原理是相同的。但采用这些桩型时，应考虑其刚度、构造及施工工艺上的不同点。

6.2.2 排桩嵌固要求

排桩的嵌固深度除应满足第 2 章的规定外，对悬臂式结构，尚不宜小于 $0.8h$（h 为基坑深度）；对于单支点支挡结构，尚不宜小于 $0.3h$；对多支点支挡结构，尚不宜小于 $0.2h$。

6.2.3 混凝土灌注桩构造要求

（1）桩径的选取主要是按弯矩大小与变形要求确定，以达到受力和经济合理的要求，同时还要满足施工条件的要求。对悬臂式排桩，支护桩的直径宜大于或等于 600mm；对于锚拉式排桩或支撑式排桩，支护桩的桩径宜大于或等于 400mm，排桩的中心距不宜大于桩直径的 2 倍。排桩间距的确定还要考虑桩间土的稳定性要求。根据工程经验，对大桩径或黏性土，排桩的净距常在 900mm 以内；对小桩径或砂土，排桩的净距常在 600mm 以内。

(2) 桩身混凝土强度等级不宜低于 C30，工程上目前一般采用 C30 或 C35。

(3) 纵向受力钢筋宜选用 HRB400、HRB500 钢筋，单桩的纵向受力钢筋不宜少于 8 根，其净间距不应小于 60mm；支护桩顶部设置钢筋混凝土构造冠梁时，纵向钢筋伸入冠梁的长度宜取冠梁厚度；冠梁按结构受力构件设置时，桩身纵向受力钢筋伸入冠梁的锚固长度应符合现行《混凝土结构设计规范》GB 50010 对钢筋锚固的有关规定；当不能满足锚固长度的要求时，其钢筋末端可采取机械锚固措施。

(4) 箍筋可采用螺旋式箍筋；箍筋直径不应小于纵向受力钢筋最大直径的 1/4，且不应小于 6mm；箍筋间距宜取 100～200mm，且不应大于 400mm 及桩的直径。

(5) 沿桩身配置的加强箍筋应满足钢筋笼起吊安装要求，宜选用 HPB300、HRB400 钢筋，直径宜为 14～16mm，其间距宜取 1～2m。

(6) 纵向受力钢筋的保护层厚度不应小于 35mm；采用水下灌注混凝土工艺时，不应小于 50mm。

(7) 当采用沿截面周边非均匀配置纵向钢筋时，受压区的纵向钢筋根数不应少于 5 根；当施工方法不能保证钢筋的方向时，不应采用沿截面周边非均匀配置纵向钢筋的形式。

(8) 当沿桩身分段配置纵向受力主筋时，纵向受力钢筋的搭接应符合现行《混凝土结构设计规范》GB 50010 的相关规定。

6.2.4 管桩构造要求

1. 管桩支护不宜使用的工程

(1) 深厚淤泥等软土基坑工程；

(2) 开挖深度大于 10m 的膨胀性土或填土基坑工程；

(3) 支护结构挠曲变形计算结果大于 30mm 的基坑工程。

2. 管桩支护结构选型

(1) 悬臂式支护适用于深度小于 7m、安全等级为三级的基坑工程；双排桩支护适用于基坑深度小于 10m、安全等级为三级的基坑。

(2) 管桩-复合土钉墙支护适用于深度小于 10m、安全等级不大于二级的基坑。

(3) 安全等级为一级的基坑工程宜选用排桩-预应力锚杆支护或排桩-内支撑支护形式，支护深度不宜大于 12m。

(4) 当基坑不同部位的周边环境条件、土层性状、基坑深度等不同时，可分别采用不同的支护形式。

(5) 当需要设置截水帷幕时，可采用水泥土墙内插管桩的形式，水泥土墙根据土层情况、施工对周边环境扰动程度，选用搅拌水泥土连续墙、旋喷水泥土连续墙、渠式切割连续墙等。

3. 管桩支护设计

应评价管桩施工方法对周边环境的影响，并应根据影响程度选择施工方法和工艺。

4. 管桩选型

宜选用混合配筋管桩，当选用预应力高强混凝土管桩或预应力混凝土管桩时，除微型复合土钉支护外，不应选用 A 形桩；当采用两节桩时，可根据土层和土压力分布特征、管桩内力计算，选用由混合配筋管桩及预应力高强混凝土管桩组合形式；排桩-锚杆或排桩-内支撑支护管桩直径不宜小于 600mm；管桩复合土钉墙支护管桩直径可不小于 300mm。

5. 管桩构造要求

（1）支护用管桩接头不宜超过 1 个，连接时应采用端板对端板焊接等方法连接；悬臂式支护时，宜采用单节桩，不宜接桩。

（2）采用悬臂式桩支护时，桩间距应满足 $s \leqslant 0.9(1.5d+0.5)$ 的要求，式中：s 为管桩中心距，d 为管桩外径。

（3）当采用排桩-锚杆支护时，桩净距宜为 300～900mm，砂性土中宜采用较小桩间距；当桩间净距大于 500mm 时，桩间土宜采用挂钢筋网喷射混凝土等防护措施封闭。

（4）管桩桩顶应设置冠梁，对于混凝土冠梁，混凝土强度等级不应低于 C30，宽度宜大于管桩桩径，高度不宜小于 400mm。

（5）用于基坑支护的管桩接头应满足桩身等强度设计要求。

（6）当用于基坑支护的管桩接头采用焊接时，接桩处按荷载效应标准组合计算的弯矩值应符合下列公式的规定：

$$\gamma_0 M_k \leqslant M_{cr} \tag{6.2}$$

式中　M_k——不考虑非预应力钢筋作用的管桩桩身开裂弯矩计算值；

　　　　γ_0——支护结构重要性系数，不应小于 1.0；

　　　　M_{cr}——接桩处按荷载效应标准组合计算的弯矩值。

（7）当采用多节管桩时，应进行管桩配桩设计，接桩位置不宜设在计算最大弯矩或剪力位置。

（8）变形计算时，管桩抗弯惯性矩应折算为实心桩：

①混凝土强度等级相同的情况下，换算公式为 $d_{等效}^4 = d_外^4 - d_内^4$。

②混凝土强度等级不同的情况下，换算公式为 $E_{c1} d_{等效}^4 = E_{c2}(d_外^4 - d_内^4)$。

6.2.5　冠梁构造要求

（1）支护桩顶部应设置混凝土冠梁，冠梁是排桩结构的组成部分。冠梁宽度不宜小于桩径，高度不宜小于桩径的 0.6 倍。当冠梁上不设置锚杆或支撑时，冠梁可以仅按构造要求设计，按构造配筋。此时，冠梁的作用是将排桩连成整体，调整各个桩受力的不均匀性，不需要对冠梁进行受力计算。构造配筋应符合现行《混凝土结构设计规范》GB 50010 对梁的构造配筋要求。冠梁用作支撑或锚杆的传力构件或按空间结构设计时，冠梁起到传力作用，除满足构造要求外，尚应按受力构件进行截面设计。

（2）冠梁混凝土强度等级不应低于 C30，排桩主筋锚入冠梁不应小于 35D。冠梁纵筋宜采用 HRB400 级及以上钢筋，箍筋及拉结筋宜采用 HPB300 级和 HRB400 级钢筋。冠梁侧面纵筋直径不宜小于 20mm，间距不宜大于 200mm；顶底面纵筋直径不宜小于 20mm，间距不宜大于 300mm；箍筋直径不宜小于 8mm，间距不宜大于 250mm；拉结筋直径宜采用 6～12mm，间距不宜大于 500mm。

（3）在有主体建筑地下管线的部位，冠梁宜低于地下管线。排桩冠梁低于地下管线是从后期主体结构施工上考虑的。一般主体建筑各种管线引出接口的埋深不大，冠梁低于管线是容易做到的。但如果将桩顶降至管线以下，影响了支护结构的稳定性或变形要求，则应首先按基坑稳定或变形要求确定桩顶设计标高。

6.2.6　桩间土防护构造要求

当排桩外侧未设置截水帷幕时，为防止桩间土塌落，排桩的桩间土应采取防护措施。排桩的桩间土防护措施通常是在基坑分层开挖排桩暴露之后，在排桩的坑内侧挂网喷射混凝土面层，混凝土面层应与排桩可靠连接成整体，以起到防止桩间水土流失的作用。根据混凝土面板与排桩的连接方式，防护措施通常有连续防护和间隔防护两种形式。桩间土连续防护即混凝土面层设置在排桩内侧并连续整体分布，间隔防护则是混凝土面层主要是间隔设置在桩间部位，见图 6-4。两者混凝土面层与排桩均通过在排桩内预留插筋或者植筋的方式进行连接。

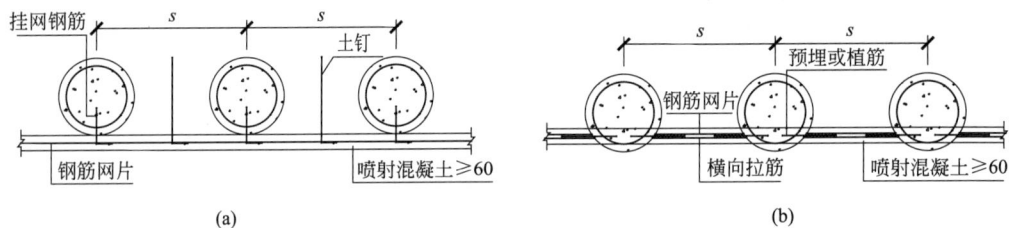

图 6-4　桩间土防护构造
（a）桩间土连续防护构造；（b）桩间土间隔防护构造

排桩桩间土应采取防护措施，桩间土防护措施宜采用内置钢筋网或钢丝网的喷射混凝土面层。喷射混凝土的厚度不宜小于 50mm，混凝土强度等级不宜低于 C20，混凝土面层内配置的钢筋网的纵横向间距不宜大于 200mm。钢筋网或钢丝网宜采用横向拉筋与两侧桩体连接，拉筋直径不宜小于 12mm，拉筋锚固在桩内的长度不宜小于 100mm。钢筋网宜采用桩间土内打入直径不小于 12mm 的钢筋钉固定，钢筋钉打入桩间土中的长度不宜小于排桩净间距的 1.5 倍且不小于 500mm。

采用降水的基坑，在有可能出现渗水的部位应设置泄水管，泄水管应采取防止土颗粒流失的反滤措施。泄水管的构造与规格应根据土的性状及地下水特点确定。一些实际工程中，泄水管采用长度不小于 300mm、内径不小于 40mm 的塑料或竹制管，其外壁包裹土工布并按含水土层的粒径大小设置反滤层。

6.2.7　咬合桩构造要求

钻孔咬合桩是一种平面上桩与桩相割布置、形成竖向连续体的一种新型排桩结构。当有地下水时，排桩既能作为挡土构件，又能起到截水作用，从而不用另设截水帷幕，具有截水效果好、施工便捷的特点。钻孔咬合桩适用于除填石、漂石和基岩之外的各种地层。目前，这种兼做截水的支护结构已在一些深度小于 20m 基坑工程中应用，其支护和截水效果是良好的。

通常，咬合桩是采用钢筋混凝土桩和素混凝土桩相互咬合，由配有钢筋的桩承受土压力荷载，素混凝土桩只用于截水。也可采用钢筋混凝土桩相互咬合布置的形式，在软弱地层也可用钢筋混凝土桩与水泥土桩咬合布置的形式，可以根据工程条件、施工设备和经济等因素确定。工程中常用的咬合桩搭配布置形式如图 6-5 所示。

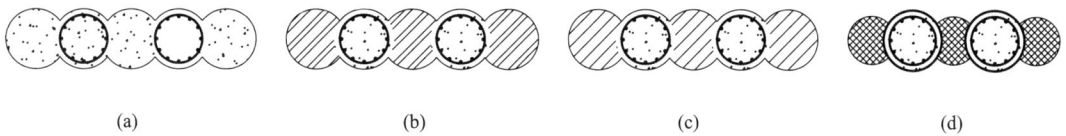

图 6-5　咬合桩搭配的常用形式

（a）钢筋混凝土桩与素混凝土桩搭配；（b）钢筋混凝土桩与混合材料桩搭配；
（c）钢筋混凝土桩与水泥搅拌桩搭配；（d）钢筋混凝土桩与高压旋喷桩搭配

排桩采用素混凝土桩与钢筋混凝土桩间隔布置的钻孔咬合桩形式时，支护桩的桩径可取 800～1500mm，相邻桩咬合长度不宜小于 200mm，素混凝土桩应采用塑性混凝土或强度等级不低于 C20 的超缓凝混凝土，其初凝时间宜控制在 40～70h 之间，坍落度宜取 12～14mm。

6.3　悬臂式排桩设计与实例计算

6.3.1　悬臂式排桩设计

（1）悬臂式支挡结构宜采用平面杆系结构弹性支点法进行分析，分析模型详见第 2.3 节的规定。

（2）作用在单根支护桩上的主动土压力计算宽度应取排桩间距，土反力计算宽度应按第 2.3 节确定。

（3）悬臂式支挡结构的嵌固深度和整体稳定性应符合本书第 2.3.4 节的要求。

（4）悬臂式支挡结构可不进行隆起稳定性验算。

（5）悬臂式支挡结构的冠梁可按照构造配筋设计。

（6）悬臂式支挡结构的排桩应验算桩身最大弯矩截面处的正截面弯矩。

（7）桩身所承受最大弯矩和水平剪力可按照现行行业标准《建筑桩基技术规范》JGJ 94—2008 附录 C 和《预应力混凝土管桩技术标准》JGJ/T 406 计算。

（8）桩身正截面受弯承载力和斜截面受剪承载力应按现行《混凝土结构设计规范》GB 50010 和《建筑基坑支护技术规程》JGJ 120—2012 附录 B 执行。

（9）当考虑地震作用验算桩身正截面受弯承载力和斜截面受剪承载力时，应根据现行《建筑抗震设计规范》GB 50011 的规定，对作用于桩顶的地震作用效应进行调整。

6.3.2　悬臂式排桩实例计算（灌注桩）

1. 工程概况

1）项目概况

某基坑四周为已建成的市政道路，其中南北侧是道路红线为 20m 的城市支路，东西侧是红线为24m的城市次干路,现状场地标高同道路标高3.0m,拟建基坑四周距离市政道路15m,深度为5m,基坑东西向长143m,南北向长110m,周长为483m,面积为15530m²。根据基坑深度和周边环境条件,本基坑安全等级和环境等级均取二级,基坑平面布置图如图6-6所示。

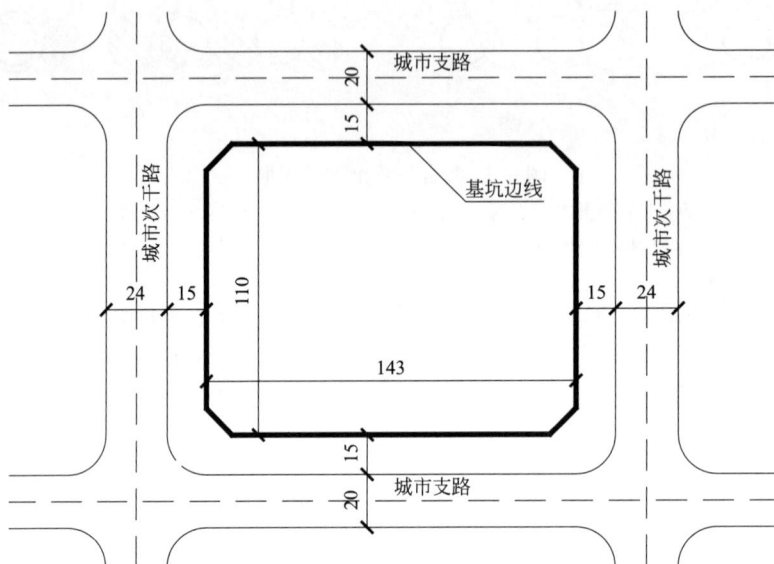

图6-6 基坑平面布置图(单位:m)

2)地质条件

本项目地层自上而下为:素填土→淤泥→粉质黏土→砾质黏土→风化岩层。其中,素填土为2年前新近填土,淤泥呈流塑状态,地下水埋深为1.5m,为潜水。主要土层参数如表6-2所列。

岩土参数统计表   表6-2

土层名称	分层厚度 (m)	天然重度 (kN/m³)	含水量 (%)	压缩模量 (MPa)	直剪快剪	
					黏聚力(kPa)	内摩擦角(°)
素填土	4	18	—	—	10	10
淤泥	5	15.5	63	1.7	5	4
粉质黏土	8	19.3	35	4.5	20	15
砾质黏土	8	19.8	30	6.0	27	20

2. 理正软件计算过程

初拟设计方案:采用1000mm桩径的C30混凝土灌注桩,桩间距1.4m,桩顶上放坡高度1.0m,基坑深度5.0m,嵌固深度取7.5m,坑内被动区采用水泥土加固,加固宽度5.0m,加固深度4.0m。具体理正深基坑支护结构设计软件应用如下:

1)打开理正深基坑计算界面

打开理正深基坑支护结构设计软件,如图6-7所示,先选择规范及设置工作目录,然后点击单元计算后弹出设计界面,如图6-8所示;单击"增"按钮,弹出"新增项目选用模板"界面，选择"排桩支护设计"，最后点击"确认"，进入"排桩支护设计"界面，如图 6-9 所示。

图 6-7 理正深基坑支护结构设计软件界面

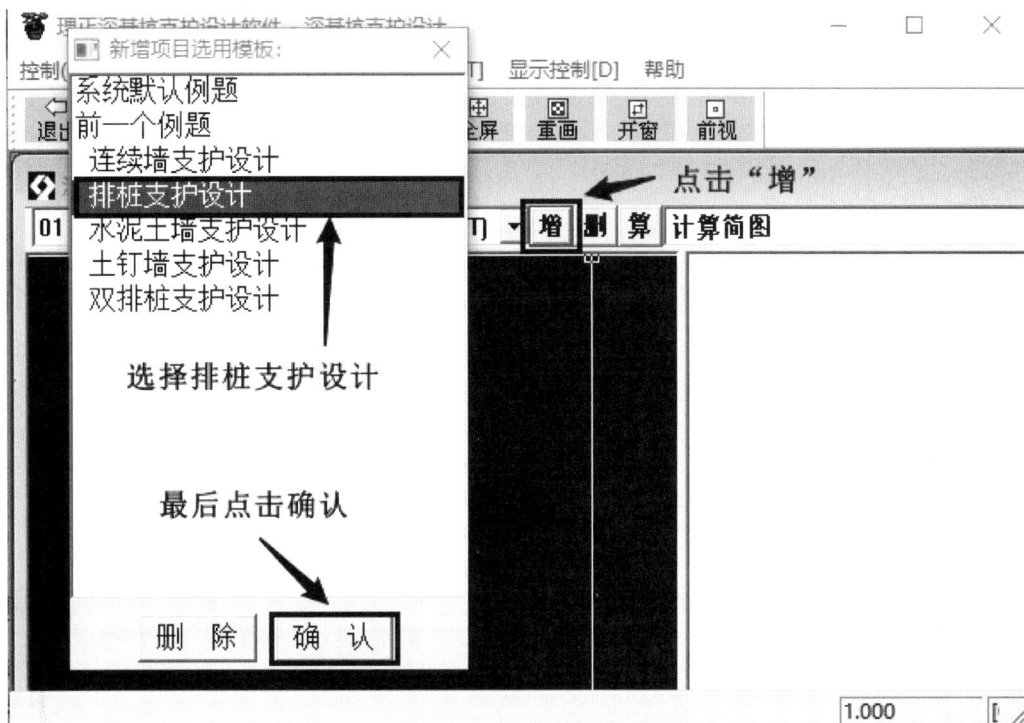

图 6-8 新增项目选用模板界面

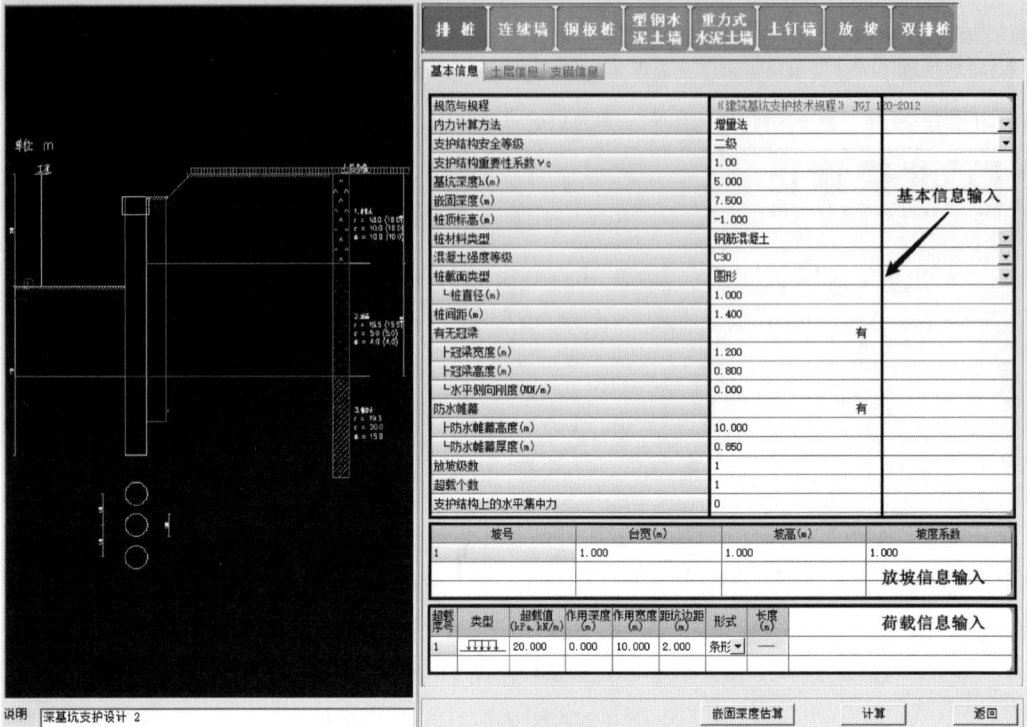

图 6-9　基本信息输入界面

2）基本信息输入

（1）选择内力计算方法：增量法；

（2）支护结构安全等级：二级；

（3）支护结构重要性系数 $\gamma_0 = 1.0$；

（4）基坑深度 h（m）：5.0m；

（5）嵌固深度（m）：7.5m（备注：一般可先按规范要求的构造要求预估，当不满足时再调整）；

（6）桩顶标高（m）：−1（不放坡时为 0，放坡时为坡高的负数）；

（7）桩材料类型：选择"钢筋混凝土"，混凝土强度等级选择"C30"，桩截面类型选择"圆形"，桩径输入"1.0"，桩间距输入"1.4"；

（8）冠梁：宽度输入"1.2"，高度输入"0.8"，水平侧向刚度输入"0"（本项目为悬臂式支护结构，冠梁不考虑刚度）；

（9）防水帷幕：高度输入"10"，厚度输入"0.85"；

（10）放坡级数输入"1"，台高、坡宽和坡度均输入"1.0"；

（11）超载个数 1 个：选择"条形"，一般只有挖掘机行走时取 20kPa，如有运土车行走时取 40kPa。

3）土层信息输入

（1）基本输入。输入土层数：4；坑内加固土：是；内侧降水最终深度：5.5m（一般取基坑深度+0.5m）；外侧水位深度1.5m；弹性计算方法按土层指定：×；弹性法计算方法：m法；内力计算时坑外土压力计算方法：主动。

（2）土层参数输入。依次选择土层名称→重度→浮重度→黏聚力→内摩擦角→黏聚力（水下）→内摩擦角（水下）→根据土的类型选择水土合算/分算→计算各土层m值。此处无锚杆/锚索，可以不管"与锚固体摩擦阻力"和"极限承载力标准值"。

（3）人工加固土参数输入。本项目采用水泥搅拌桩加固，一般加固宽度不小于基坑深度，本次取宽度5.0m和深度4.0m。加固土的黏聚力=0.1×0.6×1000=60kPa，内摩擦角=10°。输入完后计算一次m值，如图6-10、图6-11所示。

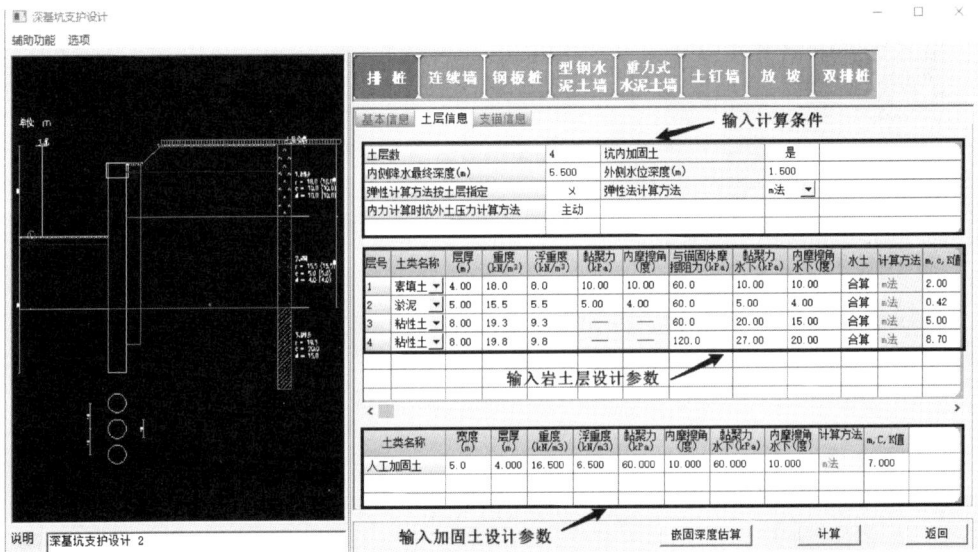

图6-10　土层信息输入界面

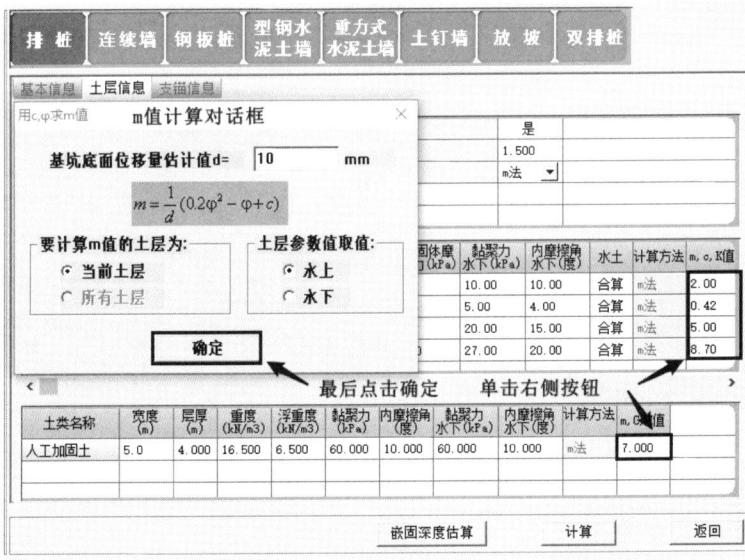

图6-11　m值计算界面

4）支锚信息输入

本项目无锚杆或内支撑，工况数较为简单，可选择自动生成工况，支锚信息输入界面如图 6-12 所示。

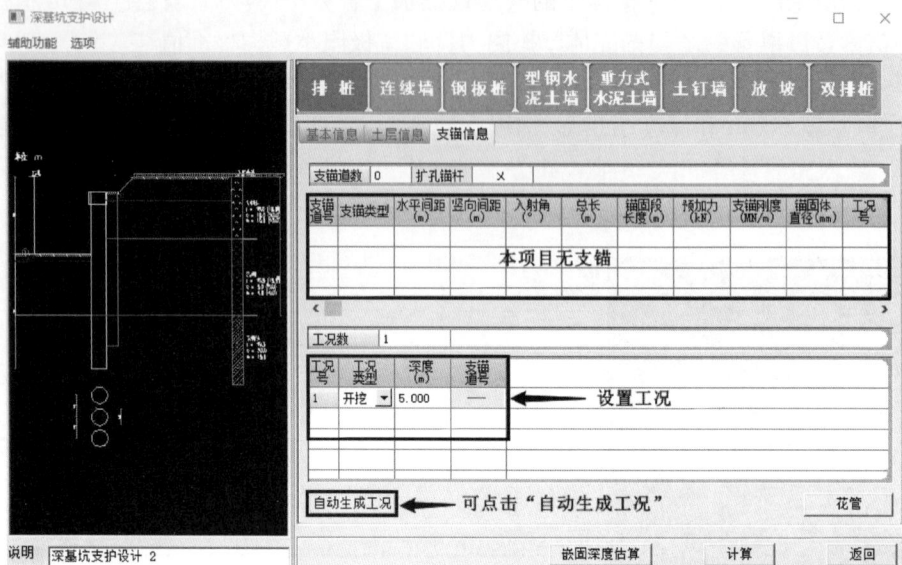

图 6-12　支锚信息输入界面

5）嵌固深度估算

（1）以上信息后，进行嵌固深度估算，嵌固深度计算参数界面如图 6-13 所示。嵌固深度最大值＝全部土层厚度－基坑深度，当嵌固深度＞全部土层厚度－基坑深度时，会出现无法计算的情况。勾选"是否考虑构造深度""是否考虑整体稳定性""是否考虑对支护底取矩抗倾覆稳定性""是否考虑坑底隆起稳定性"。

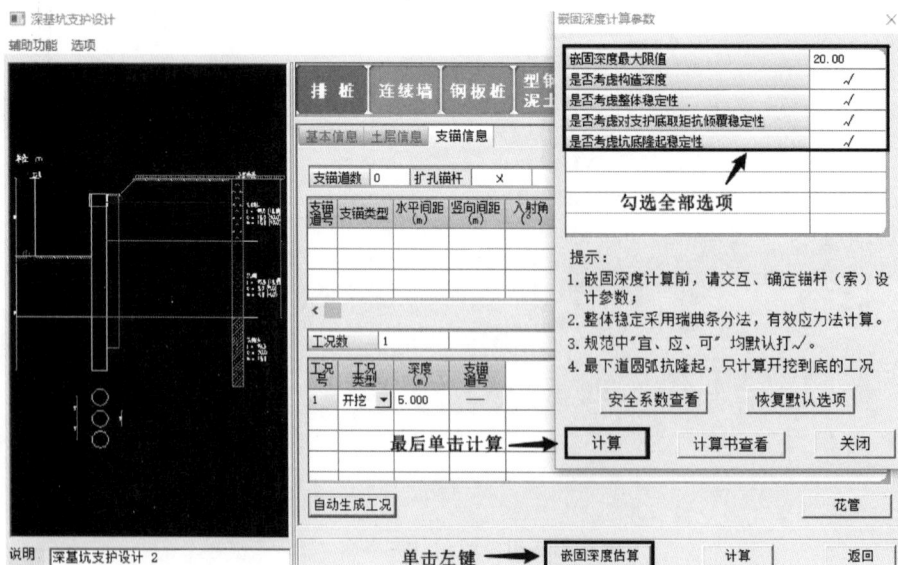

图 6-13　嵌固深度计算参数界面

点击"计算"按钮，嵌固深度估算结果如图 6-14 右侧所列，根据估算需要的最小嵌固深度，判断基本信息初始输入的嵌固深度是否满足要求。若不满足要求，可根据估算的最小嵌固深度取整后重新输入。本项目初始输入嵌固深度为 7.5m，嵌固估算深度为5.8m，满足嵌固要求。

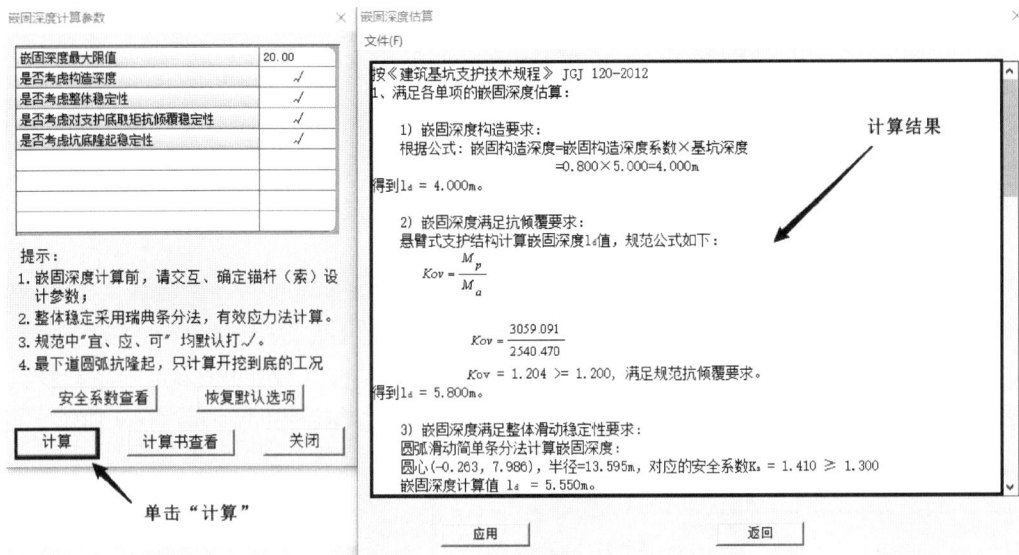

图 6-14　嵌固深度估算界面

（2）满足各单项的嵌固深度估算：

①嵌固深度构造要求：

根据公式：嵌固构造深度＝嵌固构造深度系数×基坑深度＝0.8×5.0＝4.0m

得 l_d＝4.0m。

②嵌固深度满足抗倾覆要求：

悬臂式支护结构计算嵌固深度 l_d 值，规范公式如下：

$K_{ov}=\dfrac{M_p}{M_a}=\dfrac{3059.091}{2540.470}=1.204\geqslant1.2$，满足规范抗倾覆要求，得到 l_d＝5.800m。

③嵌固深度满足整体滑动稳定性要求：

圆弧滑动简单条分法计算嵌固深度：圆心（-0.263，7.986），半径＝13.595m，对应的安全系数 K_s＝1.410≥1.300，嵌固深度计算值 l_d＝5.550m，得到 l_d＝5.550m。

④嵌固深度满足坑底抗隆起要求：

$$\frac{\gamma_{m2}l_dN_q+cN_c}{\gamma_{m1}(h+l_d)+q_0}\geqslant K_b$$

$$N_q=\left[\tan\left(45°+\frac{\varphi}{2}\right)\right]^2e^{\pi\tan\varphi}$$

$$N_c=(N_q-1)\frac{1}{\tan\varphi}$$

支护底部，验算抗隆起：K_s＝(16.500×0.050×1.879＋32.500×7.158)/[17.352×(4.000＋0.050)＋29.728]＝2.342≥1.600，抗隆起稳定性满足，得到 l_d＝0.050m。

满足以上要求的嵌固深度 l_d 计算值为 5.800m。

（3）验算各单项是否满足规范要求：嵌固深度采用计算值 $l_d=5.800$m。

①嵌固深度构造要求：嵌固深度满足构造要求。

②嵌固深度满足抗倾覆要求：$K_{ov}=1.204 \geqslant 1.20$，满足规范抗倾覆要求。

③嵌固深度满足整体滑动稳定性要求：圆弧滑动简单条分法计算嵌固深度：圆心（-0.359），7.776，半径$=13.644$m，对应的安全系数 $K_s=1.476 \geqslant 1.300$。

④嵌固深度满足坑底抗隆起要求：

支护底部，验算抗隆起：$K_s=(17.369 \times 5.800 \times 3.941+20.000 \times 10.977)/[16.963 \times (4.000+5.800)+26.827]=3.194 \geqslant 1.600$，抗隆起稳定性满足。

嵌固深度 l_d 采用计算值 5.800m 时，各项验算均满足规范要求。

6）开始计算

（1）点击"计算"，弹出左侧对话框，如图 6-15 所示，在对话框依次选择计算条件→勾选计算项目→查看安全系数是否满足规范（一般软件自动调用规范的相关安全系数，如设计人员对某个安全系数有特殊要求，可以进行修改）→土压力调整（一般可默认）→选择自动设计或详细设计，选择详细设计→点击"开始"，弹出位移内力曲线界面，如图 6-16 所示。

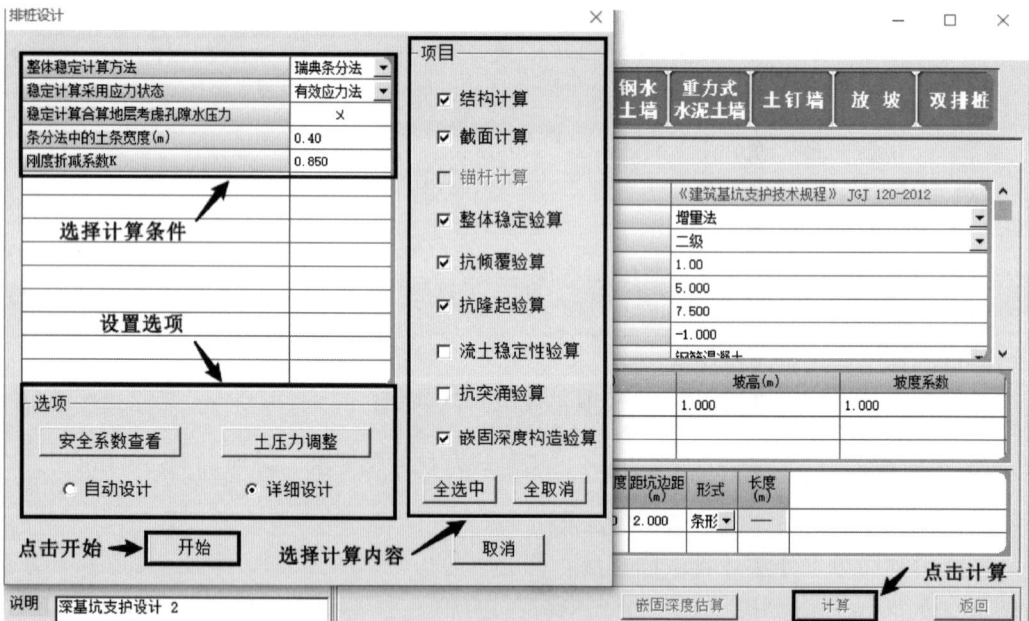

图 6-15　计算界面

（2）由图 6-16 可以查看不同工况下位移内力工况图、位移内力包络图、地表沉降图、土压力等，点击"下一步"，弹出桩配筋计算界面，如图 6-17 所示。

（3）桩配筋计算：图 6-17 左下角选择"弹性法"。右上角输入相应的设计参数：桩是否均匀配筋："是"；混凝土保护层厚度（mm）："50"；桩的纵筋级别："HRB400"；桩的螺旋箍筋级别："HPB300"；桩的螺旋箍筋间距（mm）："100"；弯矩折减系数：0.85～1.0，本项目取"0.85"；剪力折减系数："1.0"；荷载分项系数："1.25"；配筋分段数："一段"；各分段长度："11.5"。右下角显示内力取值。值得注意的是：应复核一下计算值和设计值是否为 1.25 倍

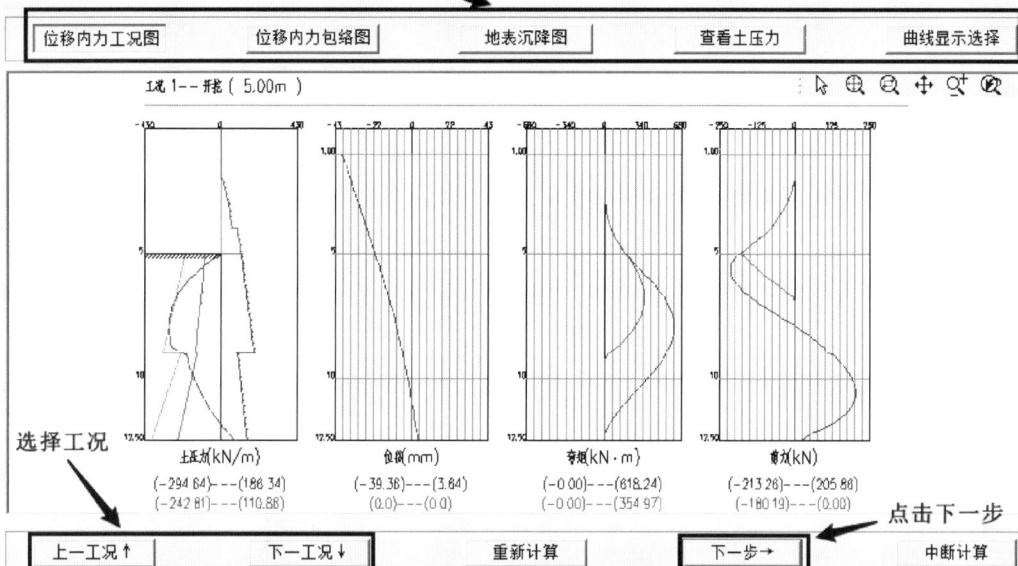

图 6-16　位移内力曲线界面

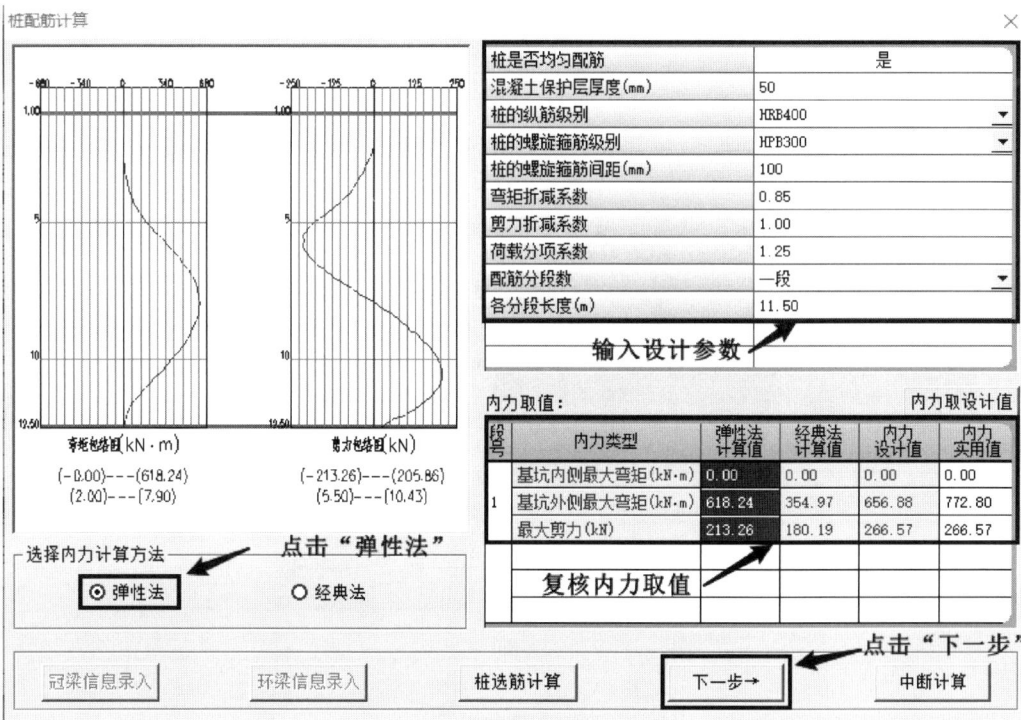

图 6-17　桩配筋计算界面

关系。

（4）冠梁配筋：点击"冠梁信息录入"，弹出冠梁配筋对话框，如图 6-18 所示。配置好钢筋后，点击"确定"。

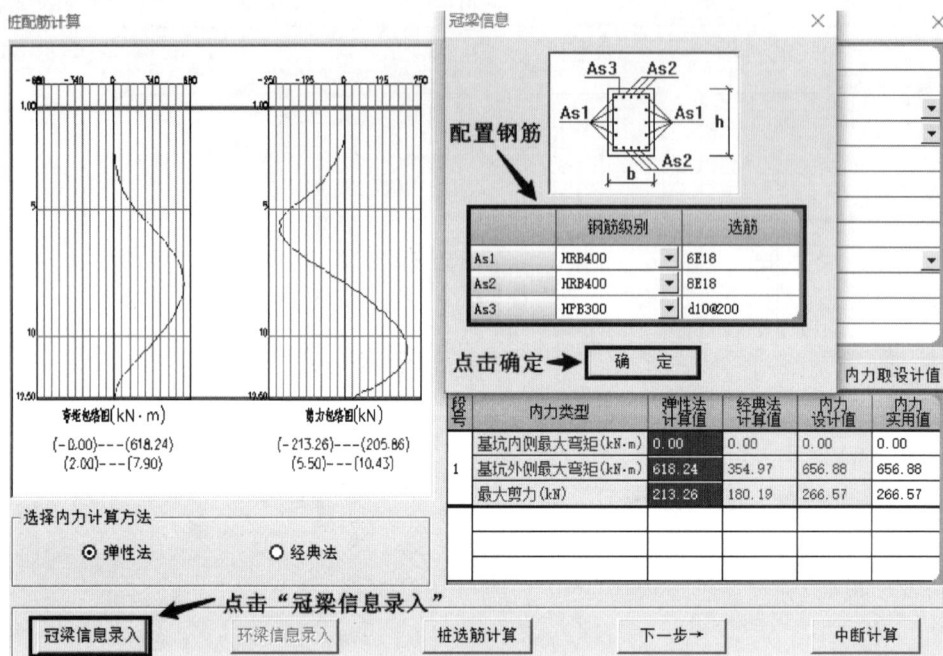

图 6-18　冠梁配筋界面

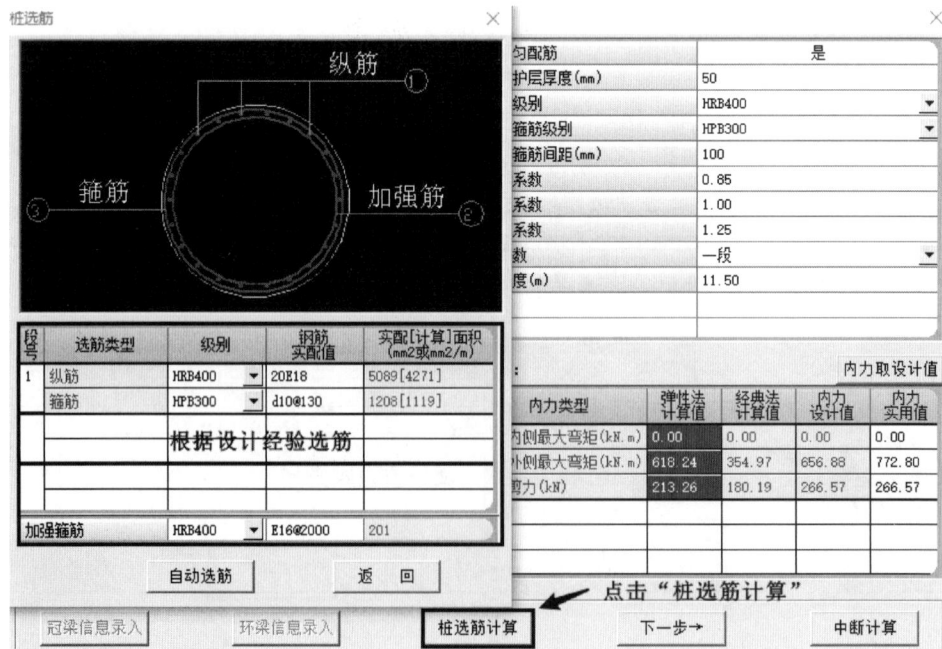

图 6-19　桩选筋界面

（5）桩配筋：点击"桩选筋计算"，弹出桩选筋对话框，如图 6-19 所示：纵筋选用 HRB400，箍筋选用 HPB300，加强箍筋选用 HRB400，钢筋实配值可以根据设计经验调整，最后点击"返回"。

（6）输出计算结果：点击"下一步"，软件自动计算并弹出输出计算结果对话框，如图 6-20 所示。可在右侧查看计算结果。

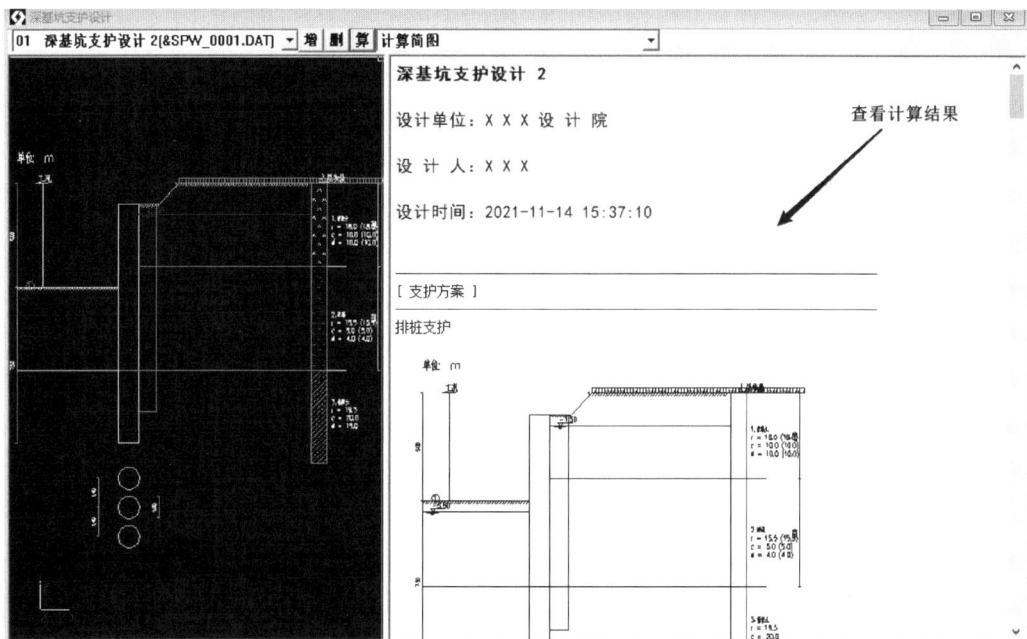

图 6-20　输出计算结果界面

3. 计算结果分析

1）内力位移包络图（图 6-21、图 6-22）

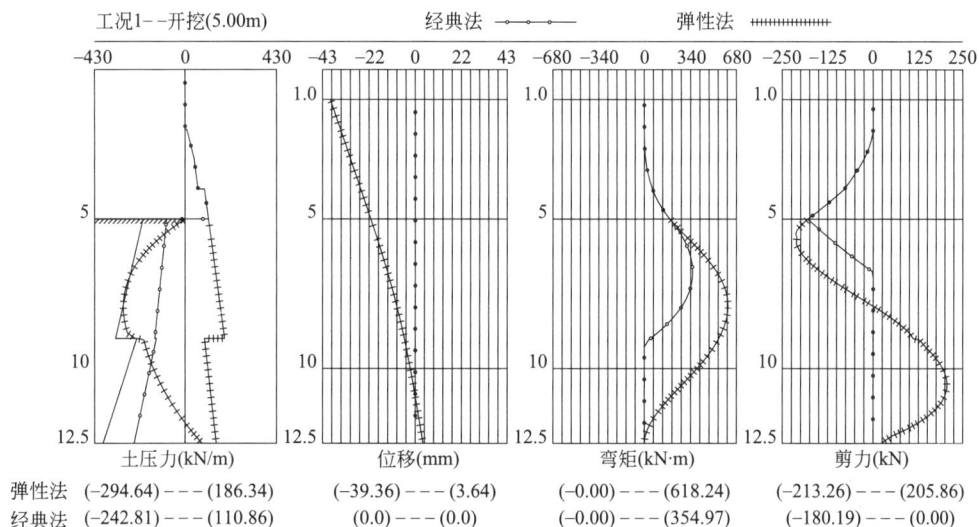

图 6-21　工况 1 位移内力图

工况1——开挖(5.00m)   经典法 ⊶⊶⊶   弹性法 ┼┼┼┼┼┼┼┼┼

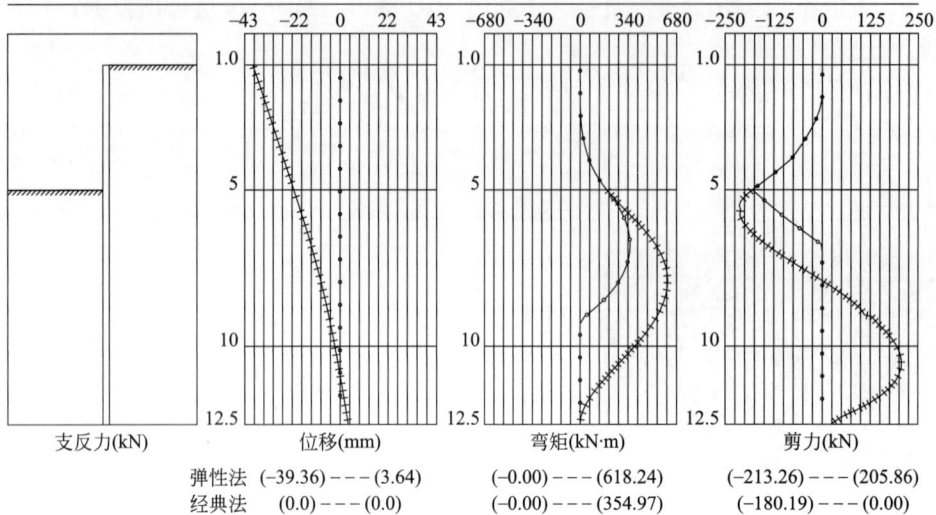

支反力(kN)	位移(mm)	弯矩(kN·m)	剪力(kN)

弹性法　(−39.36) - - - (3.64)　　(−0.00) - - - (618.24)　　(−213.26) - - - (205.86)
经典法　(0.0) - - - (0.0)　　　　(−0.00) - - - (354.97)　　(−180.19) - - - (0.00)

图 6-22　内力位移包络图

2）地表沉降图（图 6-23）

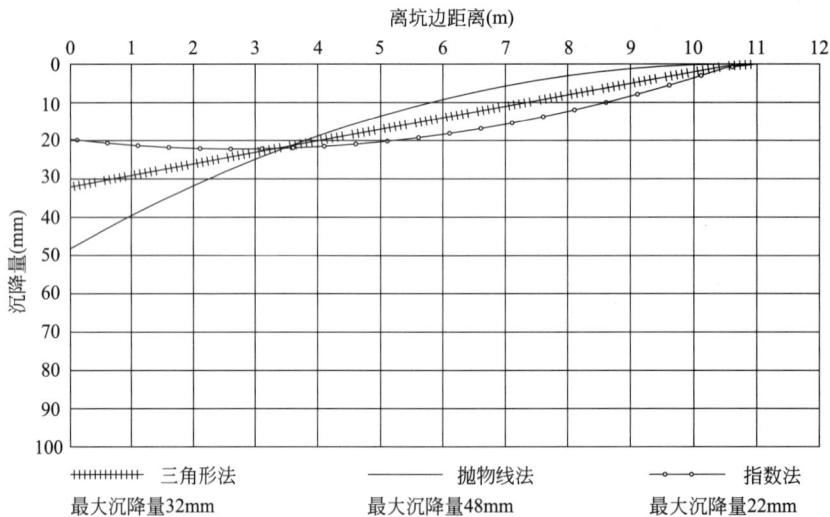

┼┼┼┼┼┼┼ 三角形法　　　　　—— 抛物线法　　　　　⊶⊶⊶ 指数法
最大沉降量32mm　　　　　最大沉降量48mm　　　　　最大沉降量22mm

图 6-23　地表沉降图

3）冠梁选筋结果（表 6-3）

冠梁选筋　　　　　　　　　　　　　　　　　　　　　　　　　表 6-3

钢筋类别	钢筋级别	选筋
A_{s1}（左右侧）	HRB400	6E18
A_{s2}（上下侧）	HRB400	8E18
A_{s3}（箍筋）	HPB300	d10@200

4）截面计算结果（表 6-4～表 6-6）

截面参数 表 6-4

桩是否均匀配筋	是
混凝土保护层厚度(mm)	50
桩的纵筋级别	HRB400
桩的螺旋箍筋级别	HPB300
桩的螺旋箍筋间距(mm)	100
弯矩折减系数	0.85
剪力折减系数	1.00
荷载分项系数	1.25
配筋分段数	一段
各分段长度(m)	11.50

内力取值 表 6-5

段号	内力类型	弹性法计算值	经典法计算值	内力设计值	内力实用值
1	基坑内侧最大弯矩(kN·m)	0.00	0.00	0.00	0.00
	基坑外侧最大弯矩(kN·m)	618.24	354.97	656.88	772.80
	最大剪力(kN)	213.26	180.19	266.57	266.57

桩配筋 表 6-6

段号	选筋类型	级别	钢筋实配值	实配[计算]面积(mm^2 或 mm^2/m)
1	纵筋	HRB400	18E18	4580[4413]
	箍筋	HPB300	d10@130	1208[1119]
加强箍筋		HRB400	E16@2000	201

5) 整体稳定性验算

计算方法：瑞典条分法；

应力状态：有效应力法；

条分法中的土条宽度：0.40m；

滑裂面数据：圆弧半径 $R = 14.002$m，圆心坐标 $X = -0.935$m、$Y = 6.368$m，整体稳定安全系数 $K_s = 1.859 > 1.30$，满足规范要求。

6) 抗倾覆稳定性验算

抗倾覆（对支护底取矩）稳定性验算：

$$K_{ov} = \frac{M_p}{M_a} = \frac{5292.463}{3847.366} = 1.376 \geqslant 1.20$$，满足规范抗倾覆要求。

式中 M_p——被动土压力及支点力对桩底的抗倾覆弯矩，对于内支撑支点力由内支撑抗压力决定；对于锚杆或锚索，支点力为锚杆或锚索的锚固力和抗拉力的较小值；

M_a——主动土压力对桩底的倾覆弯矩。

7) 抗隆起验算

(1) 支护底部，验算抗隆起：

$$K_s = (17.807 \times 7.5 \times 3.941 + 20 \times 10.977)/[17.309 \times (4.0+7.5)+25.522]$$
$$= 3.321 \geqslant 1.600，抗隆起稳定性满足。$$

(2) 深度 17.000 处，验算抗隆起：

$$K_s = (18.367 \times 12.0 \times 6.399 + 27.0 \times 14.835)/[17.869 \times 4.0+12.0+25.522]$$
$$= 5.815 \geqslant 1.600，抗隆起稳定性满足。$$

8）嵌固深度验算

根据公式：嵌固构造深度＝嵌固构造深度系数×基坑深度

＝0.800×5.000＝4.000m，嵌固深度采用值 7.500m>4.000m，满足构造要求。

9）土反力验算

$$P_s = 1220.953 \leqslant E_p = 2149.096，土反力满足要求。$$

式中　P_s——作用在挡土构件嵌固段上的基坑内侧土反力合力（kN）；

　　　E_p——作用在挡土构件嵌固段上的被动土压力合力（kN）。

6.3.3　悬臂式排桩实例计算（PRC 管桩）

1. 工程概况

工程概况同第 6.3.2 节。

2. 理正软件计算过程（只交代与灌注桩不同部分）

拟用 PRC I 1000（130）B 管桩，桩间距和嵌固深度同第 6.3.2 节管桩，计算时选用 C80 混凝土和管桩一致，桩径换算如下：$d = (1000^4 - 740^4)^{0.25}$ mm＝0.915m。

将桩径 0.915 代入理正软件计算，如图 6-24 所示。

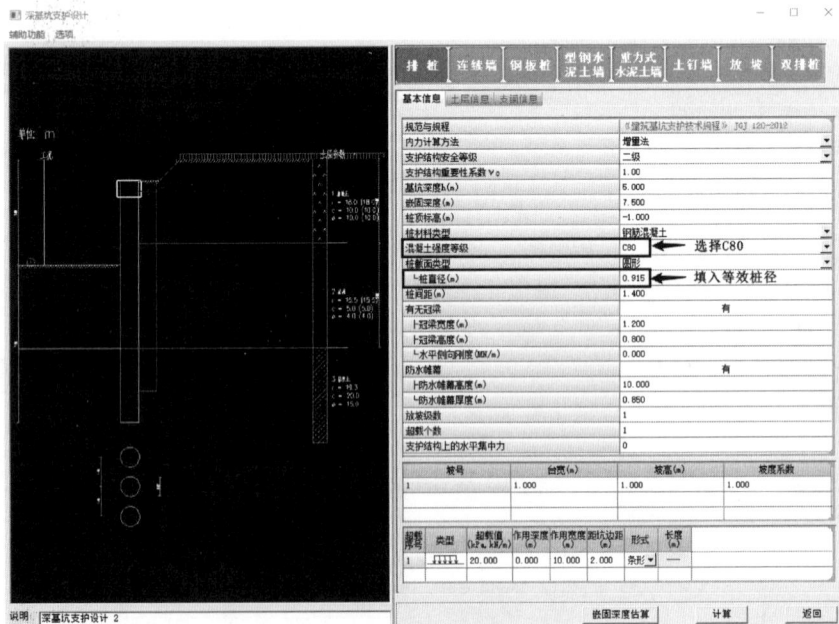

图 6-24　基本信息输入界面（管桩）

3. 计算结果分析（图 6-25、图 6-26、表 6-7）

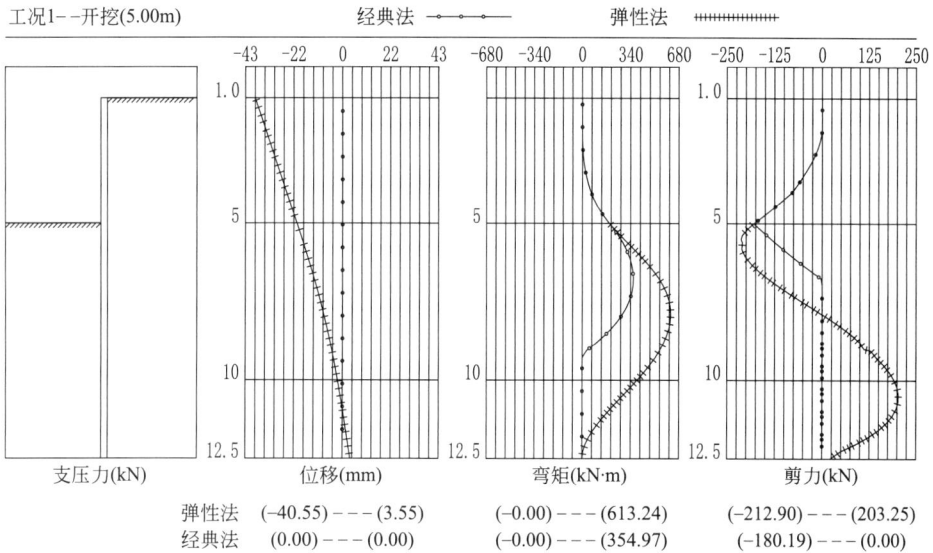

图 6-25 内力位移包络图

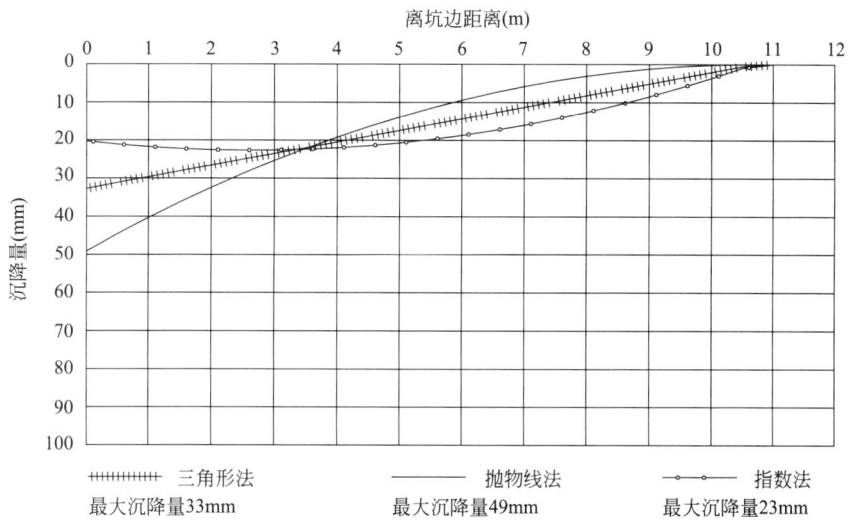

图 6-26 地表沉降图

内力取值

表 6-7

段号	内力类型	弹性法计算值	经典法计算值	内力设计值	内力实用值
1	基坑内侧最大弯矩(kN·m)	0.00	0.00	0.00	0.00
	基坑外侧最大弯矩(kN·m)	613.24	354.97	651.57	766.55
	最大剪力(kN)	212.90	180.19	266.12	266.12

根据《预应力混凝土管桩技术标准》JGJ/T 406—2017 表 A.0.5.7：

（1）PRC I 1000（130）B 管桩桩身受弯承载力设计值 $M=1360$ kN·m>766.55 kN·m，

受弯验算满足。

（2）PRCⅠ1000（130）B管桩桩身斜受检承载力设计值700kN＞266.12kN，受剪验算满足。

4. 管桩与灌注桩对比分析

1）侧向位移对比

当设计参数均相同的情况下，同桩径的管桩水平移位（40.55mm）略大于灌注桩（39.36mm），增大幅度（40.55－39.36)/39.36×100％＝3％，相差不大。

2）桩身材料对比

管桩截面面积 $\pi/4\times(1^2-0.74^2)=0.355\text{m}^2$，灌注桩截面面积＝$\pi/4\times1^2=0.785\text{m}^2$，管桩节约混凝土材料（0.785－0.355)/0.785×100％＝54.8％，说明采用高强混凝土管桩可以节约混凝土一半以上。

3）施工难易对比

管桩为预制材料，采用静压工艺或锤击工艺均可，施工工艺简单、施工速度快，灌注桩在淤泥地层施工时容易缩孔，需要进行泥浆护壁或者采用钢护筒跟进，施工周期较长，桩身质量不易保证。

综上所述，在条件允许的情况下应优先采用混合配筋管桩进行支护，符合绿色、低碳和预制装配式建造理念。

5. 设计方案图

1）灌注桩

桩径1000mm，桩间距1.4m，实桩桩长10.8m，桩端进入粉质黏土3.5m。桩身采用C30混凝土；止水帷幕 $\phi850@600\text{mm}$ 的三轴搅拌桩，水泥掺入量20％，施工工艺为二搅二喷，设计桩长10.0m，桩端进入粉质黏土2.0m。坑底采用 $\phi700\text{mm}@500\text{mm}$ 的双轴水泥搅拌桩加固，加固土宽度5.2m，厚度4.0m，地面以下5.0m采用空桩，坑底以下4.0m采用实桩，水泥掺入量15％～20％，施工工艺四搅四喷。基坑支护典型剖面如图6-27所示。

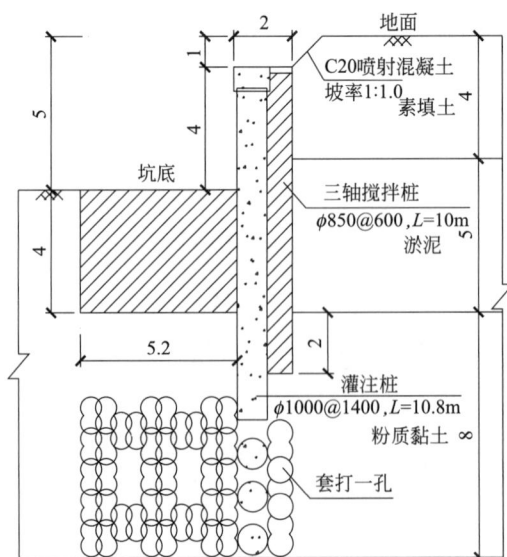

图6-27 基坑支护典型剖面图（灌注桩，单位 m）

6.4 支撑式排桩设计与实例计算

6.4.1 支撑式排桩概述

1. 支撑式排桩的简介

支撑式排桩支护形式，顾名思义即采用排桩作为竖向支护构件，内支撑作为水平锚固构件的基坑支护形式。它是由垂直布置的排桩作为挡土及传递侧向水土压力，内支撑将排桩传递而来的侧向水土压力传递到对侧的基坑壁上或基坑底土体上。

2. 支撑式排桩的类型

排桩的类型经常有钢筋混凝土支护桩、型钢桩（含钢板桩、钢管桩及其他型钢桩）等，工程上也经常将排桩与高压旋喷桩、搅拌桩等止水帷幕联合使用，甚至在其基础上发展出 SWM 工法桩、TRD 工法桩等。但无论其材料和组合形式如何，其本质都是在沿基坑壁设置一排能承受侧向土压力的挡土构件。该构件在水平方向上具备抗弯抗剪能力，并能将侧向土压力传递给内部的支撑构件上。本章节的支撑式排桩中的排桩与锚拉式排桩的受力机理、作用、构造要求、设计要求等基本是一致的，相关的内容可参见锚拉式排桩支护章节，本章的重点是内支撑的相关内容。

支撑式排桩支护形式中，内支撑的主要作用是将排桩上承受的侧向土压力传递到支撑梁另一侧的反力构件上，以提供维持排桩稳定性所需的反力，限制排桩的位移与变形，保持基坑的稳定性。这一反力构件可以是基坑对侧的支护桩（支撑形式为对撑时），也可以是基坑底的反力桩或主体结构（支撑形式为竖向斜撑时）。

内支撑按照材料划分，主要分为混凝土内支撑和钢支撑两类；按照其布置形式划分，主要分为对撑、角部斜撑、竖向斜撑和环形撑四类。按照内支撑形式的分类，常见的支撑式排桩支护形式可分为对撑式排桩支护、角撑式排桩支护、竖向斜撑式排桩支护和环形撑式排桩支护。上述支撑形式并不一定单独使用，实际工程中常常将上述多种支撑形式组合使用。此外，还经常将鱼腹梁式支撑结构、张弦梁式支撑结构作为内支撑形式的一种，本书不再展开介绍。

3. 支撑式排桩的优缺点

1）支撑式排桩的主要优点

（1）施工质量易控制

支撑式排桩支护形式中，内支撑均采用混凝土或型钢制作，其材料质量稳定变化较少、施工全过程均为非隐蔽工程，全过程可见，施工过程中易于控制其施工质量，其质量稳定性较高。

（2）充分发挥支撑材料抗压性能较强的优点

内支撑系统中，支撑材料受力均以受压为主，受弯主要是以支撑材料在自重作用和其他施工荷载作用下产生的，一般弯矩较小，支撑梁全截面一般仍以受压为主。而作为内支撑材料的钢筋混凝土构件或钢结构构件一般都具有较好的抗压性能，因此内支撑支护形式能较好地发挥材料的受力特点，起到良好的功能作用且发挥其经济效益。

（3）支护结构刚度大，变形位移控制效果好

内支撑系统的水平刚度大，对排桩的变形及周边土体的变形控制能力强，效果好。而且，若采用型钢或型钢与混凝土的组合内支撑，还可以通过施加预应力以更好地控制竖向围护结构及周边变形。对于周边环境复杂、变形控制严格的基坑工程，支撑式排桩支护结构具有较大的优势。

（4）占地面积小，不占用排桩以外的面积

支撑式排桩的内支撑构件均布置在排桩范围内，不占用排桩以外的地面，这对于用地红线保护要求越来越高的今天，显得尤为重要，也越发凸显其优势。

（5）支撑的平面布置灵活多变

支撑式排桩支护结构中，支撑构件的平面布置灵活多变，型钢或钢筋混凝土内支撑可适用于规则的基坑平面，钢筋混凝土内支撑可用于各种不规则、复杂平面的基坑工程。

（6）适用范围广

从地质条件看，支撑式排桩支护形式几乎不受地质条件限制，能广泛地应用于各类地质条件的基坑支护工程中。如在填土、淤泥质土等软弱土层中，采用锚拉式支护结构极可能因蠕变导致锚拉结构的失效，进而导致支护失败；但在内支撑支护形式中，则不存在上述问题。

从开挖深度来看，支撑式排桩支护结构理论上没有深度限制。

从基坑的平面尺寸来看，支撑式排桩的适用性最广。对于平面尺寸小的基坑，锚拉式支护结构每延米需要的锚拉力与其平面尺寸无关，此时采用内支撑则可以体现明显的经济优势，例如最常见的市政管道基坑多见钢板桩＋内支撑的支护形式。对于平面尺寸较大的基坑，采用逆作法或半逆作法，将主体地下结构的楼板作为内支撑系统，可以明显地缩短工期并节省造价。

从支护结构形式上看，内支撑支护一般适用于封闭式的支护或对边支护，内支撑应对称、均衡布置，使支撑杆件形成对称的轴力；否则，应进行特殊的处理，以满足静力平衡条件。

（7）与主体结构的结合、协调性好

支撑式排桩支护形式是可靠度最高的支护形式，随着技术的持续发展，"两墙合一"的竖向支挡结构也得到了越来越广泛的应用。"两墙合一"是指作为竖向挡土构件的排桩或地下连续墙兼做地下室的外墙或者作为地下室外墙的一部分。当采用逆作法或半逆作法时，还可以将主体结构兼做支撑结构使用。这样，一方面可以节省大量的地下室外墙成本；另一方面，也可以大幅度缩短工期。相对于锚拉式等其他支护方式而言，具备很大的成本和工期优势。

2）支撑式排桩的主要缺点

（1）达到强度需要一定的周期

钢筋混凝土内支撑构件达到设计强度需要一定的周期（这一问题主要存在于混凝土结构的内支撑上，钢支撑则不存在此问题）。在后期的换撑、拆撑过程中也存在同样的问题，必须待主体结构及换撑结构强度达到设计要求方可拆撑。

（2）不利于基坑内的施工操作

内支撑的存在，对基坑内的空间形成了一定的切割与限制，不利于基坑内的土石方开

挖运输、材料吊装、运输以及其他基坑内的施工作业。这在一定程度上提高了土石方的开挖运输成本、主体结构施工成本及工期。

（3）换撑与拆撑可能形成新的变形与位移

由于换撑拆撑后，支撑的标高往往与原支撑标高不一致，在原有内支撑拆除后，在新的支撑点的作用下，挡土构件的内力会重新分布调整，其变形也随之调整、增加，势必会进一步导致基坑外土体与周边建筑物的变形、位移；同时，由于换撑结构一般不施加预应力，这也在一定程度上加剧了挡土构件与土体的变形、位移。

（4）部分支撑材料不可回收且形成建筑垃圾

钢筋混凝土结构的内支撑构件，一般均不可回收。而且，拆除过程中会形成建筑垃圾，需要进行处理，不利于环保。如钢支撑则一般不存在上述问题，但是钢支撑材料也会因加工切割等造成一定的损耗。

（5）跨度大的内支撑成本较高

大跨度的支撑式排桩支护形式，因为跨度大，造成支撑梁的长度较长、截面也大；同时，还需额外设置立柱结构等，造成工程量较大，在经济合理性上不具有明显优势甚至处于劣势。

6.4.2 支撑式排桩的受力特征和破坏类型

1. 支撑式排桩的受力特征

1）排桩的作用机理与受力特征

支撑式排桩支护形式中，排桩是起挡土作用为主的，有时兼具挡水作用的竖向受弯构件。其作用机理为侧向土压力传递到排桩上，通过排桩传递到基坑底的嵌固段土体中以及支护桩上的支锚结构上，通过嵌固段的被动土压力与支锚结构提供的支锚力，实现排桩的抗倾覆、抗滑移，以确保基坑的稳定性并约束基坑外土体的变形与位移。

排桩承受的主要外力为侧向水土压力、支锚结构的支点集中力、自重，其中以侧向水土压力及支锚结构的支点集中力为主。排桩沿垂直方向主要承受剪应力及弯矩。

2）内支撑的作用机理与受力特征

内支撑的作用是将排桩上承受的侧向土压力传递到对侧基坑，使得两边侧向土压力相互抵消，也起到了对两边排桩提供支锚力的作用。当内支撑为竖向斜支撑时，支撑梁的底部需设置反力基础或主体结构的底板上，通过反力基础或底板将支撑梁承受的外力传递到基坑底以下的土体中。

内支撑体系主要承受排桩传递而来的侧向土压力，从力的形式上以受压为主，承受因自重造成的剪力与弯矩。冠梁、腰梁以及水平桁架等构件以水平受弯、受剪为主，支撑立柱主要以受压、受弯为主。

2. 支撑式排桩的破坏类型

1）整体稳定性破坏类型

支撑式排桩支护结构可能发生的整体破坏主要为整体滑动破坏、倾覆稳定性破坏、踢脚稳定性破坏、基坑隆起稳定性破坏、基坑流土破坏、基坑突涌破坏。上述可能发生的破坏形式基本与锚拉式排桩支护结构一致，其相关计算可参见锚拉式排桩章节的相关内容。

2）结构强度破坏破坏类型

支撑式排桩支护结构可能发生的结构强度破坏类型主要为排桩桩身强度破坏、冠梁（腰梁）强度破坏与支撑体系强度破坏。

其中，桩身强度破坏与冠梁（腰梁）强度破坏与锚拉式可能的破坏形式一致。在桩身强度验算方面，锚拉式排桩与支撑式排桩是基本一致的。但一般来说，采用锚拉式排桩支护时，因为锚杆（索）间距较小，且单根锚索的支点力也较小，冠梁（腰梁）所受的弯矩与剪力均较小，发生强度破坏的可能性较小。因此，当采用支撑式排桩支护形式时，需特别注意应进行冠梁与腰梁的强度验算。

支撑体系的强度破坏形式包含支撑梁的强度破坏、立柱的强度破坏。在支撑式排桩支护结构中，支撑梁往往处于受压、受弯、受剪的复合应力状态，因此也容易产生强度破坏，尤其是大跨度对撑支护结构中应尤为重视。立柱在支撑梁体系中以受压为主，弯矩和剪力一般都较小，实际工程中很少发生立柱的强度破坏。

6.4.3 支撑式排桩设计

1. 内支撑的设计原则

1）内支撑的选型原则

内支撑结构选型应符合下列原则：

（1）宜采用受力明确、连接可靠、施工方便的结构形式；

（2）宜采用对称平衡性、整体性强的结构形式；

（3）应与主体地下结构的结构形式、施工顺序协调，便于主体结构施工；

（4）应利于基坑土方开挖和运输；

（5）需要时，可考虑内支撑结构作为施工平台。

2）内支撑的布置

内支撑结构应综合考虑基坑平面形状及尺寸、开挖深度、周边环境条件、主体结构形式等因素，选用有立柱或无立柱的下列内支撑形式：

（1）水平对撑或斜撑，可采用单杆、桁架、八字形支撑；

（2）正交或斜交的平面杆系支撑；

（3）环形杆系或环形板系支撑；

（4）竖向斜撑。

3）内支撑的结构形式

内支撑结构宜采用超静定结构。对个别次要构件失效会引起结构整体破坏的部位，宜设置冗余约束。内支撑结构的设计应考虑地质和环境条件的复杂性、基坑开挖步序偶然变化的影响。

2. 支撑式排桩的设计要点

支撑式排桩支护的设计主要包含排桩设计与支撑体系的设计两方面。其中，排桩设计与锚拉式排桩基本一致，本章在此不再细述，相关内容可以参见锚拉式排桩章节的相关内容。本章重点讲述支撑体系的设计要点。

支撑体系是支撑式排桩支护形式中的重要组成部分。支撑体系一般由支撑梁、冠梁（腰梁）、立柱等构件组成，是承受排桩所传递的水土压力的结构体系，与排桩共同构成可靠的基坑工程结构支挡体系。支撑体系的设计要点及主要内容如下。

1）支撑材料的选择

目前，主撑支撑体系的主要材料有现浇钢筋混凝土构件、型钢、装配式预应力鱼腹梁钢结构、装配式预应力张弦梁钢结构。选用何种支撑材料，取决于支撑体系所采用的形式。一般而言，简单的对撑以钢支撑为宜，以便实现快速拆装及材料回收，可以很好地发挥钢支撑体系工期短、成本低的优势，并且可以通过施加预应力发挥其控制变形位移的优势。复杂的支撑体系，如环形撑、椭圆形撑，则一般采用钢筋混凝土结构，因为钢筋混凝土结构的连接方便，不需要太过精细的加工与安装，同时其整体稳定性较好、可靠性高，能适用于受力相对复杂的支撑体系中。

复杂性一般的支撑体系，如水平角撑、竖向斜撑、八字撑等，可以根据工程的工期、经济性、基坑变形位移的控制要求等实际情况，综合考虑选用型钢或钢筋混凝土结构。

2）竖向布置——支撑道数及其合理位置

（1）支撑与挡土构件连接处不应出现拉力；

（2）支撑应避开主体地下结构底板和楼板的位置，并应满足主体地下结构施工对墙、柱钢筋连接长度的要求；当支撑下方的主体结构楼板在支撑拆除前施工时，支撑底面与下方主体结构楼板间的净距不宜小于700mm；

（3）支撑至坑底的净高不宜小于3m；

（4）采用多层水平支撑时，各层水平支撑宜布置在同一竖向平面内，层间净高不宜小于3m。

3）平面布置——支撑体系的形式

（1）内支撑的布置应满足主体结构的施工要求，宜避开地下主体结构的墙、柱；

（2）相邻支撑的水平间距应满足土方开挖的施工要求；采用机械挖土时，应满足挖土机械作业的空间要求，且不宜小于4m；

（3）基坑形状有阳角时，阳角处的支撑应在两边同时设置；

（4）当采用环形支撑时，环梁宜采用圆形、椭圆形等封闭曲线形式，并应按使环梁弯矩、剪力最小的原则布置辐射支撑；环形支撑宜采用与腰梁或冠梁相切的布置形式；

（5）水平支撑与挡土构件之间应设置连接腰梁；当支撑设置在挡土构件顶部时，水平支撑应与冠梁连接；在腰梁或冠梁上支撑点的间距，对钢腰梁不宜大于4m，对混凝土梁不宜大于9m；

（6）当需要采用较大水平间距的支撑时，宜根据支撑冠梁、腰梁的受力和承载力要求，在支撑端部两侧设置八字斜撑杆与冠梁、腰梁连接，八字斜撑杆宜在主撑两侧对称布置，且斜撑杆的长度不宜大于9m，斜撑杆与冠梁、腰梁之间的夹角宜取45°～60°；

（7）当设置支撑立柱时，临时立柱应避开主体结构的梁、柱及承重墙；对纵横双向交叉的支撑结构，立柱宜设置在支撑的交汇点处；对用作主体结构柱的立柱，立柱在基坑支护阶段的负荷不得超过主体结构的设计要求；立柱与支撑端部及立柱之间的间距应根据支撑构件的稳定要求和竖向荷载的大小确定，且对混凝土支撑不宜大于15m，对钢支撑不宜大于20m。

4）支撑体系的计算分析

支撑体系的计算分析主要包含内力计算与强度分析计算、刚度计算与变形计算两大方面。这两大方面的计算分析又与支撑体系的形式息息相关。

（1）对撑支撑体系的计算分析：

根据支撑体系的布置形式及受力特点，此处将普通对撑、对撑与八字撑组合、水平角撑都统称为对撑支撑体系。这类支撑结构的特点是支撑的反力都是由对侧基坑提供的，支撑梁主要以沿轴向受压为主。

此类支撑体系通常按基坑支护分段内长度最长的支撑梁作为代表进行计算分析，计算分析的内容见上。

刚度计算：支撑刚度是指单根支撑弹性支点刚度系数，其物理意义类似于弹簧刚度，即支撑梁总长每压缩 1m 需要施加的轴向压力，是用以计算支撑梁压缩变形量的关键参数。对于对撑式内支撑体系的支撑刚度可按本书第 2 章相关公式计算。

变形计算：轴向压缩的支撑梁的变形量可以通过下式计算：

$$\Delta l = \frac{P}{k_R} \tag{6.4-1}$$

式中　Δl——支撑梁的轴向压缩变形量（m）；

　　　P——支撑梁两端受到排桩传递而来的支点力（MN）；

　　　k_R——单根支撑弹性支点刚度系数（MN/m）。

支撑梁两端的相对变形量除了包含在轴向压力作用下的轴向压缩外，还包含支撑梁的挠曲、立柱下沉造成的相对变形，但上述变形量一般较小可以忽略不计。如果基坑对变形位移控制有严格的要求时，应考虑支撑梁的挠曲与立柱下沉造成的支撑梁两端相对变形量。实际工程中，钢筋混凝土支撑梁往往通过起拱的方式减少支撑梁的挠曲变形，减少因挠曲造成的支撑梁变形量。

内力计算与强度分析计算：在对撑支撑体系中，支撑梁主要受排桩传递而来的支点轴向压力、支撑梁结构自重、立柱的支点力、施工荷载。自重、立柱支点力、施工荷载等外力会使支撑梁在垂直方向上产生弯矩与剪力，施工偏差、支撑梁与冠梁或腰梁不垂直也有可能形成弯矩，因此简单对撑、对撑与八字撑组合、水平角撑的受力特征为以轴向轴压为主同时受弯受剪的压弯构件，其内力与强度计算分析均按压弯构件进行。

对设置了立柱的 2 跨及 2 跨以上的支撑梁，宜按受轴向受压的多跨连续梁进行内力计算与强度验算，其操作过程参见本章的实操部分。

（2）环形支撑体系的计算分析：

环形支撑体系一般指圆环形支撑体系，实际工程中也经常泛指椭圆形环形支撑体系、圆环与桁架式对撑组合支撑体系、椭圆与桁架式对撑组合支撑体系、多圆环支撑体系等。此类支撑体系的最大特点是除了角部的支撑梁其他支撑梁均未贯通到对侧基坑排桩上，而是通过复杂的支撑体系将排桩传来的支点力进行调节分配，最终实现整个支撑体系的平衡与稳定。

刚度计算：环形支撑体系因其受力复杂，且不同的位置支撑弹性刚度也不一样，往往难以直接通过计算得出其弹性刚度，实际工程中往往通过建立平面杆系有限元模型来间接求取支撑体系的刚度。方法是将支撑梁体系（含冠梁、腰梁等围檩）建立成一个封闭的平面杆系，在冠梁或腰梁上施加一个与冠梁或腰梁垂直的线状均布荷载 $P=$ 1kN/m；通过模型计算出的位移量 δ，最后通过式（6.4-2）确定计算分区内的平均支撑弹性刚度：

$$k_{Ra}=\frac{P}{\delta} \tag{6.4-2}$$

式中　k_{Ra}——计算分区内的平均支撑弹性刚度（MN/m²）；

　　　δ——计算分区内围檩各节点的位移量（mm）；

　　　P——施加在围檩上垂直于围檩的水平线荷载，$P=1kN/m$。

当计算中要转换成单个支撑节点处的支锚刚度 k_R 时，应按下式计算：

$$k_R=k_{Ra}\times L \tag{6.4-3}$$

式中　k_{Ra}——单个支点支撑弹性刚度（MN/m）；

　　　L——环形撑支撑节点间距（m）。

变形计算：实际工程设计中，计算求得各区段的环形撑弹性刚度后，分别求取各段的支撑梁支点力，再将支点力转换成均布线荷载后施加到围檩上，最后通过杆系平面弹性有限元模型求取围檩上各点的水平位移，具体操作步骤详见本章实操部分。

内力计算与强度分析计算：因为环形撑支撑体系的受力往往很复杂，很难通过计算直接确定体系内任意杆件的内力，根据《建筑基坑支护技术规程》JGJ 120—2012 规定，环形支撑梁体系可按平面杆系结构采用平面有限元法进行计算，也可以采用三维结构分析方法对支撑体系及围护桩进行整体结构计算。

实际工程设计中，往往是在前述步骤中逐步求得作用在围檩上的均布线荷载后，采用平面杆系有限元法或三维杆系有限元法进行内力计算与变形计算，最后将构件归并后按构件在体系中受力最大的杆件进行强度验算与配筋计算。

5）换撑及拆撑设计

顺作法基坑工程一般均历经支撑安装、支撑拆除换撑两个阶段。支撑安装即向下开挖土方时，按设计要求在设计的标高进行内支撑体系的施工与安装。支撑的拆除与换撑即在分层完成地下主体结构施工后，分层采用换撑板带、梁等将围护结构的侧向压力传递至主体结构上并将相应层位的内支撑拆除。

换撑的设计大体上可分成两个部分的设计：一为基坑围护体与地下结构外墙之间的换撑设计；二为地下结构内部结构开口、后浇带等水平结构不连续位置的换撑设计。最常见的是第一类的换撑。

（1）围护桩与主体结构间的换撑：

当基坑围护体不作为主体结构墙时，围护体与主体结构之间会有一定的空间，支撑拆除与换撑阶段需对该空间进行换撑处理，通过换撑将围护体土压力传递至主体结构上。以下分几个方面进行说明：

①围护体与基础底板间换撑

基础底板周边的换撑板带通常采用与基础底板同强度等级的素混凝土现浇即可，换撑板带一般无须配筋。为避免正常使用阶段主体结构与基坑周围围护体之间存在差异沉降对主体结构造成不利影响，换撑与围护体之间设置低压缩性的隔离材料。当基础底板厚度较厚时，换撑板带的厚度只需通过计算满足换撑传力要求即可，其余部分可采用造价较低的砖模或回填土进行处理。

②围护体与各层结构板间换撑

支撑的拆除需在其下方的对应层位的主体结构与换撑结构达到设计强度之后方可进行。换撑板带可采用素混凝土或钢筋混凝土结构，换撑板带应与地下结构同步浇筑施工，其混凝土强度宜取与相应层面主体结构相同且不宜低于C25。换撑板带施工前，宜先施工其下方的外防水工程及土方回填，换撑板带直接以回填土面作为换撑板带的底模。

（2）围护桩与不连续结构体之间的换撑：

当地下主体结构因设置了后浇带、电梯井、地下车道等造成结构与围护桩距离较远，无法通过设置换撑板带完成换撑时，可采用围檩及支撑梁组合的方式完成换撑。即在换撑板带标高处增设一道围檩，并采用支撑梁将围檩上承受的侧向水土压力传递到可提供支撑力的主体结构上，完成换撑。

围檩与支撑梁的材料可采用型钢或钢筋混凝土结构，可以根据工程实际需要选用。如可以兼做主体结构的，可按主体结构的永久使用要求采用钢筋混凝土结构；如仅做临时换撑或需要兼顾后浇带两侧差异沉降需求的，宜采用型钢支撑梁。

3. 支撑式排桩的设计计算

1）内支撑结构分析原则

内支撑结构分析应符合下列原则：

（1）水平对撑与水平斜撑：应按偏心受压构件进行计算；支撑的轴向压力应取支撑间距内挡土构件的支点力之和；腰梁或冠梁应按以支撑为支座的多跨连续梁计算，计算跨度可取相邻支撑点的中心距；

（2）矩形基坑的正交平面杆系支撑：可分解为纵横两个方向的结构单元，并分别按偏心受压构件进行计算；

（3）平面杆系支撑、环形杆系支撑：可按平面杆系结构采用平面有限元法进行计算；计算时应考虑基坑不同方向上的荷载不均匀性；建立的计算模型中，约束支座的设置应与支护结构实际位移状态相符，内支撑结构边界向基坑外位移处应设置弹性约束支座，向基坑内位移处不应设置支座，与边界平行方向应根据支护结构实际位移状态设置支座；

（4）内支撑结构应进行竖向荷载作用下的结构分析：设有立柱时，在竖向荷载作用下内支撑结构宜按空间框架计算，当作用在内支撑结构上的竖向荷载较小时，内支撑结构的水平构件可按连续梁计算，计算跨度可取相邻立柱的中心距；

（5）当有可靠经验时，宜采用三维结构分析方法，对支撑、腰梁与冠梁、挡土构件进行整体分析。

2）内支撑荷载

内支撑结构分析时，应同时考虑下列作用：

（1）由挡土构件传至内支撑结构的水平荷载；

（2）支撑结构自重；当支撑作为施工平台时，尚应考虑施工荷载；

（3）当温度改变引起的支撑结构内力不可忽略不计时，应考虑温度应力；

（4）当支撑立柱下沉或隆起量较大时，应考虑支撑立柱与挡土构件之间差异沉降产生的作用。

3）内支撑计算执行标准

（1）混凝土支撑构件及其连接的受压、受弯、受剪承载力计算应符合现行《混凝土结构设计规范》GB 50010 的规定；

（2）钢支撑结构构件及其连接的受压、受弯、受剪承载力及各类稳定性计算，应符合现行《钢结构设计标准》GB 50017 的规定；

（3）支撑的承载力计算应考虑施工偏心误差的影响，偏心距取值不宜小于支撑计算长度的 1/1000，并且对混凝土支撑不宜小于 20mm，对钢支撑不宜小于 40mm。

4）支撑构件计算长度

支撑构件的受压计算长度应按下列规定确定：

（1）水平支撑在竖向平面内的受压计算长度，不设置立柱时，应取支撑的实际长度；设置立柱时，应取相邻立柱的中心间距；

（2）水平支撑在水平平面内的受压计算长度，对无水平支撑杆件交汇的支撑，应取支撑的实际长度；对有水平支撑杆件交汇的支撑，应取与支撑相交的相邻水平支撑杆件的中心间距；当水平支撑杆件的交汇点不在同一水平面内时，水平平面内的受压计算长度宜取与支撑相交的相邻水平支撑杆件中心间距的 1.5 倍。

5）内支撑预应力

预加轴向压力的支撑，预加力值宜取支撑轴向压力标准值的 0.5～0.8 倍。

6）立柱承载力验算

立柱的受压承载力可按下列规定计算：

（1）在竖向荷载作用下，内支撑结构按框架计算时，立柱应按偏心受压构件计算；内支撑结构的水平构件按连续梁计算时，立柱可按轴心受压构件计算；

（2）立柱的受压计算长度应按下列规定确定：

①单层支撑的立柱、多层支撑底层立柱的受压计算长度应取底层支撑至基坑底面的净高度与立柱直径或边长的 5 倍之和；

②相邻两层水平支撑间的立柱受压计算长度应取此两层水平支撑的中心间距；

（3）立柱的基础应满足抗压和抗拔的要求。

4. 支撑式排桩的构造要求

1）混凝土内支撑的构造要求

混凝土支撑的构造应符合下列规定：

（1）混凝土的强度等级不应低于 C25；

（2）支撑构件的截面高度不宜小于其竖向平面内计算长度的 1/20；腰梁的截面高度（水平尺寸）不宜小于其水平方向计算跨度的 1/10，截面宽度（竖向尺寸）不应小于支撑的截面高度；

（3）支撑构件的纵向钢筋直径不宜小于 16mm，沿截面周边的间距不宜大于 200mm；箍筋的直径不宜小于 8mm，间距不宜大于 250mm。

2）钢支撑的构造要求

钢支撑的构造应符合下列要求：

（1）钢支撑构件可采用钢管、型钢及其组合截面；

（2）钢支撑受压杆件的长细比不应大于 150，受拉杆件的长细比不应大于 200；

（3）钢支撑连接宜采用螺栓连接，必要时可采用焊接连接；

（4）当水平支撑与腰梁斜交时，腰梁上应设置牛腿或采用其他能够承受剪力的连接措施。

3）立柱的构造要求

支撑立柱的构造应符合下列要求：

（1）立柱可采用钢格构、钢管、型钢或钢管混凝土等形式；

（2）当采用灌注桩作为立柱基础时，钢立柱锚入桩内的长度不宜小于立柱长边或直径的 4 倍；

（3）立柱长细比不宜大于 25；

（4）立柱与水平支撑的连接可采用铰接；

（5）立柱穿过主体结构底板的部位，应采取有效的止水措施。

除上述规定外，混凝土支撑构件的构造，还应符合现行《混凝土结构设计规范》GB 50010 的有关规定。钢支撑构件的构造，还应符合现行《钢结构设计标准》GB 50017 的有关规定。

6.4.4　对撑式排桩实例计算

1. 工程简介

本工程拟设 2 层地下室，基坑深度 8.6m。北侧基坑外紧邻村道、民房；西侧基坑外紧邻小区民房；南侧基坑距市政道路约 8.5m。村道按 20kPa 超载考虑，民房超载按每层 20kPa 超载考虑。基坑支护安全等级定为一级。岩土物理指标见表 6-8。

对撑式排桩实例岩土物理指标取值表 表 6-8

土层名称	分层厚度（m）	天然重度（kN/m³）	直剪快剪		锚杆侧摩阻力 q_{sik}(kPa)
			黏聚力(kPa)	内摩擦角(°)	
杂填土	1.8	16.0	7.0	5.0	15
红黏土	11.1	17.5	35.1	11.2	60
中风化石灰岩	10.0	23.0	160.0	35.0	500

平面上，本基坑呈东西走向的长方形基坑，基坑东西长约 115m，南北宽约 65m。南北侧基坑采用对撑与八字撑与排桩组合支护，角部采用水平角撑与排桩组合支护，西侧基坑中部采用竖向斜撑与排桩组合支护，东侧中部采用土钉墙支护。本案例以基坑北侧靠近村道与民房侧为例建模，详见图 6-28。排桩桩径 1.2m，桩长 14.6m，基坑挖深 8.6m，嵌固段长 6.0m，采用 C30 混凝土现浇，桩缝采用挂网喷混凝土挡土。主支撑梁宽 0.8m，高 1.0m，水平支撑点间距 5～6m，八字撑宽 0.6m，高 1.0m，连梁宽 0.4m，高 1.0m，支撑梁体系均采用 C30 钢筋混凝土现浇结构。3 榀支撑梁及两端各自外延 2 跨作为一个相对独立的对撑体系，沿支撑梁按约 12m 布置一个钢立柱，立柱由 4 根∟200×20 角钢拼接而成，立柱底采用桩基础，桩径 1.0m，桩长 5.0m。水平角撑与排桩组合支护的设计实操过程与对撑与八字撑与排桩组合支护基本一致，本节仅介绍对撑与八字撑与排桩组合支护的实操过程，支护剖面见图 6-29。

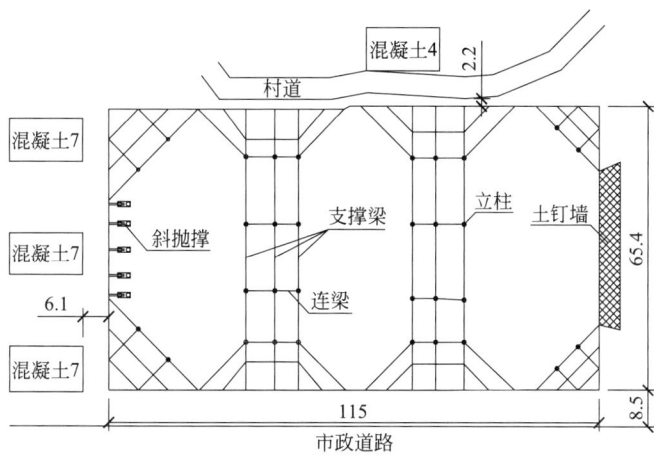

图 6-28 排桩＋对撑案例基坑支护平面图（单位：m）

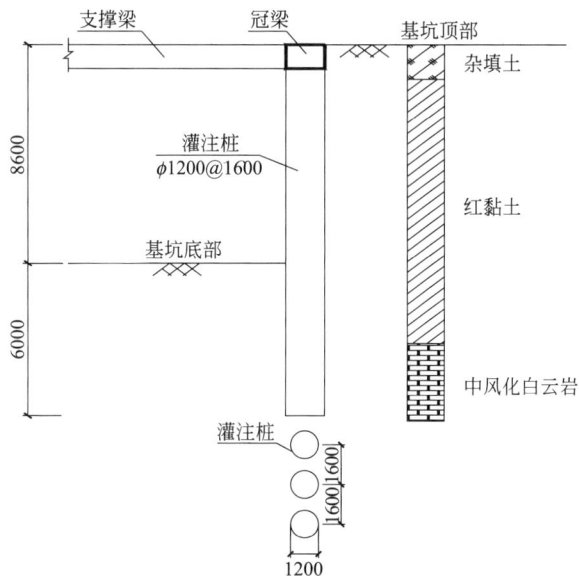

图 6-29 排桩＋对撑案例典型基坑支护剖面图

2. 理正深基坑软件计算实操

1）打开软件

操作步骤如下：打开理正深基坑软件→设置工作目录→点击单元计算→点击新增项目→在下拉菜单中点击排桩支护设计，如图 6-30、图 6-31 所示。

操作说明：

（1）选择计算执行的规范，可选的有《建筑基坑支护技术规程》JGJ 120—2012 以及部分地区规范，读者应根据工程所处区域及实际需要选择。如工程所处区域已出台地方规范，软件尚不支持该地方规范，建议采用《建筑基坑支护技术规程》JGJ 120—2012 计算，但应按照地方规范对计算结果进行校核，直至计算结果均满足两本规范的相关要求方可使用。

图 6-30 进入理正深基坑软件的操作步骤

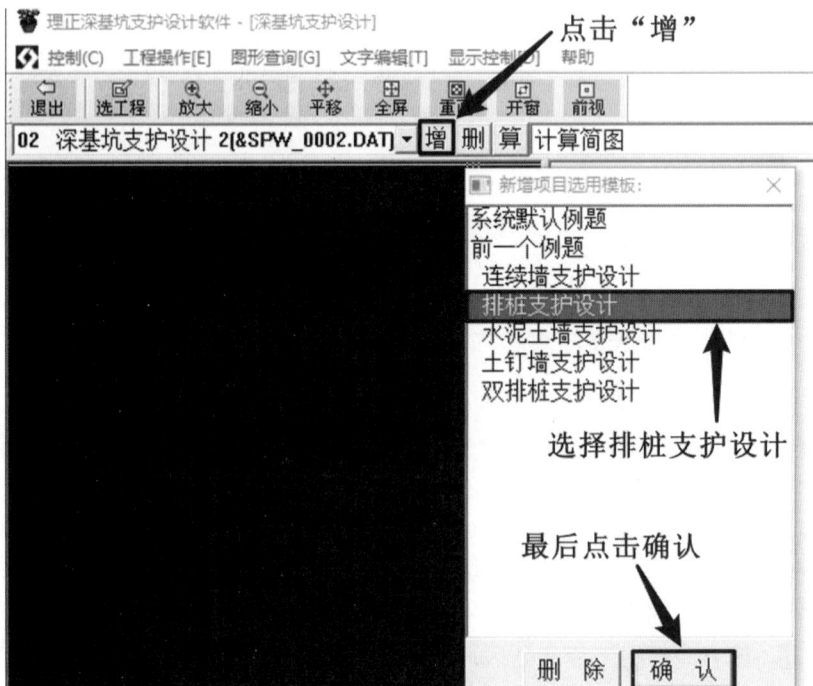

图 6-31 进入排桩设计界面的操作步骤

（2）设置软件工作目录。

（3）理正软件可以采用单元计算或整体计算两种计算模块，在不进行整体建模时均选取单元计算。

（4）点击菜单栏"增"字按钮新增项目。

（5）在弹出的下拉菜单中选择新增的项目类型为"排桩支护设计"。

2）基本信息输入

操作步骤如下：在左下角输入计算工程名称、区段等特征信息→输入支护结构安全等级、支护结构重要性系数、基坑支护深度、嵌固深度、桩身材料及桩身截面参数、桩间距、有无冠梁及冠梁截面参数、有无止水帷幕、放坡个数、超载个数等信息→输入超载信息，如图6-32所示。

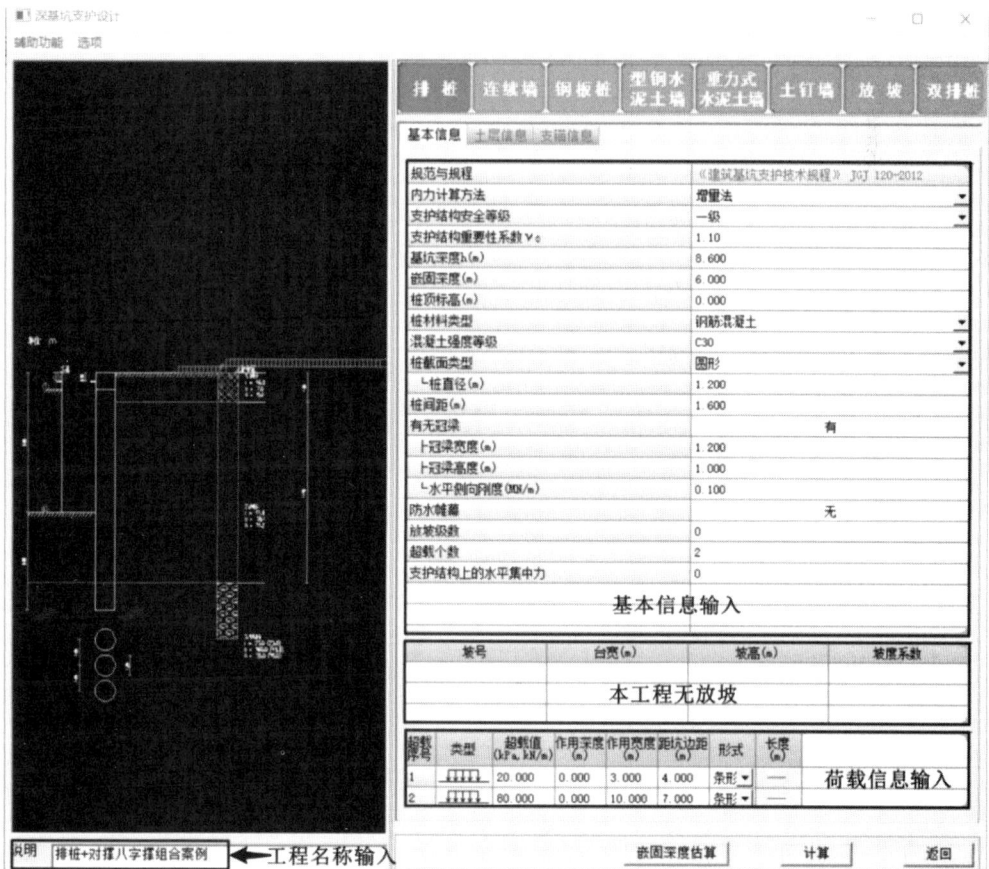

图 6-32　基本信息输入的操作步骤一

操作说明：

（1）输入的工程名称、区段等信息用于区分模型所代表的工程与支护区段，以免混淆；

（2）根据《建筑基坑支护技术规程》JGJ 120—2012 进行的基坑支护安全等级，但此规范的等级划分比较主观，没有具体的量化指标，需要读者根据当地经验进行综合划分。如果当地已出台基坑支护地方性规范且地方性规范有具体量化划分基坑安全等级指标的，基坑支护安全等级应按地方性规范进行划分；

（3）按照《建筑基坑支护技术规程》JGJ 120—2012，基坑支护安全等级为一级、二级、三级的，其支护结构重要性系数分别为1.1、1.0、0.9；

（4）基坑深度指基坑顶到基坑底的总深度，如有放坡的，应包含放坡坡高；

（5）放坡级数即为放坡的分级数量，不含垂直开挖部分；超载个数，即坡顶需要设置的超载的个数；

（6）放坡信息即自上而下分级放坡的平台宽度、坡高、坡度等信息；

（7）超载信息即基坑顶超载的类型、荷载大小、分布宽度、深度等信息；如采用均布荷载时，即为坡顶边缘向外无限延伸的均布荷载，此时荷载仅能布置于地面；如为条形荷载时，可以设置荷载的埋深、位置、分布宽度等；三角形荷载可以用于模拟坡顶放坡的工况，此时应注意荷载分布的大小方向；按笔者的工程经验，超载取值参考如下：民房按每层20kPa、工地板房按每层10~15kPa、小区道路、村道等20kPa、市政道路20~30kPa，其他工业建筑、专用设备等按权属方的资料采用。

（8）当需要考虑冠梁的侧向抗弯刚度时，可点击该行右边的计算按钮，并在弹出的对话框中输入对应的参数进行计算，计算结果会自行返回到基本信息输入窗口中，如图6-33所示。

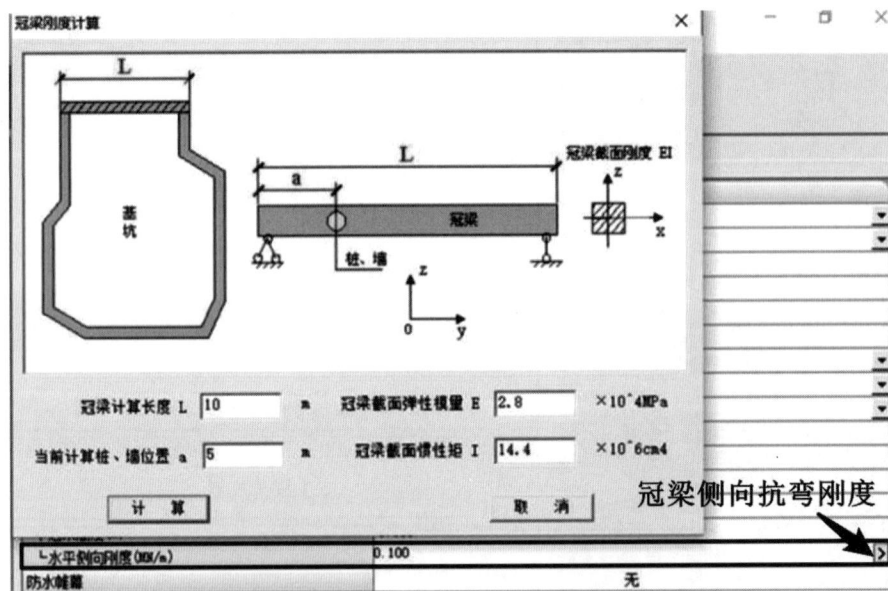

图6-33　基本信息输入的操作步骤二

3）土层信息输入

操作步骤如下：输入土层数→输入是否采用坑内加固土→输入基坑内外水位→分层输入各土层厚度、抗剪强度等指标，如图6-34所示。

操作说明：

（1）输入土层的层数应自基坑顶到以对基坑稳定性有影响最底层土的下一层土为止，且不少于支护结构或止水措施穿越的土层数；如基坑底以下存在软弱土层的，应输入至软弱土以下一层，如软弱土很厚钻探未揭穿的也可输入至钻探底标高即可。

（2）如地下水位在基坑所需降水标高以上的，基坑外水位按勘察报告提供的水位输

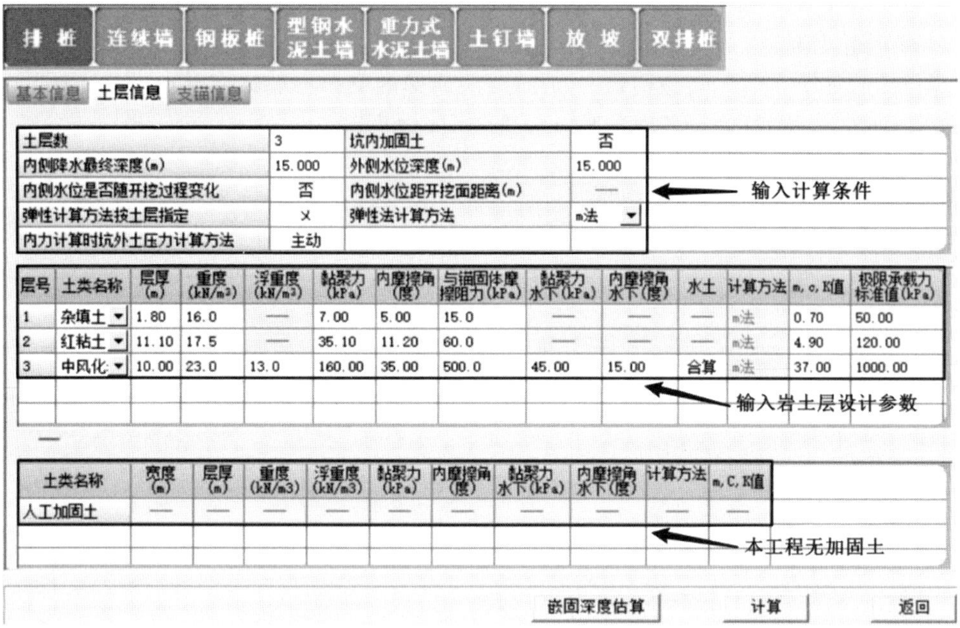

图 6-34　土层信息输入的操作步骤

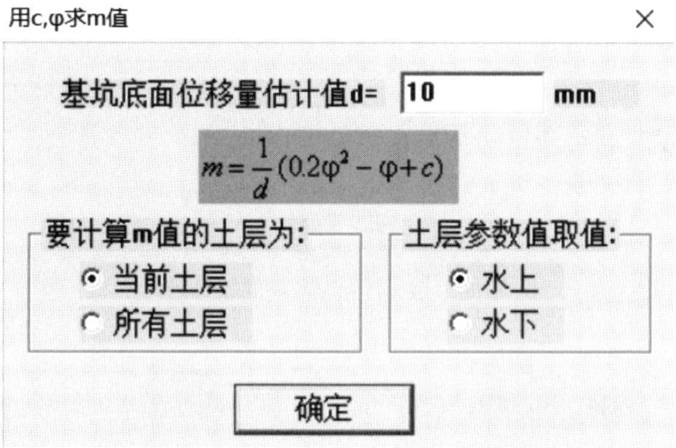

图 6-35　计算各土层 m 值的操作步骤

入，基坑内水位按基坑降水所需的水位输入，一般按基坑底以下 0.5m 输入；地下水位在基坑所需降至水位以下的，基坑内外均按勘察水位输入即可。

（3）各土层的重度按勘察报告提供的输入，如地下水位以下的，还需输入浮重度；地下水位以下的，土层属于透水性土如砂土、砾土、粉土等按水土分算，弱透水性土如黏土、粉质黏土等按水土合算；其他指标按勘察报告提供的取值建议输入即可。

（4）如基坑底或基坑底以下地层抗剪强度较低，可能发生整体稳定性破坏的，通常会在基坑底的坡脚前设置坑内加固土。一般采用搅拌桩或高压旋喷桩的形式进行坑内加固，也有采用素混凝土桩进行坑内加固的。坑内加固土的抗剪强度、重度等，宜采用面积置换率进行加权平均指标换算。

（5）输入各土层的抗剪强度指标后，在每层土的"m、c、K 值"栏点击其右侧计算按钮，进行 m 值的估算，如图 6-35 所示。

4）支锚信息输入

操作步骤如下：输入支锚道数→支锚类型选择内支撑→输入各道支撑的间距、预加力、支锚刚度、材料抗力等各项参数→设置工况，如图 6-36、图 6-37 所示。

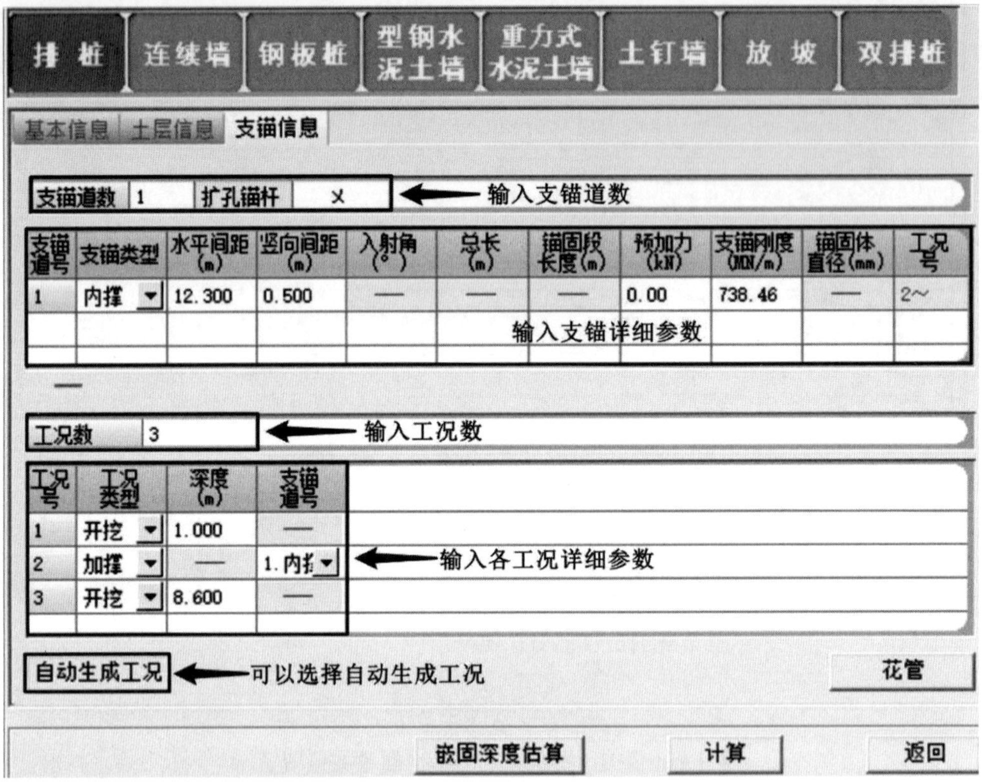

图 6-36　支锚信息输入的操作步骤

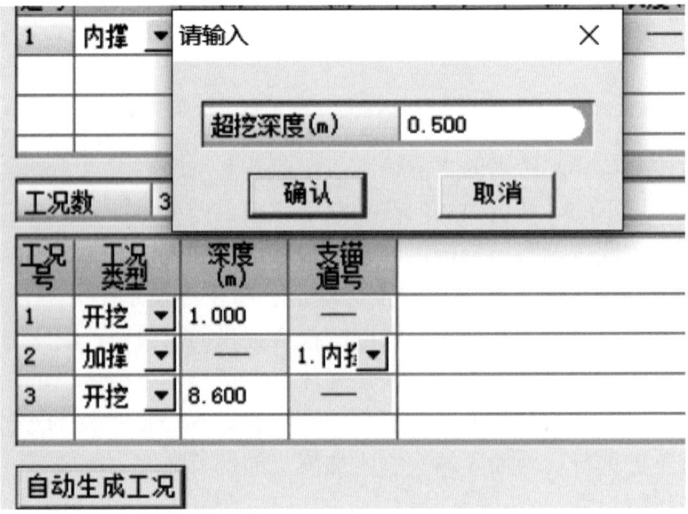

图 6-37　工况设置的操作步骤

操作说明：

（1）如基坑为简单对撑或水平角撑，水平间距取支撑的水平中心间距；如支撑带八字撑，水平间距应按八字撑的全部水平支撑平面距离除以八字撑内包含的全部对撑的根数，如本工程，2 榀八字撑水平平距约 74m，共含对撑 6 条，故支撑的水平间距为 12.3m；

（2）单根支撑梁的支锚刚度应按式(6.4-2)、式(6.4-3) 计算；内支撑支锚中，材料抗力即材料的设计抗压承载力；

（3）工况设置即设置每层土方开挖的底标高，应与内支撑的布置相对应并为内支撑预留足够的施工空间（即超挖深度）。根据笔者的经验，一般内支撑需要的超挖深度为开挖至支撑梁底标高即可。如为软土或其他变形位移控制要求严格的情况，可以开挖至支撑梁顶标高。

5）计算信息输入

操作步骤如下：选定输入计算方法、折减系数、系数等各项参数→勾选各项需要计算的项目→选取计算的类型（自动计算或详细验算）→查看计算书，如图 6-38 所示。

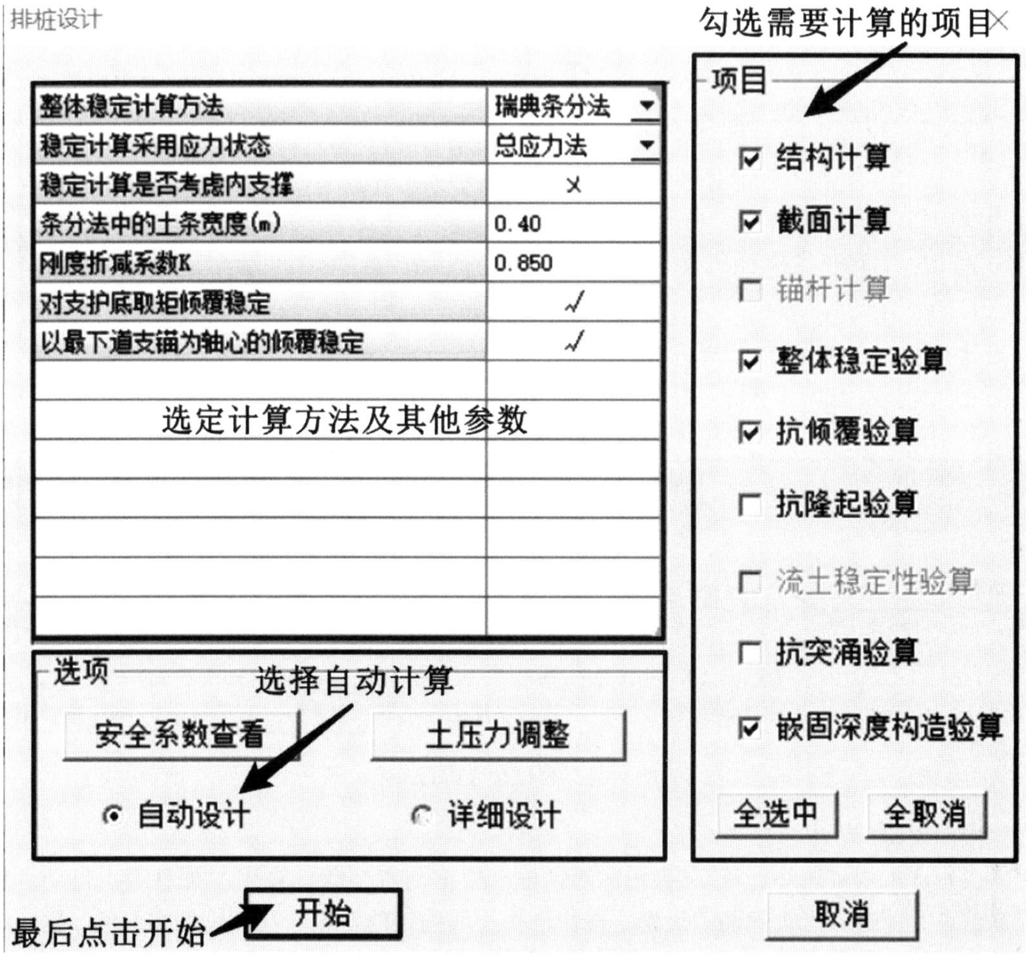

图 6-38　计算设置的操作步骤

操作说明：

（1）左边一栏选择计算方法、应力状态、土条划分、稳定性计算是否考虑内支撑等各项即可，点击相应的按钮，软件会弹出相关的选取说明，读者按说明结合工程实际选取即可；

（2）支撑式排桩必须进行验算的项目分别为：结构计算、截面计算、整体稳定性计算、嵌固深度构造验算；根据规范要求，基坑底或基坑底以下存在软弱土层的，应进行抗隆起稳定性验算；基坑内外存在水位差的，应进行流土稳定性验算；基坑底以下存在承压水，且承压水水头高度高于基坑底标高的，应进行抗突涌验算；

（3）自动验算与详细验算的区别在于计算过程中设计人员是否参与每一步的计算结果查看与调整，一般选用自动验算即可。

6）计算过程支护桩配筋交互

操作步骤如下：在桩配筋计算界面点击"桩选筋计算"按钮→输入各项选筋信息→点击"返回"按钮，如图 6-39、图 6-40 所示。

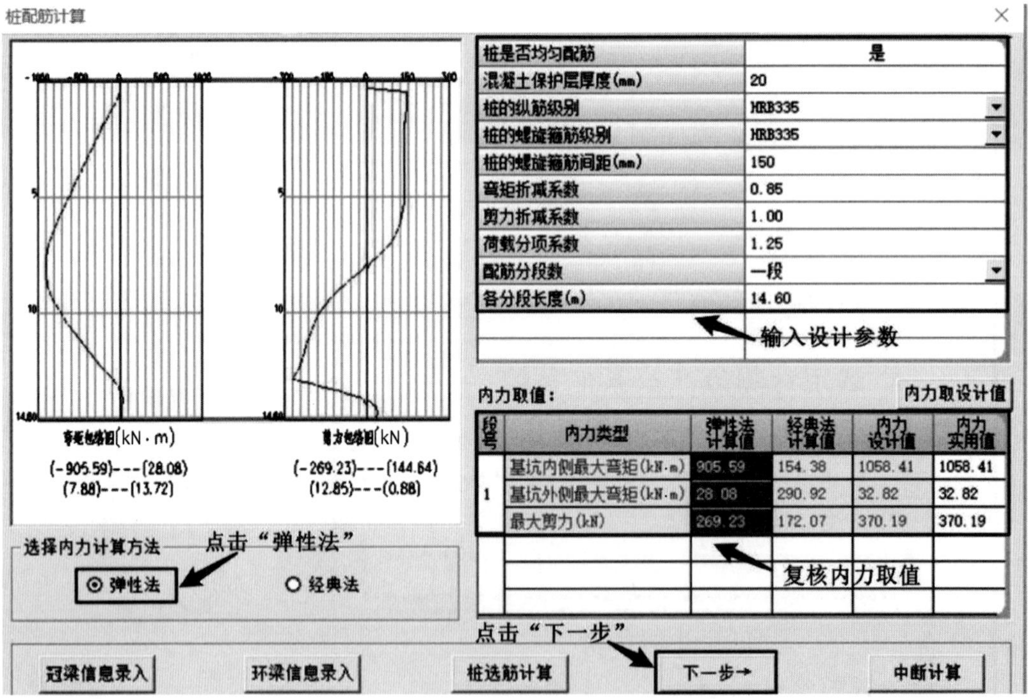

图 6-39　计算过程桩身选筋的操作步骤一

操作说明：

（1）点击"桩选筋计算"，弹出的对话框会根据前置步骤计算出的桩身内力自动计算配筋信息。此时，点击钢筋"级别"按钮选择配筋的钢筋等级，在"钢筋实配值"输入配筋信息。

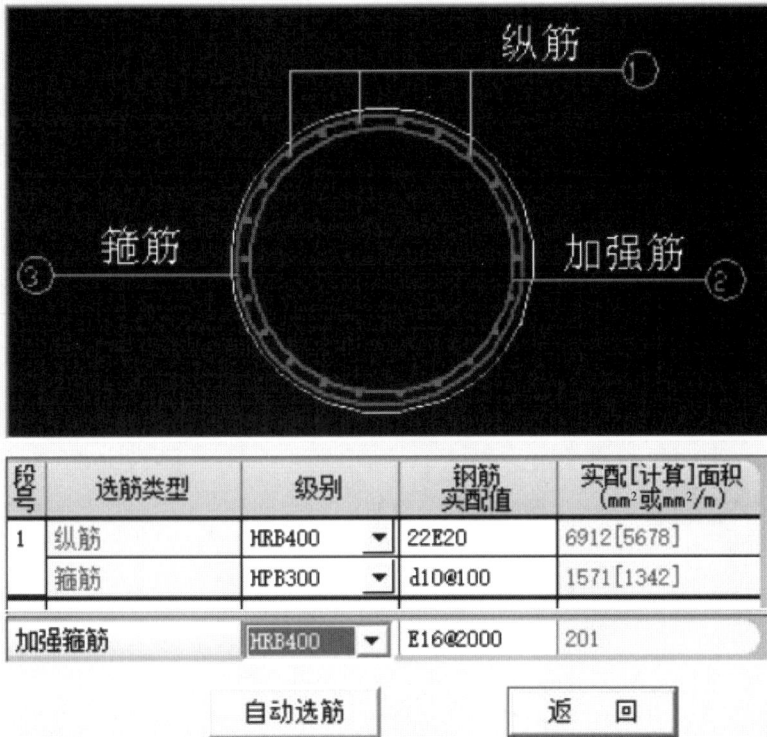

图 6-40　计算过程桩身选筋的操作步骤二

（2）此处应注意的是钢筋的符号与标识方式：字母"d"代表屈服强度为 300MPa 的钢筋；字母"D"代表屈服强度为 335MPa 的钢筋；字母"E"代表屈服强度为 400MPa 的钢筋；此处的钢筋标识方式有两种，一种为钢筋数量标识方式，其表达方式为"数字字母数字"，其中第一个数字表示钢筋根数，字母表示钢筋等级，后面的字母表示钢筋直径。如截图中"22E20"，代表纵筋配筋为 22 根直径为 20mm 的 HRB400 钢筋；另外一种钢筋标识方式为间距标识方式，其表达方式为"字母数字@数字"，其中字母代表钢筋等级，第一个数字代表钢筋直径，"@"字符后面为钢筋间距。如截图："d10@100"，代表箍筋为直径为 10mm 的 HPB300 钢筋，钢筋间距 100mm。

7）查看计算结果

支撑式排桩计算结果查看的内容基本与悬臂式排桩相同，具体可参见 6.3 节，但需要特别注意以下几点：

（1）查看支点反力是为了查看支撑梁及冠梁（腰梁）的支点力，应注意的是此处支点力为水平集中力。进行支撑梁的压杆稳定性验算时，如支撑梁与支护桩所形成的垂直平面不成垂直关系，应进行角度换算。还应注意此处的支点力为标准值，进行支撑梁与冠梁（腰梁）的验算时应根据相关规范换算成设计值。本案例中，通过内力位移包络图可见支撑梁的节点水平力为 540kN，支锚间距为 12.3m，支护桩作用在冠梁上的线荷载标准值为 43.9kN/m。

（2）查看抗倾覆（抗踢脚）稳定性验算结果是为了确定支护桩以最下一道支锚为圆心的抗倾覆稳定性是否满足规范要求，此处抵抗矩为嵌固段土反力能提供的极限抗力为准。如不满足，应调整支护结构重新验算直至满足规范要求为止，常规的加强方式有加长桩长、将最下一道支锚往下降等，应注意此项验算加强支撑梁的材料抗力对提高该项稳定性无效。

（3）嵌固深度构造及土反力验算结果是为了确定支护桩的嵌固深度是否满足构造要求以及嵌固段土层受力是否满足土的被动土压力要求；如不满足，应加长桩长重新验算，直至满足规范要求为止。

3. 理正结构工具箱支撑体系计算

采用理正结构工具箱软件进行支撑体系的位移和内力计算，其操作步骤如下：

1）打开软件

操作步骤如下：打开理正结构工具箱软件→设置工作目录→①点击"特殊结构"模块→②点击"三维杆件分析"模块→新增项目并输入项目名称，如图 6-41 所示。

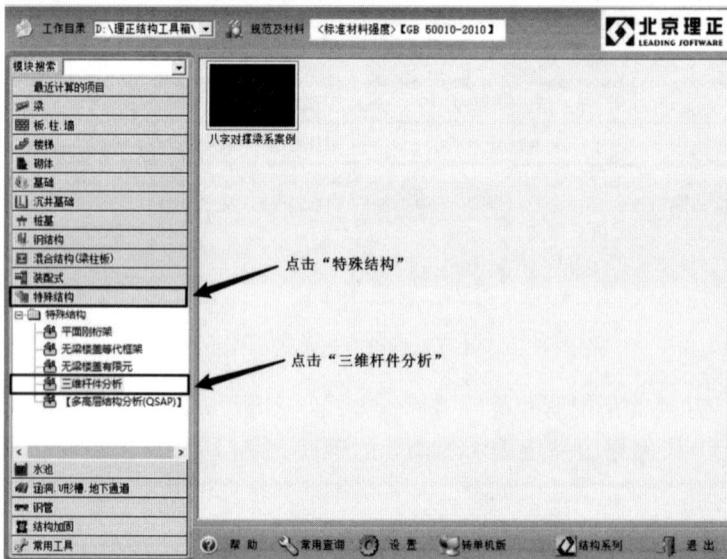

图 6-41　打开理正结构工具箱"三维杆件分析"模块的操作步骤

2）建立模型简图线

操作说明：

（1）根据理正结构工具箱的默认设置，建议先在 CAD 文件中建立好支撑体系简图线，保存为 DXF 格式后导入理正工具箱，DXF 文件中应以 m 为单位；

（2）导入 DXF 文件的操作步骤为：点击菜单栏中的"简图线"菜单→在下拉菜单中选中"读入 DXF 文件形成简图线"→在弹出的文件选择对话框中查找拟导入的 DXF 文件；

（3）需要注意的是，在 CAD 中绘制简图线时，应采用线段命令，不可使用多段线绘制；同时，应注意每条线段交叉处都应打断。见图 6-42。

3）确定模型杆件属性

操作说明：

（1）确定模型杆件属性的操作步骤为点击菜单栏中的"构件"菜单→在下拉菜单中选中"定义标准截面"→在弹出的"定义截面类型"设置杆件截面属性，如图 6-43 所示；

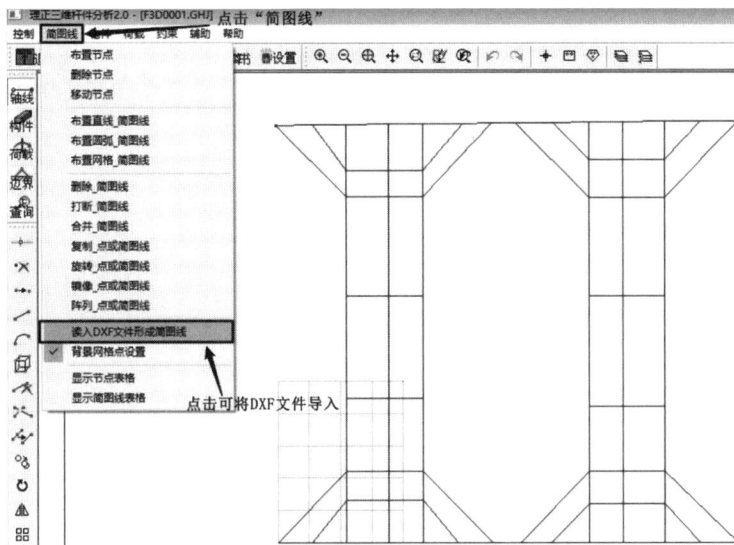

图 6-42　建立模型简图线的操作步骤

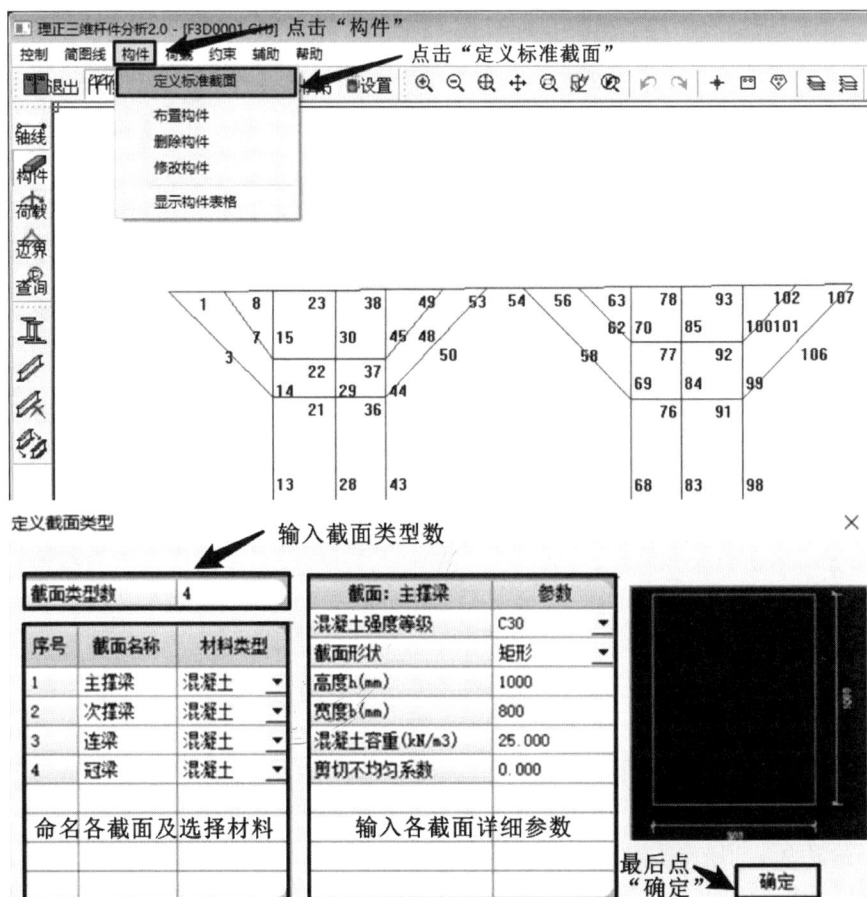

图 6-43　定义标准截面的操作步骤

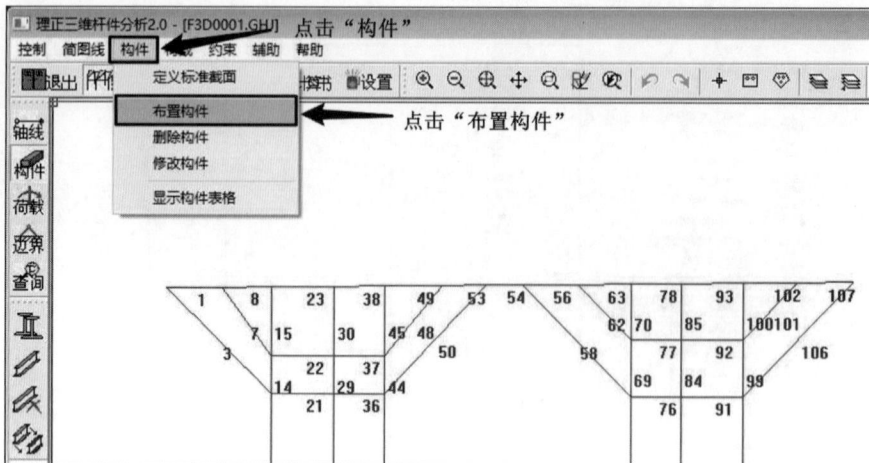

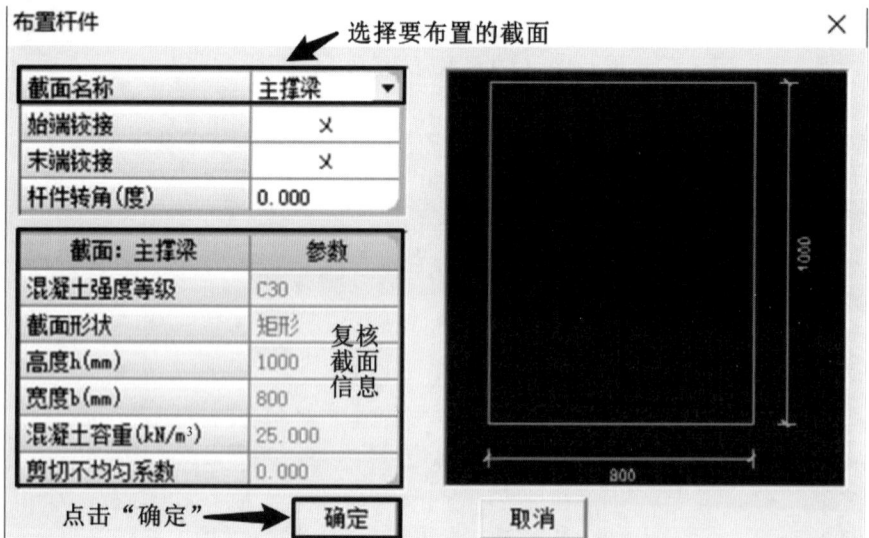

图 6-44　杆件布置的操作步骤

（2）定义截面类型首先根据模型需要，确定杆件截面的数量，如本模型共涉及 4 类杆件，截面类型数即为 4；随后依次命名各个截面的名称、材料，并在右边的对话框中分别输入杆件的强度等级、截面形状、截面宽度、截面高度、密度（容重）等参数；此处需要注意的是，如杆件不属于混凝土材料，则在左边的材料类型对话框中点击右边的黑色三角形下拉菜单，并在随之弹出的材料截面属性参数中输入对应参数；

（3）如计算中不需要考虑杆件的自重时，杆件的密度（容重）输入为"0"即可；

（4）截面属性定义完成后，点击"定义截面类型"对话框右下角的"确定按钮"，返回到软件主页面；

（5）布置构件的操作步骤为：点击菜单栏中的"构件"菜单→在下拉菜单中点击"布置构件"→在"布置构件"对话框中选择所需要的截面类型→点击对话框右下角的"确定"按钮→返回主页面后用鼠标框选拟布置构件的线段→点击右键→构件布置成功，按上述步骤完成支撑梁体系构件布置，如图 6-44 所示。构件布置完成的效果图如图 6-45 所示。

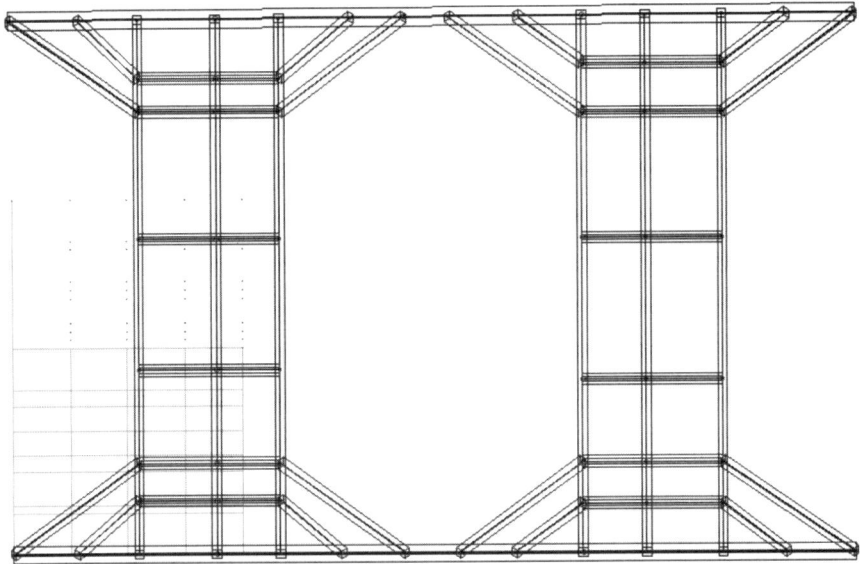

图 6-45 构件布置完成的效果图

4）确定模型工况与荷载

操作说明：

（1）定义荷载组合的操作步骤为：点击菜单栏中的"荷载"菜单→在下拉菜单中选中"定义荷载组合"→在弹出的"定义荷载组合"设置荷载组合，如图 6-46 所示；

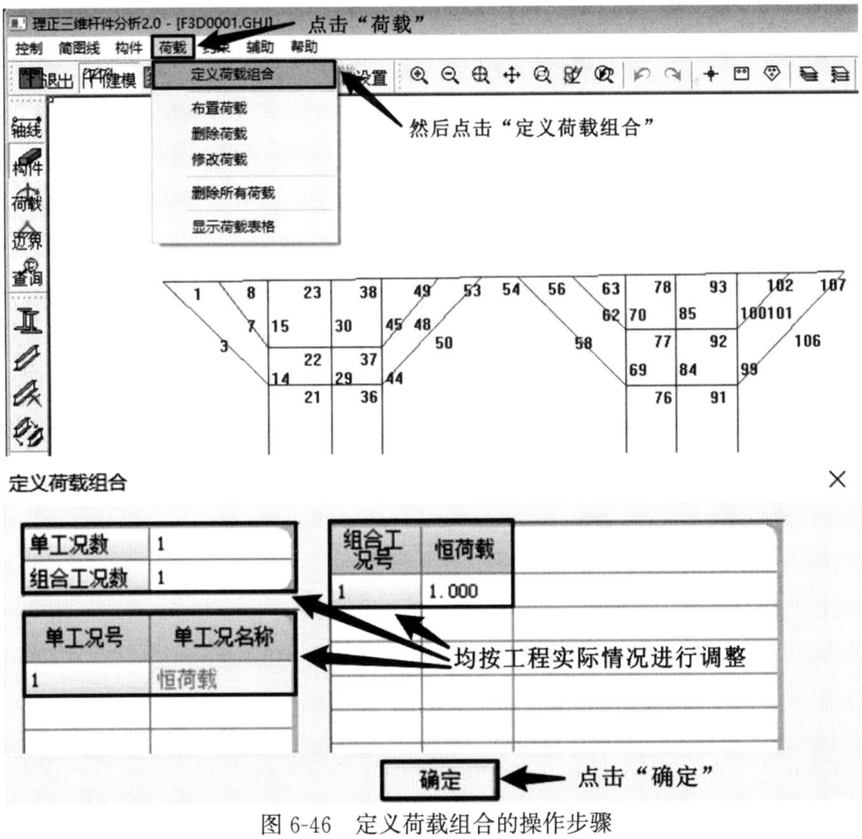

图 6-46 定义荷载组合的操作步骤

（2）基坑支护工程中，水土压力与自重等，均属于恒荷载，如在不考虑施工荷载的情况下，工况数定为 1，工况组合仅为恒荷载即可，恒荷载的分项系数可以定为 1，但此时计算的结果即为在标准荷载下内力计算结果，在进行杆件强度验算及配筋计算时，应按《建筑基坑支护技术规程》JGJ 120—2012 第 3.1.6 条、第 3.1.7 条规定设置分项系数；当考虑施工活荷载时，应按施工需求布置活荷载，活荷载分项系数应满足现行《混凝土结构设计规范》《建筑结构荷载规范》相关规定；

（3）荷载布置的操作步骤为：点击菜单栏中的"荷载"菜单→在下拉菜单中点击"布置荷载"→在弹出的"布置荷载"对话框中选择所需要的荷载类型→在对话框右侧输入荷载的参数→点击对话框右下角的"确定"按钮→返回主页面后用鼠标框选拟布置荷载的线段→点击右键→荷载布置成功，依次按上述步骤完成支撑梁体系的全部荷载布置，见图 6-47；荷载布置完成的效果图见图 6-48；

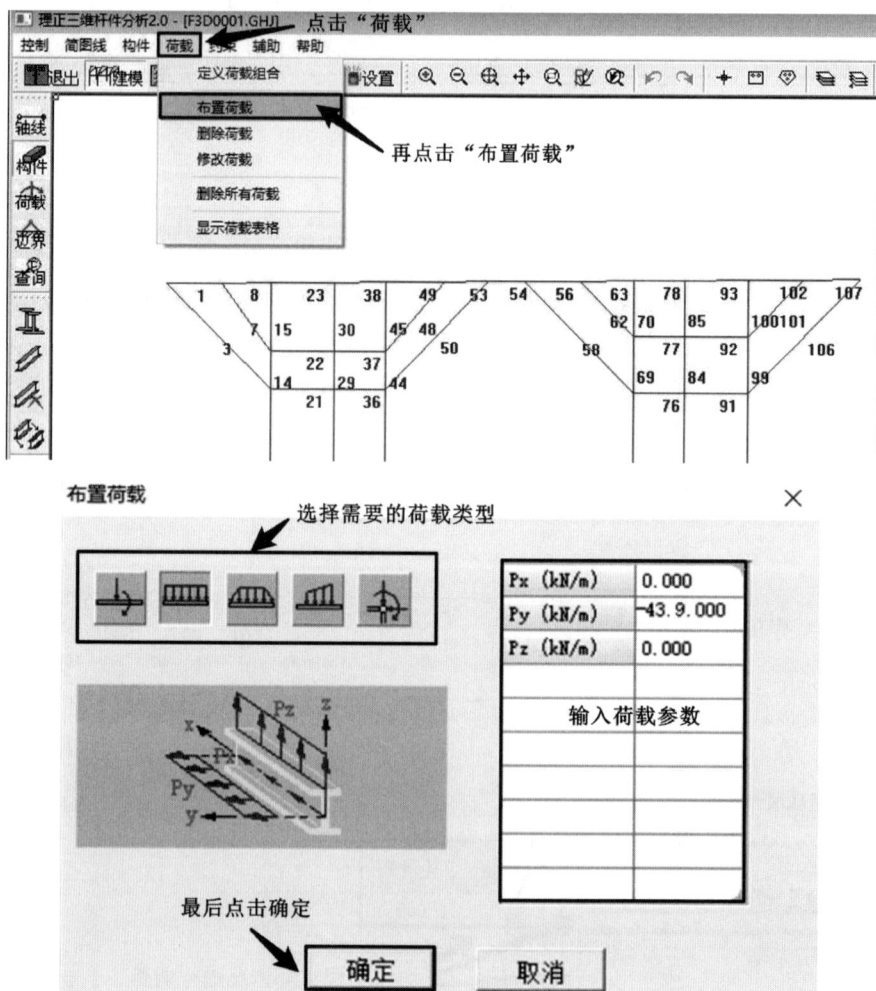

图 6-47　布置荷载的操作步骤

（4）荷载布置中，要根据荷载的分布形式选择合理的荷载类型，如围檩一般选择垂直于围檩的均布荷载。荷载的参数输入时需要注意荷载的正负号，正负号与荷载的方向有关。

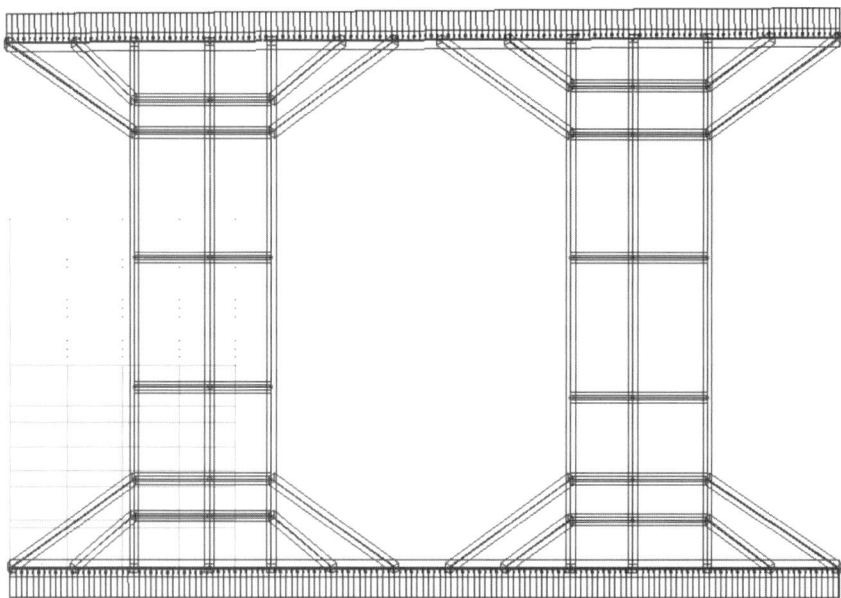

图 6-48　荷载布置完成的效果图

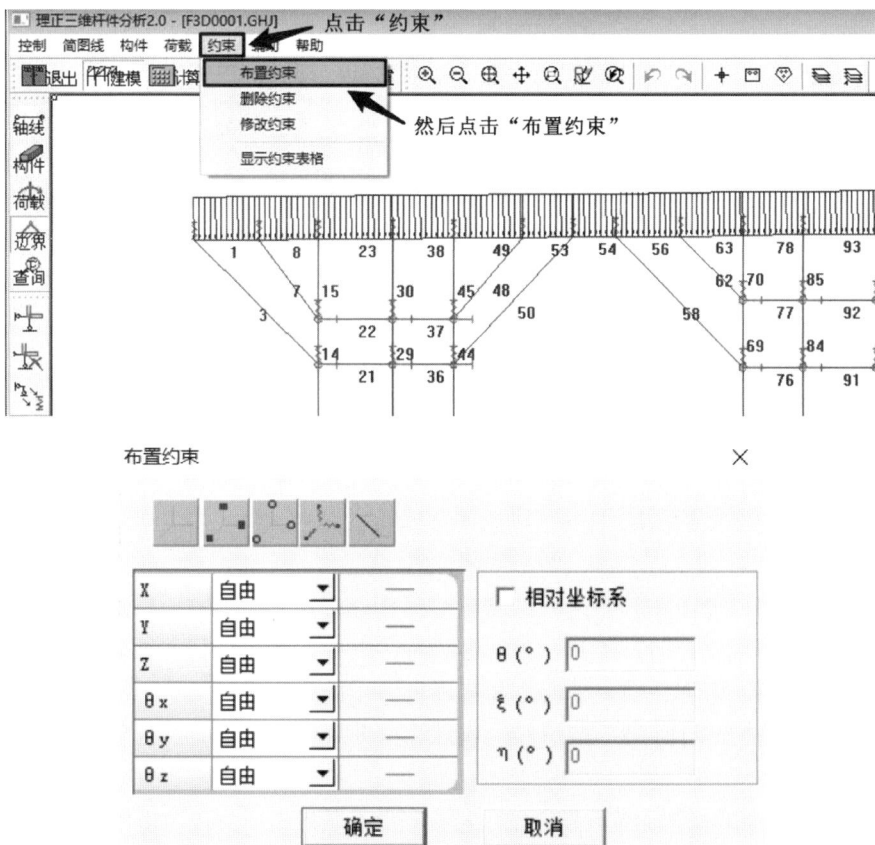

图 6-49　布置约束的操作步骤

5）确定模型边界条件

操作说明：

（1）定义边界条件的操作步骤为：点击菜单栏中的"约束"菜单→在下拉菜单中选中"约束布置"→在弹出的"约束布置"对话框中设置约束的各项参数，如图 6-49 所示→设置好约束的参数后点击下方的"确定"按钮返回主页面→用鼠标框选需要设置约束条件的节点，点击右键确定→约束布置完成→重复上述过程完成各个节点的约束布置；约束布置完成的效果图如图 6-50 所示；

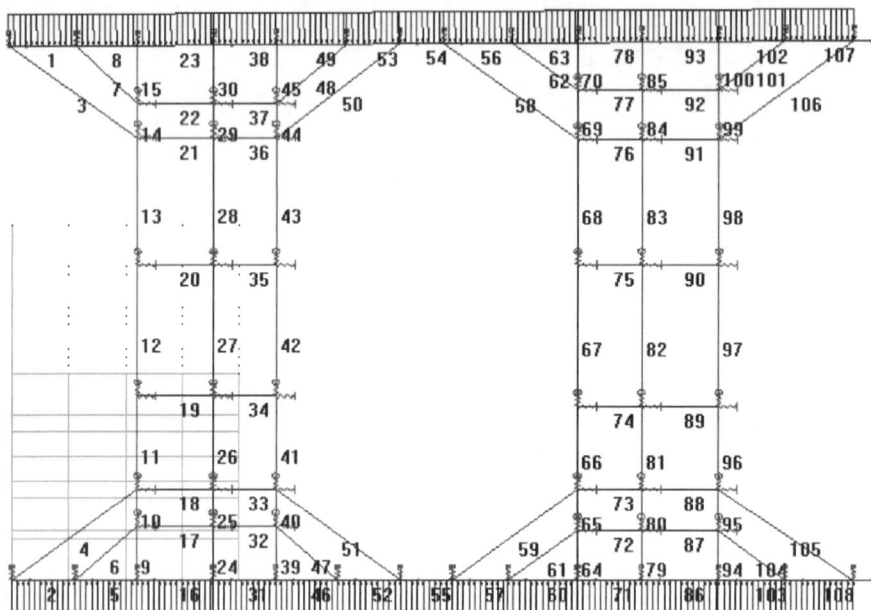

图 6-50　约束布置完成的效果图

（2）每个节点的约束分别有"X""Y""Z"三个平动自由度，以及"θ_X""θ_Y""θ_Z"三个转动自由度；约束的类型有"自由""固定""弹性""支座位移"四类；每类设置每个节点的约束应按节点的实际约束形式及约束强度设置节点的各个自由度的约束参数和类型；操作过程中应注意，每类约束条件设置后最好一次性把约束条件一致的节点一次完成布置，提高建模效率。

6）模型计算及结果查看（图 6-51）

操作说明：

（1）点击菜单栏"计算"按钮，完成模型计算分析；

（2）点击菜单栏"查询"按钮，在弹出的对话框中查看各项计算结果；一般应查看支撑体系位移、弯矩、剪力、轴力等内力并用于下一步的结构设计；

（3）点击菜单栏"计算书"按钮，生成计算书并导出计算书，按杆件编号查看各个构件的内力与变形；

（4）上述内力计算结果应按杆件类型归并后取最不利内力组合作为结构强度验算的条件，构件强度验算可采用理正结构工具箱"梁截面"模块进行计算，应注意的是本计算结果是内力的标准值，计算时应按照现行《混凝土结构设计规范》GB 50010 设置内力的调整系数。

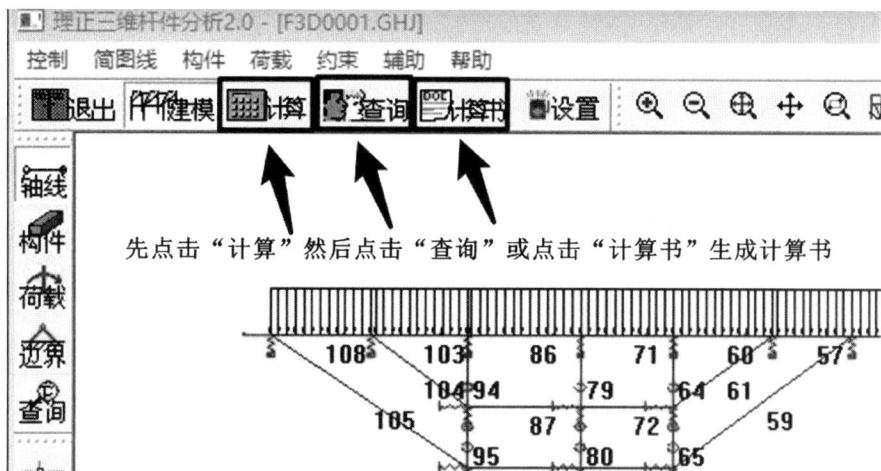

图 6-51 计算与结果查看

对撑式排桩支护内力计算结果详图请扫右侧码。

6.4.5 环形撑排桩实例计算

1. 工程简介

本工程拟设 1 层地下室，基坑深度 5.5m。基坑为不规则的多边形形状，整体大致为东西宽 72m，南北长 81m。南侧基坑外约 9m 为一栋 5 层的医院住院部大楼，采用桩基础，基础持力层 18m；基坑外其他方向均为空地（农田）。基坑顶的施工超载按 20kPa 均布荷载考虑，住院部超载按每层 20kPa 超载考虑。基坑支护安全等级定为二级。

排桩桩径 1.2m，桩长 12m，基坑挖深 5.5m，嵌固段长 6.5m，采用 C30 混凝土现浇，桩缝采用 $\phi 600$ 高压旋喷桩挡土止水。环撑梁宽 1.6m，高 1.0m，半径 68m；辐射梁宽 0.6m，高 1.0m；角撑梁宽 0.8m，高 1.0m；支撑梁体系均采用 C30 钢筋混凝土现浇结构。沿环形梁按约 10m 布置一个钢立柱，当辐射梁与围护桩距离大于 15m 时加设钢立柱，立柱由 4 根 ∟180×20 角钢拼接而成，立柱底采用桩基础，桩径 1.0m，桩长 6.0m。

采用环形撑需要先确定环形撑各区段的支锚刚度，其次采用理正深基坑软件建模进行剖面计算，然后用理正结构工具箱进行支撑体系的内力与变形计算，最后用理正结构工具箱进行支撑体系各个杆件的配筋计算。拟采用的支撑体系布置形式如图 6-52 所示。环撑式排桩支护典型断面如图 6-53 所示。岩土物理指标取值见表 6-9。

环形撑排桩实例岩土物理指标取值表　　　　　　　表 6-9

土层名称	分层厚度（m）	天然重度（kN/m³）	直剪快剪		锚杆侧摩阻力 q_{sik}（kPa）
			黏聚力（kPa）	内摩擦角（°）	
耕植土	0.7	16.5	5.0	0.0	15
素填土	0.7	17.7	13.9	12.8	15
淤泥	9.5	16.4	9.7	1.9	15
粉质黏土	2.5	18.7	22.9	17.0	60
卵石	2.5	20.0	2.0	32.0	100

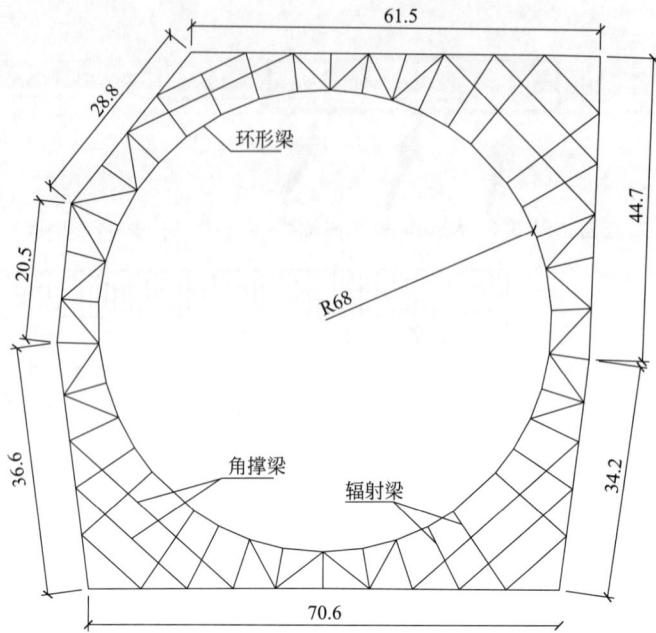

图 6-52 环撑体系平面布置图（单位：m）

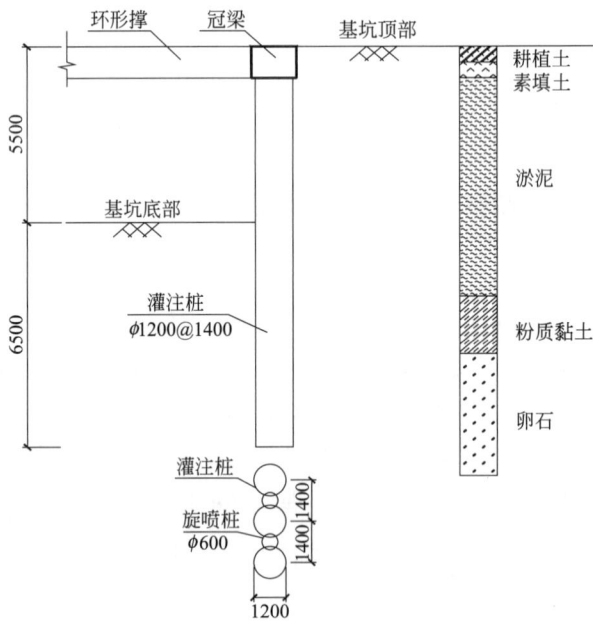

图 6-53 环撑式排桩典型断面

2. 理正深基坑软件计算实操

本案例的理正深基坑软件操作过程与对撑案例基本一致，在此不再赘述，可参见第 6.4.4 节。

3. 理正结构工具箱软件计算实操

本基坑采用理正结构工具箱 8.0 版进行支撑体系内力变形分析及配筋计算，各计算步骤如下。

1）打开软件

操作步骤如下：打开理正结构工具箱软件→设置工作目录→点击"特殊结构"模块→点击"三维杆件分析"模块→新增项目并输入项目名称，如图 6-54 所示。

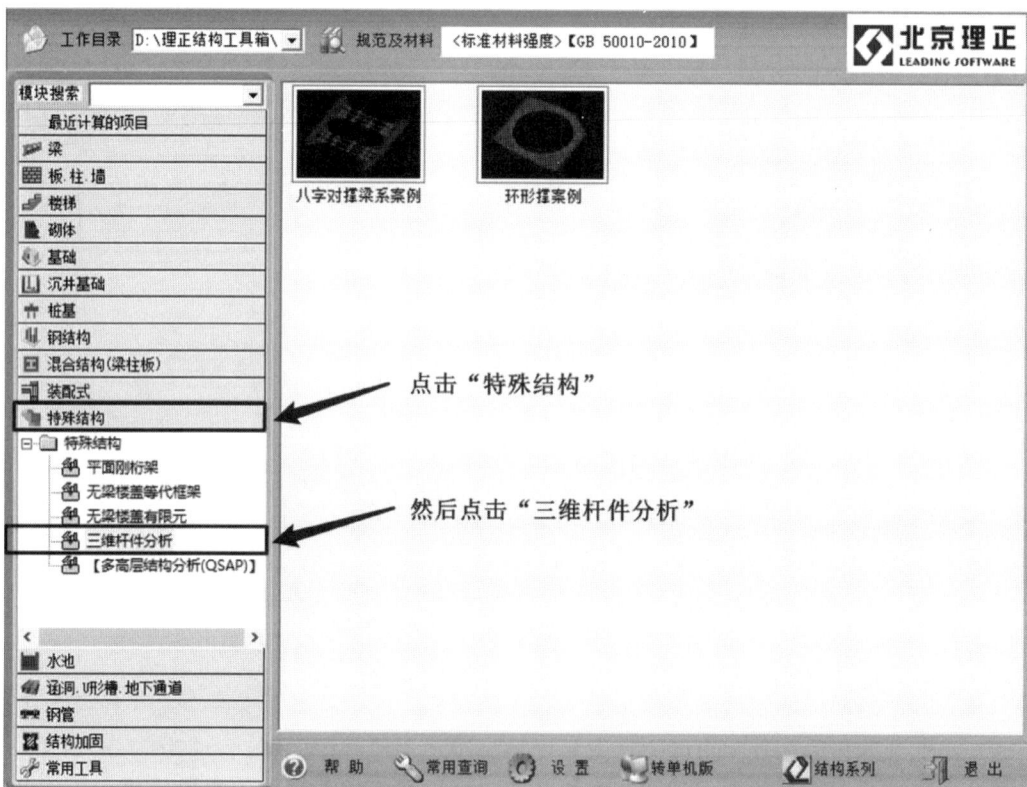

图 6-54　打开理正结构工具箱"三维杆件分析"模块的操作步骤

2）建立模型简图线

操作说明：

（1）根据理正结构工具箱的默认设置，建议先在 CAD 文件中建立好支撑体系简图线，保存为 DXF 格式后导入理正工具箱，DXF 文件中应以 m 为单位；

（2）导入 DXF 文件的操作步骤为：点击菜单栏中的"简图线"菜单→在下拉菜单中选中"读入 DXF 文件形成简图线"→在弹出的文件选择对话框中查找拟导入的 DXF 文件，见图 6-55；

（3）需要注意的是，在 CAD 中绘制简图线时应采用线段命令，不可使用多段线绘制；同时，应注意每条线段交叉处都应打断。

3）确定模型杆件属性

操作说明：

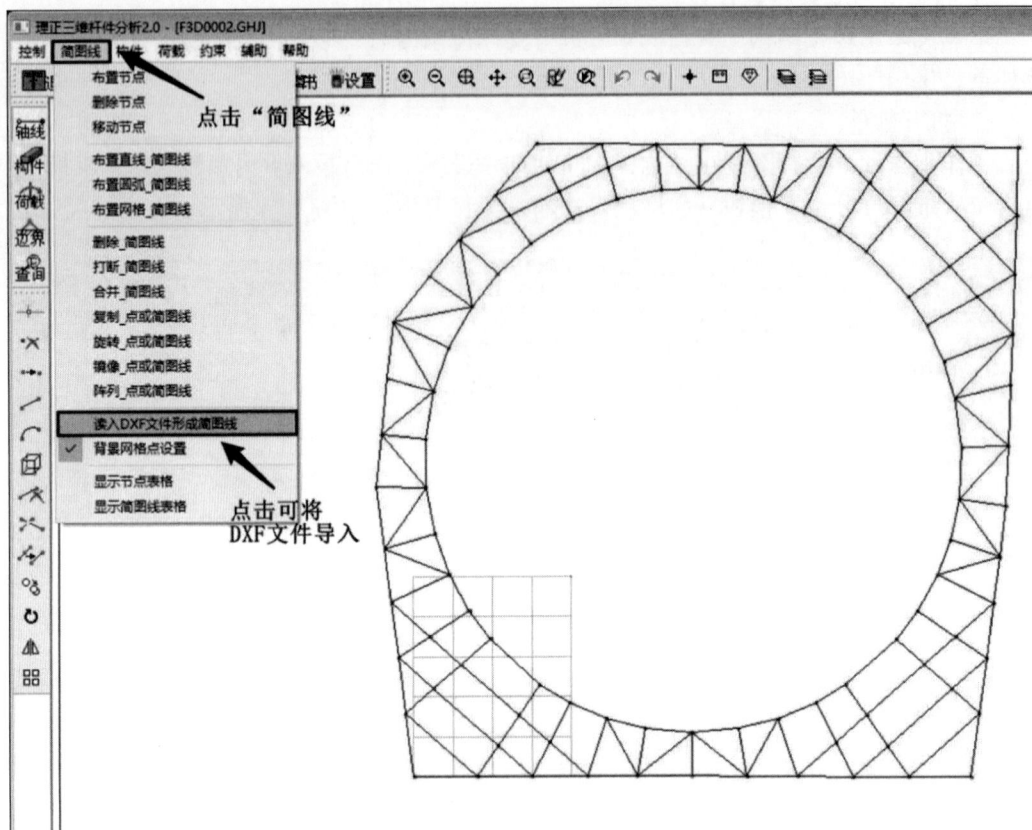

图 6-55　建立模型简图线的操作步骤

（1）确定模型杆件属性的操作步骤为点击菜单栏中的"构件"菜单→在下拉菜单中选中"定义标准截面"→在弹出的"定义截面类型"设置杆件截面属性，如图 6-56 所示；

（2）定义截面类型首先根据模型需要，确定杆件截面的数量，如本模型共涉及 4 类杆件，截面类型数即为 4；随后依次命名各个截面的名称、材料，并在右边的对话框中分别输入杆件的强度等级、截面形状、截面宽度、截面高度、密度（容重）等参数；此处需要注意的是，如杆件不属于混凝土材料，则在左边的材料类型对话框中点击右边的黑色三角形下拉菜单，并在随之弹出的材料截面属性参数中输入对应参数；

（3）如计算中不需要考虑杆件的自重时，杆件的密度（容重）输入为"0"即可；

（4）截面属性定义完成后，点击"定义截面类型"对话框右下角的"确定按钮"，返回到软件主页面；

（5）布置构件的操作步骤为：点击菜单栏中的"构件"菜单→在下拉菜单中点击"布置构件"→在弹出的"布置构件"对话框中选择所需要的截面类型→点击对话框右下角的"确定"按钮→返回主页面后用鼠标框选拟布置构件的线段→点击右键→构件布置成功，依次按上述步骤完成支撑梁体系的全部构件布置，如图 6-57 所示。构件布置完成的效果图如图 6-58 所示。

4）确定模型工况与荷载

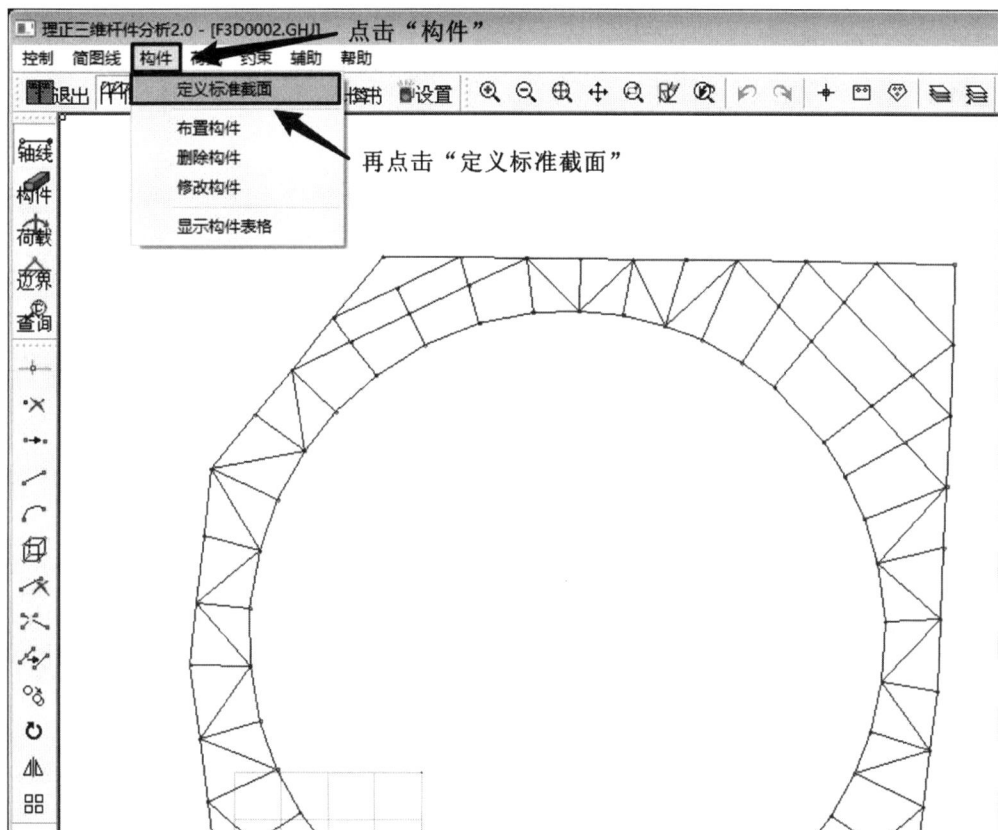

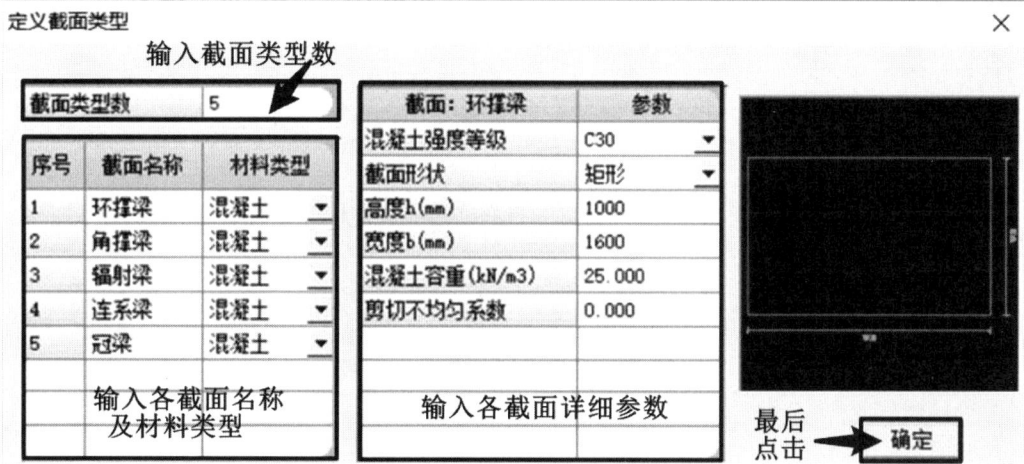

图 6-56　定义标准截面的操作步骤

操作说明：

（1）定义荷载组合的操作步骤为：点击菜单栏中的"荷载"菜单→在下拉菜单中选中"定义荷载组合"→在弹出的"定义荷载组合"设置荷载组合，如图 6-59 所示。

（2）基坑支护工程中，水土压力与自重等，均属于恒荷载。如在不考虑施工荷载的情

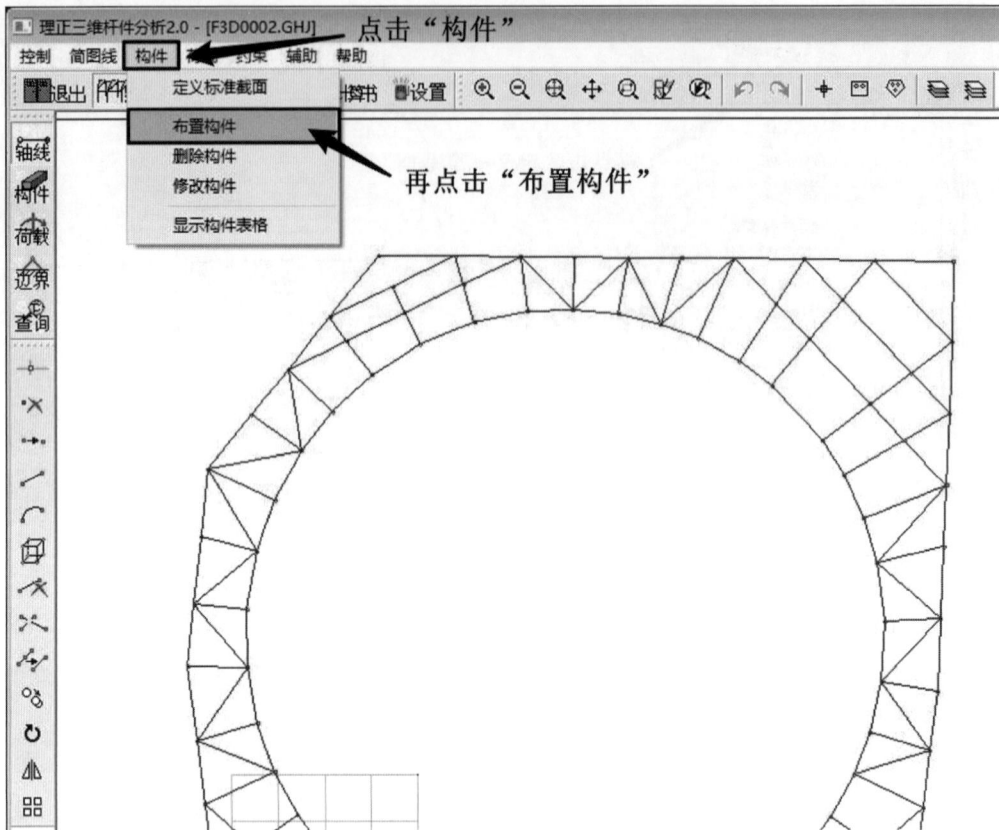

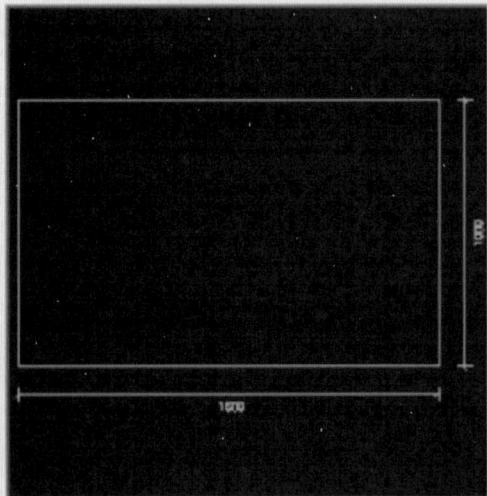

图 6-57　构件布置的操作步骤

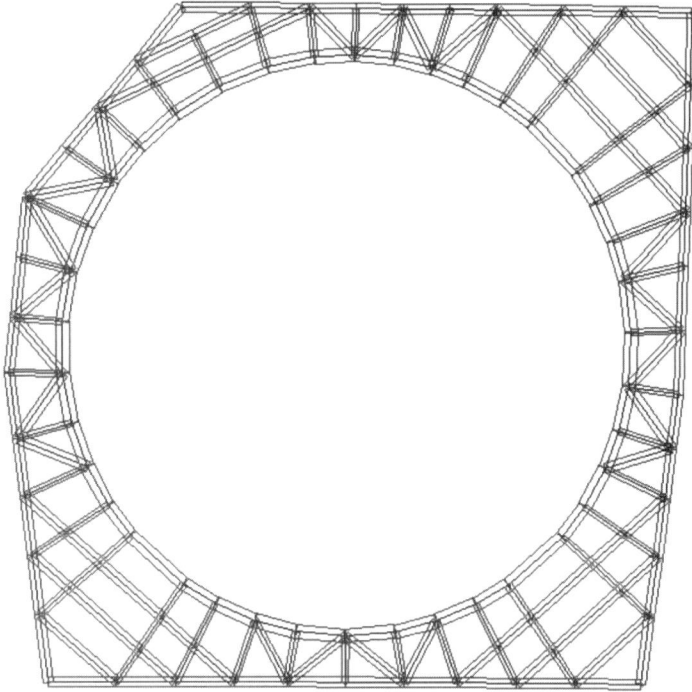

图 6-58　构件布置完成的效果图

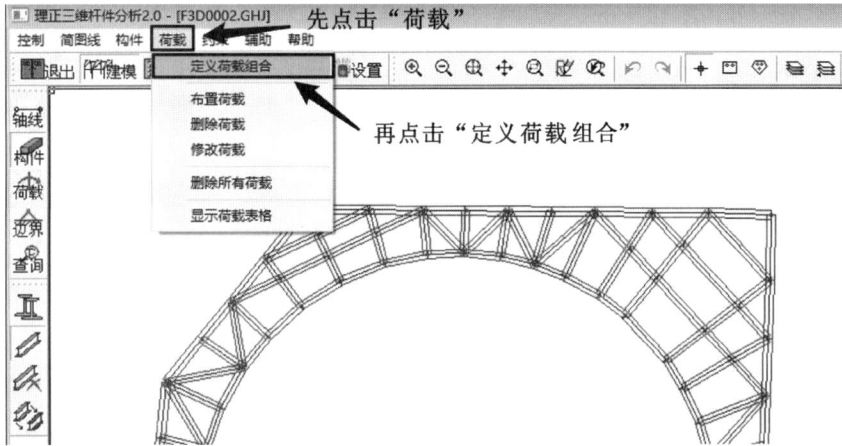

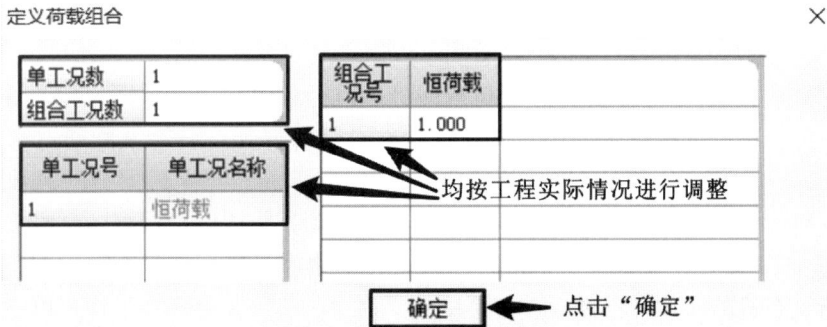

图 6-59　定义荷载组合的操作步骤

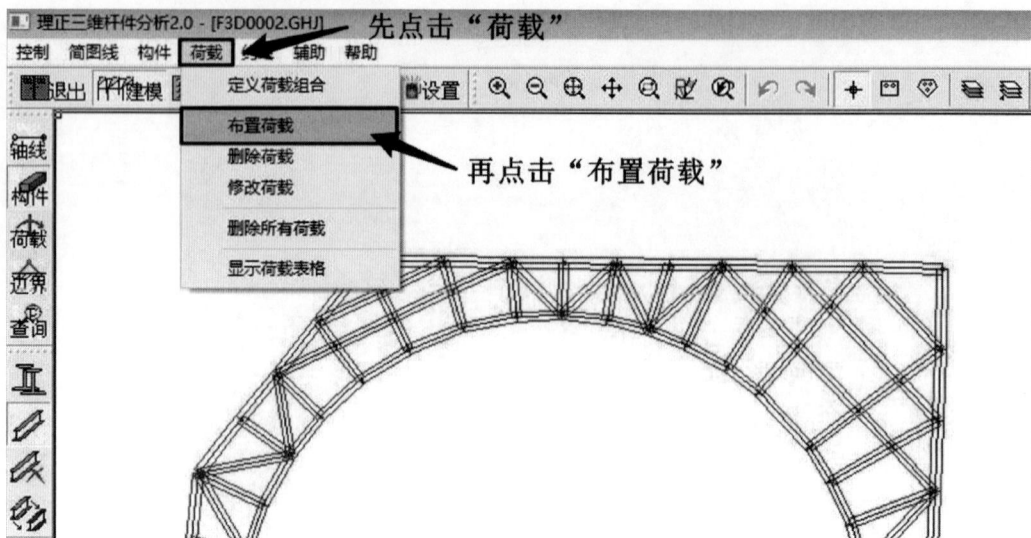

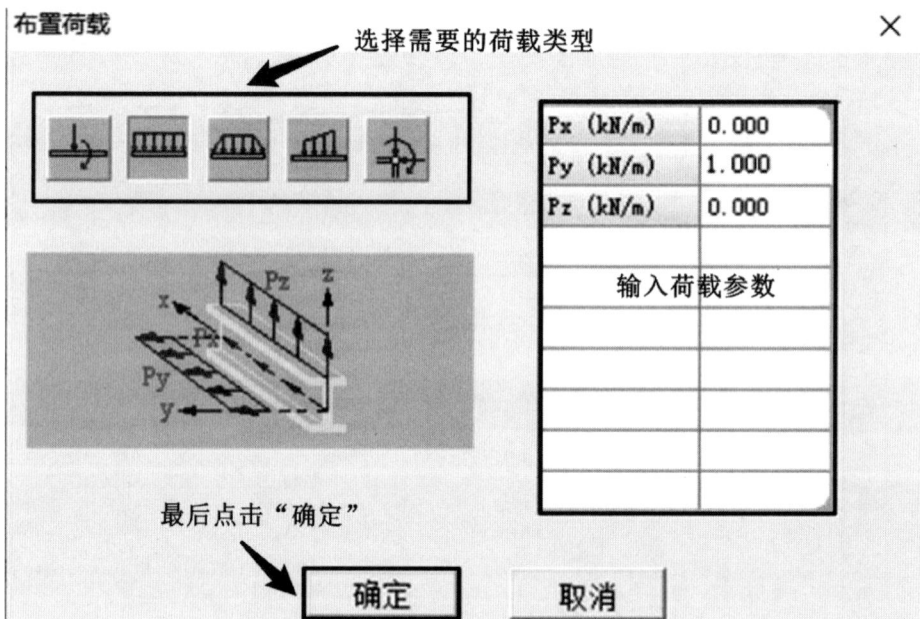

图 6-60　布置荷载的操作步骤

况下，工况数定为 1，工况组合仅为恒荷载即可，恒荷载的分项系数可以定为 1，但此时计算的结果即为在标准荷载下内力计算结果。在进行杆件强度验算及配筋计算时，应按《建筑基坑支护技术规程》JGJ 120—2012 第 3.1.6、3.1.7 条规定设置分项系数；当考虑施工活荷载时，应按施工需求布置活荷载，活荷载分项系数应满足现行《混凝土结构设计规范》GB 50010、《建筑结构荷载规范》GB 50009 的相关规定。

（3）荷载布置的操作步骤为：点击菜单栏中的"荷载"菜单→在下拉菜单中点击"布置荷载"→在弹出的"布置荷载"对话框中选择所需要的荷载类型→在对话框右侧输入荷载的参数→点击对话框右下角的"确定"按钮→返回主页面后用鼠标框选拟布置荷载的线

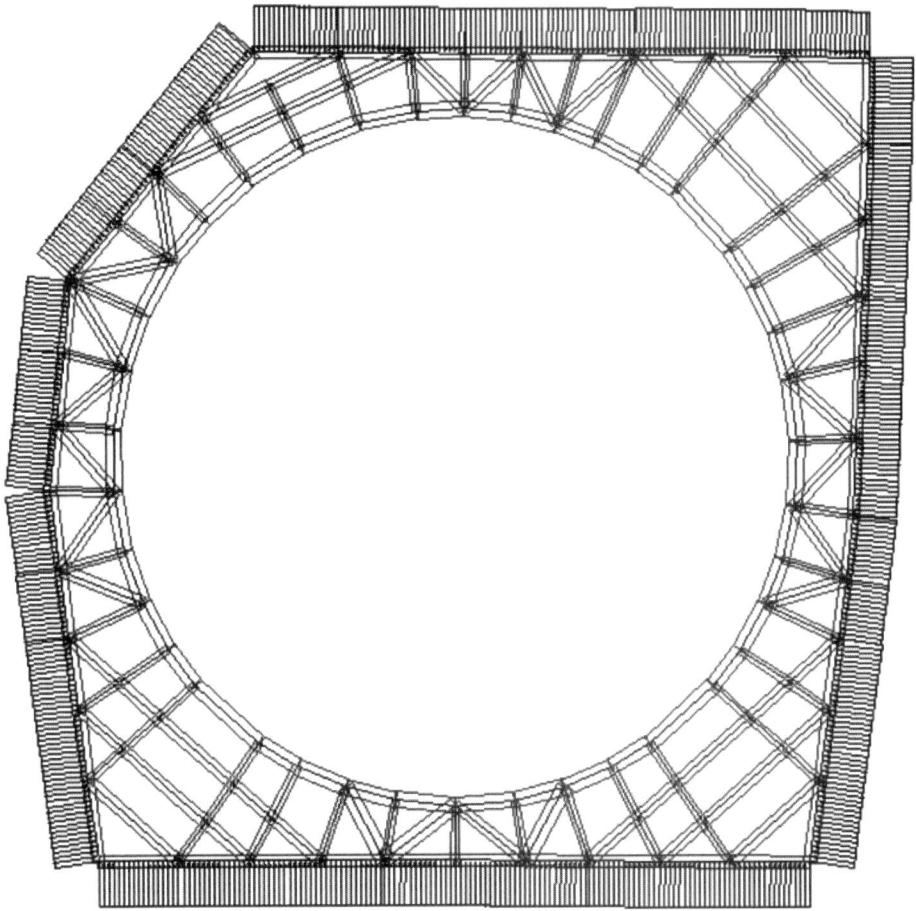

图 6-61　荷载布置完成的效果图

段→点击右键→荷载布置成功，依次按上述步骤完成支撑梁体系的全部荷载布置，如图 6-60 所示；荷载布置完成的效果图如图 6-61 所示。

（4）荷载布置中，要根据荷载的分布形式选择合理的荷载类型，如围檩一般选择垂直于围檩的均布荷载。荷载的参数输入时需要注意荷载的正负号，正负号与荷载的方向有关。

（5）此处是为了通过模型的位移量反算支撑体系的支锚刚度，因而此处荷载 $P = 1\text{kN/m}$；当计算出支锚刚度后，应将支锚刚度导入理正深基坑计算剖面中，根据计算出来的支点力除以支点间距，得出的荷载值才是排桩作用于支撑体系上的荷载标准值。

5）确定模型边界条件

操作说明：

（1）定义边界条件的操作步骤为：点击菜单栏中的"约束"菜单→在下拉菜单中选中"约束布置"→在弹出的"约束布置"对话框中设置约束的各项参数，如图 6-62 所示→设置约束的参数后点击下方的"确定"按钮返回主页面→用鼠标框选需要设置约束条件的节点，点击右键确定→约束布置完成→重复上述过程完成各个节点的约束布置，约束布置完成的效果图如图 6-63 所示；

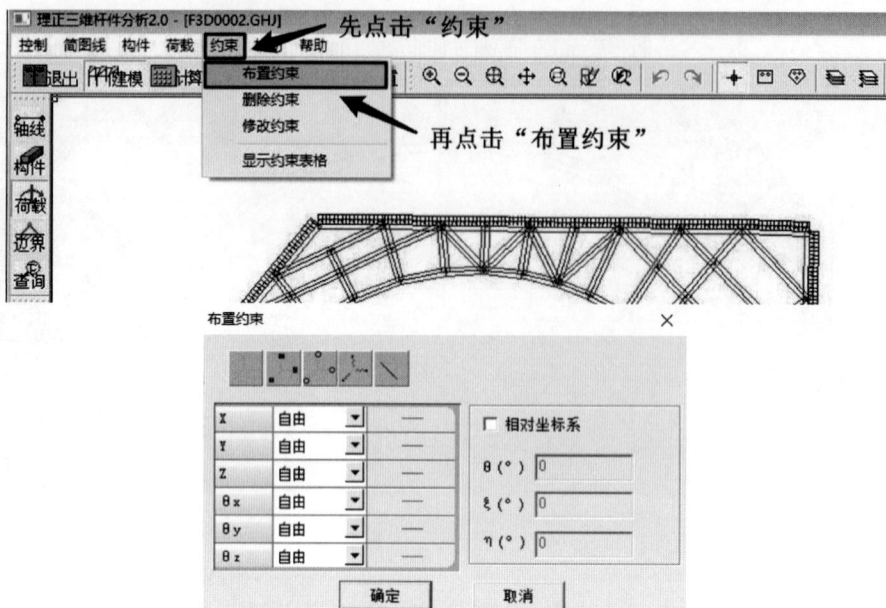

图 6-62　布置约束的操作步骤

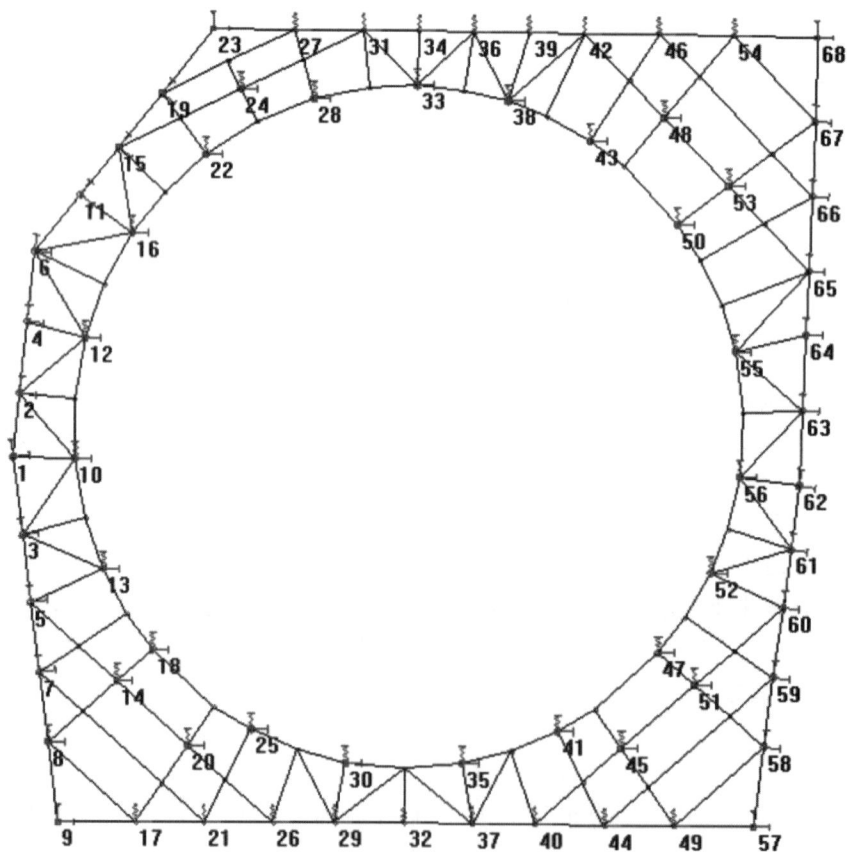

图 6-63　约束布置完成的效果图

（2）每个节点的约束分别有"X""Y""Z"三个平动自由度，以及"θ_X""θ_Y""θ_Z"三个转动自由度；约束的类型有"自由""固定""弹性""支座位移"四类，每类设置每个节点的约束应按节点的实际约束形式设置节点的各个自由度的约束参数和类型；操作过程中应注意，每类约束条件设置后最好一次性地将约束条件一致的节点一次完成布置，提高建模效率。

6）计算与结果查看

模型计算的操作过程：上述模型建立完成后，点击菜单栏的"计算"按钮→软件计算完成后点击菜单栏上的"查询"按钮查看结果，如图6-64所示。

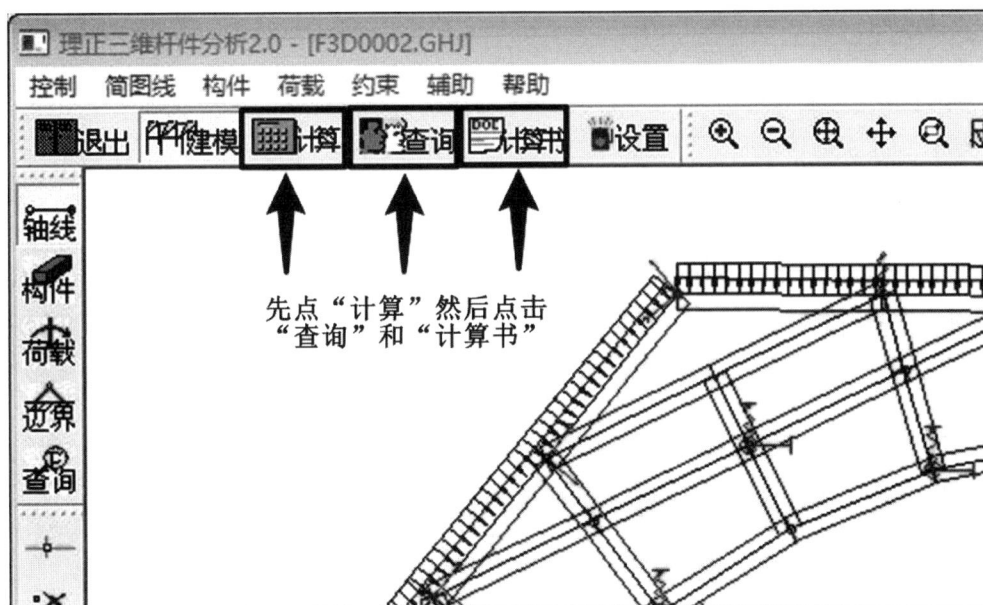

图6-64　支撑体系的位移计算结果图

操作说明：

（1）此步是为了计算支撑体系的支锚刚度，操作步骤如下：在围檩边界施加1kN/m水平荷载→读取某基坑支护分区段的围檩平均水平位移量δ（mm）→根据公式（6.4-2）计算出等效平均侧向刚度→根据公式（6.4-3）计算出等效支撑节点支锚刚度→带入理正深基坑计算剖面模型→计算出支点水平抗力标准值→计算出冠梁所受的水平均布荷载→将上述荷载带入理正结构工具箱水平支撑体系模型中→计算出支撑体系的真实位移量及内力标准值→归并杆件类型并根据其最大内力进行配筋计算；

（2）此步骤仅需查看围檩的水平位移量即可，其他计算结果不需查看；

（3）经过理正深基坑建模计算后得出的支点力换算成围檩所受水平荷载代入支撑梁体系模型进行计算。

操作说明：

1）点击菜单栏"计算"按钮，完成模型计算分析；

2）点击菜单栏"查询"按钮，在弹出的对话框中查看各项计算结果；

3）点击菜单栏"计算书"按钮，生成并导出计算书；

4）上述内力计算结果应按杆件类型归并后取最不利内力组合作为结构强度验算的条件，构件强度验算可采用理正结构工具箱"梁截面"模块进行计算。应注意的是，本计算结果是内力的标准值，截面配筋计算时应按照现行《混凝土结构设计规范》GB 50010 设置内力的调整系数。

环形撑排桩内力计算结果详图请扫右侧码。

6.5　锚拉式排桩设计与实例计算

6.5.1　锚拉式排桩设计

1. 结构分析

1）支挡式结构应根据结构的具体形式与受力、变形特性等，采用下列分析方法：

（1）锚拉式支挡结构，可将整个结构分解为挡土结构、锚拉结构（锚杆及腰梁、冠梁）分别进行分析，挡土结构宜采用平面杆系结构弹性支点法进行分析，作用在锚拉结构上的荷载应取挡土结构分析时得出的支点力。

（2）当有可靠经验时，可采用空间结构分析方法对支挡式结构进行整体分析，或采用结构与土相互作用的分析方法对支挡式结构和基坑土体进行整体分析。

2）锚拉式支挡式结构应对下列设计工况进行结构分析，并应按其中最不利作用效应进行支护结构设计：

（1）基坑开挖至坑底时的状况；

（2）基坑开挖至各层锚杆施工面时的状况；

（3）在主体地下结构施工过程中需要以主体结构构件替换锚杆的状况；此时，主体结构构件应满足替换后各设计工况下的承载力、变形及稳定性要求。

3）锚拉式排桩结构分析详见第 2.3.2 节的规定。

4）锚杆（索）设计详见第 3 章。

2. 稳定性验算

稳定性验算详见第 2.3.3 节的规定。

6.5.2　锚拉式排桩实例计算

1. 工程简介

本工程为 1 栋 2 层办公楼及其车库，结构形式为框架结构。地下 2 层，地上 2 层，基础形式为独立基础。基坑近似矩形，北侧基坑长约 65m，东侧基坑长约 87m，南侧基坑长约 58m，西侧基坑长约 90m。

场地整平后北侧标高为 728.9m，基坑底标高为 718.4m，支护段基坑开挖深度为10.5m，场地整平后东侧标高为 724.4～725.6m，基坑底标高为 718.4m，支护段基坑开挖深度为 6.0～7.2m，场地整平后南侧标高为 723.7～723.9m，基坑底标高为 716.7～718.4m，支护段基坑开挖深度为 5.5～7.0m，场地整平后西侧标高为 724.4m，基坑底标高为 718.4m，支护段基坑开挖深度为 6.0m。

根据建设单位提供的资料，基坑深度 2 倍范围内场地北侧为现状 2 层办公楼，东侧为现状 2 层办公楼，南侧现状 3 层办公楼，西侧为正在拆迁的民房。在基坑深度 2 倍范围内场地南侧存在污水管线和雨水管线。

剖面附加荷载按 20kPa 考虑，距基坑边 2m 范围内严禁堆载或走车。建筑物荷载按 20kPa/层考虑。基坑平面布置图见图 6-65。

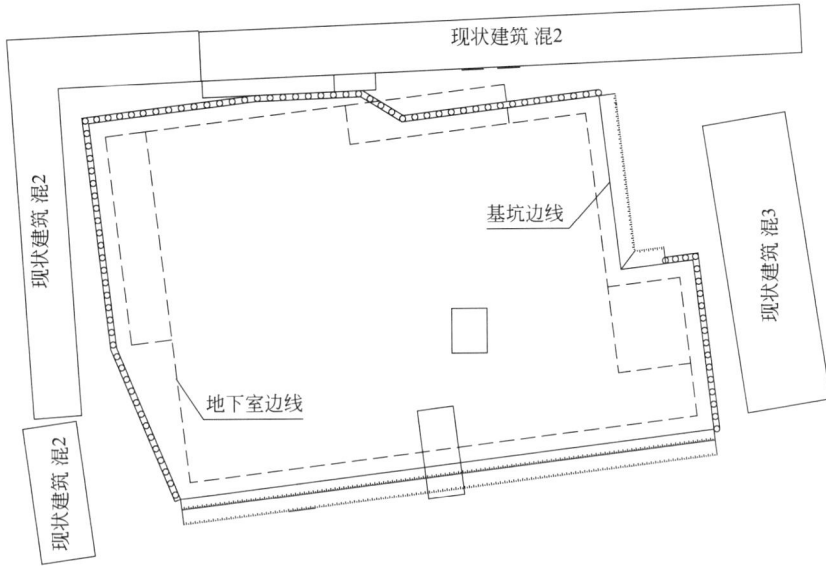

图 6-65 基坑平面布置图

依据《勘察报告》并结合本地区经验，确定支护影响范围内各地层参数，见表 6-10。

岩土参数统计表

表 6-10

土层名称	分层厚度（m）	天然重度（kN/m³）	直剪快剪	
			黏聚力（kPa）	内摩擦角（°）
素填土	1.0	18.0	5.0	10.0
粉质黏土	7.5	18.5	20.0	20.0
粉质黏土	4.0	19.0	22.0	24.0
页岩	4.0	21.0	28.0	32.0

根据基坑开挖深度、基坑工程地质条件、基坑周边建筑物（荷载）情况，此基坑支护结构失效、土体过大变形对基坑周边环境影响或主体结构施工安全的影响很严重，根据《建筑基坑支护技术规程》JGJ 120—2012 第 3.1.3 条，基坑支护安全等级定为一级。

2. 理正软件计算过程

1）打开理正深基坑计算界面

打开理正深基坑支护结构设计软件，先选择规范及设置工作目录，然后点击单元计算后弹出设计界面，如图 6-66 所示；单击"增"按钮，弹出"新增项目选用模板"界面，选择"排桩支护设计"，点击"确认"，进入"排桩支护设计"界面，如图 6-67 所示。

2）基本信息输入

操作步骤如下：在左下角输入计算工程名称、区段等特征信息→输入内力计算方法、

图 6-66　理正深基坑支护结构设计软件界面

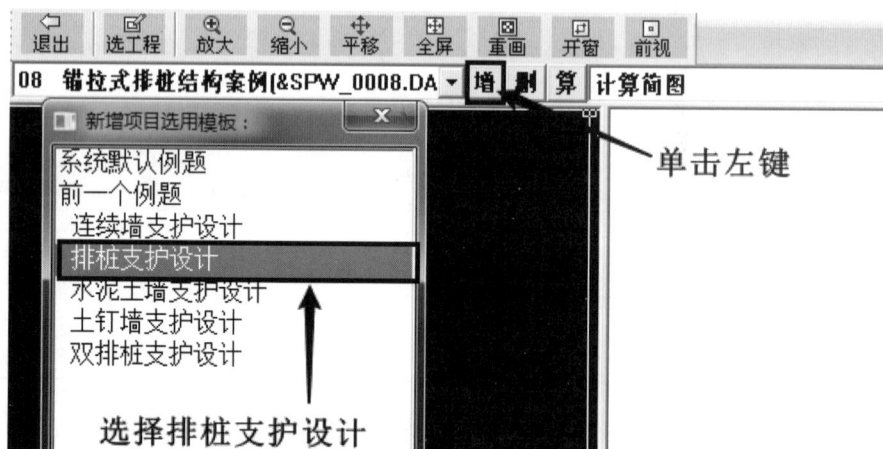

图 6-67　新增项目选用模板界面

支护结构安全等级、支护结构重要性系数、基坑深度、嵌固深度、桩顶标高、桩材料类型
（混凝土强度等级）、桩截面类型、桩间距、有无冠梁（冠梁宽度、冠梁高度、水平侧向刚
度）、防水帷幕、放坡级数、超载个数、支护结构上的水平集中力→设置中部平台及以上
边坡信息→输入超载信息。如图 6-68 所示。

操作说明：

（1）输入的工程名称、区段等信息：用于区分模型的所代表的工程与支护区段，以免
混淆。

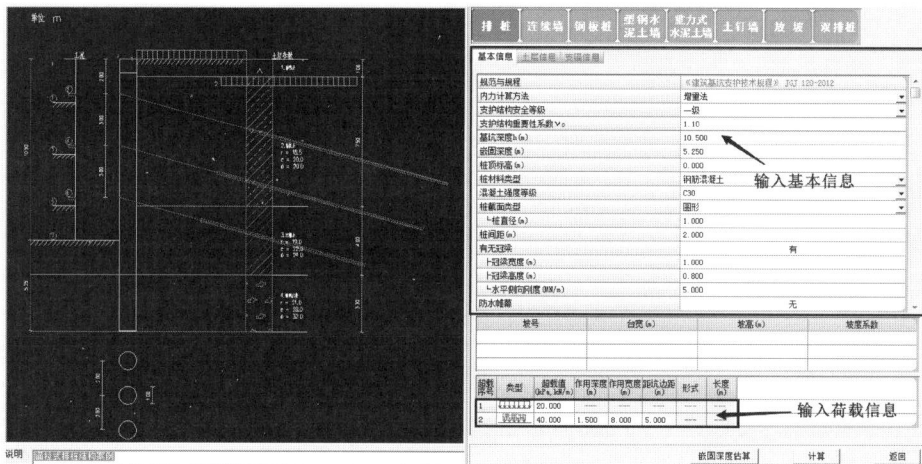

图 6-68　基本信息输入界面

（2）内力计算方法：增量法：采用这种方法时，可以更灵活地指定工况顺序；全量法：采用这种方法时，不能任意指定工况顺序。

（3）根据《建筑基坑支护技术规程》JGJ 120—2012 进行的基坑支护安全等级，但此规范的等级划分比较主观，没有具体的量化指标，需要读者根据当地经验进行综合划分。如果当地已出台基坑支护地方性规范且地方性规范有具体量化划分基坑安全等级指标的，基坑支护安全等级应按地方性规范进行划分。

（4）按照《建筑基坑支护技术规程》JGJ 120—2012，基坑支护安全等级为一级、二级、三级的，其支护结构重要性系数分别为 1.1、1.0、0.9。

（5）基坑深度：指基坑顶到基坑底的总深度，如坡顶有放坡的，应包含坡顶放坡坡高。

（6）嵌固深度：基坑底到桩底的距离；也可以点击屏幕下方的"嵌固深度设计"按钮进行设计，见图 6-69。

（7）桩顶标高：小于等于 0，用来控制桩顶放坡。

（8）桩材料类型：可选"钢筋混凝土""型钢"两种类型，钢筋混凝土：强度等级采用《混凝土结构设计规范》GB 50010—2010（2015 年版）。桩截面类型为矩形（桩高、桩宽）和圆形（桩直径）；型钢：钢材牌号、截面参数（右侧的按钮【＞】弹出"选择截面"的对话框从中可选择普通工字钢、轻型工字钢、H 型钢、无缝钢管和型号类型）、抗拉、抗压和抗弯、抗剪、截面塑性发展系数采用《钢结构设计标准》GB 50017—2017。

（9）桩间距：桩的中心距。

（10）有无冠梁（冠梁宽度、冠梁高度、水平侧向刚度）：提供冠梁刚度估算工具，"水平侧向刚度"右侧按钮可进入估算界面。

（11）防水帷幕：防水帷幕高度、厚度。

（12）放坡级数：即为中间设置平台的数量。

（13）超载个数：即坡顶需要设置的超载的个数。

（14）支护结构上的水平集中力：点击"支护结构上的水平集中力"后的按钮【＞】，弹出"结构附加水平力"对话框。结构附加水平力界面中可设置水平力的个数、作用类型、水平力值、作用深度、是否参与倾覆稳定验算和是否参与整体稳定验算。水平集中力值以水平向左为正，对于单排桩已经考虑了纵向间距的影响，水平附加力最多可加2个。

（15）放坡信息：即自上而下分级放坡的平台宽度、坡高、坡度等信息。

（16）超载信息：即基坑顶超载的类型、荷载大小、分布宽度、深度等信息；如采用均布荷载时，即为坡顶边缘向外无限延伸的均布荷载，此时荷载仅能布置于地面；如为条形荷载时，可以设置荷载的埋深、位置、分布宽度等；三角形荷载可以用于模拟坡顶放坡的工况，此时应注意荷载分布的大小方向；按笔者的工程经验，超载取值参考如下：民房按每层20kPa，工地板房按每层10~15kPa，小区道路、村道等20kPa，市政道路40kPa，其他工业建筑、专用设备等按权属方的资料采用。

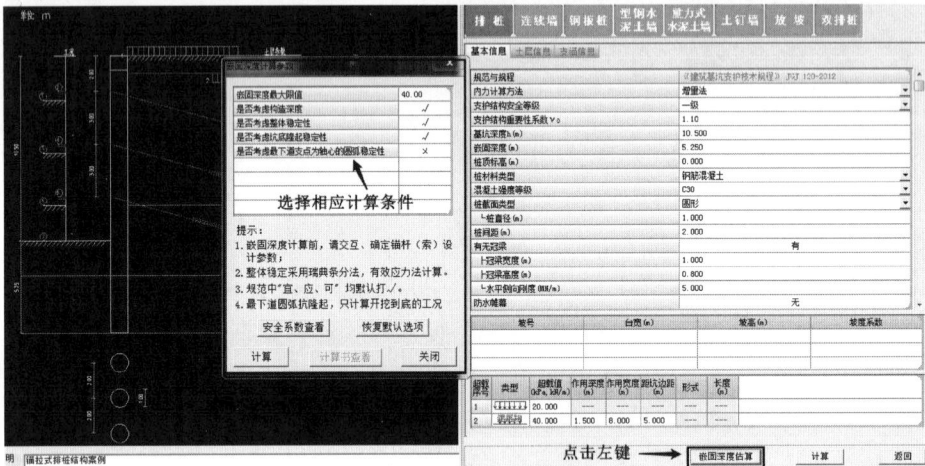

图6-69　嵌固深度估算界面

3）土层信息输入

操作步骤如下：输入土层数→输入是否采用坑内加固土→输入基坑内外水位→弹性法计算方法→内力计算时坑外土压力→分层输入各土层厚度、抗剪强度等指标。见图6-70。

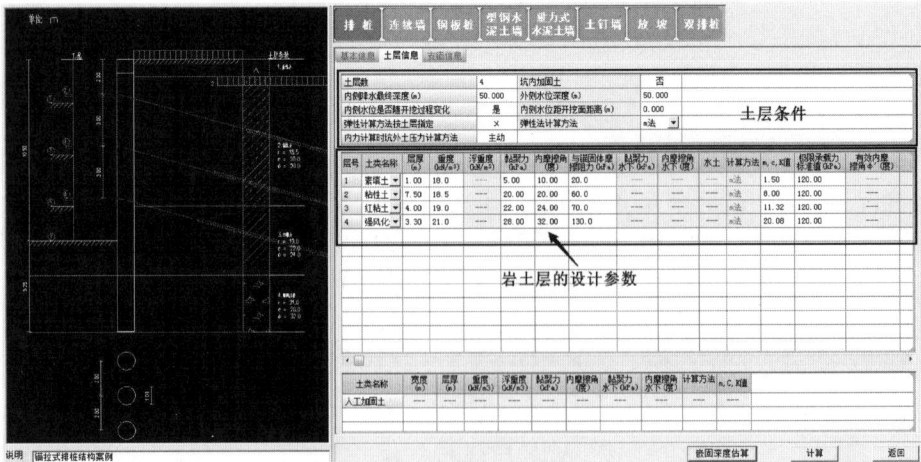

图6-70　土层信息输入界面

操作说明：

（1）输入土层的层数应自基坑顶到以对基坑稳定性有影响最底层土的下一层土为止，且不少于支护结构或止水措施穿越的土层数；如基坑底以下存在软弱土层的，应输入至软弱土以下一层；如软弱土很厚，钻探未揭穿的，也可输入至钻探底标高即可。

（2）如地下水位在基坑所需降水标高以上的，基坑外水位按勘察报告提供的水位输入，基坑内水位按基坑降水所需的水位输入，一般按基坑底以下 0.5m 输入；地下水位在基坑所需降水标高以下的，基坑内外均按勘察水位输入即可。

（3）内侧水位是否随开挖过程变化：选择"是"，采用当前开挖工况对应的内侧水位深度计算内力、位移；开挖到基坑底面及以后工况，按内侧降水最终深度计算内力、位移。选择"否"，采用内侧降水最终深度计算内力、位移。

（4）弹性法计算方法：可按土层来规定弹性计算方法的功能，在"弹性计算方法按土层确定"处打"√"，则可在"计算方法"一栏中分别设置各层的弹性计算方法，在"m，C，K 值"一栏中分别输入相应数值；若统一设置，则可在"弹性计算方法按土层确定"处打"×"，在"弹性法计算方法"里统一选取。

（5）内力计算时，坑外土压力可选主动或静止土压力，静止土压力只影响内力计算，不影响其他嵌固深度及其他各项验算。静止土压力可以选择是否考虑局部荷载。

（6）各土层的重度按勘察报告提供的输入，如地下水位以下的，还需输入浮重度；地下水位以下的，土层属于透水性土如砂土、砾土、粉土等按水土分算，弱透水性土如黏土、粉质黏土等按水土合算；其他指标按勘察报告提供的取值建议输入即可。软件提供了弹性计算方法中的 m 法。选择"当前土层"，只计算当前土层的 m 值；选择"所有土层"，对各土层的 m 值批量计算并允许用户修改。可以按水上或水下计算参数估算基坑底面位移量。见图 6-71。

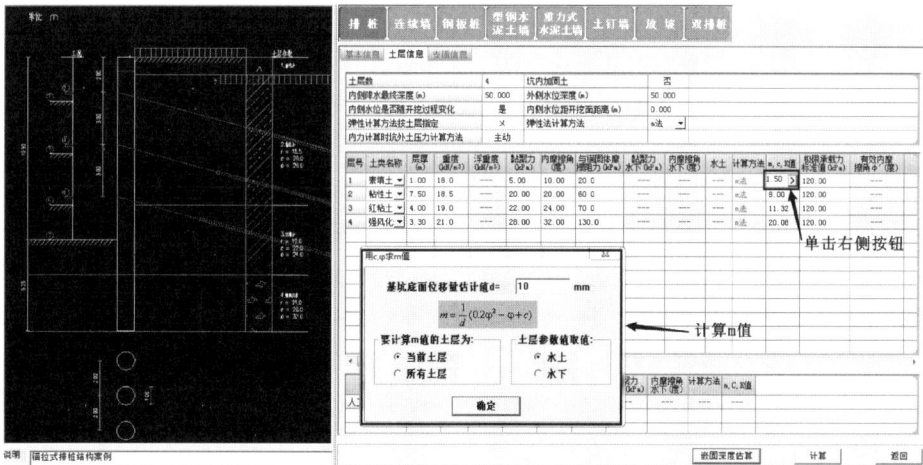

图 6-71　m 值计算界面

（7）如基坑底或基坑底以下地层抗剪强度较低，可能发生整体稳定性破坏的，通常会在基坑底的坡脚前设置坑内加固土，一般采用搅拌桩或高压旋喷桩的形式进行坑内加固，也有采用素混凝土桩进行坑内加固的。坑内加固土的抗剪强度、重度等宜采用面积置换率进行加权平均指标换算。如采用水泥土桩进行坑底加固时，参数取值可参照第 5 章的规定。

4）支锚信息输入

操作步骤如下：输入支锚道数→选择支锚类型→输入各道锚杆（索）的间距、入射角、总长度、锚固段长度、预加力、支锚刚度、锚固体直径、材料抗力等各项参数→设置工况，如图 6-72 所示。

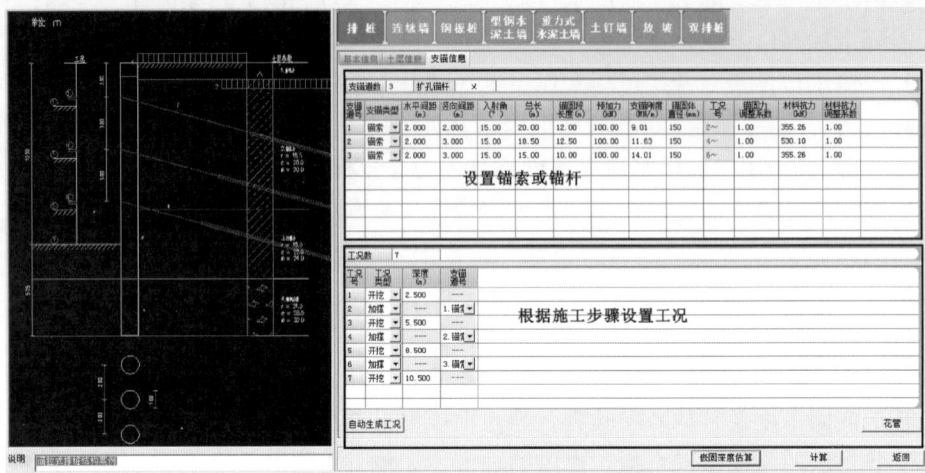

图 6-72　支锚信息输入界面

操作说明：

（1）输入支锚道数并输入各道锚杆（索）的间距、入射角、总长度、锚固段长度、预加力、支锚刚度、锚固体直径、材料抗力等，这里主要是预输入，计算结束后软件会返回一个数值，然后再根据施加预应力、支锚刚度，多次试算最终确定。

（2）工况设置即设置每层土方开挖的底标高，应与锚杆（索）的布置相对应，并留足够的施工空间（即超挖深度）。超挖深度以 0.5m 为宜，过小则无法保证锚杆（索）的施工张拉空间，过大则容易因超挖造成基坑稳定性不满足规范要求或出现局部失稳破坏；此处，可简单按自动生成工况，超挖深的按照设计设置即可。

5）计算信息输入及计算结果查看

计算界面见图 6-73。排桩设计内容包括：结构计算、截面计算、锚杆计算、整体稳定验算、抗倾覆验算、抗隆起验算、抗突涌验算、嵌固深度构造验算，读者可按工程实际选取需要计算的内容。其中，结构计算、截面计算和锚杆计算分别有对应的计算界面，计算过程中需要交互计算参数。此处，也可以选择自动设计。

左边一栏按照规范和经验输入各项计算参数、计算方法即可，点击相应的按钮，软件会弹出相关的选取说明，读者按说明结合工程实际选取即可。

（1）结构计算：提供了位移内力工况图、位移内力包络图、地表沉降图及土压力查看窗口、曲线显示选择窗口。

（2）桩配筋计算：见图 6-74。

①内力取值：可以选择弹性法或经典法。根据规范要求，内力宜取弹性法计算值。

内力包络图下面标注的第一行数据为最大内力值，第二行数据为最大内力值对应的基坑深度。

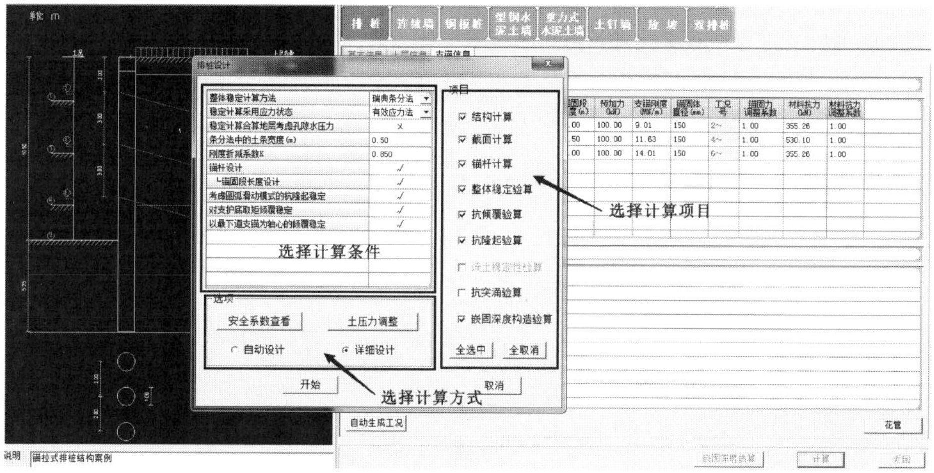

图 6-73　计算界面

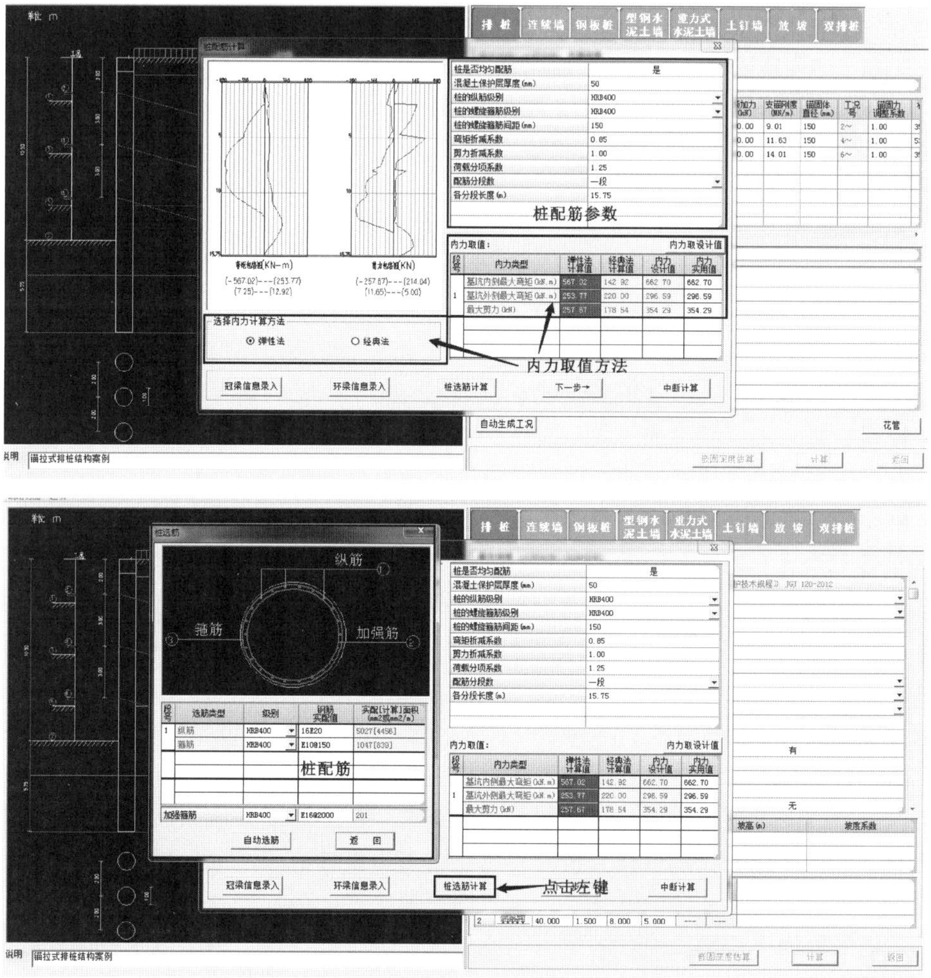

图 6-74　桩配筋计算界面

②钢筋信息：是否对称配筋：根据基坑内侧、外侧弯矩取值情况，选用合理的配筋方式。钢筋级别：采用《混凝土结构设计规范》GB 50010—2010（2015年版）。弯矩折减系数、剪力折减系数、荷载分项系数：主要用于计算值与设计值的转换。分段配筋：可以通过合理的分段配筋避免局部配筋结果偏大，但应在具有工程经验的情况下慎重分段。

（3）锚杆计算：见图6-75。

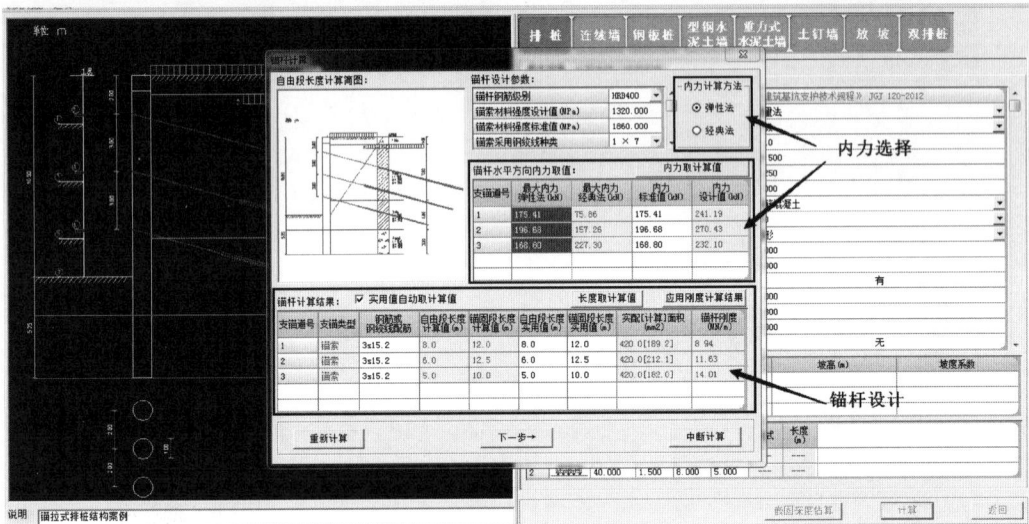

图6-75 锚杆计算界面

①内力取值：可以选择弹性法或经典法。根据规范要求，内力宜取弹性法计算值。

②锚杆设计参数：按用《混凝土结构设计规范》GB 50010—2010（2015年版）选择锚杆、锚索、锚固体材料参数。

③自由段、锚固段长度计算：锚固段长度按内力标准值用来计算，且不应小于构造长度（土层中的锚杆锚固段长度不宜小于6m）。自由段的长度不应小于5m，且应穿过潜在滑动面并进入稳定土层不小于1.5m；钢绞线、钢筋杆体在自由段设置隔离套管。

（4）冠梁及腰梁：支护桩顶部设置钢筋混凝土构造冠梁时，冠梁钢筋符合现行《混凝土结构设计规范》GB 50010对梁的构造配筋要求。冠梁计算界面见图6-76。

锚杆腰梁采用型钢组合梁或混凝土梁，应按受弯构件设计。其正截面、斜截面承载力，对混凝土腰梁，应符合现行《混凝土结构设计规范》GB 50010的规定；对型钢组合腰梁，应符合现行《钢结构设计标准》GB 50017的规定。当锚杆锚固在混凝土冠梁上时，冠梁应按受弯构件设计。锚杆腰梁应根据实际约束条件按连续梁或简支梁计算。计算腰梁的内力时，腰梁的荷载应取结构分析时得出的支点力设计值。这部分可采用"理正结构设计工具箱软件"进行计算。槽钢腰梁计算界面见图6-77。

（5）结果查询：主要关注各工况下的土压力、位移、弯矩、剪力以及截面计算、锚杆计算、整体稳定验算、抗倾覆验算、抗隆起验算、抗突涌验算、嵌固深度构造验算否满足要求。对于有变形要求的，应重点对地表沉降图进行分析，多次试算。如满足要求即可退出计算，进行图纸绘制等工作；如不满足，应根据不满足的原因进行模型调整，直至各项计算结果满足规范要求。

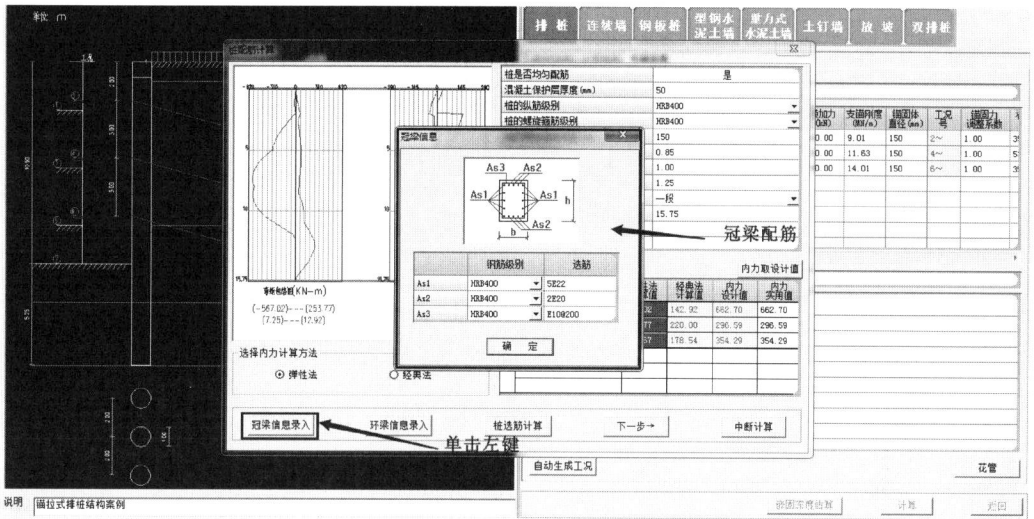

图 6-76　冠梁计算界面

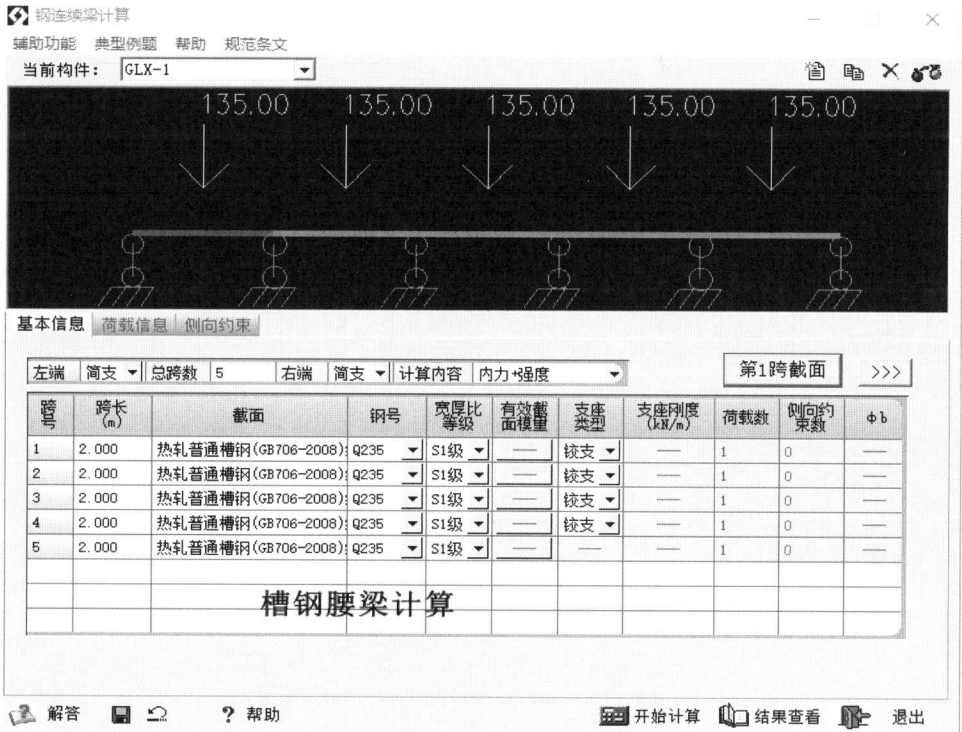

图 6-77　槽钢腰梁计算界面（一）

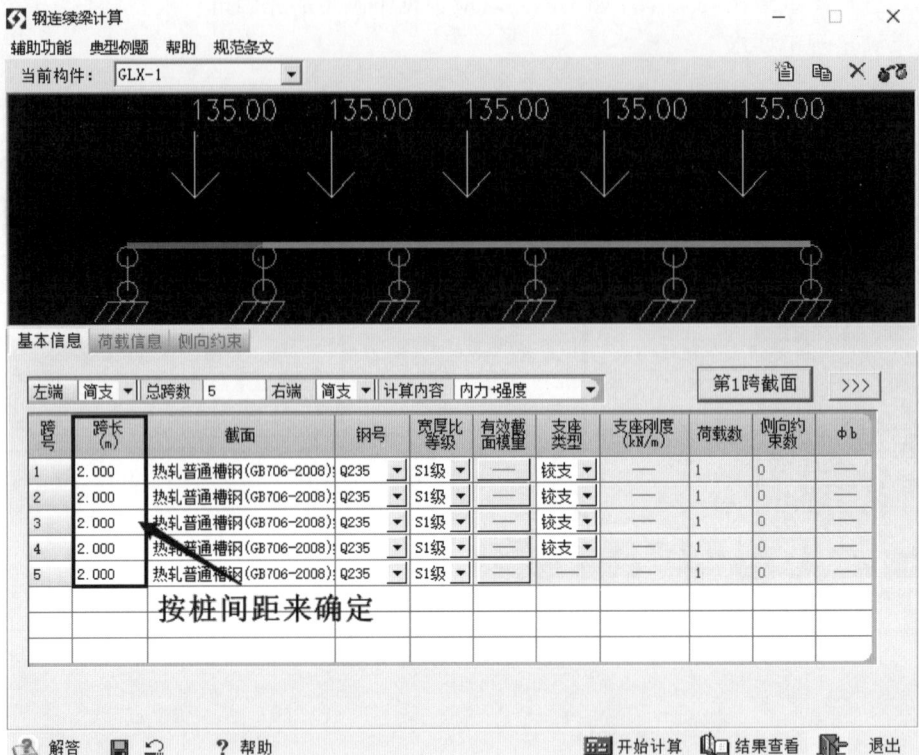

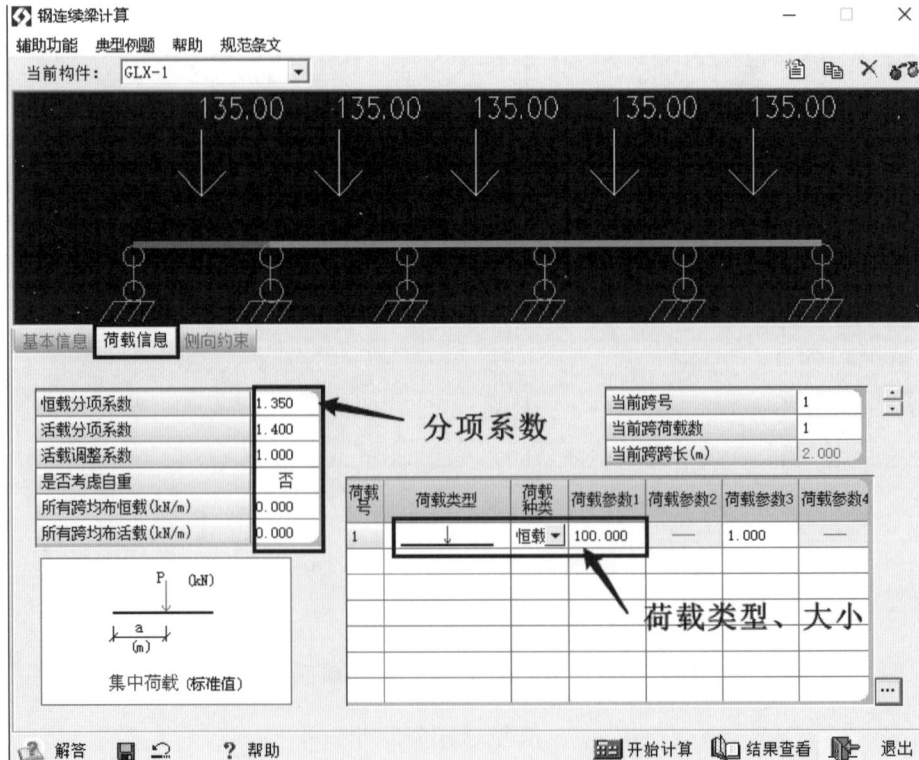

图 6-77 槽钢腰梁计算界面（二）

3. 计算结果分析

1）位移内力工况图（图 6-78）

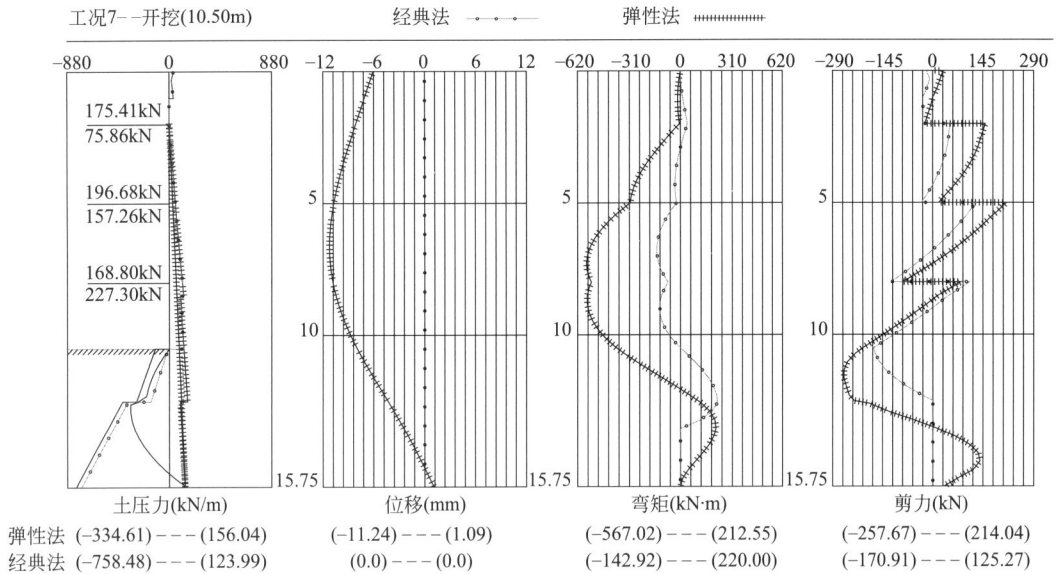

工况7——开挖(10.50m)　　　　　经典法 ·-·-·-·　　　　弹性法 ┅┅┅┅┅

175.41kN	
75.86kN	
196.68kN	
157.26kN	
168.80kN	
227.30kN	

土压力(kN/m)　　　　　　　　　位移(mm)　　　　　　　　弯矩(kN·m)　　　　　　　　剪力(kN)

弹性法　(−334.61) − − − (156.04)　　(−11.24) − − − (1.09)　　(−567.02) − − − (212.55)　　(−257.67) − − − (214.04)
经典法　(−758.48) − − − (123.99)　　(0.0) − − − (0.0)　　(−142.92) − − − (220.00)　　(−170.91) − − − (125.27)

图 6-78　位移内力工况图

2）位移内力包络图（图 6-79）

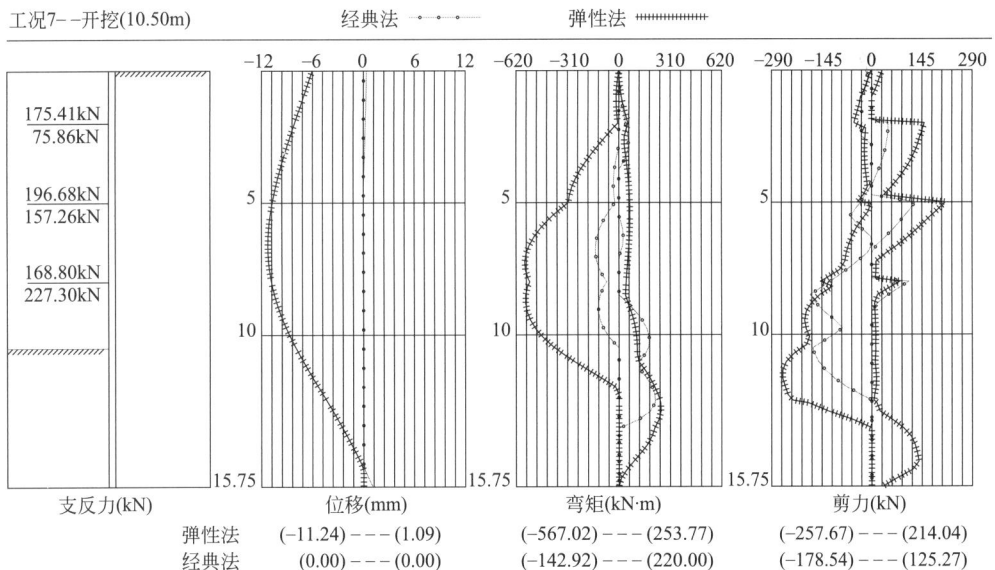

工况7——开挖(10.50m)　　　　　经典法 ·-·-·-·　　　　弹性法 ┅┅┅┅┅

175.41kN	
75.86kN	
196.68kN	
157.26kN	
168.80kN	
227.30kN	

支反力(kN)　　　　　　　　　　位移(mm)　　　　　　　　弯矩(kN·m)　　　　　　　　剪力(kN)

弹性法　　　　　　　　　　　　(−11.24) − − − (1.09)　　(−567.02) − − − (253.77)　　(−257.67) − − − (214.04)
经典法　　　　　　　　　　　　(0.00) − − − (0.00)　　(−142.92) − − − (220.00)　　(−178.54) − − − (125.27)

图 6-79　位移内力包络图

3）地表沉降图（图 6-80）

显示每个工况的地表沉降曲线，包括三角形法、抛物线法和指数法三种沉降曲线。

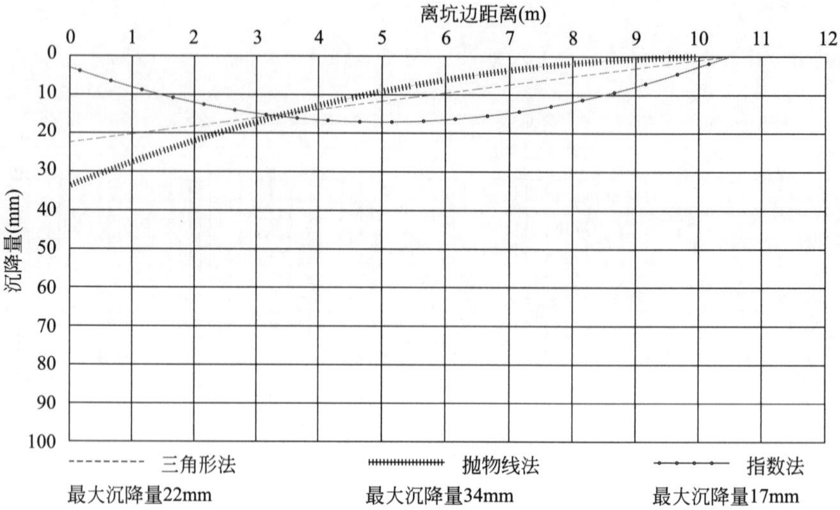

图 6-80　地表沉降图

4）排桩内力及配筋计算（表 6-11、表 6-12）

内力标准值取值 表 6-11

序号	内力类型	弹性法计算值	经典法计算值
1	基坑内侧最大弯矩（kN·m）	567.02	142.92
2	基坑外侧最大弯矩（kN·m）	253.77	220.00
3	基坑最大剪力（kN）	257.67	178.54

钢筋选配取值 表 6-12

序号	选筋类型	级别	钢筋实配值
1	纵筋	HRB400	16E20
2	箍筋	HRB400	E10@150
3	加强箍筋	HRB400	E16@2000

5）锚杆内力及配筋计算（表 6-13、表 6-14）

内力标准值取值 （kN） 表 6-13

支锚道号	锚杆水平方向内力（弹性法）		锚杆轴向内力（弹性法）	
	标准值	设计值	标准值	设计值
1	175.41	241.19	181.60	249.70
2	196.68	270.43	203.62	279.97
3	168.80	232.10	174.76	240.29

锚杆选配取值 表 6-14

支锚道号	选筋类型（锚索）	自由段长度（m）	锚固段长度（m）
1	3φ15.2	8.0	12.0
2	3φ15.2	6.0	12.5
3	3φ15.2	5.0	10.0

6）锚杆抗拔、抗拉验算（表 6-15、表 6-16）

锚杆抗拔验算　　　　　　　　　　　　　表 6-15

支锚道号	抗拔力计算值(kN)	轴力拉力标准值(kN)	安全系数
1	339.29	181.60	1.87
2	376.88	203.62	1.85
3	329.87	174.76	1.89

锚杆抗拉验算　　　　　　　　　　　　　表 6-16

支锚道号	$A_p \times f_{py}$	kN	是否满足
1	554.40	249.70	满足
2	554.40	279.97	满足
3	554.40	240.29	满足

7）整体稳定验算

计算方法：瑞典条分法；

应力状态：有效应力法；

条分法中的土条宽度：0.50m；

滑裂面数据：圆弧半径 $R=16.531$m，圆心坐标 $X=-2.526$m，圆心坐标 $Y=10.9$m，整体稳定安全系数 $K_s=2.053 \geqslant 1.35$，满足规范要求。

8）抗隆起验算

从支护底部开始，逐层验算抗隆起稳定性，结果如下：

支护底部，验算抗隆起：

$K_s = (20.238 \times 5.250 \times 23.177 + 28.0 \times 35.490)/[19.111 \times (10.5 + 5.250) + 44.615]$
$= 10.0 \geqslant 1.8$，抗隆起稳定性满足。

9）嵌固深度构造验算

根据公式：嵌固构造深度＝嵌固构造深度系数×基坑深度＝0.200×10.500＝2.100m

嵌固深度采用值 5.250m$\geqslant$2.100m，满足构造要求。

10）嵌固段基坑内侧土反力验算（表 6-17）

嵌固段基坑内侧土反力验算　　　　　　　　　表 6-17

工况	P_s	E_p	是否满足
1	1297.347	9672.217	满足
2	1238.533	9672.217	满足
3	1164.312	6442.623	满足
4	1124.141	6442.623	满足
5	1032.166	3824.366	满足
6	990.201	3824.366	满足
7	890.868	2370.322	满足

注：P_s 为作用在挡土构件嵌固段上的基坑内侧土反力合力（kN）；

　　E_p 为作用在挡土构件嵌固段上的被动土压力合力（kN）。

4. 设计方案图

灌注桩：桩径1000mm，桩间距2.0m，实桩桩长15.75m，基坑深度10.5m，嵌固段长度5.25m；冠梁宽度1000mm，高度800mm，冠梁及桩身采用C30混凝土；腰梁采用25b双拼槽钢，设置三道3根 $\phi 15.2$ 预应力锚索（倾角均为15°，成孔直径 $D=150mm$，水平间距2000mm）：第1道锚索距离坑顶2.0m，长度 $L=20m$，锚固段长度12m；第2道锚索距离坑顶5.0m，长度 $L=18.5m$，锚固段长度12.5m；第3道锚索距离坑顶8.0m，长度 $L=15m$，锚固段长度10m；基坑支护典型剖面如图6-81所示。

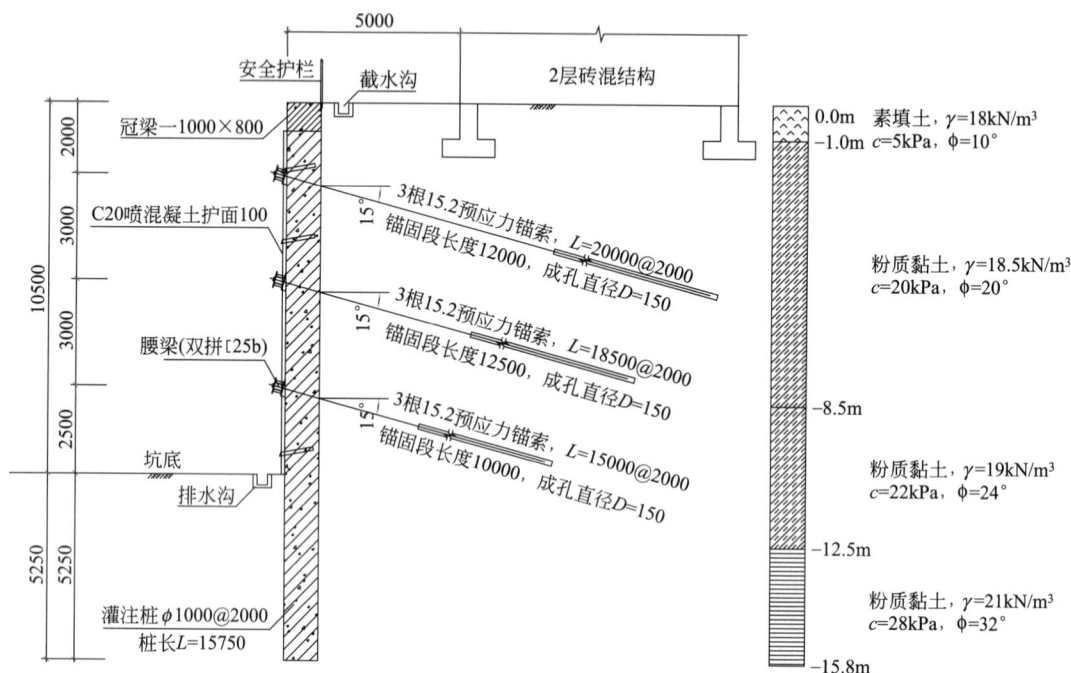

图 6-81 基坑支护典型剖面图（锚拉式排桩）

6.6 双排桩设计与实例计算

6.6.1 双排桩设计

1. 双排桩的概念及特点

随着城市快速发展，各类基础设施不断增多，深基坑施工周围的环境十分复杂，可能存在城市道路、市政管网以及其他在建建筑，在基坑开挖过程中可能扰动土体，对其他工程造成影响；同时，地上用地红线的理念逐渐加深到地下用地红线，从而限制了桩锚结构的应用范围。广泛应用于边坡、滑坡治理的双排桩，也成了一种新的基坑支护形式。2012年10月实施的行业标准《建筑基坑支护技术规程》JGJ 120—2012正式将双排桩列入基坑支护结构。

双排桩支护结构相比单排桩支护结构，利用其侧向刚度大的特点，更好地控制基坑的变形。前后排由冠梁和若干根横梁相连，从而保障了有较大的侧向刚度。协调桩与桩间土共同工作，抵抗支挡开挖引起的土压力，提高基坑的抗倾覆稳定性。

与常用的支挡式支护结构如单排悬臂桩结构、锚拉式结构、支撑式结构相比，双排桩刚架支护结构有以下特点：

（1）与单排悬臂桩相比，双排桩为刚架结构，其抗侧移刚度远大于单排悬臂桩结构，内力分布明显优于悬臂结构。在相同的材料消耗条件下，双排桩刚架结构的桩顶位移明显小于单排悬臂桩，其安全可靠性、经济合理性优于单排悬臂桩。

（2）与支撑式支挡结构相比，由于基坑内不设支撑，不影响基坑开挖、地下结构施工，同时省去设置、拆除内支撑的工序，大大缩短了工期。在基坑面积很大、基坑深度不很大的情况下，双排桩刚架支护结构的造价常低于支撑式支挡结构。

（3）与锚拉式支挡结构相比，在某些情况下，双排桩刚架结构可避免锚拉式支挡结构难以克服的缺点。如：

①在拟设置锚杆的部位有已建地下结构、障碍物，锚杆无法实施；

②拟设置锚杆的土层为高水头的砂层（有隔水帷幕），锚杆无法实施或实施难度、风险大；

③拟设置锚杆的土层无法提供要求的锚固力；

④拟设置锚杆的工程，地方法律、法规规定支护结构不得超出用地红线。此外，双排桩具有施工工艺简单、不与土方开挖交叉作业、工期短等优势。

2. 双排桩的分类

双排桩在立面呈现的布桩形式主要有：门式双排桩、H形双排桩、桩间土加固双排桩。见图 6-82。

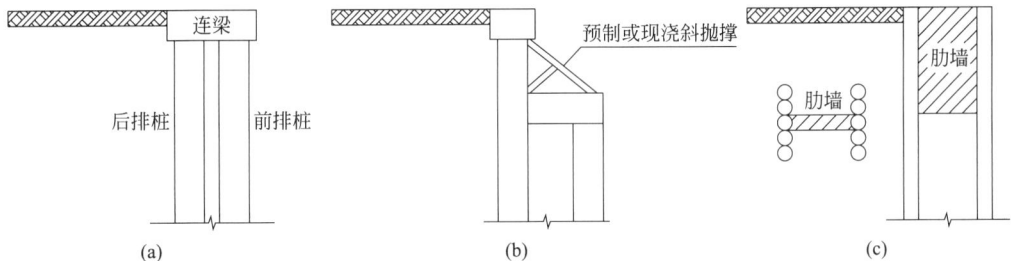

图 6-82　双排桩立面布桩形式

（a）前后排桩等高双排桩；（b）前后排桩不等高双排桩；（c）前后排桩现浇肋墙连接

双排桩在平面呈现的布桩形式主要有：梅花形、矩形格构式、前后排桩间距不相等。见图 6-83。

3. 双排桩的设计原则

（1）按照《建筑基坑支护技术规程》JGJ 120—2012 第 4.2.3 条，双排桩应按下列规定进行整体滑动稳定性验算。整体滑动稳定性可采用圆弧滑动条分法进行验算。安全等级为一级、二级、三级的支挡式结构，圆弧滑动稳定安全系数分别不应小于 1.35、1.3、1.25。

当挡土构件底端以下存在软弱下卧土层时，整体稳定性验算滑动面中应包括由圆弧与

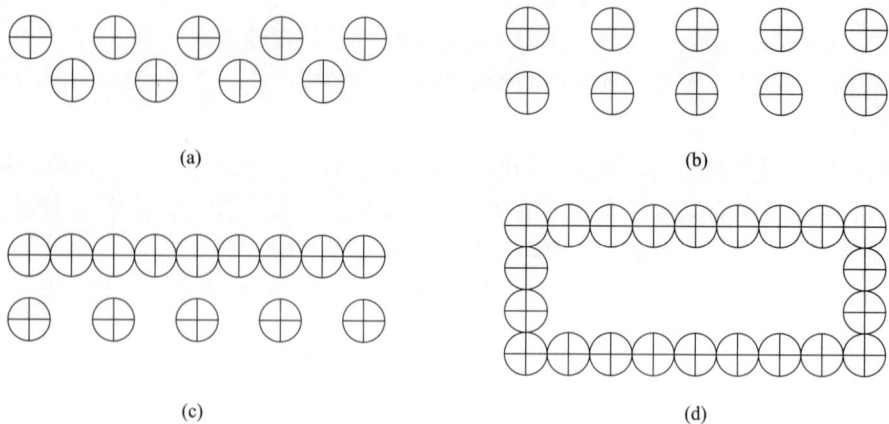

图 6-83　双排桩平面布桩形式

(a) 前后排梅花形交错布置；(b) 前后排矩形对齐布置；(c) 前后排不等桩距布置；(d) 前后排格栅形布置

软弱土层层面组成的复合滑动面。

（2）按照《建筑基坑支护技术规程》JGJ 120—2012 第 4.12.5 条双排桩的嵌固深度应符合嵌固稳定性的要求，安全等级为一级、二级、三级的双排桩，嵌固稳定安全系数分别不应小于 1.25、1.2、1.15。

（3）双排桩应对基坑开挖至坑底时的设计工况进行结构分析，并应按其中最不利的作用效应进行支护结构设计。

4. 双排桩的构造要求

（1）采用混凝土灌注桩时，支护桩的桩身混凝土强度等级、钢筋配置和混凝土保护层厚度应符合 6.2.3 条要求。

（2）双排桩排距宜取（2～5）d。刚架梁的宽度不应小于 d，高度不宜小于 $0.8d$，刚架梁高度与双排桩排距的比值宜取 1/6～1/3。

（3）双排桩结构的嵌固深度，对淤泥质土，不宜小于 $1.0h$；对淤泥，不宜小于 $1.2h$；对一般黏性土、砂土，不宜小于 $0.6h$。前排桩端宜置于桩端阻力较高的土层。采用泥浆护壁灌注桩时，施工时的孔底沉渣厚度不应大于 50mm 或采用桩底后注浆加固沉渣。

5. 双排桩的布置

双排桩的平面布置应根据基坑的地层性质、地下建筑的施工空间、周边保护环境情况来确定。目前，基坑支护规范中双排桩结构计算模型不是很明确，设计中多采用矩形布置且前后排桩桩长相等的布置理念。

桩截面形状应使支挡结构具有良好的抗剪能力和抗弯刚度，最常用的截面形状有矩形和圆形两种。

（1）矩形桩可以提供较大的截面惯性矩（$I = \dfrac{bh^3}{12}$，截面面积相同的情况下，可以提供更大的抗弯能力），但因需要人工开挖，占用施工工期较长且人工开挖存在一定的安全风险。

（2）圆形桩可以用于滑动方向不确定的情况下和施工工期紧、环境安全要求高的情况下，圆形桩主要通过机械成孔，局部也可以采用人工开挖。

采用混凝土灌注桩时，支护桩的桩径宜大于或等于 600mm；排桩的中心距不宜大于桩直径的 2 倍。根据构造要求，双排桩排距宜取（2～5）d。

6. 计算模型及关键参数取值

（1）双排桩宜采用平面杆系结构弹性支点进行分析。

（2）采用图 6-84 的结构模型时，作用在后排桩上的主动土压力、前排桩嵌固段上的土反力、作用在单根后排支护桩上的主动土压力计算宽度应取排桩间距，土反力计算宽度应按第 2 章的规定取值。

（3）前、后排桩间土对桩侧的压力可按下式计算：

$$p_c = k_c \Delta v + p_{c0} \tag{6.6-1}$$

式中 p_c——前、后排桩间土对桩侧的压力（kPa）；可按作用在前、后排桩上的压力相等考虑；

     k_c——桩间土的水平刚度系数（kN/m^3）；

     Δv——前、后排桩水平位移的差值（m）；当其相对位移减小时，为正值；当其相对位移增加时，取 $\Delta v = 0$；

     p_{c0}——前、后排桩间土对桩侧的初始压力（kPa），按式（6.6-3）和式（6.6-4）计算。

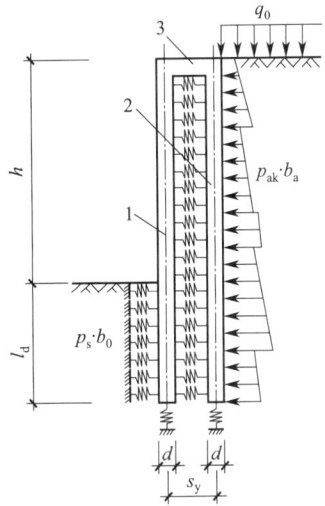

图 6-84 双排桩计算简图
1—前排桩；2—后排桩；3—刚架梁

（4）桩间土的水平刚度系数可按下式计算：

$$k_c = \frac{E_s}{s_y - d} \tag{6.6-2}$$

式中 E_s——计算深度处，前、后排桩间土的压缩模量（kPa）；当为成层土时，应按计算点的深度分别取相应土层的压缩模量；

     s_y——双排桩的排距（m）；

     d——桩的直径（m）。

（5）前、后排桩间土对桩侧的初始压力可按下列公式计算：

$$p_{c0} = (2\alpha - \alpha^2) p_{ak} \tag{6.6-3}$$

$$\alpha = \frac{s_y - d}{h \tan(45 - \varphi_m/2)} \tag{6.6-4}$$

式中 p_{ak}——支护结构外侧，第 i 层土中计算点的主动土压强度标准值（kPa），按第 2 章的规定计算；

     h——基坑深度（m）；

     φ_m——基坑底面以上各土层按厚度加权的等效内摩擦角平均值（°）；

     α——计算系数，当计算的 α 大于 1 时，取 $\alpha = 1$。

（6）双排桩的嵌固深度（l_d）应符合下式嵌固稳定性的要求：

$$\frac{E_{pk} a_p + G a_G}{E_{ak} a_a} \geqslant K_e \tag{6.6-5}$$

式中 K_e——嵌固稳定安全系数；安全等级为一级、二级、三级的双排桩，K_e 分别不应小于1.25、1.2、1.15；

E_{ak}、E_{pk}——分别为基坑外侧主动土压力、基坑内侧被动土压力标准值（kN）；

a_a、a_p——分别为基坑外侧主动土压力、基坑内侧被动土压力合力作用点至双排桩底端的距离（m）；

G——双排桩、刚架梁和桩间土的自重之和（kN）；

a_G——双排桩、刚架梁和桩间土的重心至前排桩边缘的水平距离（m）。

（7）双排桩应按偏心受压、偏心受拉构件进行支护桩的截面承载力计算，刚架梁应根据其跨高比按普通受弯构件或深受弯构件进行截面承载力计算。抗倾覆稳定性验算见图 6-85。

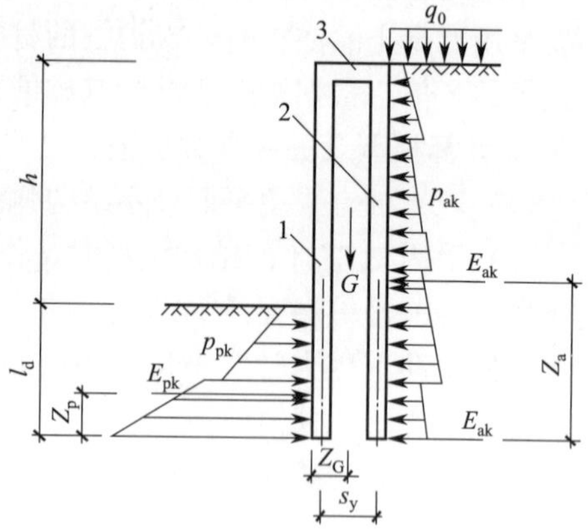

图 6-85　双排桩抗倾覆稳定性验算
1—前排桩；2—后排桩；3—刚架梁

6.6.2　双排桩实例计算

1. 工程简介

本工程拟设 2 层地下室，基坑深度 9.0m。根据建设单位提供的资料，在基坑深度 2 倍范围内场地西侧为现状 4 层住宅楼，北、东侧为现状道路。在基坑深度 2 倍范围内场地，北、东侧存在燃气管线、供热管线、污水管线、雨水管线。剖面附加荷载按 20kPa 考虑，距基坑边 2m 范围内严禁堆载或走车。建筑物荷载按 20kPa/层考虑。根据勘察报告，本次勘察范围内未揭露地下水，本工程建设可不考虑地下水的影响。见图 6-86。

依据《勘察报告》并结合本地区经验确定支护影响范围内各地层参数，见表 6-18。

岩土参数统计表　　　　　　　　表 6-18

土层名称	分层厚度(m)	天然重度(kN/m³)	直剪快剪	
			黏聚力(kPa)	内摩擦角(°)
杂填土	7.0	18.0	2.0	10.0
素填土	3.0	18.5	10.0	12.0
圆砾	2.0	19.0	0.0	35.0
全风化泥岩	10.0	21.0	26.0	32.0

根据基坑开挖深度、基坑工程地质条件、基坑周边建筑物（荷载）情况，此基坑支护结构失效、土体过大变形对基坑周边环境影响或主体结构施工安全的影响很严重，根据《建筑基坑支护技术规程》JGJ 120—2012 第 3.1.3 条，基坑支护安全等级定为一级。

2. 软件计算过程

1）打开理正深基坑计算界面

打开理正深基坑支护结构设计软件，如图 6-66 所示。首先选择规范及设置工作目录，然后点击单元计算后弹出设计界面，如图 6-87 所示；单击"增"按钮，弹出"新增项目选用模板"界面，选择"双排桩支护设计"，点击"确认"，进入"双排桩支护设计"界

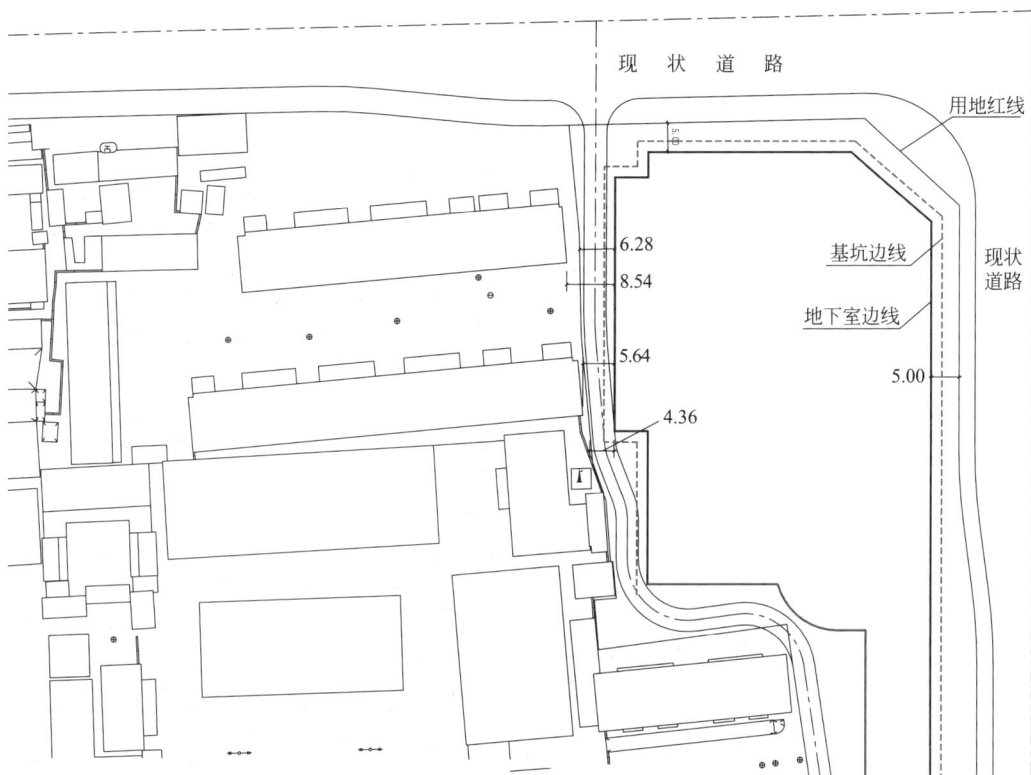

图 6-86　基坑平面布置图

面，如图 6-87 所示。

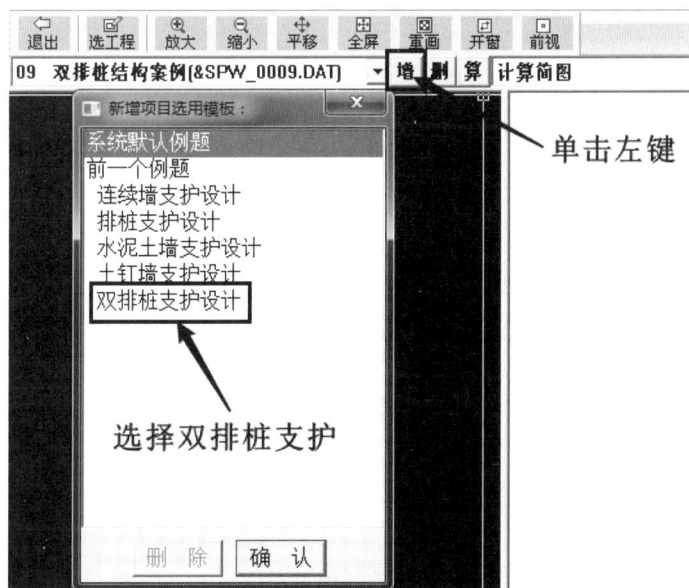

图 6-87　新增项目选用模板界面

2）基本信息输入

操作步骤如下：在左下角输入计算工程名称、区段等特征信息→输入内力计算方法、支护结构安全等级、支护结构重要性系数、桩底端约束条件、基坑深度、嵌固深度、桩顶标高、前后排桩冠梁、桩截面类型、桩布置形式（桩间距）、混凝土强度等级、连梁尺寸、放坡级数、超载个数→设置中部平台及以上边坡信息→输入超载信息。如图 6-88 所示。

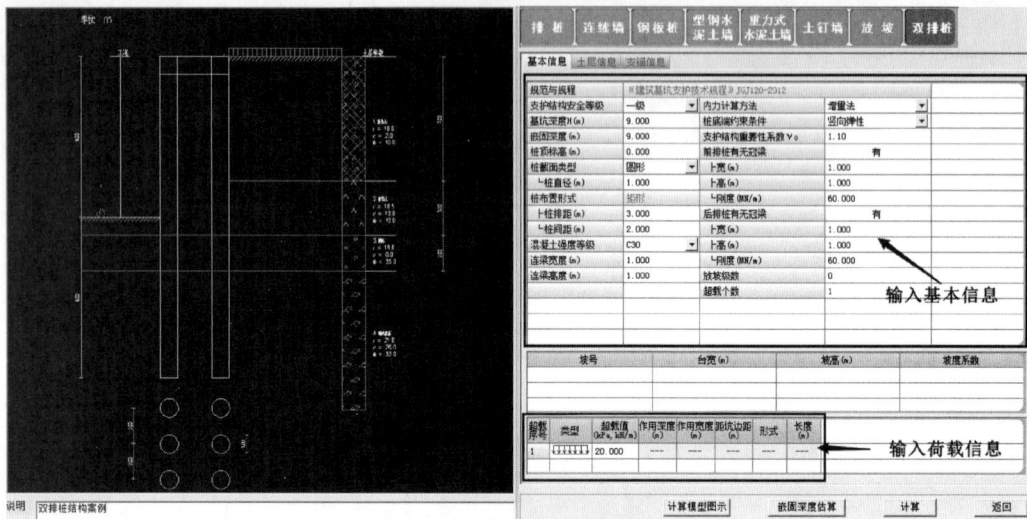

图 6-88　基本信息输入界面

操作说明：

（1）输入的工程名称、区段等信息：用于区分模型所代表的工程与支护区段，以免混淆。

（2）内力计算方法。增量法：采用这种方法时，可以更灵活地指定工况顺序；全量法：采用这种方法时，不能够任意指定工况顺序。

（3）桩底端约束条件：竖向弹性、竖向固定。

（4）根据《建筑基坑支护技术规程》JGJ 120—2012 进行的基坑支护安全等级，但此规范的等级划分比较主观，没有具体的量化指标，需要读者根据当地经验进行综合划分。如果当地已出台基坑支护地方性规范且地方性规范有具体量化划分基坑安全等级指标的，基坑支护安全等级应按地方性规范进行划分。

（5）按照《建筑基坑支护技术规程》JGJ 120—2012，基坑支护安全等级为一级、二级、三级的，其支护结构重要性系数分别为 1.1、1.0、0.9。

（6）基坑深度：指基坑顶到基坑底的总深度；如坡顶有放坡的，应包含坡顶放坡坡高。

（7）嵌固深度：基坑底到桩底的距离，也可以点击屏幕下方的"嵌固深度设计"按钮进行设计。见图 6-89。

（8）桩顶标高：小于等于 0，用来控制桩顶放坡。

（9）混凝土强度等级：强度等级采用《混凝土结构设计规范》GB 50010—2010（2015 年版）。桩截面类型为矩形（桩高、桩宽）和圆形（桩直径）。

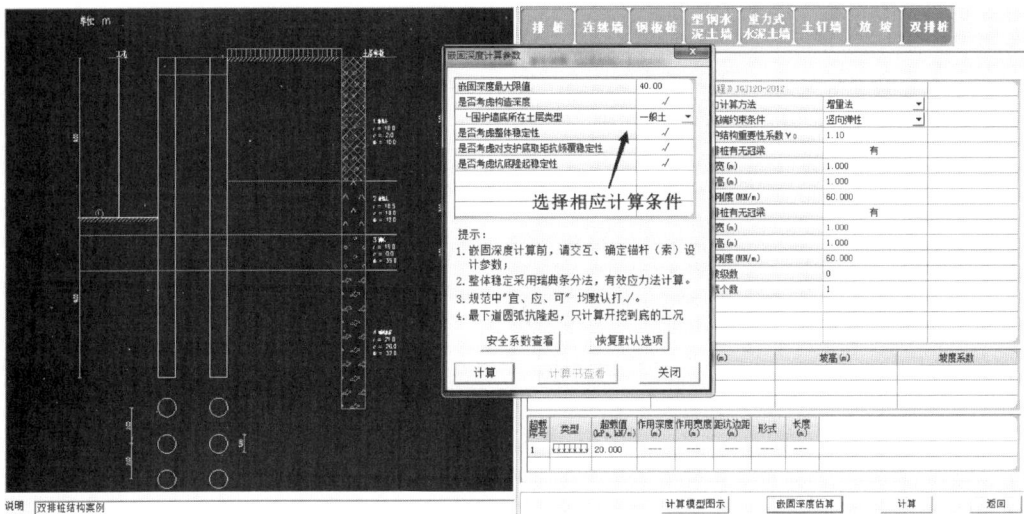

图 6-89　嵌固深度估算界面

（10）桩布置形式：矩形布置，桩排距与桩间距。

（11）前后排桩有无冠梁（冠梁宽度、冠梁高度、水平侧向刚度）：提供冠梁刚度估算工具，水平侧向刚度右侧按钮可进入估算界面。桩与冠梁按固结连接。

（12）连梁：宽度不应小于桩径，高度不应小于 0.8 倍桩径。

（13）放坡级数：即为中间设置平台的数量。

（14）超载个数：即坡顶需要设置的超载的个数。

（15）放坡信息：即自上而下分级放坡的平台宽度、坡高、坡度等信息。

（16）超载信息：即基坑顶超载的类型、荷载大小、分布宽度、深度等信息；如采用均布荷载时，即为坡顶边缘向外无限延伸的均布荷载，此时荷载仅能不至于地面；如为条形荷载时，可以设置荷载的埋深、位置、分布宽度等；三角形荷载可以用于模拟坡顶放坡的工况，此时应注意荷载分布的大小、方向；按笔者的工程经验，超载取值参考如下：民房按每层 20kPa、工地板房按每层 10～15kPa、小区道路、村道等 20kPa、市政道路 40kPa，其他工业建筑、专用设备等按权属方的资料采用。

3）土层信息输入

操作步骤如下：输入土层数→输入是否采用坑内加固土→输入基坑内外水位→弹性法计算方法→内力计算时坑外土压力→分层输入各土层厚度、抗剪强度等指标。见图 6-90。

操作说明：

（1）输入土层的层数应自基坑顶到以对基坑稳定性有影响最底层土的下一层土为止，且不少于支护结构或止水措施穿越的土层数；如基坑底以下存在软弱土层，应输入至软弱土以下一层；如软弱土很厚，钻探未揭穿，输入至钻探底标高即可。

（2）如地下水位在基坑所需降水标高以上的，基坑外水位按勘察报告提供的水位输入，基坑内水位按基坑降水所需的水位输入，一般按基坑底以下 0.5m 输入；地下水位在基坑所需降水标高以下的，基坑内外均按勘察水位输入即可。

（3）内侧水位是否随开挖过程变化：选择"是"，采用当前开挖工况对应的内侧水位

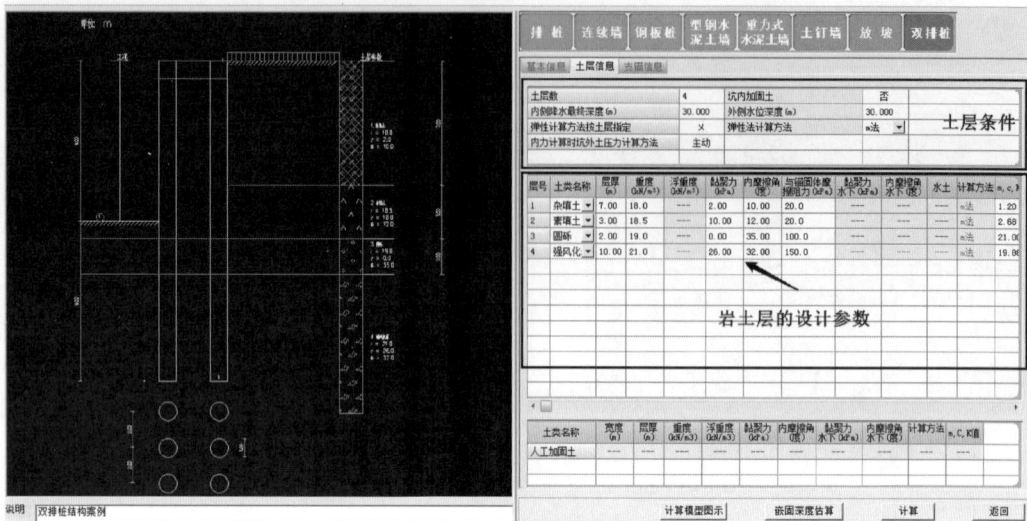

土层条件

岩土层的设计参数

人工加固土

层号	土类名称	层厚(m)	重度(kN/m³)	浮重度(kN/m³)	黏聚力(kPa)	内摩擦角(°)	与锚固体摩擦阻力(kPa)	黏聚力水下(kPa)	内摩擦角水下(°)	水土	计算方法	m,c,k值
1	杂填土	7.00	18.0		2.00	10.00	20.0				m法	1.20
2	素填土	3.00	18.5		10.00	12.00	20.0				m法	2.68
3	圆砾	2.00	19.0		0.00	35.00	100.0					21.00
4	强风化	10.00	21.0		26.00	32.00	150.0					19.86

图 6-90　土层信息输入界面

深度计算内力、位移；开挖到基坑底面及以后，工况按内侧降水最终深度计算内力、位移。选择"否"，采用内侧降水最终深度计算内力、位移。

（4）弹性法计算方法：可按土层来规定弹性计算方法的功能，在"弹性计算方法按土层确定"处打"√"，则可在"计算方法"一栏中分别设置各层的弹性计算方法，在"m，c，K值"一栏中分别输入相应数值；若统一设置，则可在"弹性计算方法按土层确定"处打"×"，在"弹性法计算方法"里统一选取。

（5）内力计算时，坑外土压力可选主动或静止土压力，静止土压力只影响内力计算，不影响其他嵌固深度及其他各项验算。静止土压力可以选择是否考虑局部荷载。

（6）各土层的重度：按勘察报告提供的输入，如地下水位以下的，还需输入浮重度；地下水位以下的，土层属于透水性土如砂土、砾土、粉土等按水土分算，弱透水性土如黏土、粉质黏土等按水土合算；其他指标按勘察报告提供的取值建议输入即可。软件提供了弹性计算方法中的 m 法。选择"当前土层"，只计算当前土层的 m 值；选择"所有土层"，对各土层的 m 值批量计算；并允许用户修改。可以按水上或水下计算参数估算基坑底面位移量。

（7）如基坑底或基坑底以下地层抗剪强度较低，可能发生整体稳定性破坏的，通常会在基坑底的坡脚前设置坑内加固土，一般采用搅拌桩或高压旋喷桩的形式进行坑内加固，也有采用素混凝土桩进行坑内加固的。坑内加固土的抗剪强度、重度等宜采用面积置换率进行加权平均指标换算。见图 6-91。

4）支锚信息输入（图 6-92）

双排桩的优势在于可以不用设置锚杆就可以提供较大的侧向刚度，更好地控制基坑的变形。如需设置锚杆，其他操作与锚拉式排桩结构一致，详见第 4.3.5 节。

5）计算信息输入及计算结果查看

双排桩设计内容包括：结构计算、截面计算、整体稳定验算、抗倾覆验算、抗隆起验算、抗突涌验算、嵌固深度构造验算，读者可按工程实际选取需要计算的内容。其中，结

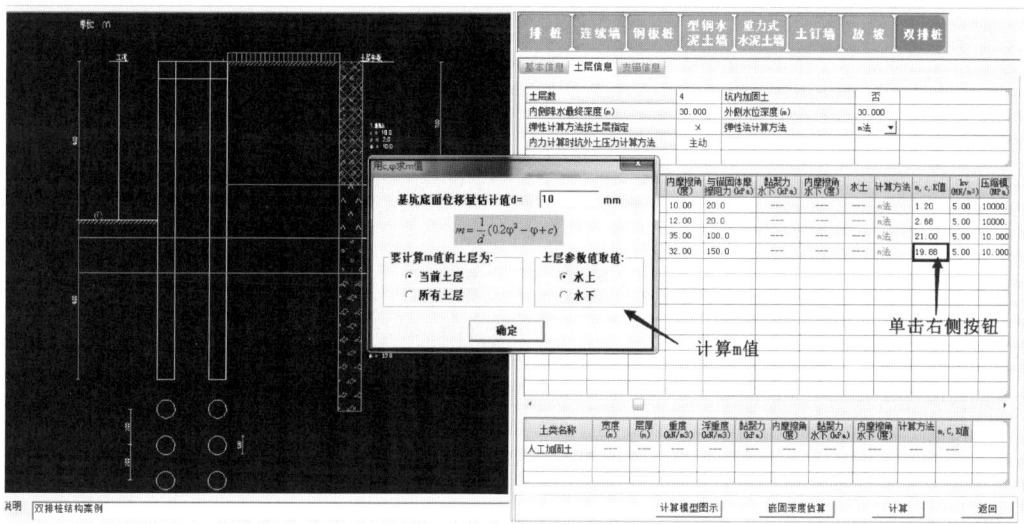

图 6-91 m值计算界面

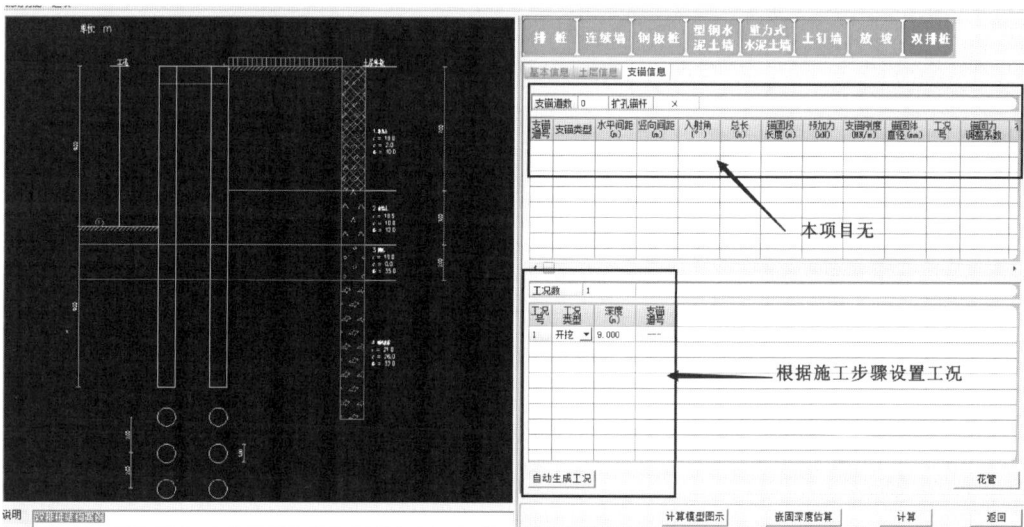

图 6-92 支锚信息输入界面

构计算、截面计算分别有对应的计算界面，计算过程中需要交互计算参数。此处，也可以选择自动设计。见图 6-93。

左边一栏按照规范、经验输入各项计算参数、计算方法即可，点击相应的按钮，软件会弹出相关的选取说明，读者按说明结合工程实际选取即可。

（1）结构计算：提供了位移内力工况图、位移内力包络图、地表沉降图及土压力查看窗口、曲线显示选择窗口。

（2）桩配筋计算（图 6-94）：双排桩截面计算界面包括前排桩、后排桩和连梁的配筋及选筋界面，可分别选择并选取各自的参数进行计算。其他操作与锚拉式排桩结构一致，详见第 4.3.5 节。

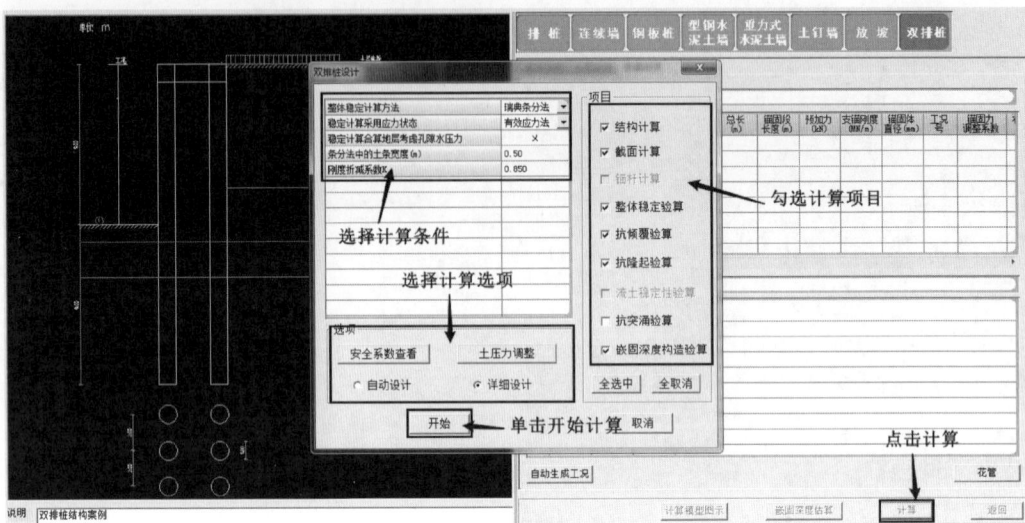

图 6-93　计算界面

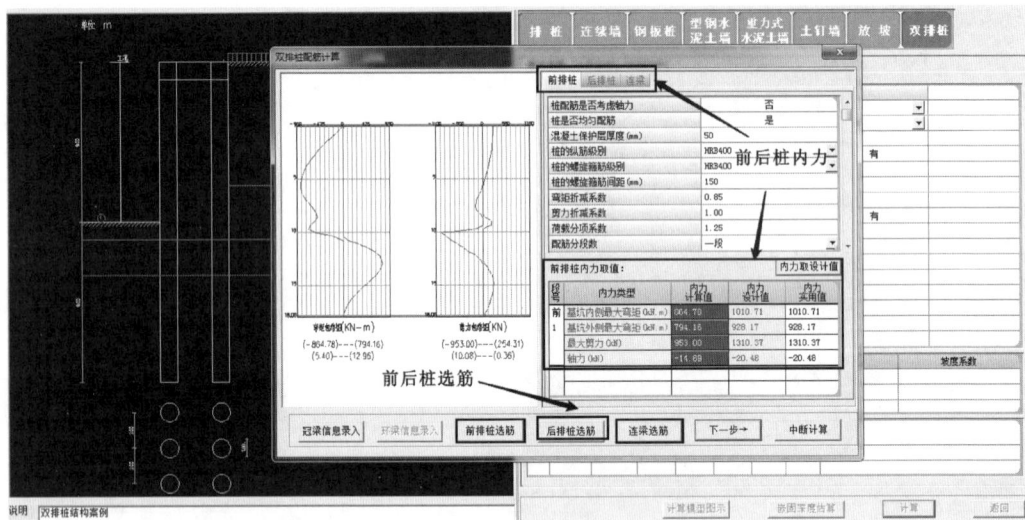

图 6-94　桩配筋计算界面

（3）结果查询：主要关注各工况下的土压力、位移、弯矩、剪力以及截面计算、整体稳定验算、抗倾覆验算、抗隆起验算、抗突涌验算、嵌固深度构造验算否满足要求。对于有变形要求的，应重点地表沉降图进行分析，多次试算。如满足要求即可退出计算，进行图纸绘制等工作；如不满足，应根据不满足的原因进行模型调整，直至各项计算结果满足规范要求。

3. 计算结果分析

1）内力位移包络图（图 6-95、图 6-96）

2）地表沉降图（图 6-97）

3）前、后排桩内力及配筋计算（表 6-19～表 6-24）

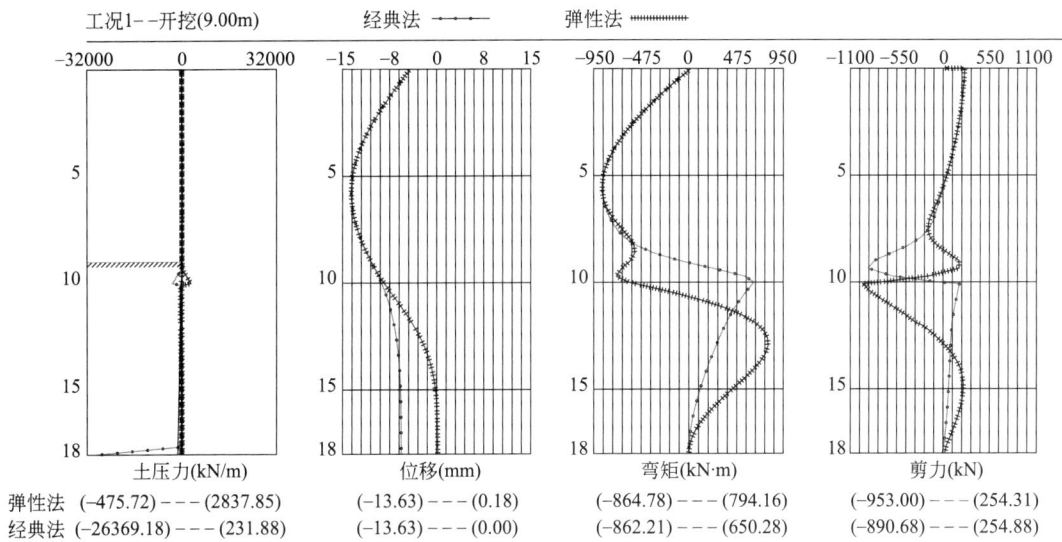

工况1--开挖(9.00m)   经典法 ———   弹性法 ┉┉┉┉

弹性法 (−475.72) - - - (2837.85)   (−13.63) - - - (0.18)   (−864.78) - - - (794.16)   (−953.00) - - - (254.31)
经典法 (−26369.18) - - - (231.88)   (−13.63) - - - (0.00)   (−862.21) - - - (650.28)   (−890.68) - - - (254.88)

图 6-95　位移内力工况图

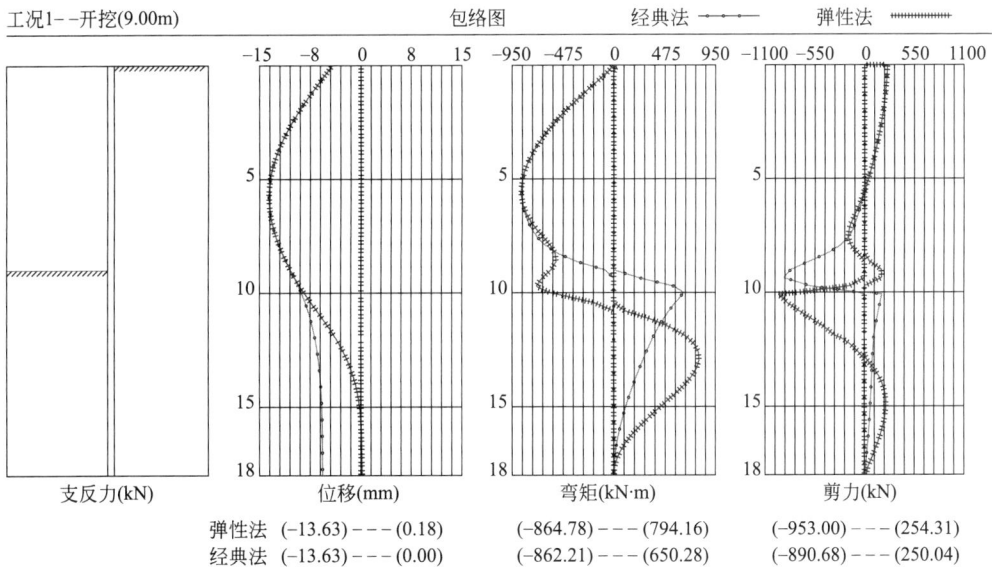

工况1--开挖(9.00m)   包络图   经典法 ———   弹性法 ┉┉┉┉

弹性法 (−13.63) - - - (0.18)   (−864.78) - - - (794.16)   (−953.00) - - - (254.31)
经典法 (−13.63) - - - (0.00)   (−862.21) - - - (650.28)   (−890.68) - - - (250.04)

图 6-96　位移内力包络图

前排桩内力取值　　　　　　　　　　　　　　　　　　　　　表 6-19

序号	内力类型	计算值	设计值
1	基坑内侧最大弯矩(kN·m)	864.78	1010.71
2	基坑外侧最大弯矩(kN·m)	794.16	928.17
3	最大剪力(kN)	953.00	1310.37
4	轴力(kN)	−14.89	−20.48

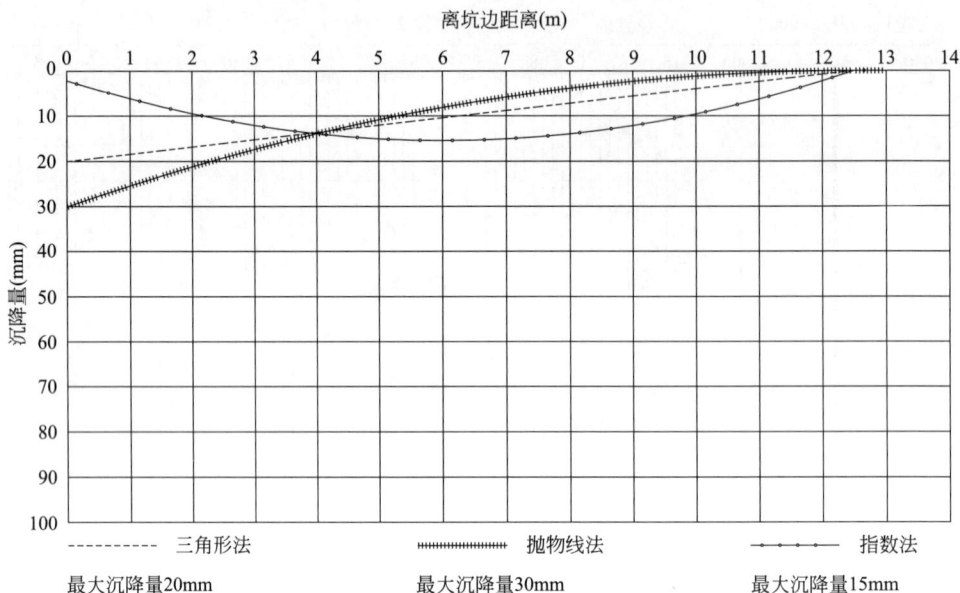

图 6-97　地表沉降图

三角形法　　最大沉降量20mm

抛物线法　　最大沉降量30mm

指数法　　最大沉降量15mm

前排桩钢筋选配取值　　表 6-20

序号	选筋类型	级别	钢筋实配值
1	纵筋	HRB400	20E22
2	箍筋	HRB400	E12@100
3	加强箍筋	HRB400	E16@2000

后排桩内力取值　　表 6-21

序号	内力类型	计算值	设计值
1	基坑内侧最大弯矩(kN·m)	862.21	1007.71
2	基坑外侧最大弯矩(kN·m)	650.28	760.01
3	最大剪力(kN)	890.68	1224.69
4	轴力(kN)	14.89	20.48

后排桩钢筋选配取值　　表 6-22

序号	选筋类型	级别	钢筋实配值
1	纵筋	HRB400	20E22
2	箍筋	HRB400	E12@100
3	加强箍筋	HRB400	E16@2000

连梁内力取值　　表 6-23

序号	内力类型	计算值	设计值
1	连梁上侧最大弯矩(kN·m)	22.42	26.20

序号	内力类型	计算值	设计值
2	连梁下侧最大弯矩(kN·m)	22.26	26.02
3	最大剪力(kN)	14.89	20.48
4	轴力(kN)	0.28	0.39

连梁钢筋选配取值 表 6-24

序号	选筋类型	级别	钢筋实配值
1	连梁上侧纵筋	HRB400	8E18
2	连梁下侧纵筋	HRB400	8E18
3	箍筋	HRB400	E12@150

4）抗倾覆稳定性验算

$$K_e = \frac{E_{pk}a_p + Ga_G}{E_{ak}a_a} = \frac{3211.97 \times 3.01 + 2937.51}{1183.04 \times 8.33} = 1.28 \geqslant 1.25，满足规范要求。$$

5）整体稳定验算

计算方法：瑞典条分法；

应力状态：有效应力法；

条分法中的土条宽度：0.50m；

滑裂面数据：圆弧半径 $R = 19.831$m，圆心坐标 $X = -0.792$m，圆心坐标 $Y = 10.243$m，整体稳定安全系数 $K_s = 3.133 \geqslant 1.35$，满足规范要求。

6）抗隆起验算

从支护底部开始，逐层验算抗隆起稳定性，结果如下：

支护底部，验算抗隆起：

$K_s = (20.278 \times 9.0 \times 23.177 + 26.0 \times 35.490) / [19.194 \times (9.0 + 9.0) + 20.0] = 14.097 \geqslant 1.800$，抗隆起稳定性满足。

7）嵌固深度构造验算

根据公式：嵌固构造深度＝嵌固构造深度系数×基坑深度＝0.600×9.000＝5.4m；

嵌固深度采用值 9.0m≥5.4m，满足构造要求。

8）嵌固段基坑内侧土反力验算

$P_s = 1906.719 \leqslant E_p = 5781.546$，土反力满足要求。

注：P_s——作用在挡土构件嵌固段上的基坑内侧土反力合力（kN）；

E_p——作用在挡土构件嵌固段上的被动土压力合力（kN）。

4. 设计方案图

双排灌注桩：桩径1m，桩间距2.0m，排间距3.0m，实桩桩长18.0m，嵌固段长度9.0m。冠梁宽度1m，高度1m；连梁宽度1m，高度1m，连梁间距4m；冠梁、连梁及桩身采用C30混凝土。迎坑面采用100mm厚的C20喷射混凝土＋钢筋网片防护，基坑支护典型剖面如图6-98所示。

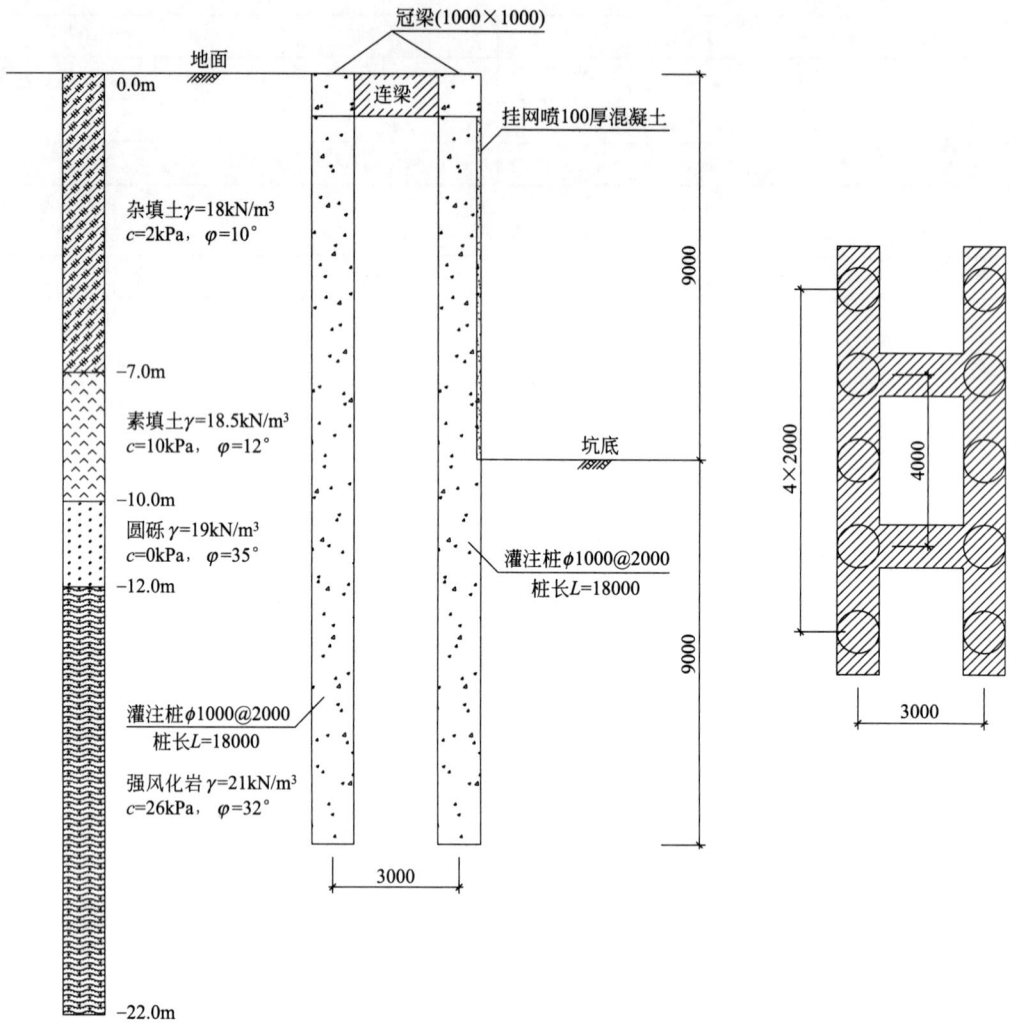

图 6-98　基坑支护典型剖面图（双排桩）

第 7 章

地下连续墙设计与实例计算

7.1 地下连续墙概述

地下连续墙是一种位于地面以下的连续墙体结构。其施工方法又称为槽壁法（Dia-phragm Wall），即在地面上利用一种特殊的挖槽设备，沿着深开挖工程的周边在地下挖一段狭长的线性深槽，槽内充满泥浆以保护槽壁的稳定，再将焊接好的钢筋笼从地面吊入槽内；然后，采用导管水下浇灌混凝土置换出沟槽中的泥浆，筑成一段钢筋混凝土墙段；最后，这些墙段连接起来，形成一道地下连续的钢筋混凝土墙壁。

7.1.1 地下连续墙的发展

世界上第一次修建地下连续墙，源于 1950 年意大利水库大坝的防渗墙。随后，20世纪 50 年代后期传入法国、日本等国，20 世纪 60 年代推广至英国、美国、苏联等国。世界各国地下连续墙应用都是从水利水电基础工程中开始，然后推广到建筑、市政、交通、矿山、铁道和环保等部门。20 世纪 60 年代，日本开发了许多连续墙施工机具；之后，地下连续墙的施工技术在全世界范围内得到了较广泛的应用。早期的地下连续墙多用于大坝的防渗墙，一般是在地下先凿出一条沟槽，然后浇灌混凝土，以形成一层透水性很低的薄膜，由于其目的主要是隔水，因此对墙面的垂直度、平整度及混凝土强度的要求并不严格，主要是控制其水密性。1961 年，法国巴黎费利浦大楼深基础工程首次成功地采用了较高精度的地下连续墙技术，这是地下连续墙施工技术在高层建筑中的首个应用实例。我国也是较早应用地下连续墙施工技术的国家之一，1958 年我国水利部门在青岛月子口水库建造深 20m 的桩排式防渗墙以及在北京密云水库建造深 44m 的槽孔式防渗墙。1971 年，在我国台湾地区的台北市吉林路中国国际银行大楼中采用了地下连续墙，墙厚 550mm，深 15m，是国内也是东南亚地区首先应用在高层建筑中的地下连续墙工程。1977 年，在上海研制成功了导板抓斗和多头钻成槽机之后，首次用这种机械施工了某船厂升船机港池岸壁，为我国加速开发这一技术起到了积极的推动作用。

最初，地下连续墙厚度一般不超过 0.6m，深度不超过 20m。到了 20 世纪 60~80年代，随着成槽施工技术设备的不断提高，墙厚达到 1.0~1.2m，深度达 100m 的地下连续墙逐渐出现。1965~1987 年，日本利用地下连续墙作为围护结构的工程多达 365

例。东京都涩谷区 NHK 新广播电台大楼，地下 2 层，地上 3 层。基坑围护结构采用 T 形大断面地下连续墙，墙厚为 0.6m 和 1.0m，深度为 18～22m，地下连续墙作为地下室外墙兼作双层车道的基础；营团地铁有乐町线基坑工程采用 0.8m 的厚度地下连续墙作为围护结构；日本国室兰港的白鸟大桥（主跨 720m 悬索桥）主塔墩为直径 37m、深 70m 的基坑采用地下连续墙围堰。从筑岛顶面算起，地下连续墙打入地面以下 100m（嵌岩 30m），成功地修建了主塔墩的基础。到了 20 世纪 90 年代，由于成功研制并使用了水平多轴铣槽机，出现了超厚（3.20m）和超深（170m）的地下连续墙结构。已建成的日本东京湾跨海大桥的川崎人工岛地下连续墙基础（墙厚 2.8m，直径 108m），最大深度已达 140m。

国内自从引进地下连续墙技术至今，地下连续墙作为基坑围护结构的设计施工技术已经非常成熟。进入 20 世纪 90 年代中期，国内外越来越多的工程中将支护结构和主体结构相结合设计，即在施工阶段采用地下连续墙作为支护结构，而在正常使用阶段地下连续墙又作为结构外墙使用，在正常使用阶段承受永久水平和竖向荷载，称为"两墙合一"。如新闸路地铁车站、上海银行大厦、越洋广场、平安保险广场和上海二十一世纪中心大厦等，均采用了"两墙合一"的设计。"两墙合一"减少了工程资金和材料投入，充分体现了地下连续墙的经济性和环保性。2000 年以后，随着国内又一轮建筑高潮的兴起，深大基坑和市区内周边环境保护要求较高的基坑工程不断涌现，对工程的经济性和社会资源的节约要求越来越高。一系列外部条件的发展，促进了地下连续墙工艺又得到了进一步推动；同时，也出现了一批设计难度较高的工程。例如，上海 500kV 世博地下变电站工程直径 130m 的圆形基坑，基坑开挖深度为 34m，采用了 1.2m 厚的地下连续墙作为围护结构，同时在正常使用阶段又作为地下室外墙。

7.1.2　地下连续墙的优缺点

1. 地下连续墙的优点

（1）施工振动小，施工噪声低，无需放坡和支模，对环境影响小，场地限制较少。

（2）墙身刚度大，墙体整体性好，能承受较大土压力，结构变形较小，基坑开挖安全性高，能应用于建（构）筑物密集的地区。

（3）抗渗能力强、耐久性好，一般无须止水帷幕。

（4）可当作单一墙使用，作为地下结构外墙。

（5）地层适用性强，适用于从软到硬的多种地质条件。

2. 地下连续墙的缺点

（1）受施工机械的限制，墙厚具有固定模数，不能灵活调整。

（2）单体工程造价通常较高一些，在基坑一定深度或特殊条件下才能彰显其优势。

（3）较厚砂层存在槽壁塌落的问题。

（4）弃土和废泥浆的处理问题，易造成施工环境泥泞、潮湿。

7.1.3　地下连续墙的适用条件

根据地下连续墙的优缺点，经过必要的经济和技术比选，地下连续墙主要适用于以下条件的基坑工程：

（1）场地受限，用地红线距离地下结构外墙较近的近接工程。

（2）周边存在保护要求较高的建（构）筑物，对基坑变形和防水要求较高的工程。

（3）二墙合一、对抗渗要求高的工程，地下连续墙可兼作地下主体结构的外墙。

（4）深度较大的基坑，一般开挖深度大于10m的深基坑工程才能凸显地下连续墙特有的优势和经济性。

（5）30m以上的超深基坑工程，其他支护方式无法满足要求时，可采用地下连续墙。

（6）盖挖逆作法基坑，一般采用地下连续墙，地上与地下同时施工。

7.1.4 地下连续墙的分类及支护

1. 地下连续墙的分类

地下连续墙按施工方法，大体可分为现浇式地下连续墙和预制式地下连续墙。目前，工程上主要使用的是现浇式地下连续墙，本章也主要讲现浇式。

1）按其结构形式

可分为：直线壁板式，如一字形；折线壁板式，如C形；组合式，如L形、T形、π形、格构式等，如图7-1所示。

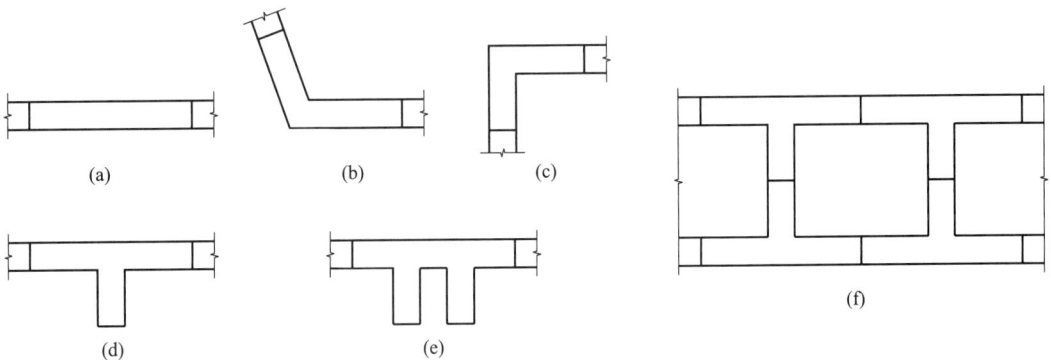

图7-1 地下连续墙按结构形式分类图

（a）一字形；（b）C形；（c）L形；（d）T形；（e）π形；（f）格构式

2）按成槽机械工作原理

可分为：抓斗式——以履带式起重机来悬挂抓斗，抓斗通常是蚌（蛤）式的；冲击钻进式——冲击钻机利用钢丝绳悬吊冲击钻头进行往复提升和下落运动，依靠其自身的重量反复冲击破碎岩石，然后用一只带有活底的收渣筒将破碎下来的土渣、石屑取出而成孔；回转钻进式——利用两个或多个潜水电机，通过传动装置带动钻机下的多个钻头旋转，等钻速对称切削土层，用泵吸反循环的方式排渣进入振动筛，较大砂石、块状泥团由振动筛排出，较细颗粒随泥浆流入沉淀池，通过旋流器多次分离处理排除，清洁泥浆再供循环使用，如图7-2所示。

3）按墙的用途

可分为：临时性挡土结构——在建筑物施工期间起挡土作用的挡土墙；永久性挡土结构——在建筑物使用期间起挡土作用的主体结构墙兼临时挡土墙；防渗结构——用以隔阻渗透水流、将水力梯度和渗流量控制在允许值之内的防渗墙；竖向承载结构——用作上部

(a)　　　　　　　　　　　(b)　　　　　　　　　　　(c)

图 7-2　地下连续墙成槽机械图
（a）抓斗式；（b）冲击式；（c）回转式

结构的基础等。

4）按墙的受力

可分为：侧向承载墙——用作侧向承载结构的地下连续墙；竖向承载墙——用作竖向承载结构的地下连续墙。

工程上主要是用作挡土墙的地下连续墙，可分为自立式和横撑式。

自立式地下连续墙不设支撑，仅依靠插入部分的地基水平抗力及墙体的抗弯刚度来承受土压和水压等荷载。由于自立式挡土地下连续墙易产生较大的弯矩，而且往往需要增大地下连续墙插入土中的深度，所以不宜用于较深的基坑。由于不设支撑，它有利于基坑可挖的内部作业，并有利于开挖空间的长期使用。这种地下连续墙的刚度大于钢板桩挡土墙的刚度。所以，其顶端在荷载作用下的水平位移一般比较小。

横撑式挡土地下连续墙由水平导梁（支承挡土墙）、横撑（支承导梁）等组成。因其刚度大，可以减少墙体外侧土体的位移。横撑的内力通常取决于非开挖侧土压力，但当开挖深度较小而开挖平面较大时，可采用设置斜撑支承在开挖底面或主体结构上。

另外，在开挖平面较大或需要较大的作业空间时，可采用在土中设置锚杆的方法，由周围土体支撑地下连续墙，而不使用内支撑。地下连续墙的发展与施工机械、泥浆及施工管理有密切的关系。目前，国内多采用壁板式地下连续墙。

2. 地下连续墙的支护方式

地下连续墙用作基坑支护结构常采用以下几种方式：

1）悬臂式

（1）直线等厚悬臂式：适用于土质较好、开挖深度较浅的基坑支护。其顶部宜作冠梁，以承担部分水平力。

（2）组合断面悬臂式：将地下连续墙做成 T 形、π 形或工字形，可用于较深的基坑。

2）内支撑式

（1）单层水平支撑式：在地下连续墙顶部或接近顶部设一道水平内支撑，下端弹性嵌固于天然岩、土层或加固土层中，可用于开挖深度较深的基坑。

（2）水平多层支撑式：设置多道水平内支撑，可用于开挖深度很深的基坑。

（3）斜撑式：利用建筑物基础底板、靠近边缘的承台或另外设置专门的支撑承台（含水平抗力桩、三角墩等）作为支点设置斜撑，可代替单层支撑。采用此种支撑时，应与土方开挖和基础施工密切配合，在支撑生效前保留边缘土体不挖除，以保证施工过程中墙体的稳定并控制其位移。

（4）周边水平撑式：首先施工中部的地下室，然后在中部地下室结构构件与地下连续墙之间设水平支撑，再挖除边缘土，最后施工边缘的地下室外墙。

（5）逆作式：自上至下施工地下室梁板，以各层地下室梁板支撑地下连续墙，某层支撑生效后再挖除该层梁板以下至下一层梁板施工深度之间的土方。

3）锚拉式

采用类似桩锚支护结构的方法，边开挖边设置锚杆或设置顶部拉锚（锚碗板或锚砖块）。有条件时，宜优先选用逆作式施工法。

7.2 地下连续墙设计

地下连续墙设计时，应严格遵守现行国家的相关规定。执行过程中，可根据具体情况参照选用与其配套的其他现行国家、省、市、地方规范（程）、行业规范（程）和标准，以及其他一些强制性规定。在规范使用过程中，应注意不同设计理论、规范的衔接条件。

现浇混凝土地下连续墙的厚度为一般为 600～1200mm，深度在 50m 以内，用作永久性挡土结构、临时性挡土结构、防渗墙、深基础或其他地下结构。

地下连续墙作为基坑的围护结构，主要考虑强度、刚度和稳定性三大方面的设计和计算。根据基坑安全等级，按承载力极限状态与正常使用极限状态的要求，地下连续墙应分别进行以下计算。

1. 按承载力极限状态设计

1）墙体的水平和竖向截面承载力计算

2）竖向地基承载力计算

3）地下连续墙及支撑体系（如混凝土撑、钢支撑、锚索、腰梁等）强度计算

4）整体稳定性、抗倾覆稳定性、坑底抗隆起稳定性、抗渗流稳定性等计算

2. 按正常使用极限状态设计

1）变形容许值计算

2）裂缝宽度计算

3. 地下连续墙施工方法

地下连续墙施工方法选择应根据结构所在地段的工程地质及水文地质条件、周边环境、道路交通、场地条件、施工难度、工期和土建造价等多种因素，经综合比较后确定。具体施工方法可按下列原则确定：

1）明挖顺作法

在地下连续墙施工期间，不影响城市道路交通或允许封闭道路时，宜优先采用明挖顺作法施工。

2）盖挖顺作法

当通过交通繁忙、路面狭窄地段，为确保交通畅通宜铺设临时路面，采用盖挖顺作法施工。

3）盖挖逆作法

当通过不允许长时间封闭的交通繁忙地段或需严格控制基坑开挖引起的地面沉降时，可采用盖挖逆作法或半逆作法进行施工。

7.2.1　主要设计原则

（1）地下连续墙的设计方案，应尽可能具备多种使用功能并经技术经济比较确定，以达到合理设计和降低工程总造价的要求。

（2）地下连续墙墙体的结构设计，应根据其安全等级、场地条件和岩土条件、结构特点和功能要求等，确定其结构形式、平面布置、墙体宽度和埋置深度以及单元（槽段）形状和长度，并按各施工阶段和使用阶段的实际情况，分别对荷载及其组合、墙体和支撑构件的内力及其强度、墙体和支撑构件的变形、基坑土体的稳定性、地基的承载力、墙体沉降等有关项目进行相应的计算。

（3）作用在地下连续墙墙体上可能出现的荷载，分施工阶段和使用阶段，按承载能力极限转态和正常使用极限状态分别进行组合，并取最不利组合进行设计。

（4）地下连续墙的入土深度（从开挖面以下算起）应同时满足墙体平衡条件（整体倾覆、滑动稳定性）；基坑底部土体整体稳定性，并防止流砂或管涌等事故；竖向承载结构的墙端持力层的需要（满足地基承载力验算和变形验算）；抗渗稳定性以及使用功能等其他要求。

（5）根据工程的特点和要求，在地下连续墙的结构设计中应选用合理的槽段连接（接头）形式和墙体与主体结构构件的连接形式。

（6）地下连续墙墙体混凝土的强度应满足设计要求，并应根据地下连续墙的使用功能和所处的环境条件，分别满足抗渗性和抗侵蚀性的要求。墙体混凝土的强度等级一般不应低于 C30，必要时可采用较高的强度等级。施工时混凝土的强度应提高一级配置，但临时性挡土墙可不受此限制。

（7）根据场地的地质状况、周边环境安全的重要程度和坑内永久性结构变形允许条件等因素，对基坑支护工程划分为三个级别。设计时可按具体情况，根据表 7-1 对基坑的不同区段确定不同的等级，作为设计基坑支护的变形控制标准。

基坑保护等级和变形控制标准表

表 7-1

保护等级	地面最大沉降量及围护结构水平位移控制要求	工程条件
一级	1. 地面最大沉降量≤0.15%H； 2. 支护结构最大水平位移≤0.2%H 且≤30mm	1. 基坑边缘与邻近浅基础或桩端埋置深度＜1.3H，摩擦桩基础的建筑物的净距或重要管线的净距＜1.0H； 2. 开挖深度≥12m； 3. 1.3H 范围内软弱土层总厚度＞5m

保护等级	地面最大沉降量及围护结构水平位移控制要求	工程条件
二级	1. 地面最大沉降量控制在≤0.4%H； 2. 支护结构最大水平位移≤0.4%H 且≤40mm	1. 基坑边缘与邻近浅基础或桩端埋置深度<1.3H，摩擦桩基础的建筑物的净距或重要管线的净距在(1.0~2.0)H之间； 2. 开挖深度 8~12m； 3. 1.3H 范围内软弱土层总厚度 3~5m
三级	1. 地面最大沉降量控制在≤0.6%H； 2. 支护结构最大水平位移≤0.8%H 且≤100mm	1. 基坑边缘与邻近浅基础或桩端埋置深度<1.3H，摩擦桩基础的建筑物的净距或重要管线的净距>2.0H； 2. 开挖深度<8m； 3. 1.3H 范围内软弱土层总厚度<3m

注：1. 表中，H 为基坑开挖深度；

2. 工程条件栏中，从一级开始，有两项（含两项）以上最先符合该级标准者，即可划分为该等级；

3. 重要管线系指其破坏后果很严重的管线，如燃气、供水、重要通信或高压电力电缆等；

4. 软弱土层指淤泥、淤泥质土、松散粉、细砂层或新近堆填的松散填土；

5. 当基坑边线距离 50m 以内有地铁时，应分析基坑开挖对地铁的影响，必要时基坑支护安全等级可提高一级。

（8）为提高基坑自身的安全度及基坑周边环境保护的可靠度，第一道内支撑优先采用现浇钢筋混凝土支撑或钢筋混凝土支撑和钢支撑复合的方案。地下连续墙为方便施工，钢筋布置宜采用全断面均匀对称配筋。

（9）当地下连续墙作为支护结构又作为永久结构的一部分时，若不进行裂缝验算，则应考虑先期承受的外部荷载因材料性能退化和刚度下降向内部衬砌的转移；当地下连续墙作为抗浮结构在其上设置抗浮压顶梁时，应对地下连续墙在地下水位交替变换部位的裂缝进行控制，以保证结构的设计年限。

（10）在确定地下连续墙入土深度时，可参照类似工程经验，但必须进行抗滑动、抗倾覆和整体稳定性以及墙前基底土体的抗隆起和抗管涌稳定性验算。表 7-2 可作为地下两层结构嵌固深度的参考值，单层与三层（或以上）的地下结构嵌固深度根据实际情况进行增减。

各地层中嵌固深度参考　　　　　　　　　　　　　　　　表 7-2

嵌固地层	粉质黏土层	全风化层	强风化层	中风化层	微风化层
嵌固深度(m)	6.0	5.5~6.0	4.50	2.50	1.50

注：对于花岗岩和混合花岗岩残积层、全风化、强风化层，要充分考虑其遇水软化、崩解的影响。

（11）当采用逆作法施工时，应尽可能减少施工作业占用道路的时间和空间，结构形式、技术措施、施工方法和施工机具的选择等应与这一要求相适应。

（12）侧向地层抗力和地基反力的数值及分布规律，应根据结构形式及其在荷载作用下的变形、施工方法、回填与压浆情况、地层的变形特性等因素确定。

（13）明挖基坑的回填，其密实度应满足设计要求的承载能力和沉降要求。

7.2.2 侧向承载计算

地下连续墙的荷载包括施工阶段及使用阶段两个阶段的荷载。施工阶段的荷载主要指基坑开挖阶段的水、土压力，地面的施工荷载，逆作法施工时上部结构传递的垂直承重荷载等；使用阶段的荷载主要指地下连续墙作为主体结构的一部分所承受的荷载，包括使用阶段的水、土压力，主体结构使用阶段传递的恒载和活载等。

地下连续墙作为挡土为主的结构，主要承受水平方向的水、土荷载。因此，确定地下连续墙施工及使用阶段水、土压力的大小，是荷载确定的关键。

作用在地下连续墙上的侧向荷载，可取每延米长或一个槽段作为计算单元，并根据各施工阶段和使用期间可能同时出现的最不利情况，进行组合计算。地下连续墙上的侧向荷载应包括土压力和水压力等。计算时应根据各不同期间墙体和土体位移的可能情况、支撑体系的布置与刚度以及施工程序，确定土压力的计算图式。

1. 静止土压力

墙侧静止土压力强度可按式（7.2-1）计算。

$$p_0 = q \cdot K_0 + K_0 \cdot \sum \gamma h \tag{7.2-1}$$

式中　p_0——计算点处的静止土压力强度（kPa）；

K_0——相应土层的静止土压力系数，宜由试验直接测定。无试验资料时，可按经验公式 $K_0 = 1 - \sin \varphi'$ 计算（φ' 为土的有效内摩擦角）；

q——地面均布荷载（kPa）；

γ——计算点以上各土层的有效重度（kN/m³）；

h——计算点以上各土层的厚度（m）。

符合下列情况之一时，墙侧土压力应按静止土压力考虑：

（1）处于基坑开挖初始状态的地下连续墙。

（2）按市政环境要求，必须严格控制侧向位移的地下连续墙；或在基坑挖过程中已采取了有效的加强措施，能够严格控制侧向位移的地下连续墙。

（3）墙侧为高含水量淤泥和淤泥质土的地下连续墙（临时性的悬臂式地下连续墙除外）。

（4）结构的整体刚度大且平面呈封闭状（格形重力式或圆环式、竖井式等）的地下连续墙。

（5）建筑物使用期间的外围地下连续墙。

2. 主动土压力和被动土压力

墙侧主动土压力强度与被动土压力强度，可分别按式（7.2-2）与式（7.2-3）计算：

$$p_a = q \cdot K_a + K_a \cdot \sum \gamma h - 2c \sqrt{K_a} \tag{7.2-2}$$

$$p_p = q \cdot K_p + K_p \cdot \sum \gamma h + 2c \sqrt{K_p} \tag{7.2-3}$$

式中　p_a——计算点处的主动土压力强度（kPa），在基坑开挖深度范围内，如 $p_a < 0$ 时，取 $p_a = 0$；

p_p——计算点处的被动土压力强度（kPa）；

K_a——相应土层的主动土压力系数，$K_a = \tan^2(45° - \varphi/2)$；

K_p——相应土层的被动土压力系数，$K_p = \tan^2(45° + \varphi/2)$；

c——相应土层的黏聚力（kPa），对无黏性土，取 $c = 0$；

φ——相应土层的内摩擦角（°）。

当允许墙体和土体向开挖面（或临空面）产生侧向位移时，墙背土压力可按主动土压力考虑；只有当墙体位移量足够大时，墙体前的土体抗力才能按被动土压力考虑。

3. 静水压力

当无渗流时，静水压力强度可按式（7.2-4）计算：

$$p_w = \gamma_w \cdot h_w \tag{7.2-4}$$

式中　p_w——计算点处的静水压力强度（kPa）；

　　　γ_w——水的重度，可取 $\gamma_w = 10kN/m^3$；

　　　h_w——地下水位至计算点处的深度（m）。

注：当有渗流时，尚应计算渗透水压力。

4. 叠合墙剪力

地下连续墙与主体结构结合成整体时，可根据地下连续墙与主体结构结合的性能进行内力计算，地下连续墙墙体所能承受的剪力可按式（7.2-5）计算。

$$V_{wi} = \frac{D_{wi}}{\sum D_f + \sum D_w + \sum D_{intw}} \cdot V \tag{7.2-5}$$

式中　V_{wi}——所计算的地下连续墙墙体承受的剪力设计值；

　　　V——作用在各地下连续墙与主体结构的总剪力设计值；

　　　D_{wi}——所计算的地下连续墙墙体沿剪力作用方向的抗剪刚度；

　　　D_f——主体框架结构的抗剪刚度；

　　　D_w——各地下连续墙沿剪力作用方向的抗剪刚度；

　　　D_{intw}——主体内墙结构沿剪力作用方向的抗剪刚度。

此外，当地下水位变动频繁或槽孔可能发生坍塌时，应对槽壁进行稳定性验算，必要时尚应进行成槽试验。

5. 计算方法

地下连续墙墙体和支撑的内力、位移的分析与计算，应根据地下连续墙结构形式、支承条件、受力状态和地基岩土特性，按下列方法之一进行计算。

1）简化法

计算墙后主动土压力和开挖面以下的墙前被动土压力，视支撑为不动铰支座，并在开挖面以下按经验确定弯矩零点位置或设置墙体假想支点。根据静力平衡条件，对某一开挖阶段进行分析，解出所需的地下连续墙的入土深度、墙体（竖向梁）和支撑的内力。简化法仅适用于初步选择墙体和支撑的截面。

2）基床系数法

根据墙体可能产生侧向位移的性质和大小，确定墙侧土压力的计算图式，并按本节上式规定计算开挖深度范围内的墙后土体和水体压力。墙体入土深度部分则采用水平基床系数表达墙体与土相互作用下土的侧向位移与侧压力的关系。考虑支撑刚度的影响和各阶段开挖后墙体已发生的位移解出各阶段墙体的位移和内力。这类方法可用于一般地下连续墙工程的结构分析。

3）其他分析法

以某种应力-应变关系反映土（岩）体的力学性状，将墙体（梁、板、壳）和土（岩）体视作连续体或加以离散化，考虑墙体与土（岩）体的相互作用和支撑刚度的影响，从初始（静止）应力状态出发，模拟基坑开挖过程，逐步解出墙体和土（岩）体各阶段的位移和应力。这类方法可用于复杂地下连续墙工程的结构分析和估计地下连续墙工程对周围环境的影响。

6. 临时支护的设计要求

仅作为临时支护结构的地下连续墙设计应符合下列要求：

（1）土、水侧压力可按规定计算，但应考虑位移限制对主、被动两侧土压力分布的影响，对设有撑、锚的地下连续墙宜根据经验对土压力计算结果给予必要的调整。

（2）悬臂式地下连续墙，可按本章的设计原则计算入土深度和内力。

（3）有撑、锚的地下连续墙，可按本章的设计原则计算入土深度、内力和撑锚力。

（4）对坐落于软土层中的地下连续墙，尚应进行坑底抗隆起验算及整体稳定性验算。

7. 永久结构设计要求

地下连续墙作为地下室外墙或作为地下室外墙的一部分（"两墙合一"）时，应将其作为永久性结构纳入主体结构设计范畴，满足作为地下室外墙结构在施工期和使用期的内力、变形挠度控制和裂缝控制等要求。

7.2.3 构造要求和规定

1. 地下连续墙单元墙段的长度

（1）墙段长度应根据墙体布置、结构形式、埋置深度、地基和地下水条件以及施工因素（吊运的钢筋笼质量和刚度、混凝土供应能力及其浇灌连续性等）综合确定。

（2）单元槽段的长度，一般可采用 4～6m，条件较好者可取 7m。但对可能坍塌的高含水量的淤泥、细砂等地基，其长度则应适当减少。

2. 地下连续墙的受力钢筋

（1）受力钢筋宜采用 HRB400 钢筋，其直径不得小于 16mm；构造钢筋可采用 HPB300 钢筋，其直径不得小于 12mm。纵向钢筋的净距不得小于 75mm。当受力钢筋必须配置两排时，内外排钢筋的净距不得小于粗骨料粒径的 2.5 倍且不小于 75mm。水平构造钢筋的间距不应大于 300mm。

（2）地下连续墙的受力钢筋应按计算确定，横向受力钢筋尚应验算其握裹力强度。地下连续墙受力钢筋的最小配筋率为 0.4%。

3. 地下连续墙的钢筋焊接

（1）纵向钢筋中至少应有一半总截面积的钢筋通长配置，其钢筋底端至槽底的距离应为 250～300mm。分段制作的钢筋笼，每段的纵向接头应全部焊接。

（2）纵向钢筋与构造钢筋的交点应采用焊接连接，形成具有一定刚度的钢筋笼。钢筋笼应装置成整体。当必须分段制作时，其连接处宜选在受力较小的截面处，且相邻槽段宜互相错开。钢筋笼的纵向连接需要采用绑扎搭接时，绑扎搭接钢筋笼受力钢筋的最小搭接长度，当搭接截面错开时应为 $45d$；在同一截面绑扎时，搭接长度不应小于 $70d$，且不小于 1.5m。

4. 地下连续墙的保护层厚度

地下连续墙受力钢筋的混凝土保护层厚度可采用 70～100mm。钢筋笼应设置定位块。定位块可用钢板（厚度约 3mm）焊接在钢筋笼上。

5. 支撑式地下连续墙

支撑数量和位置应通过计算确定。在基坑开挖过程中，应及时设置支撑并注意其工作状态，防止支撑过量变形或丧失稳定。当墙侧存在高含水量且层厚大的淤泥和淤泥质土时，应加强墙体顶部支撑和以下各道支撑的刚度，以减少墙体在整个开挖过程的侧向位移及对邻近建筑和地下设施的不利影响。

6. 锚定式地下连续墙

可采用锚杆或锚定板加以锚定，锚杆和锚定板的布置和尺寸应通过计算确定。设计时应考虑锚杆设置过程和使用期间锚拉力的变化及墙体变形。施工时作用于锚杆的预应力应通过实测确定，以免锚拉力不足或过大而使墙体过分内倾或外移。如基坑敞露时间较长、锚拉力损失较多时，可对锚杆进行二次张拉。

7. 分离式和叠合式地下连续墙

分离式地下连续墙可不考虑承受主体结构荷载的作用，其与主体结构结合处可作为地下连续墙的支撑点。叠合式地下连续墙与主体结构侧墙（内壁）之间应平整贴合，贴合面可填衬垫材料，贴合处不考虑传递剪力，内外壁的内力可按其截面（刚度）的比例进行分配。

7.2.4 叠合墙结构设计

鉴于目前国内地下连续墙的使用多见于分离式或者复合墙，对于叠合墙的应用和说明不多，但使用前景又较广，本书专门用一小节进行相关结构设计说明，供参照执行。

1. 结构计算模式

（1）结构设计应根据施工和使用过程中按承载能力极限状态及正常使用极限状态分别进行荷载（效应）组合，并应取各自最不利的效应组合进行设计。

（2）应充分考虑不同阶段结构体系的变化、外部荷载的变化及实际的受力状况合理选取结构计算模式，且结构厚度要充分考虑墙（板）的开孔情况。

（3）地下连续墙与板之间采用钢筋接驳器连接时，其节点可按刚接考虑。但考虑到钢筋接驳器预埋位置的误差等因素，板跨中截面配筋时正弯矩值宜增加节点负弯矩值的 $10\% \sim 15\%$。

2. 叠合墙混凝土要求

（1）围护结构形式原则上采用地下连续墙，作为永久结构设计，工程设计使用年限与主体结构使用年限一致。

（2）地下连续墙混凝土抗渗等级宜≥P8，并按《地下工程防水技术规范》GB 50108 确定最终防水等级。

（3）地下连续墙结构计算应按施工阶段与正常使用两个阶段中最不利工况进行受力计算、配筋及采取相应构造措施，背土面混凝土裂缝应按≤0.3mm 控制，迎土面地表附近干湿交替环境应按≤0.2mm 控制。

3. 叠合墙施工要求

（1）车站两侧围护之间净宽应预留垂直施工误差：一般要求每侧外放基坑深度的 1/150。

（2）地下连续墙垂直施工精度不低于 3‰，接头处相邻两槽段的中心线在任一深度的偏差不得大于 60mm。

（3）墙底地质情况较差处，为减少地下连续墙的下沉量，可在地下连续墙底设置压浆管进行墙底注浆，以减少墙体沉降，注浆压力和注浆量根据试验确定。

4. 叠合墙防水做法

（1）内衬墙施工前，必须确保连续墙表面没有渗漏水；如有渗漏，须采取相应的堵漏措施。

（2）连续墙接头应采用工字钢接头。

5. 叠合墙表面处理

（1）内衬墙浇筑前，应对地下连续墙的平整性进行处理，墙面平整度应符合 $D/L \leqslant 1/6$（D 为墙面相邻两凸起间凹进去的深度，L 为相邻两凸起间的距离），且墙面应无尖锐突起。

（2）地下连续墙表面应进行凿毛处理，要求凹凸面平均深约 20mm。同时，须剔除浮石、浮浆和杂物并清洗干净，确保内衬与地下连续墙结合为整体。

6. 叠合墙抗剪钢筋设置

（1）叠合墙结构设计时，应验算叠合面的剪应力。叠合面剪应力≤0.7MPa，无须设置抗剪筋；叠合面剪应力>0.7MPa，应设置抗剪筋。

（2）抗剪拉结筋伸入内衬墙的长度不应大于 2/3 内衬墙厚。

7. 内衬墙材料选取及防水要求

（1）严格控制主体结构混凝土强度等级，在满足抗渗和耐久性要求的前提下，设计宜选用低强度等级的防水混凝土。

（2）选用低水化热水泥，尽量减少水泥用量；针对现浇混凝土结构，水泥用量不得大于 280kg/m³，不得低于 220kg/m³，胶凝材料用量不宜小于 320kg/m³，水胶比不得大于 0.45。

（3）胶凝材料中掺入 Ⅱ 级以上优质粉煤灰，粉煤灰掺量占胶凝材料总量比例不宜小于 30%。

（4）内衬墙结构混凝土的坍落度控制在 100mm 以内。

8. 预埋钢筋接驳器要求

（1）地下结构各层板受力钢筋中所有角部受拉钢筋应锚入地下连续墙内，并满足锚固长度要求。受压钢筋可直接锚入内衬墙内。

（2）为确保地下连续墙质量，一般规定在地下连续墙中预留钢筋接驳器间距不小于 150mm。

（3）地下连续墙内预埋的接驳器标高误差应小于 ±10mm。因此，必须严格控制连续墙钢筋笼吊装精度，并做好相关固定措施。

（4）地下连续墙与板的钢筋连接器在地下连续墙接头区及浇捣混凝土的导管区不能放置，应在两侧补强。

（5）预埋的接驳器等级应采用 Ⅰ 级接驳器。

此外，严禁墙板同步浇筑施工；结构表层混凝土的耐久性质量在很大程度上取决于施工养护过程中的湿度和温度控制。暴露于大气中的新浇混凝土表面应采用自动水喷淋（水雾）系统及时养护。

7.3 地下连续墙实例计算

7.3.1 明挖顺作复合地下连续墙实例计算

1. 工程概况

1）项目概况

本工程为一地下两层 140m 侧式站台地铁车站。车站全长 246.8m，标准段宽为 26.45m，车站中心里程处顶板埋深为 3.0m。车站南端为站前出入段线，车站北端为站后折返线。主体基坑深度约为 16.48m。本站采用明挖顺作法施工，基坑安全等级为一级，主体结构采用两层双柱三跨箱形钢筋混凝土框架结构。基坑周边物流厂棚较多，均为天然基础。建筑物与基坑距离较近，注意应采取措施防止受物流车辆的影响。见图 7-3。

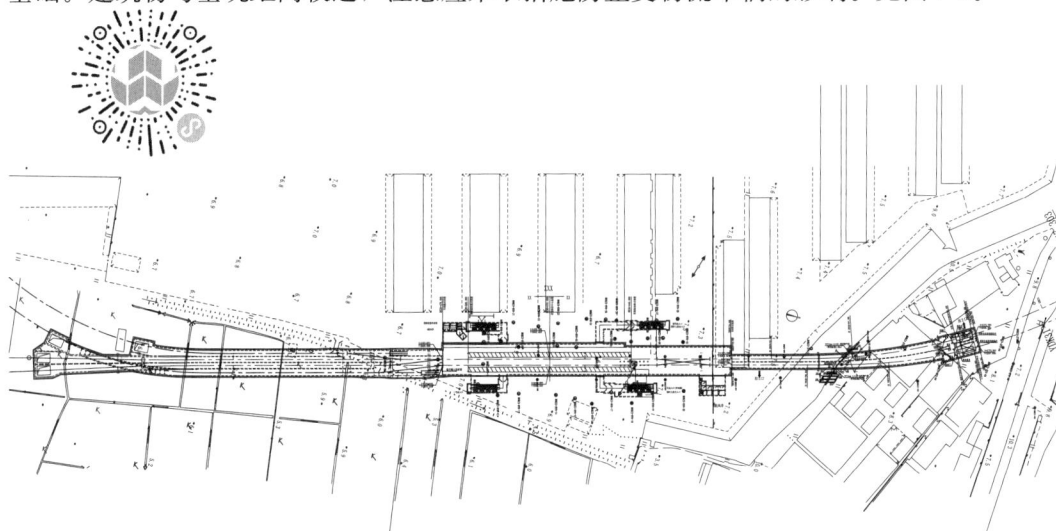

图 7-3 基坑总平面布置图

（扫码可看大图，后同）

2）地质情况

本工程土、岩层从上到下主要有：<1>人工填土层；<3-1>粉细砂、淤泥质粉细砂；<3-2>中粗砂、淤泥质中粗砂；<3-3>砾砂；<4N-1>流塑-软塑状粉质黏土；<4N-2>可塑状粉质黏土；<4-2A>河湖相沉积淤泥；<5C-1A>软塑状灰岩残积土；<5C-2>硬塑状灰岩残积土；<5N-2>硬塑状粉质黏土；<6>碎屑岩全风化；<7-2>炭质页岩、泥岩强风化带；<7-3>砂岩强风化带；<8-2>炭质页岩、泥岩中风化带；<8-3>砂岩中风化带；<8C-1>碳质灰岩中风化带；<8C-2>灰岩中风化带；<9C-2>灰岩微风化带。

3）支护结构设计

根据本站所处的环境、工程地质及水文地质条件以及基坑的深度，确定本基坑安全等级为一级。经技术经济比较、计算分析和工程类比，本站的支护形式采用地下连续墙加内支撑。地下连续墙采用 800mm 厚的钢筋混凝土墙，使用阶段与内衬墙形成复合墙，并通过墙顶压顶梁参与结构抗浮。围护结构第一道支撑平面布置图如图 7-4 所示，围护结构典型横剖面如图 7-5 所示。

（1）站前明挖段基坑：连续墙厚 800mm，冠梁 800mm×800mm，标准段第二、三道腰梁 1000mm×1200mm，第一道支撑 800mm×800mm，第二道支撑 800mm×1000mm，第三道钢支撑 $\phi609×16$mm。南端扩大段第二、三、四道腰梁 1000mm×1400mm，第一道支撑 800mm×800mm，第二、三、四道钢支撑 800mm×1000mm（1000mm×1200mm）。

（2）车站主体基坑：连续墙厚 800mm，第一、二道内支撑分别采用 800mm×1000mm（1000mm×1000mm）的钢筋混凝土支撑，连系梁及桁架撑分别采用 600mm×1000mm（800mm×1000mm）的钢筋混凝土支撑，冠梁和腰梁采用 800mm×1000mm 的钢筋混凝土梁。车站过轨通道及风道基坑第三道支撑采用 $\phi609×16$mm；腰梁采用 2I45c 工字钢。

（3）站后折返线基坑：连续墙厚 800mm，冠梁 800mm×1000mm，第二道腰梁 1000mm×1500mm，第三道腰梁 800mm×1000mm，第一、二道支撑 800mm×1000mm，第三道钢支撑 $\phi609×16$mm。

施工地下连续墙之前，每幅墙应有两个超前钻孔，深度为墙底以下 3m，以探明岩面起伏情况。"一槽两钻"的勘察资料仅作为岩面、溶洞探查资料，参数以详勘资料为准。临时立柱桩施工前，每桩需有一个超前钻孔，钻孔技术要求同地下连续墙超前钻孔。

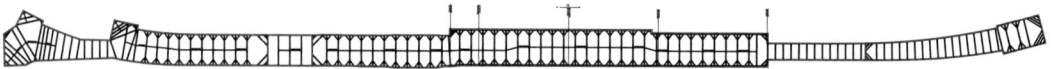

图 7-4　第一道支撑平面布置图

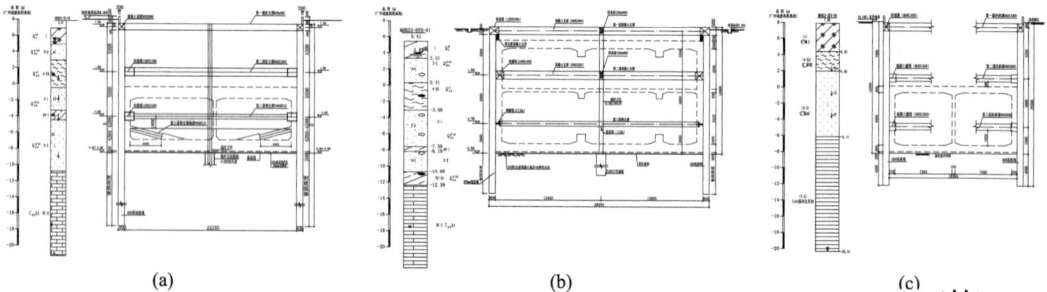

(a)　　　　　　　　　　(b)　　　　　　　　　　(c)

图 7-5　围护结构典型横剖面图

（a）站前明挖段横断面图；（b）车站标准段横断面图；（c）站后折返线横断面图

4）基坑围护结构计算

围护结构设计应根据基坑深度、结构类型、使用条件、荷载特性、施工工艺等条件进行。

围护结构设计除满足受力条件外，还应满足基坑稳定性、地表变形、结构变形、支撑稳定等要求。

（1）计算荷载：

① 结构自重：钢筋混凝土自重按 25kN/m³ 计。

② 水土侧压力：按朗肯主动土压力进行计算，素填土、砂土和强风化花岗岩水土分算，其余土层水土合算。静水压力计算时，水重度取 10kN/m³。

③ 侧向土体抗力：以土弹簧模拟。

④ 地面超载：基坑开挖阶段按 20kPa 计。

（2）计算标准：

① 基坑支护结构安全等级：一级。在进行承载能力计算时，一级基坑重要性系数取 1.1，荷载综合分项系数取 1.25。

② 围护结构计算时，地下水位取常水位；抗浮和主体结构计算，地下水位取满水位（即地面）。

③ 围护结构计算模式：围护结构计算采用理正深基坑支护结构设计软件（F-SPW7.5 版本），按增量法进行计算。

（3）计算参数：支锚刚度（即水平刚度系数）根据第 2 章有关公式计算，采用理正深基坑软件进行计算。计算宽度 S_a 与支撑的水平间距 S 根据实际情况输入，软件自行考虑。故此处均取 1。

① 混凝土支撑支锚刚度计算（表 7-3）

混凝土支撑支锚刚度计算参数 　　　　　　　　　　　　　表 7-3

支撑松弛系数 α	1	混凝土强度等级	C30
弹性模量 E	30000	混凝土轴心抗压强度设计值 f_c	14.3

注：斜撑计算长度即按斜撑长度，斜撑刚度 $K = K_0 \cdot \sin^2\theta$（$\theta$ 为斜撑与腰梁或冠梁夹角）。

② 钢支撑支锚刚度计算（表 7-4）

钢管支撑支锚刚度计算参数 　　　　　　　　　　　　　表 7-4

钢管外径	d	609	mm	支撑截面尺寸
钢管厚度	t	12	mm	
支撑松弛系数	α	0.8		取 0.8~1
弹性模量	E	206000	MPa	
断面面积	A	0.02251	m^2	钢材
钢材抗压强度设计值	f_y	215	MPa	Q235B

注：斜撑计算长度即按斜撑长度，斜撑刚度 $K = K_0 \cdot \sin^2\theta$（$\theta$ 为斜撑与腰梁或冠梁夹角）。

2. 理正软件计算过程（支护结构计算）

1）计算模块选择

操作步骤如下：打开理正深基坑软件→设置好工作目录→点击单元计算→点击新增项目→在下拉菜单中点击连续墙支护设计，如图 7-6 所示。

操作说明：

（1）对称简单模型一般采用单元计算，复杂模型需要进行整体计算；

（2）理正深基坑默认提供连续墙、排桩（包含单排桩和双排桩）、水泥土墙（包含型钢水泥土墙和重力式水泥土墙）、土钉墙、双排桩以及钢板桩和放坡等模块，设计人可以根据具体工程选择相应的模块。

2）基本信息输入

操作步骤如下：在左下角输入计算工程名称、区段等特征信息→输入支护结构安全等级、支护结构重要性系数、基坑支护深度、嵌固深度、墙顶标高、连续墙类型（含墙厚和混凝土强度等级）、有无冠梁（含冠梁截面参数和水平侧向刚度）、有无止水帷幕、放坡个数、超载个数等信息→输入超载信息，如图 7-7 所示。

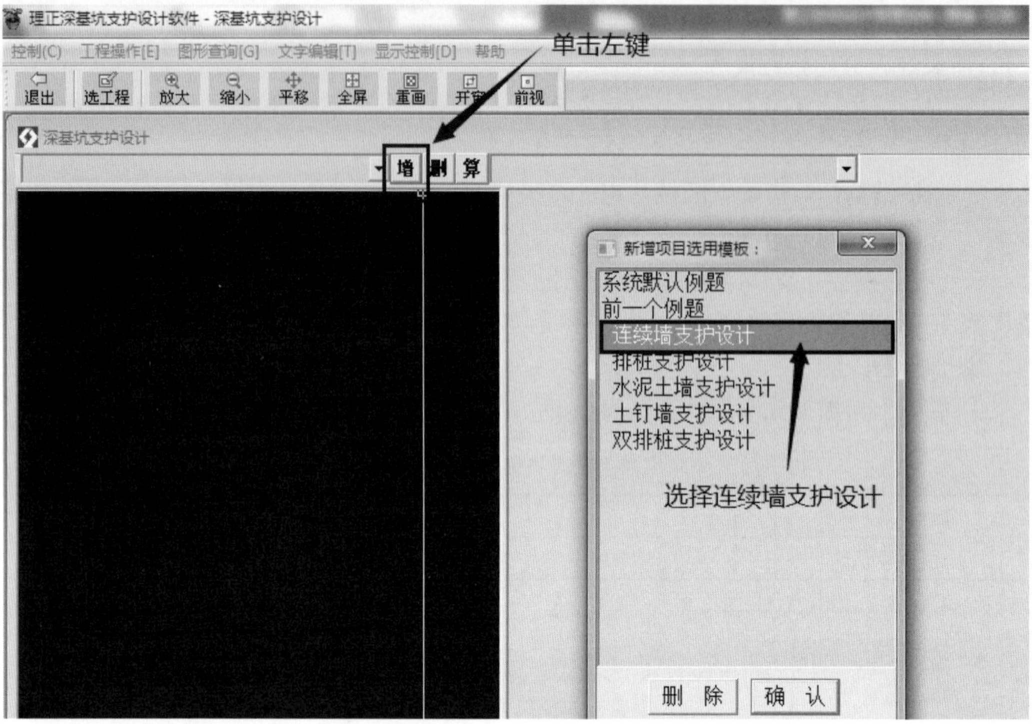

图 7-6　进入连续墙支护设计界面的操作步骤

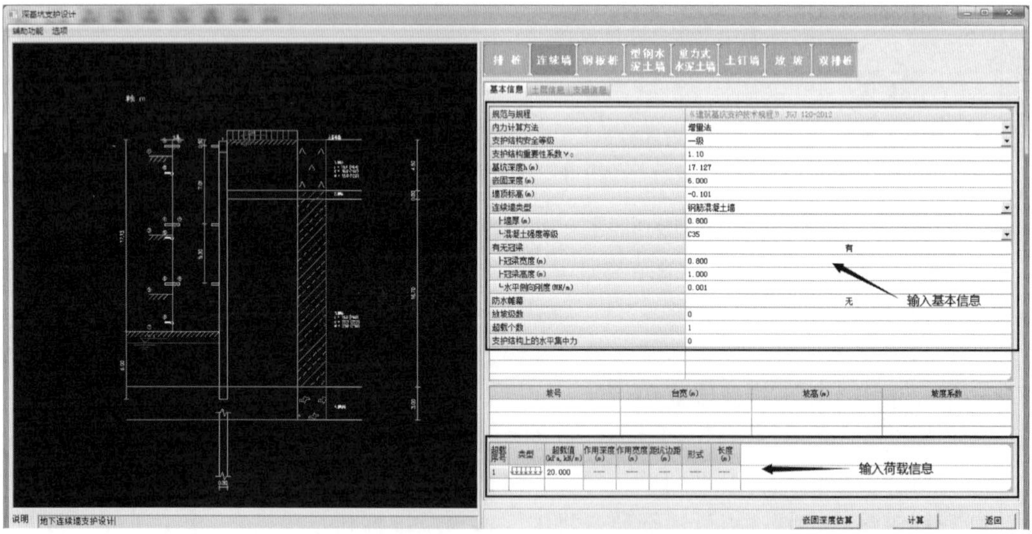

图 7-7　基本信息输入的操作步骤

操作说明：

（1）输入的工程名称、区段等信息：用于区分模型的所代表的工程与支护区段，以免混淆。

（2）根据《建筑基坑支护技术规程》JGJ 120—2012 进行的基坑支护安全等级，但此规范的等级划分比较主观，没有具体的量化指标，需要读者根据当地经验进行综合划分。如果当地已出台基坑支护地方性规范且地方性规范有具体量化划分基坑安全等级指标的，基坑支护安全等级应按地方性规范进行划分。

（3）按照《建筑基坑支护技术规程》JGJ 120—2012，基坑支护安全等级为一级、二级、三级的，其支护结构重要性系数分别为 1.1、1.0、0.9。

（4）基坑深度：指基坑顶到基坑底的总深度，如有多级平台应为多级平台的总和；如坡顶有放坡的，应包含坡顶放坡坡高。

（5）放坡级数：即为中间设置平台的数量；超载个数，即坡顶需要设置的超载的个数。

（6）放坡信息：即自上而下分级放坡的平台宽度、坡高、坡度等信息。

（7）超载信息：即基坑顶超载的类型、荷载大小、分布宽度、深度等信息；如采用均布荷载时，即为坡顶边缘向外无限延伸的均布荷载，此时荷载仅能布置于地面；如为条形荷载时，可以设置荷载的埋深、位置、分布宽度等；三角形荷载时，可以用于模拟坡顶放坡的工况，此时应注意荷载分布的大小方向；按笔者的工程经验，超载取值参考如下：民房按每层 20kPa，工地板房按每层 10～15kPa，小区道路、村道等 20kPa，市政道路 40kPa，其他工业建筑、专用设备等按权属方的资料采用。

（8）当需要考虑冠梁的侧向抗弯刚度时，可点击该行右边的计算按钮，并在弹出的对话框中输入对应的参数进行计算，计算结果会自行返回到基本信息输入窗口中，如图 7-8 所示。其中，L—冠梁长度（m），如有内支撑，取内支撑间距；如无内支撑，取该边基坑边长；a—桩、墙位置（m），一般取 L 长度的一半（最不利位置）；EI—冠梁截面抗弯刚度（MN·m^2）。其中，I 表示截面对 x 轴的惯性矩。按笔者的工程经验，长条形基坑不考虑冠梁的刚度作用。

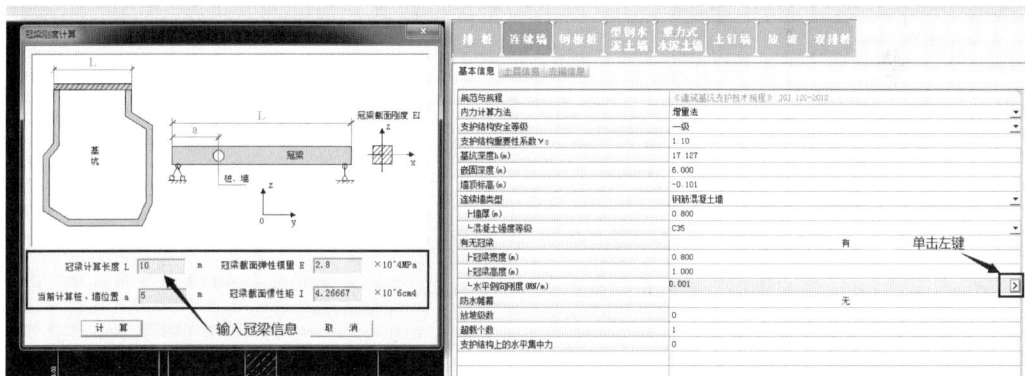

图 7-8　冠梁刚度计算的操作步骤

3）土层信息输入

操作步骤如下：输入土层数→输入是否采用坑内加固土→输入基坑内外水位→分层输入各土层厚度、抗剪强度等指标，如图 7-9 所示。

操作说明：

（1）输入土层的层数应自基坑顶到以对基坑稳定性有影响最底层土的下一层土为止，且不少于支护结构或止水措施穿越的土层数；如基坑底以下存在软弱土层，应输入至软弱土以下一层；如软弱土很厚，钻探未揭穿，输入至钻探底标高即可。

（2）如地下水位在基坑所需降水标高以上的，基坑外水位按勘察报告提供的水位输

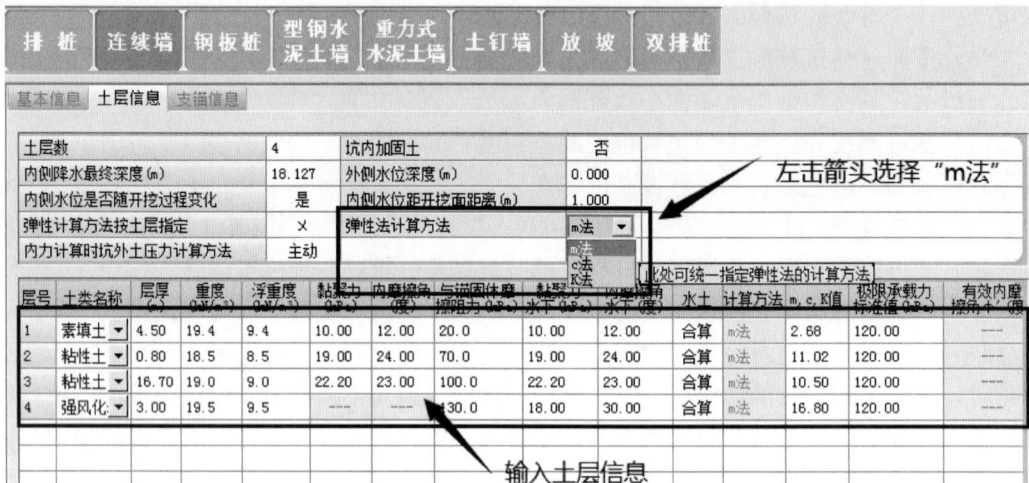

图 7-9 土层信息输入的操作步骤

入，基坑内水位按基坑降水所需的水位输入，一般按基坑底以下 0.5m 输入；地下水位在基坑所需降水高以下的，基坑内外均按勘察水位输入即可。

（3）各土层的重度按勘察报告提供的输入，如地下水位以下的，还需输入浮重度；地下水位以下的，土层属于透水性土的，如砂土、砾土、粉土等，按水土分算；弱透水性土如黏土、粉质黏土等，按水土合算；其他指标按勘察报告提供的取值建议输入即可。

（4）如基坑底或基坑底以下地层抗剪强度较低，可能发生整体稳定性破坏的，通常会在基坑底的坡脚前设置坑内加固土，一般采用搅拌桩或高压旋喷桩的形式进行坑内加固，也有采用素混凝土桩进行坑内加固。坑内加固土的抗剪强度、重度等宜采用面积置换率进行加权平均指标换算。

（5）输入各土层的抗剪强度指标后，在每层土的"m、c、K 值"栏点击其右侧计算按钮，进行 m 值的估算，如图 7-10 所示。

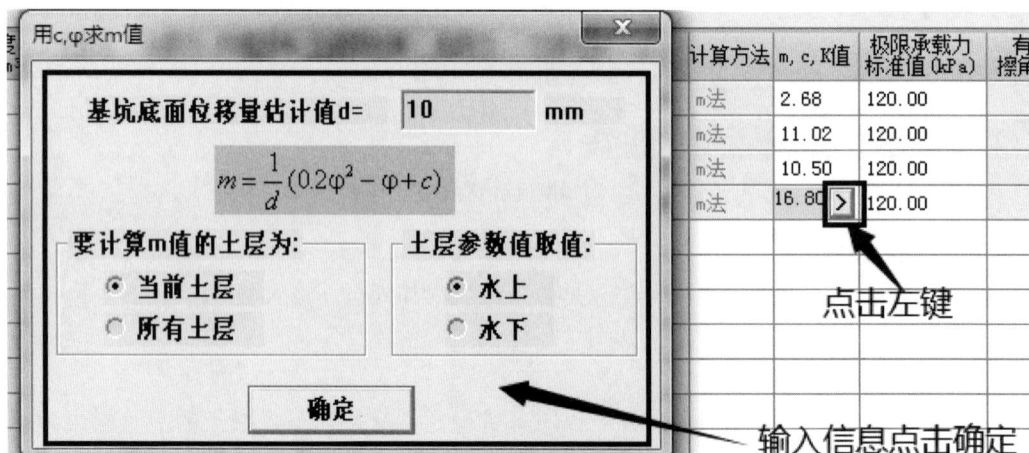

图 7-10　计算各土层 m 值的操作步骤

4）支锚信息输入

操作步骤如下：输入支锚道数→按支锚类型选择内支撑→输入各道支撑的间距、预加力、支锚刚度、材料抗力等各项参数→设置工况，如图 7-11 所示。

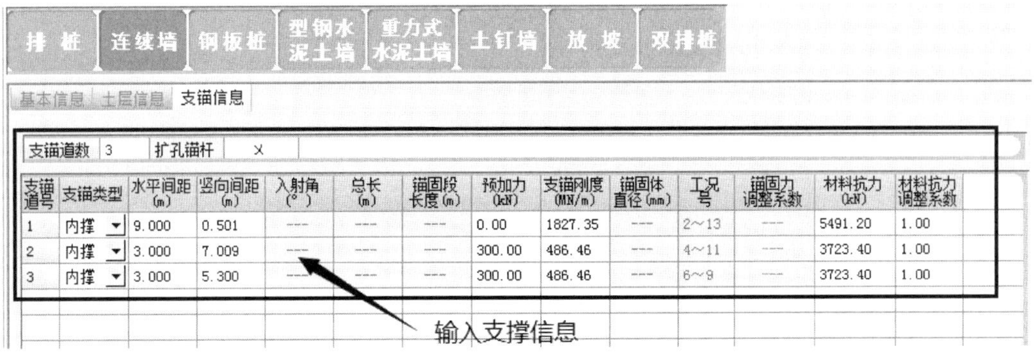

| 排 桩 | 连续墙 | 钢板桩 | 型钢水泥土墙 | 重力式水泥土墙 | 土钉墙 | 放 坡 | 双排桩 |

基本信息　土层信息　支锚信息

支锚道数 3　扩孔锚杆　×

支锚道号	支锚类型	水平间距(m)	竖向间距(m)	入射角(°)	总长(m)	锚固段长度(m)	预加力(kN)	支锚刚度(MN/m)	锚固体直径(mm)	工况号	锚固力调整系数	材料抗力(kN)	材料抗力调整系数
1	内撑	9.000	0.501	----	----	----	0.00	1827.35	----	2~13	----	5491.20	1.00
2	内撑	3.000	7.009	----	----	----	300.00	486.46	----	4~11	----	3723.40	1.00
3	内撑	3.000	5.300	----	----	----	300.00	486.46	----	6~9	----	3723.40	1.00

输入支撑信息

图 7-11　支锚信息输入的操作步骤

操作说明：

（1）内撑水平间距即为竖向支撑的水平间距，内撑的竖向间距即为腰梁到冠梁或上一道腰梁中心的垂直间距。

（2）单根支撑梁的支锚刚度应按公式 $K = \dfrac{\alpha_E \cdot E \cdot A}{\lambda \cdot l_0} \cdot \dfrac{b_a}{s}$ 进行计算，此处注意因为软件输入了支撑间距，进行支锚刚度计算时 $\dfrac{b_a}{s}$ 取 1，因支撑梁未设立柱也未设置横向拉结，计算中支撑梁的长度应按支撑梁的实际长度；内支撑支锚中，材料抗力即材料的设计抗压承载力，混凝土支撑材料抗力 $T = \xi \cdot \varphi \cdot A \cdot f_c$，钢支撑材料抗力 $T = \xi \cdot \varphi \cdot A \cdot f_y$。其中，$\xi$ 为调整系数一般可取 1；φ 为稳定系数，混凝土支撑根据《混凝土结构设计规范》GB 50010—2010 表 6.2.15 确定，钢支撑根据《钢结构设计标准》GB 50017—2017 附录 C 确定；A 为支撑截面面积；f_c 为混凝土的抗压强度设计值；混凝土强度等级按《混凝土结构设计规范》GB 50010—2010 表 4.1.4-1 确定；f_y 为钢材的抗压强度设计值，根据钢材牌号按《钢结构设计标准》GB 50017—2017 表 4.4.1 确定。

（3）工况设置即设置每层土方开挖的底标高，应与内支撑的布置相对应并为内支撑预留足够的施工空间（即超挖深度），如图 7-12 所示。根据笔者的经验，一般内支撑需要的超挖深度为开挖至支撑梁底标高即可；如为软土或其他变形位移控制要求严格的，可以开挖至支撑梁顶标高。

5）计算过程

操作步骤如下：选定输入计算方法、折减系数等各项参数→勾选各项需要计算的项目→选取计算的类型（自动计算或详细验算）→查看计算书，如图 7-13 所示。

操作说明：

（1）左边一栏计算方法、应力状态、土条划分、稳定性计算是否考虑内支撑等各项，点击相应的按钮，软件会弹出相关的选取说明，读者按说明结合工程实际选取即可；

（2）支撑式地下连续墙必须进行验算的项目分别为：结构计算、截面计算、整体稳定性计算；

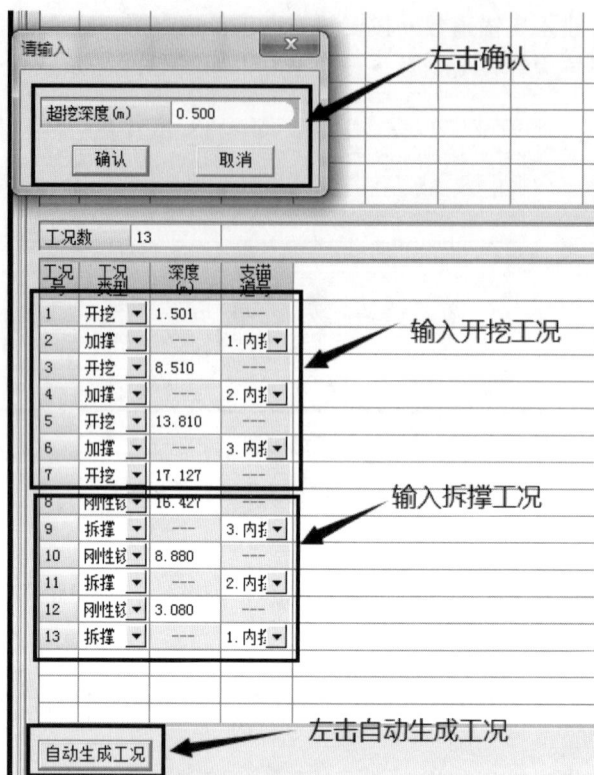

图 7-12　工况设置的操作步骤

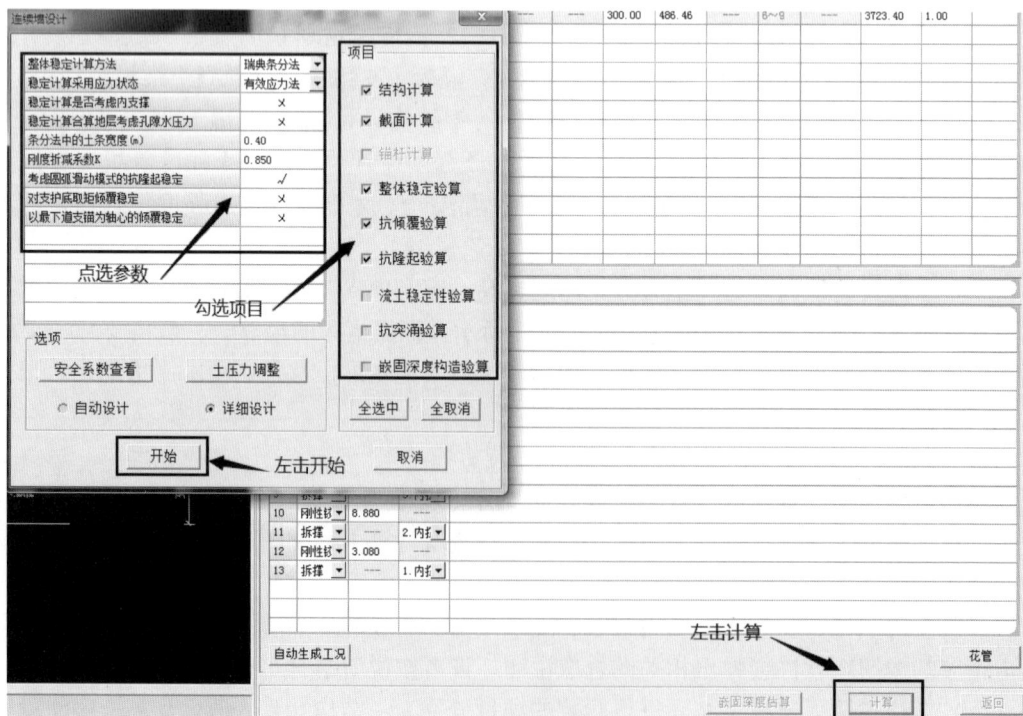

图 7-13　计算项目选择

（3）据《建筑基坑支护技术规程》JGJ 120—2012 第 4.2 节要求，基坑底或基坑底以下存在软弱土层的，应进行抗隆起稳定性验算；

（4）基坑内外存在水位差的，应进行流土稳定性验算；

（5）基坑底以下存在承压水且承压水水头高度高于基坑底标高的，应进行抗突涌验算；

（6）自动验算与详细验算的区别在于计算过程中设计师是否参与每一步的计算结果查看与调整，一般选用自动验算即可；

（7）点击安全系数查看，可以看到各稳定计算的安全系数；点击土压力调整，可以调整土压力系数及查看土压力模型。

计算曲线选择见图 7-14。

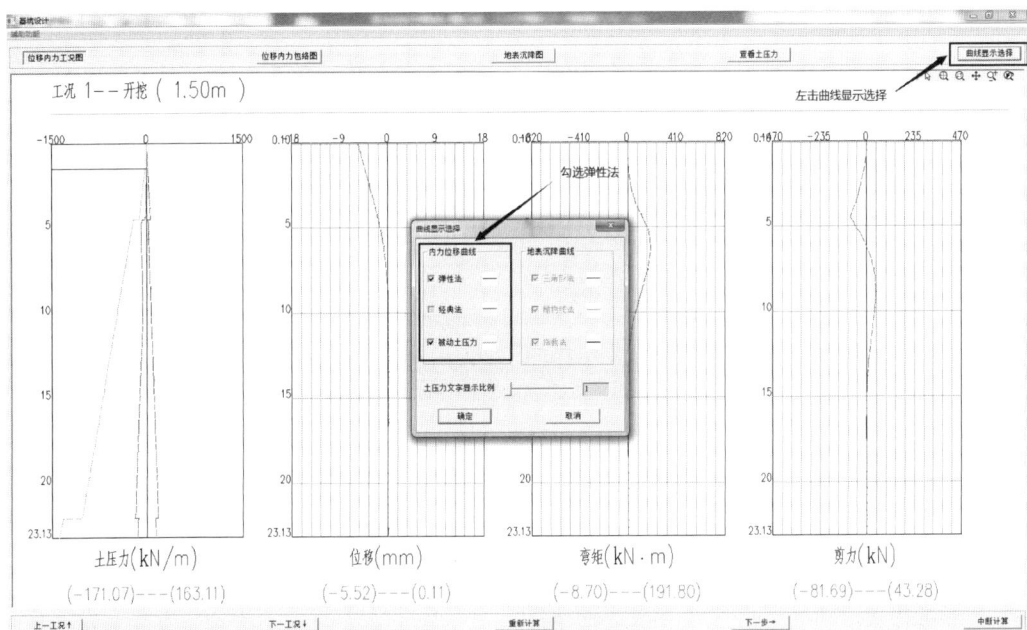

图 7-14　计算曲线选择

操作说明：

（1）经典方法：其中，比较有代表性的是等值梁法，将内撑和锚杆处假定为不动的连杆支座（即不动的铰支座）。计算出桩（墙）两侧的土压力（主动土压力及被动土压力）、水压力及其分布后，按静力平衡法计算支护构件各点的内力。经典法将支锚点简化为支点，被动土体对桩体是被动土压力，不考虑桩身刚度。

（2）弹性方法：将作用桩墙上的支锚点简化为弹簧，将基坑开挖面以下被动侧土体简化成水平向的弹簧，将主动侧（全桩、全墙）的土压力施加到桩墙之上。利用有限元或其他的数值解，即可得到其内力及位移。弹性法将支锚点简化为弹簧，被动土体相当于弹簧作用于桩体，考虑桩体刚度。

（3）经典法和弹性法的土压力模型如图 7-15 所示。两种方法不存在绝对的对错和优劣问题。由于经典法的诸多假定，如锚杆处假设成支座，被动土压力定值，不考虑变形等，使得弹性法看起来更接近真实的受力。但如果没有经验，支锚刚度、土的 m 值（决定土弹簧的刚度）等取得不合适，计算出的内力就会有差异，一般选择弹性法。

计算过程中地下连续墙选筋的操作步骤如图 7-16 所示。

操作说明：

（1）墙截面配筋计算，可以修改配筋方式（是否均匀配筋），保护层厚度以及折减系数和分项系数；

（2）点击墙选筋计算，可以查看地下连续墙的实配钢筋。

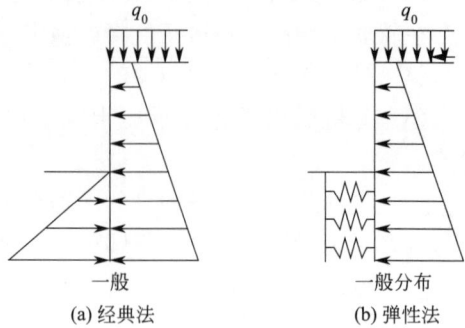

图 7-15　土压力模型

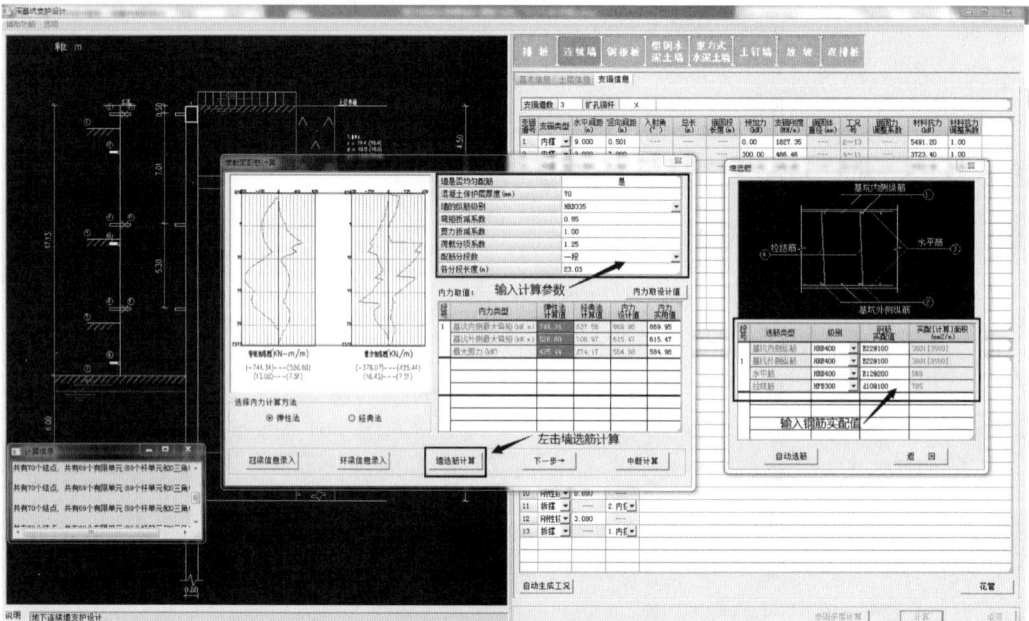

6）计算结果

图 7-16　计算过程中地下连续墙选筋的操作步骤

软件计算完成，右侧即为计算结果，如图 7-17 所示。

操作说明：

（1）结果查看一般主要关注各工况下的基坑整体稳定性、被动土压力、各工况下的边坡、桩身桩顶位移沉降量以及基坑开挖到基坑底时的抗流土破坏稳定性、抗隆起稳定性、抗突涌稳定性破坏是否满足要求。如满足要求，即可退出计算，进行下一步的内支撑内力计算及配筋计算；如不满足，应根据不满足的原因进行模型调整，直至各项计算结果满足规范要求。

（2）支撑式地下连续墙的计算书还应注意查看内力位移包络图上的水平支点力，用于进行下一步的支撑体系的内力计算。

① 内力位移包络图（图 7-18）

最大位移 16.11mm，满足规范要求。

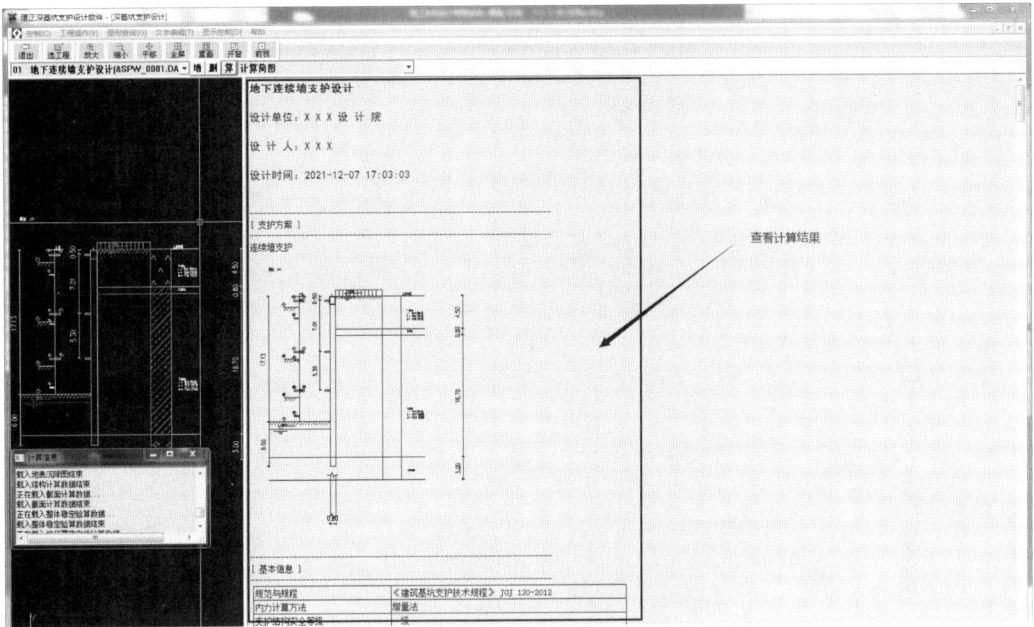

图 7-17 计算过程结果示意图

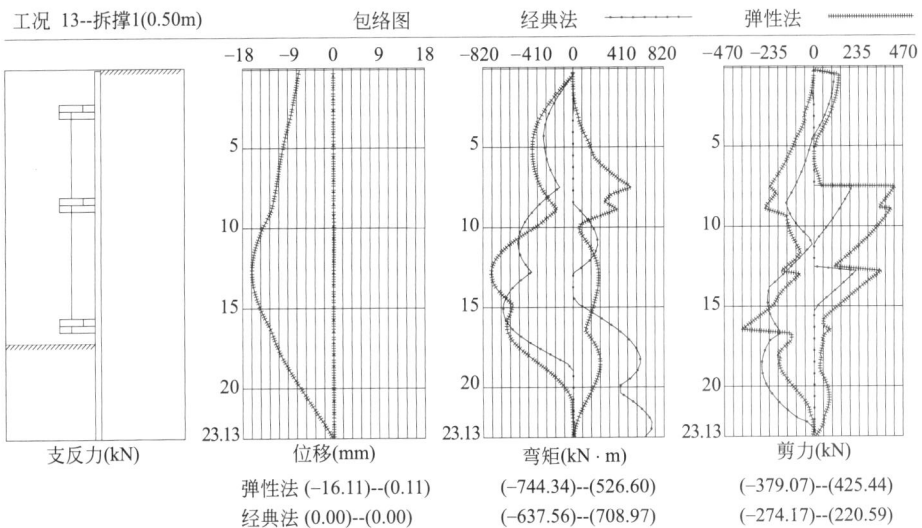

图 7-18 各工况下位移和内力包络图

② 地表沉降图（图 7-19）

最大地表沉降量 22mm，满足规范要求。

③ 基坑整体稳定性验算

计算方法：瑞典条分法

应力状态：有效应力法

条分法中的土条宽度：0.40m

滑裂面数据

圆弧半径（m）：$R=20.371$

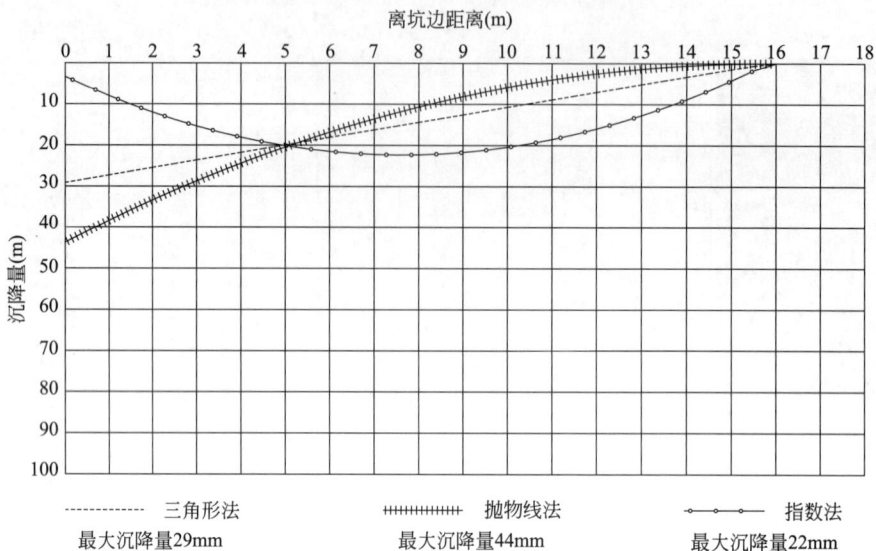

图 7-19　各工况下地表沉降包络图

圆心坐标 X（m）：$X = -4.285$

圆心坐标 Y（m）：$Y = 13.726$

整体稳定安全系数 $K_s = 1.424 > 1.35$，满足规范要求。

④ 基坑抗隆起稳定性验算

从支护底部开始，逐层验算抗隆起稳定性，结果如下：

支护底部，验算抗隆起：

$K_s = (19.094 \times 6.000 \times 18.401 + 18.000 \times 30.140)/[19.085 \times (17.127 + 6.000) + 20.000] = 5.745$

$K_s = 5.745 \geqslant 1.800$，抗隆起稳定性满足。

⑤ 基坑被动区土反力验算

嵌固段基坑内侧土反力验算

工况 1：$P_s = 1982.823 \leqslant E_p = 11755.258$，土反力满足要求。

工况 2：$P_s = 1982.823 \leqslant E_p = 11755.258$，土反力满足要求。

工况 3：$P_s = 1711.088 \leqslant E_p = 5825.1570$，土反力满足要求。

工况 4：$P_s = 1682.877 \leqslant E_p = 5825.1570$，土反力满足要求。

工况 5：$P_s = 1349.312 \leqslant E_p = 2637.4760$，土反力满足要求。

工况 6：$P_s = 1326.567 \leqslant E_p = 2637.4760$，土反力满足要求。

工况 7：$P_s = 959.4570 \leqslant E_p = 1262.2800$，土反力满足要求。

工况 8：$P_s = 959.4570 \leqslant E_p = 1262.2800$，土反力满足要求。

工况 9：$P_s = 838.4550 \leqslant E_p = 1262.2800$，土反力满足要求。

工况 10：$P_s = 838.4550 \leqslant E_p = 1262.2800$，土反力满足要求。

工况 11：$P_s = 865.2800 \leqslant E_p = 1262.2800$，土反力满足要求。

工况 12：$P_s = 865.2800 \leqslant E_p = 1262.2800$，土反力满足要求。

工况 13：$P_s = 861.7640 \leqslant E_p = 1262.2800$，土反力满足要求。

式中　P_s——作用在挡土构件嵌固段上的基坑内侧土反力合力（kN）；

　　　E_p——作用在挡土构件嵌固段上的被动土压力合力（kN）。

3. 理正结构工具箱（支撑体系计算）

1）支撑轴力计算

根据基坑围护结构计算的开挖及拆撑工况计算，将各道内支撑控制标准值进行汇总，见表 7-5。

内支撑控制内力标准值　　　　　　　　　　　　表 7-5

支撑	控制钻孔	控制工况	控制轴力（kN）	支撑长度（m）
第一道混凝土米字撑	MHBZ3-ZFX-05（扩大处）	开挖第一层土	1975.16	20.64
第一道混凝土直撑	MHBZ3-ZFX-02（管线处）	开挖第一层土	1870.65	20.64
第二道混凝土直撑	MHBZ3-ZFX-02（管线处）	拆第三道撑	6854.12	11.2
第二道混凝土米字撑	MHBZ3-ZFX-05（扩大处）	拆第三道撑	8130.82	18.64
第三道混凝土直撑	MHBZ3-ZFX-02（管线处）	开挖到底	4376.97	11.6
第三道混凝土斜撑	MHBZ3-ZFX-05（盾构端头）	开挖到底	2423.75	12.83
第三道钢支撑	MHBZ3-ZFX-05（扩大处）	开挖到底	2384.61	17.61

2）支撑计算标准

（1）支撑梁为压弯构件，进行强度和稳定性验算。

基坑支护结构安全等级：一级。在进行承载能力计算时，一级基坑重要性系数取1.1，荷载综合分项系数取 1.25。

（2）围护结构计算时，地下水位取常水位；抗浮和主体结构计算，地下水位取满水位（即地面）。

（3）围护结构计算模式：围护结构计算采用理正深基坑支护结构设计软件（F-SPW7.5 版本），按增量法进行计算。

3）混凝土支撑计算（纯弯计算）

采用理正结构工具箱软件进行混凝土支撑梁的强度及稳定性验算，其操作步骤如下：

（1）计算模块选择。操作步骤如下：打开理正结构工具箱软件→设置好工作目录→打开"梁"模块→双击"连续梁设计"→新增构件→建模计算，如图 7-20 所示。

（2）基本信息输入。操作步骤如下：输入截面尺寸、跨长、跨数、左右端边界条件等消息，如图 7-21 所示。

操作说明：

①跨数根据是否设置了中立柱取值，截面根据支撑尺寸输入；

②左右端边界可以选择自由、简支和固定；当为多跨时，中间支座直接默认为简支，两端支座通常选择固定。

（3）荷载和配筋信息输入。操作步骤如下：读者根据提示输入相关荷载和配筋等消息，如图 7-22 所示。

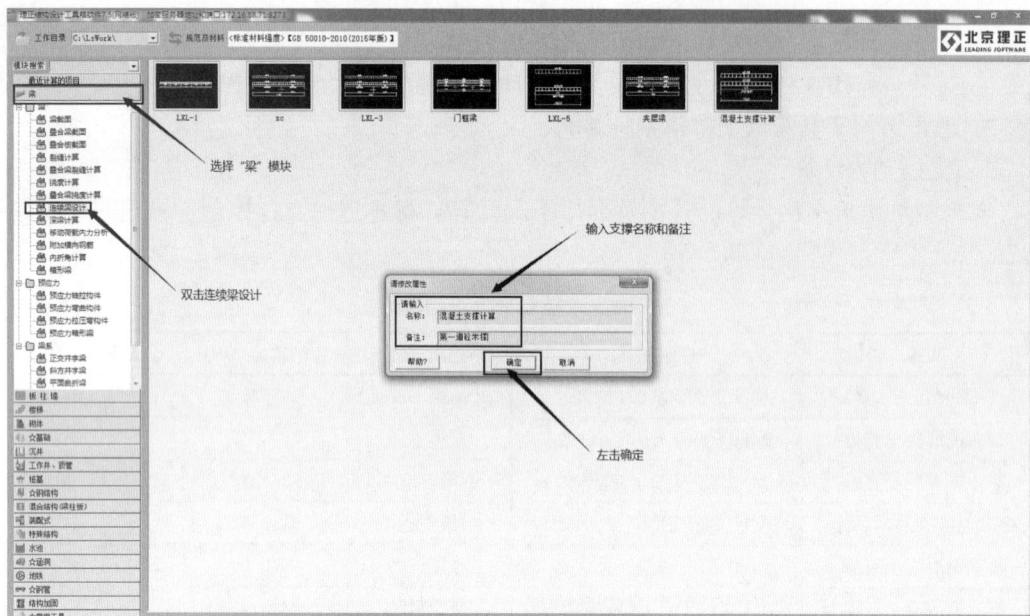

图 7-20　计算模块选择

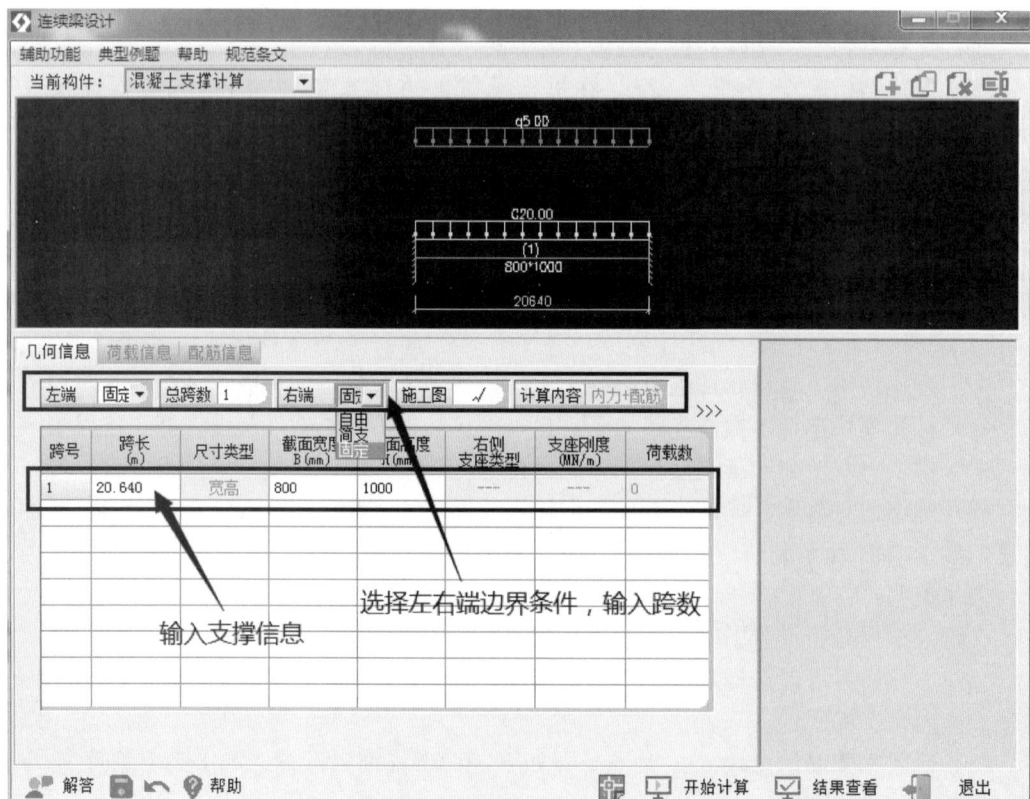

图 7-21　纯弯信息输入

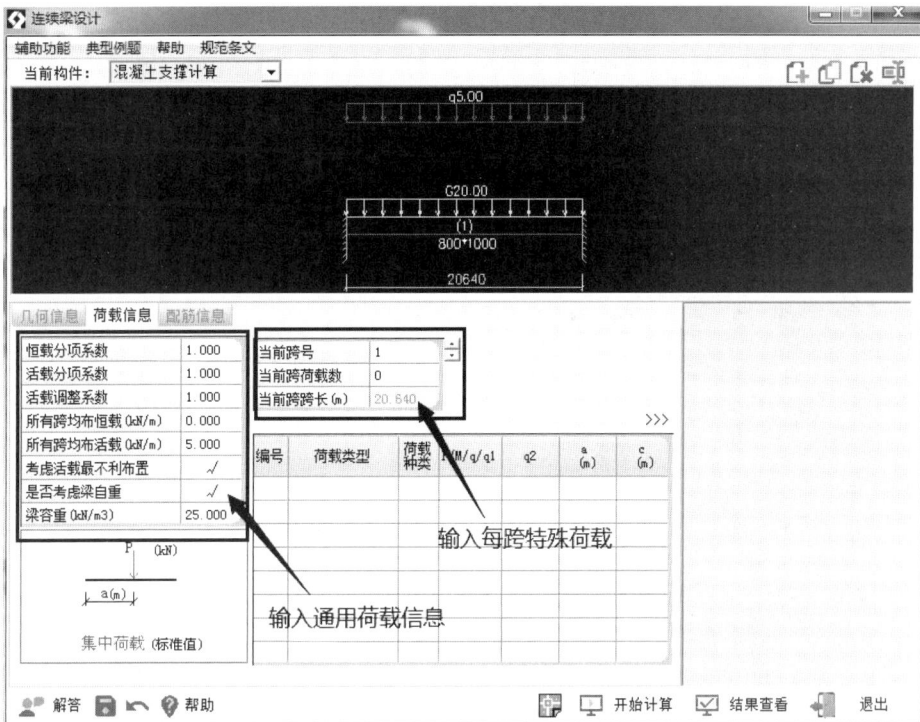

(a) 纯弯荷载信息输入

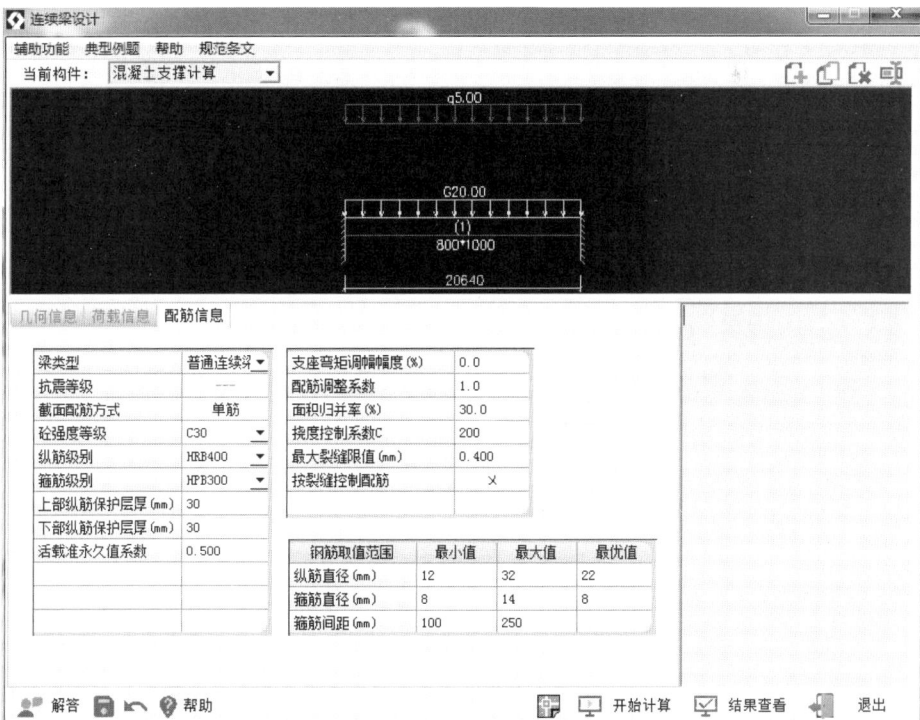

(b) 纯弯配筋信息输入

图 7-22　纯弯荷载和配筋信息输入

操作说明：

① 下一步计算需要标准值，分项系数取 1 即可；

② 恒荷载只需考虑自重，活荷载根据规范要求输入 5kN/m。

（4）纯弯结果查看。软件计算完成，形成结果如图 7-23 所示，右侧即为计算结果。

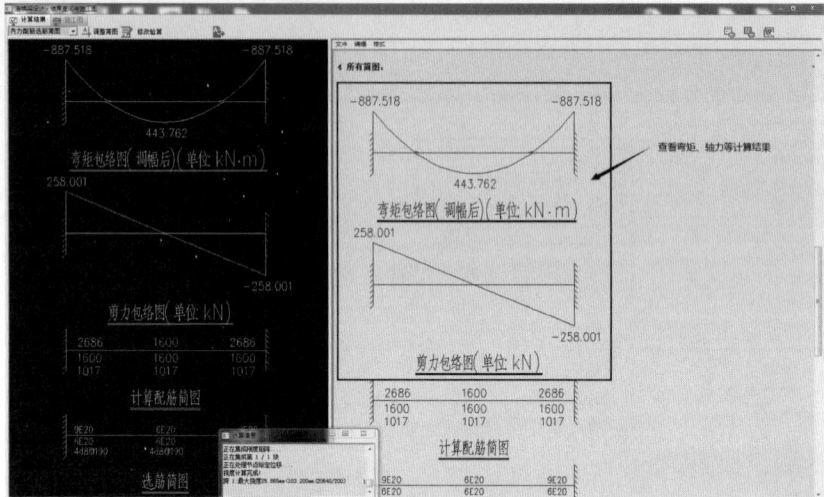

图 7-23　纯弯结果查看

操作说明：

① 选取弯矩和剪力计算结果；

② 重复以上步骤，根据规范要求输入分项系数，查看配筋计算结果。

4）混凝土支撑计算（受压计算）

（1）计算模块选择。操作步骤如下：打开理正结构工具箱软件→设置好工作目录→打开"板、柱、墙"模块→点击"柱"→双击"柱截面"→新增构件→建模计算，如图 7-24 所示。

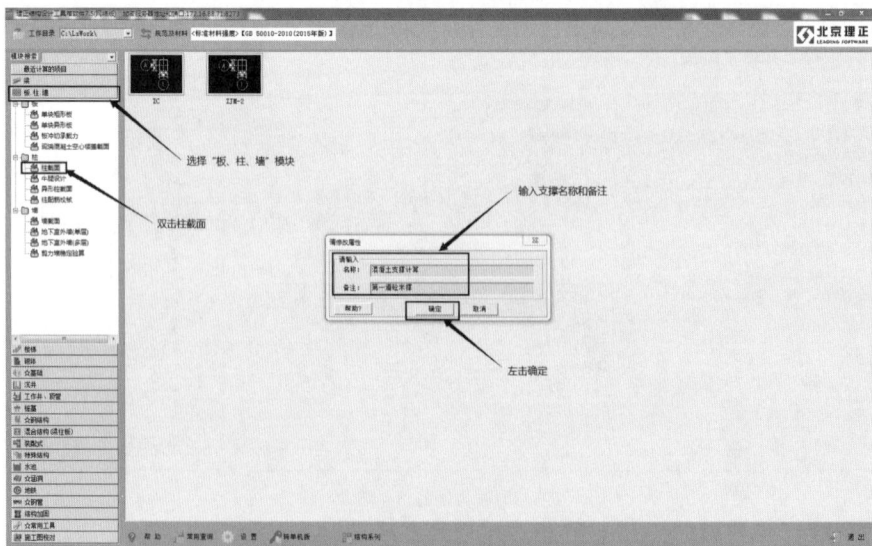

图 7-24　计算模块选择

（2）基本信息和内力输入。操作步骤如下：输入设计信息和选筋信息，如图 7-25 所示。

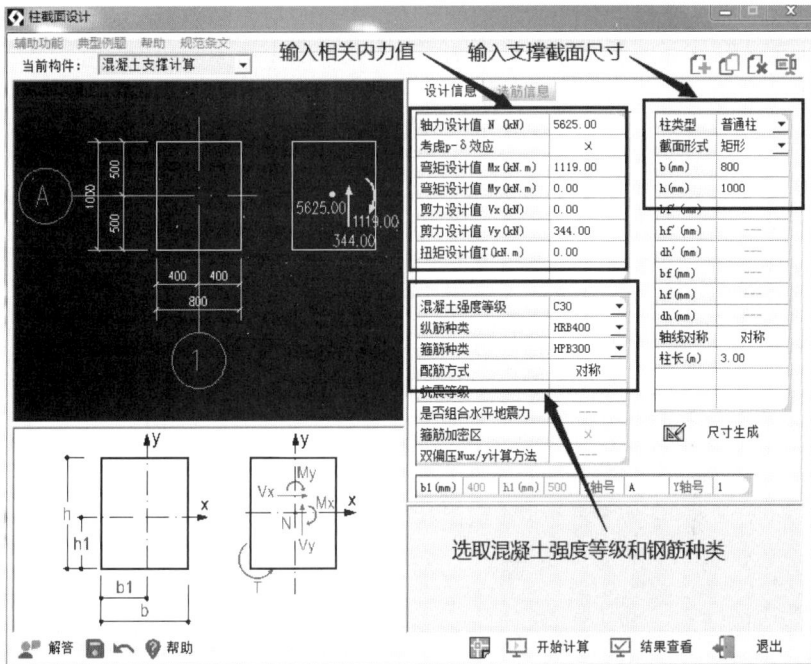

(a) 设计信息输入

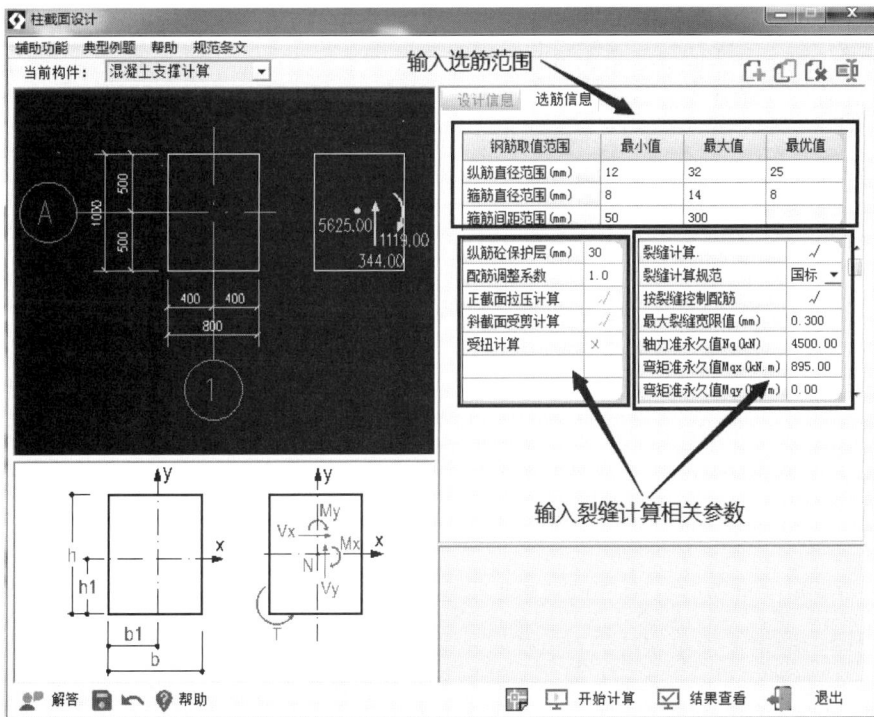

(b) 选筋信息输入

图 7-25　信息输入

操作说明：

① 根据理正深基坑计算的轴力和理正工具箱纯弯计算的弯矩和轴力，输入柱截面计算中的轴力、弯矩和剪力，注意深基坑和工具箱得到的均为标准值；

综合分项系数为 1.25，重要性系数为 1.1，内支撑控制内力标准值如表 7-6 所示。

内支撑控制内力标准值　　　　　　　　　　　　　　表 7-6

内力	弯矩(kN·m)		剪力(kN)		轴力(kN)
	M_x	M_y	V_x	V_y	N
标准值	887.52	0.00	0.00	258.00	1975.16
设计值	1220.33	0.00	0.00	354.75	2715.85

② 根据混凝土支撑截面输入柱尺寸。

（3）结果查看。软件计算完成形成结果如图 7-26 所示，右侧即为计算结果。

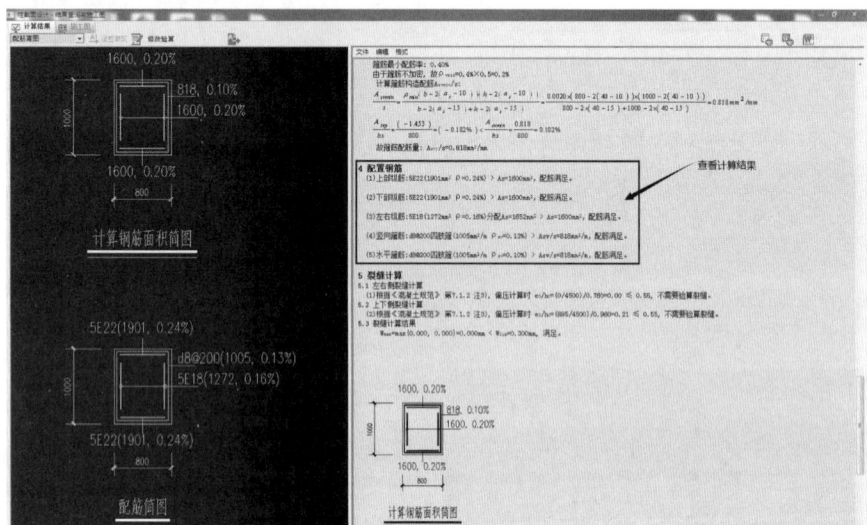

图 7-26　受压结果查看

操作说明：

① 查看配筋计算结果；

② 与纯弯计算结果进行包络设计；

③ 理正结构工具箱"柱"模块还可以进行支撑体系中的立柱计算，但应注意立柱计算时立柱的计算高度应满足《建筑基坑支护技术规程》JGJ 120—2012 第 4.9.10 条的相关规定。

5）钢支撑计算

采用理正结构工具箱软件进行支撑梁的强度及稳定性验算，其操作步骤如下：

（1）计算模块选择。操作步骤如下：打开理正结构工具箱软件→设置好工作目录→打开"钢结构"模块→双击"压弯构件"→新增构件→建模计算，如图 7-27 所示。

（2）基本信息输入。操作步骤如下：选取截面、输入参数、选择钢材牌号、输入构件信息等消息，如图 7-28 所示。

操作说明：

图 7-27　计算模块选择

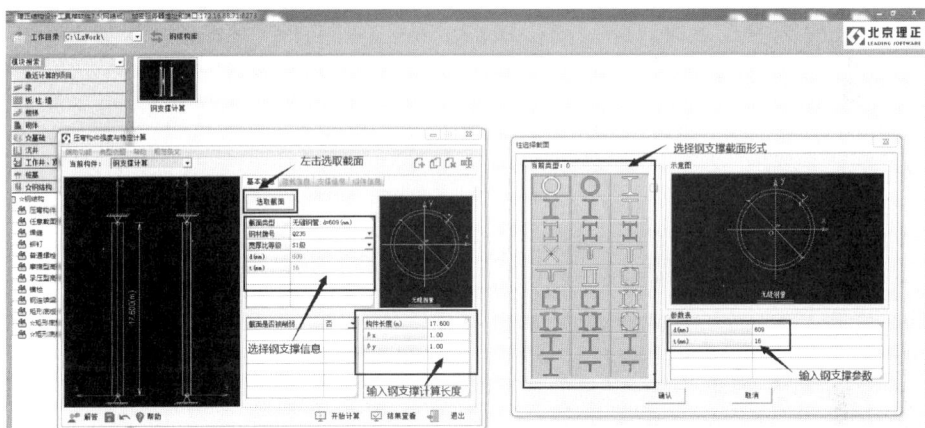

图 7-28　输入计算基本信息的操作步骤

① 构件材料按支撑梁拟采用的钢材型号选用，一般有 Q235、Q355、Q390、Q420、Q460 几种，实际基坑支护工程中最常用的为 Q235 和 Q355；

② 截面类型按拟采用支撑梁的横截面选用，一般常用圆管（无缝钢管）、H 型钢及其他组合型钢，点击"选取截面"，在左侧截面类型选择与拟采用支撑梁一致的截面，在右侧的参数表中输入拟采用支撑梁的型号参数，值得注意的是目前本软件暂不支持任意截面形式的组合型钢；

③容许强度安全系数和容许稳定性安全系数应满足现行《钢结构设计标准》GB 50017 的相关规定。

（3）输入荷载信息。操作步骤如下：读者根据提示输入相关荷载等消息，如图 7-29 所示。

操作说明：

①恒载分项系数应按照《建筑基坑支护技术规程》JGJ 120—2012 第 3.1.6、3.1.7 条规定设置，即轴向力设计值 $N = \gamma_0 \gamma_F N_k$，其中 N_k 即为理正深基坑计算出来的支撑梁的轴力标准值，此处 $N_k = 2384.6$ kN；恒载分项系数 $= \gamma_0 \gamma_F = 1.1 \times 1.25 = 1.375$；

②偏心距应满足《建筑基坑支护技术规程》JGJ 120—2012 第 4.9.7 条规定，且垂直方向的偏心距还应考虑支撑梁自重造成的弯矩。

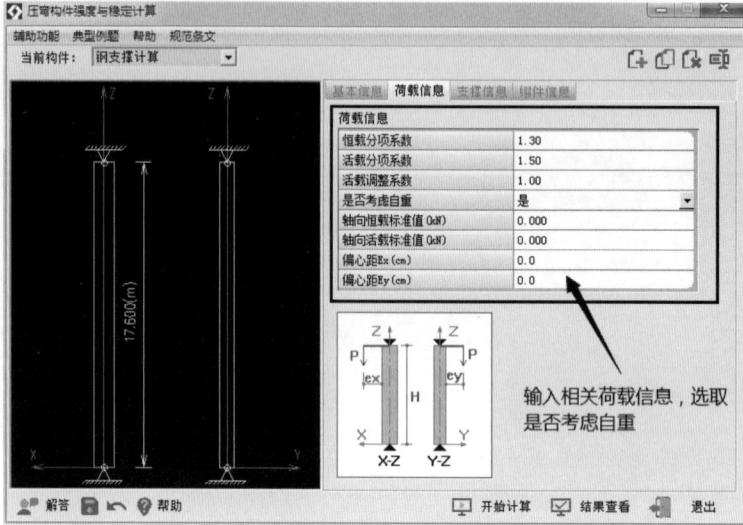

图 7-29　荷载输入操作步骤

（4）输入支撑信息、缀件信息。操作步骤如下：读者根据提示输入支撑相关等消息，如图 7-30 所示。

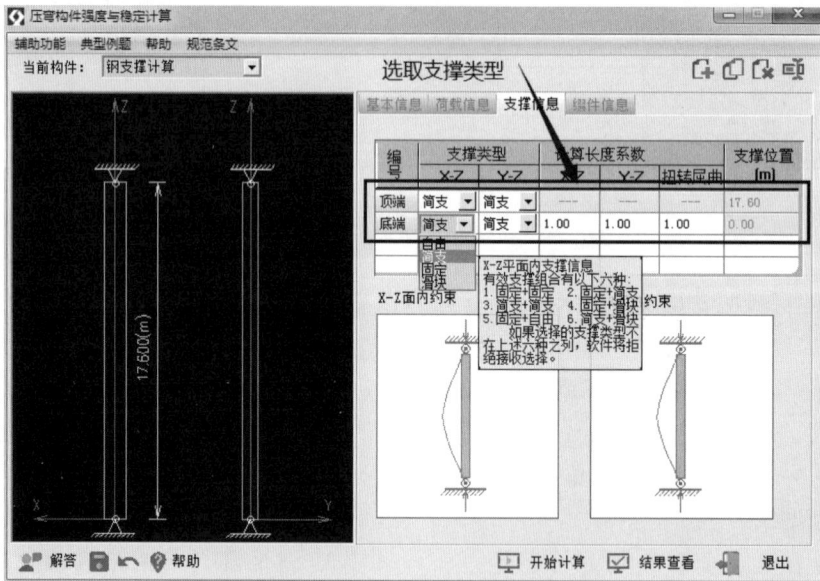

图 7-30　支撑信息设置的操作步骤

操作说明：

① 此处，按支撑梁的两端连接方式输入支撑梁两端的约束条件，如钢支撑采用焊接形式或高强度螺栓连接的，支撑类型应为固接；如果采用活络头、千斤顶施加预应力等连接方式时，支撑类型应为简支；

② 计算长度系数应按底部支撑类型选取，点击对应方向的计算长度系数，可在弹出的选项表中查看对应的系数取值；

③ 采用单根型钢时，无须输入缀件信息；如采用组合型钢支撑梁的，应按拟采用的型钢间连接方式输入缀件信息。

（5）结果查看。软件计算完成形成结果，如图 7-31 所示，右侧即为计算结果。

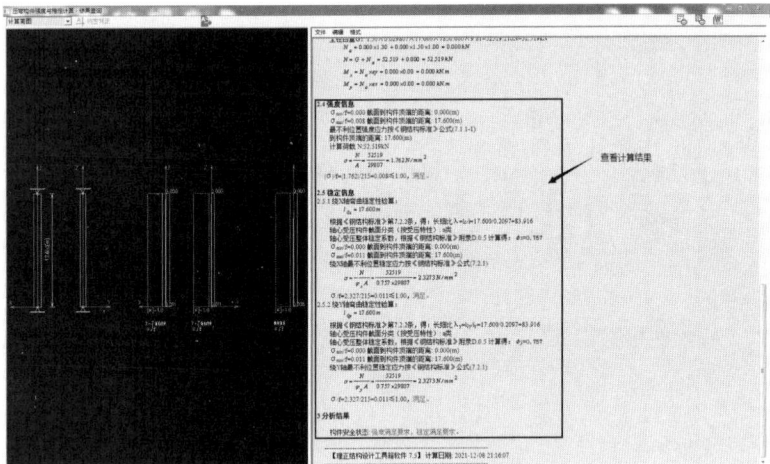

图 7-31　压弯结果查看

操作说明：

① 结果查看中，应查看杆件的稳定性安全系数及强度安全系数是否满足规范要求，如不满足应进行相应调整后再行验算直至满足要求；应当注意的是，进行杆件截面调整后，杆件的支锚刚度也随之产生变化，此时应按调整后的杆件截面再次进行基坑剖面的设计计算，并按调整后计算的支撑点支点力重新计算支撑梁的轴力和弯矩，最后再进行支撑梁的稳定性和强度验算。

② 本案例是按照钢支撑进行的强度验算过程，如采用钢筋混凝土支撑时，应选用理正结构工具箱中的"柱"模块进行计算；如采用型钢混凝土结构的，应选用理正结构工具箱中的"钢砼柱"模块进行计算。

7.3.2　盖挖逆作叠合地下连续墙实例计算

1. 工程概况

1）项目概况

本工程为地下二层（局部三层）盖挖逆作法车站，采用 10.4m 岛式站台。车站结构总平面布置如图 7-32 所示。车站基坑长约 223m，标准宽 20.6m，底板埋深约 17～23m，顶板覆土约 2.5～4.7m。车站沿南北向布置，基坑北侧距离某小区一层地下室最小净距 7.75m；西侧距离某小区 5 号楼最小净距 3.95m、1 号楼最小净距 14.08m、距离某小区桩基承台边缘最小净距 11.60m；距离东侧某泵站最小净距 23.03m。

车站小里程端为盾构接收端，线路左、右线均各设置一个盾构吊出井（预留盾构吊装孔 7500mm×11500mm）；车站大里程端为盾构始发端，只在右线设置一个盾构始发井（预留盾构吊装孔 8600mm×11500mm）。左线盾构机通过右线始发井吊入后，平移至左线始发。车站围护结构采用地下连续墙，车站平面图如图 7-33 所示，纵断面如图 7-34 所示，标准段横断面如图 7-35 所示。

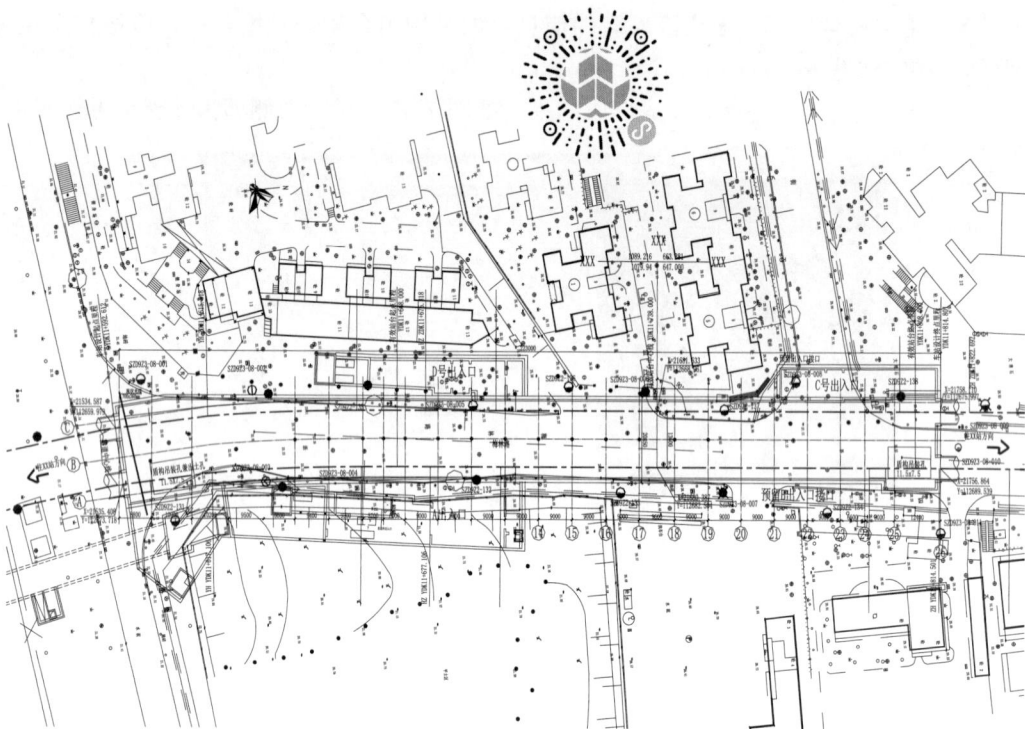

图 7-32　基坑总平面布置图

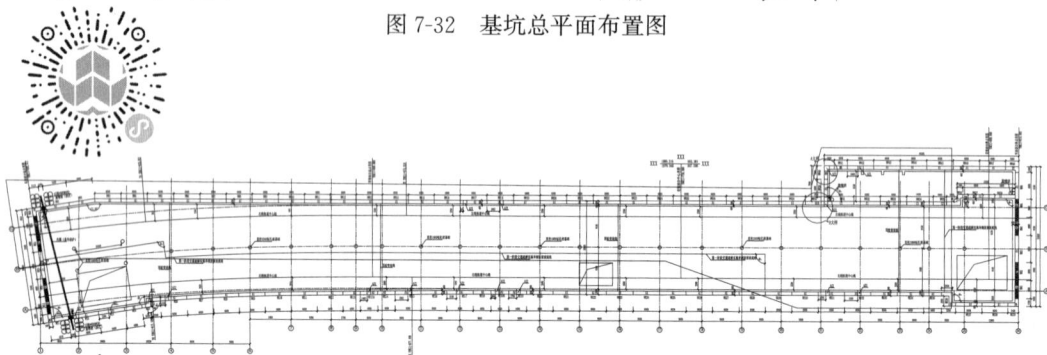

图 7-33　围护结构平面图

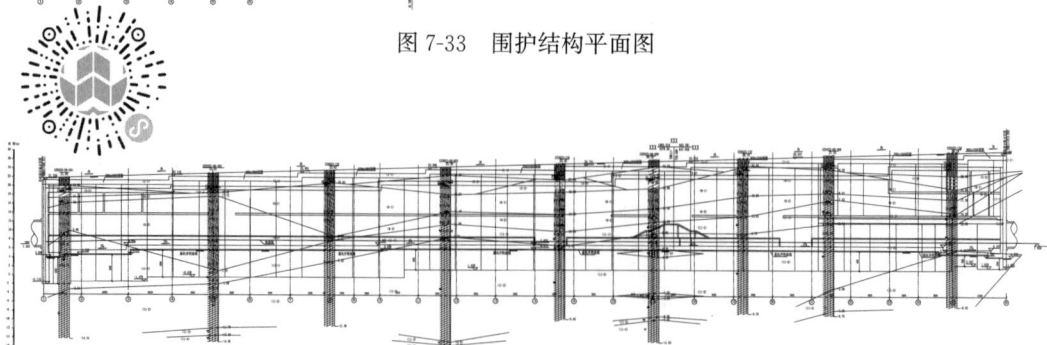

图 7-34　围护结构左线纵剖面图

2）地质概况

车站基坑所在处原始地貌为台地及其间沟谷区，经人工填挖整平，地面被建筑物、道路覆盖，原始地貌不复存在。现状地面坡度 0～5°。本站基坑深约 17～23m。

(a) 小里程端横断面图   (b) 标准段横断面图   (c) 大里程端横断面图

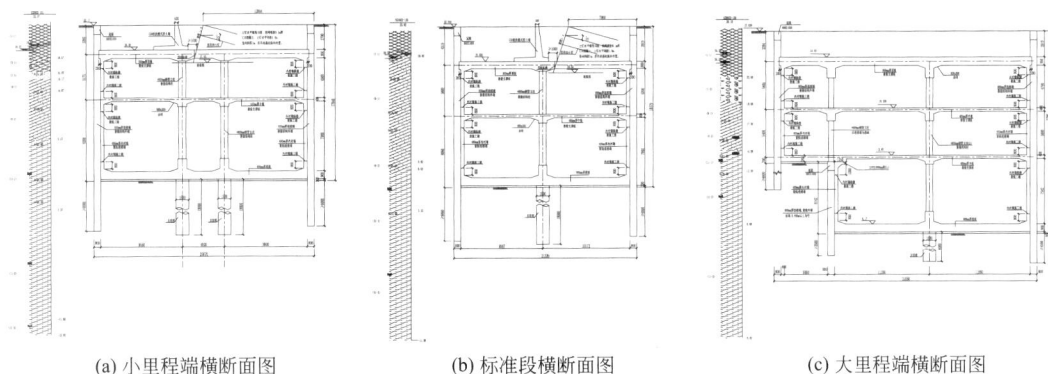

图 7-35　围护结构典型横剖面图

根据地质报告提供的地层主要计算参数见表 7-7。

施工阶段，根据朗肯主动土压力公式，对于黏性土地层采用水土合算，对于砂性土地层采用水土分算，故＜3-3＞土层和＜11-3＞土层按水土分算，其他各土层按水土合算；使用阶段，均应按水土分算计算。

地层主要计算参数表   表 7-7

层号	土类名称	重度 (kN/m³)	静止侧压力系数	黏聚力 (kPa)	地基系数		内摩擦角 (°)
					水平	垂直	
1	＜1-1＞素填土	19.4	0.79	10.0	—	—	12.0
2	＜1-3＞填石	20.0	0.58	—	—	—	25.0
3	＜3-1＞淤泥质土	18.0	0.85	12.0	8	7	4.8
4	＜3-3＞粉细砂	19.0	0.43	—	20	15	27.0
5	＜6-1＞砂质黏土	18.5	0.43	22.0	45	30	24.0
6	＜6-2＞砂质黏土	18.6	0.39	26.0	90	50	24.5
7	＜11-1＞全风化混合岩	18.8	0.37	30.0	150	80	25.0
8	＜11-2＞强风化混合岩	18.7	0.33	50.0	180	100	28.0
9	＜11-3＞中风化混合岩	26.0	—	2800	450	400	42.0

3）支护结构设计

本地铁基坑采用盖挖逆作法施工，结构采用满堂支架整体现浇施工方法。基坑开挖前，工作面上的拆迁工作应已完成，建筑残渣应已清理完毕，基坑周边不得有堆载。基坑周边的池塘均用砂土回填。参照《建筑基坑支护技术规程》JGJ 120—2012，本工程基坑等级均为一级。结构重要性系数为 1.1。具体施工步骤（以标准段为例）如图 7-36 所示。

第一步：施工临时路面，车站西侧围挡，施工地下连续墙、钢立柱和桩；

第二步：基坑开挖，东侧土体土钉支护，施工冠梁，浇筑一期顶板、顶梁及钢筋混凝土挡土墙；

第三步：回填挡土墙与西侧连续墙之间的覆土，围蔽车站东侧施工场地；

第四步：施工东侧地下连续墙；

第五步：基坑开挖，施工冠梁，浇筑二期顶板，待顶板混凝土强度达到 90% 后，顶板回填土；

第六步：基坑继续开挖，施工中板、站厅层侧墙；

表 7-9

标准段施工模拟过程及内力图

施工步骤	施工模拟	弯矩图（kN·m）	剪力图（kN）	轴力图（kN）	备注
第一步：施工地下连续墙、中立柱、桩，并开挖顶板以上土层。		310.3	−139.4　76.4		连续墙厚 800mm； 内衬墙厚 400mm； 顶板厚 900mm； 中板厚 400mm； 底板厚 900mm； 中立柱 （钢管混凝土柱） 直径 800mm； 桩径 1500mm
第二步：施工顶板。		349.8　−56.9　44.5　−60.7	−139.4　−57.6　47.5　83.8	−37.6	连续墙厚 800mm； 内衬墙厚 400mm； 顶板厚 900mm； 中板厚 400mm； 底板厚 900mm； 中立柱 （钢管混凝土柱） 直径 800mm； 桩径 1500mm

施工步骤	施工模拟	弯矩图(kN·m)	剪力图(kN)	轴力图(kN)	备注
第三步：开挖第一层土。 单向两车道 26.593 二期围护 二期顶板 挡墙 中立柱 连续墙		 -773.4 -1038.4 640.8 198.9 1305.7	 598.2 425.2 -651.7 -195.4	 -564.6	连续墙厚 800mm； 内衬墙厚 400mm； 顶板厚 900mm； 中板厚 400mm； 底板厚 900mm； 中立柱 （钢管混凝土柱） 直径 800mm； 桩径 1500mm
第四步：施工中板。 单向两车道 26.593 二期围护 二期顶板 挡墙 中板 中立柱 连续墙		 -828.0 -1007.2 629.1 -1274.5	 606.8 420.7 -643.0 35.9 -199.9	 -560.2 -8.7	连续墙厚 800mm； 内衬墙厚 400mm； 顶板厚 900mm； 中板厚 400mm； 底板厚 900mm； 中立柱 （钢管混凝土柱） 直径 800mm； 桩径 1500mm

施工步骤	施工模拟	弯矩图(kN·m)	剪力图(kN)	轴力图(kN)	备注
第五步：施工第一层叠合墙(内衬墙)。		-832.5 628.8 -1003.2 -1278.5	607.7 35.8 419.8 -64.2 -200.8	-559.3 -8.9	连续墙厚800mm； 内衬墙厚400mm； 顶板厚900mm； 中板厚400mm； 底板厚900mm； 中立柱 (钢管混凝土柱) 直径800mm； 桩径1500mm
第六步：开挖第二层土。		-788 659.7 -60.1 30.9 -618.9 -986 -123.2 1253.3 951.3 823.3	604.9 43.1 324.5 -644.9 -296.0 568.0 -241.9	-464 -464.0	连续墙厚800mm； 内衬墙厚400mm； 顶板厚900mm； 中板厚400mm； 底板厚900mm； 中立柱 (钢管混凝土柱) 直径800mm； 桩径1500mm
第七步：施工底板。		-783.7 660.3 -99.5 32.4 -38.9 -989.1 -123.9 -427.5 18.9 1256.4 955.9 815.4	604.2 324.4 -645.7 -296.1 570.3 -238.4	-463.9 -866.7 -3.6	连续墙厚800mm； 内衬墙厚400mm； 顶板厚900mm； 中板厚400mm； 底板厚900mm； 中立柱 (钢管混凝土柱) 直径800mm； 桩径1500mm

续表

施工步骤	施工模拟	弯矩图 (kN·m)	剪力图 (kN)	轴力图 (kN)	备注
第八步：施工第二层叠合墙（内衬墙）。		-989.7 -785.5 -59.7 -38.5 -123.7 32.8 -625.3 17.4 660.1 1255.0 955.5 816.2	324.3 604.5 -645.4 -296.3 -235.4 570.0	-463.8 -866.3 -3.6	连续墙厚 800mm；内衬墙厚 400mm；顶板厚 900mm；中板厚 400mm；底板厚 900mm；中立柱（钢管混凝土柱）直径 800mm；桩径 1500mm
第九步：运营阶段。		-1001.6 -783.5 -162.5 81.8 -212.9 -157.7 -767.4 654.1 328.9 -789.1 1307.6 874.5 1118.0 1268.9 1616.9	345.5 602.9 -647.0 -275.1 458.4 801.2 -350.5 -879.9 860.0	-484.9 -733.5 -225.0	连续墙厚 800mm；内衬墙厚 400mm；顶板厚 900mm；中板厚 400mm；底板厚 900mm；中立柱（钢管混凝土柱）直径 800mm；桩径 1500mm

2）计算结果

同理，可得其他断面的内力图，各断面增量法弯矩包络图及总量法弯矩图如下所示。

（1）小里程端计算结果：

① 施工阶段增量法模拟及计算结果（图7-37）

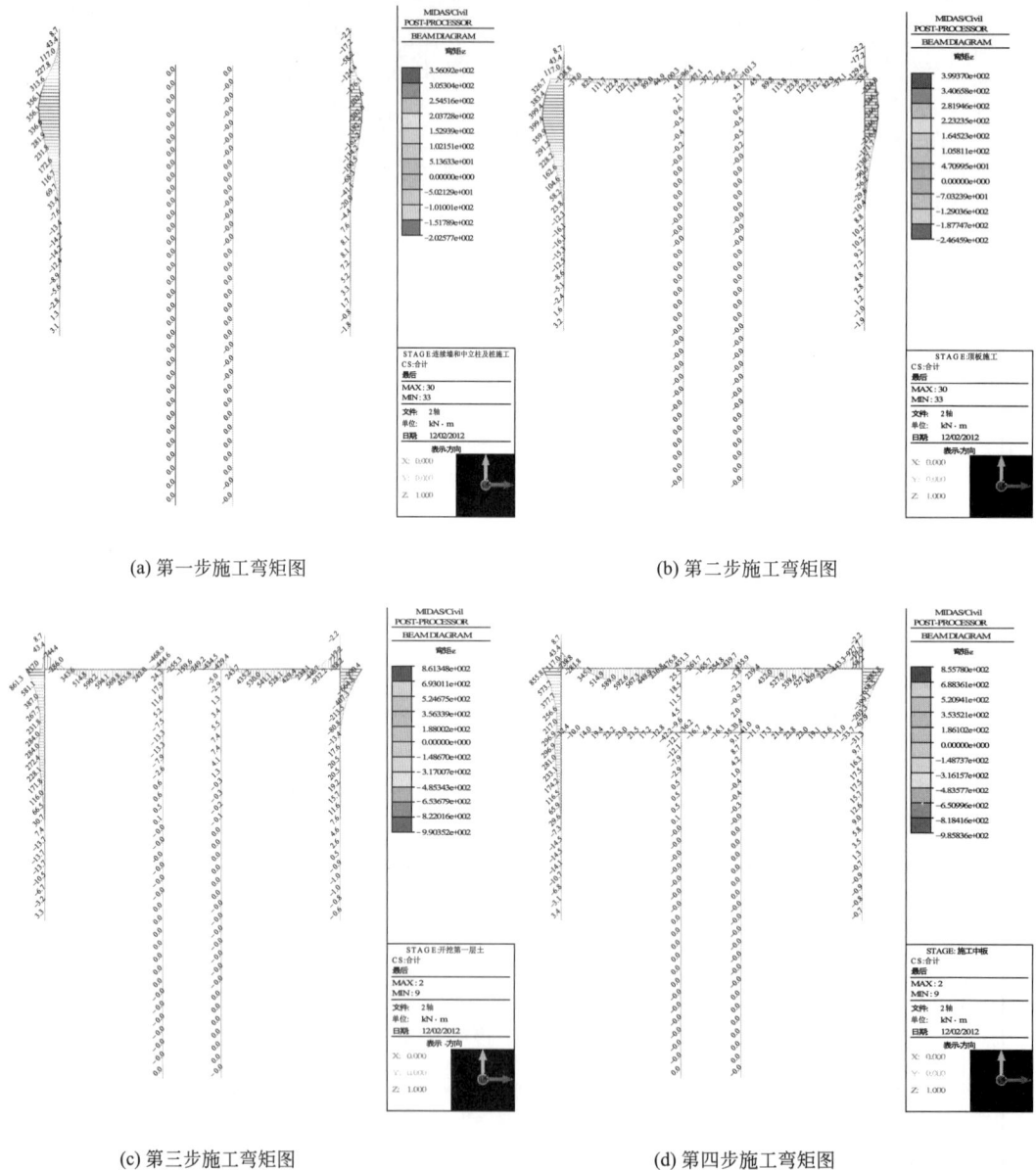

(a) 第一步施工弯矩图

(b) 第二步施工弯矩图

(c) 第三步施工弯矩图

(d) 第四步施工弯矩图

图7-37　小里程端施工阶段施工弯矩图（kN·m）（一）

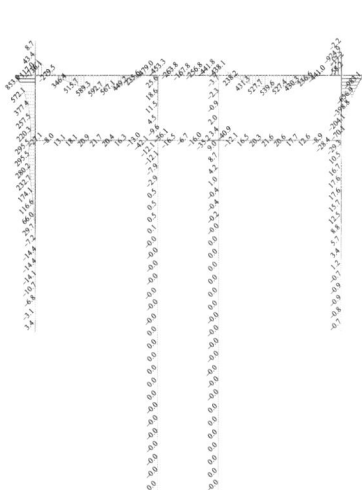

(e) 第五步施工弯矩图

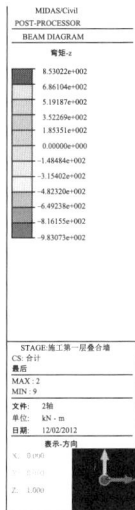

(f) 第六步施工弯矩图

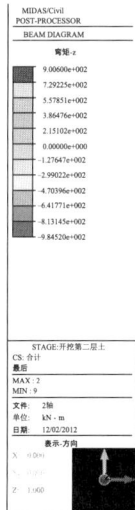

(g) 第七步施工弯矩图

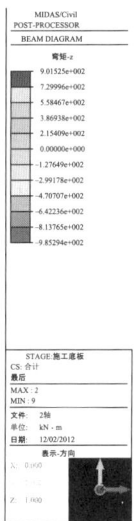

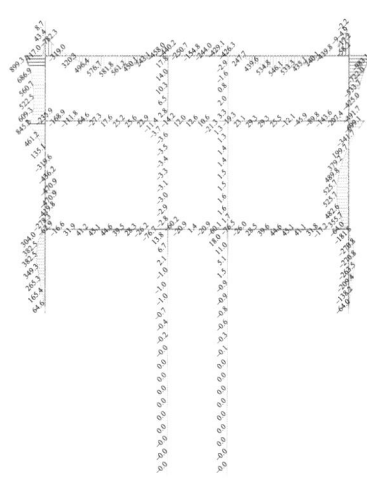

(h) 第八步施工弯矩图

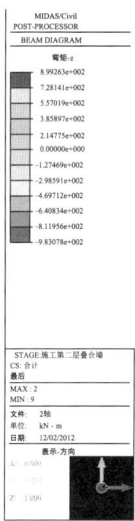

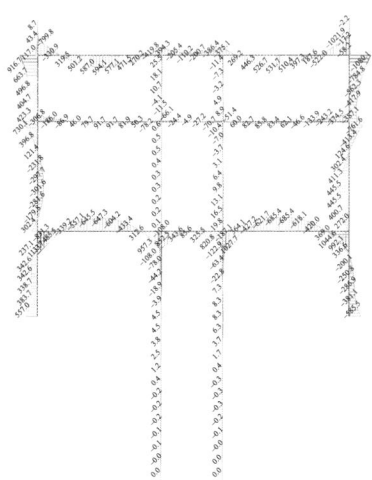

(i) 第九步施工弯矩图

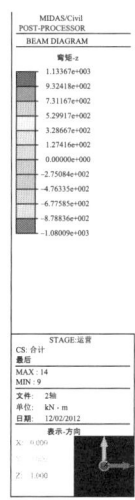

图 7-37　小里程端施工阶段施工弯矩图（kN·m）（二）

② 运营阶段总量法模拟及计算结果（包括盾构吊装阶段，图 7-38）

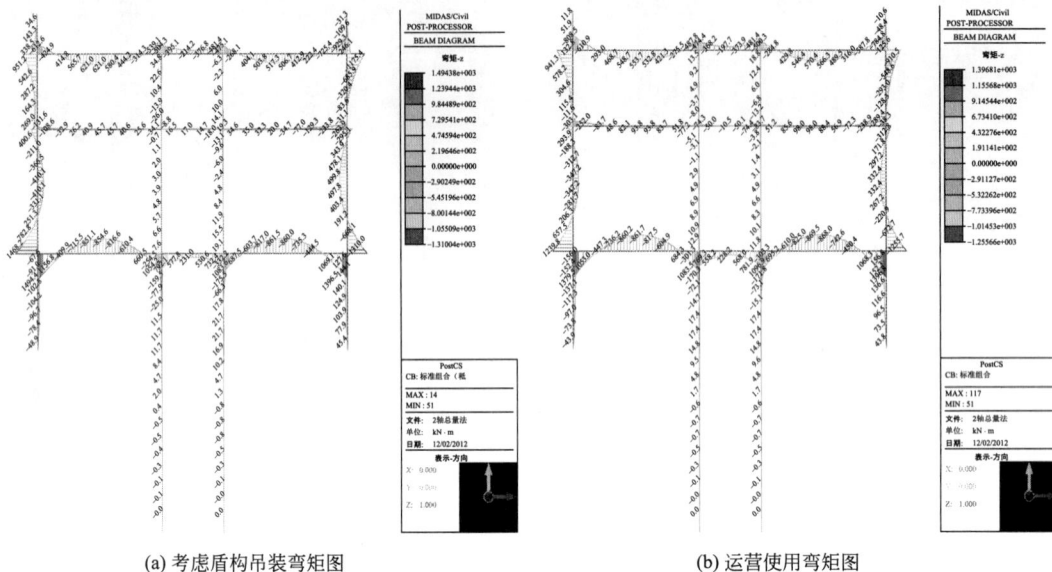

(a) 考虑盾构吊装弯矩图

(b) 运营使用弯矩图

图 7-38　小里程端运营阶段施工弯矩图（kN·m）

（2）标准段计算结果：

① 施工阶段增量法模拟及计算结果（图 7-39）

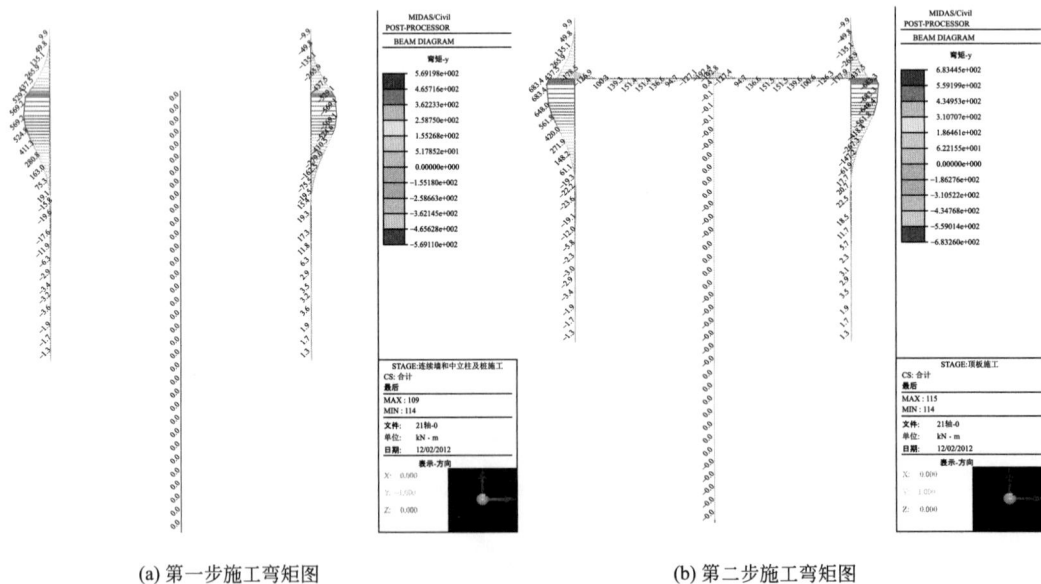

(a) 第一步施工弯矩图

(b) 第二步施工弯矩图

图 7-39　标准段施工阶段施工弯矩图（kN·m）（一）

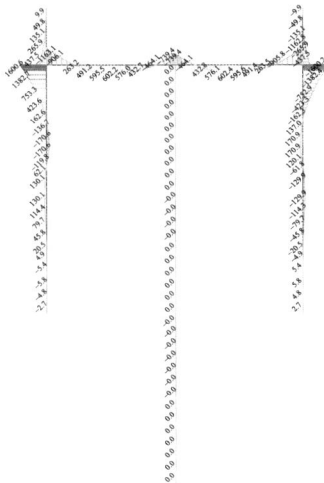

(c) 第三步施工弯矩图

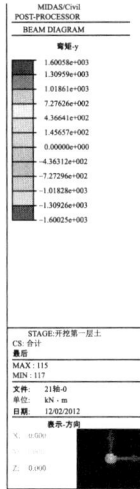

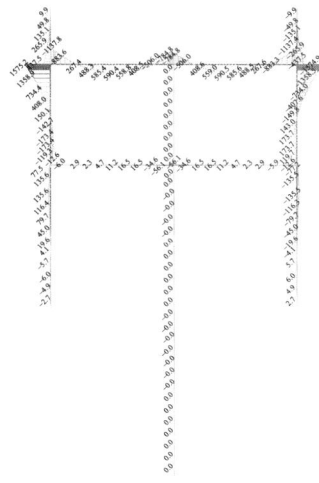

(d) 第四步施工弯矩图

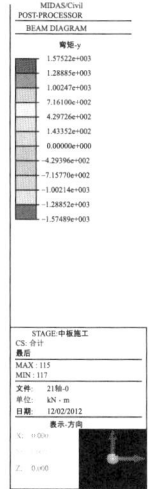

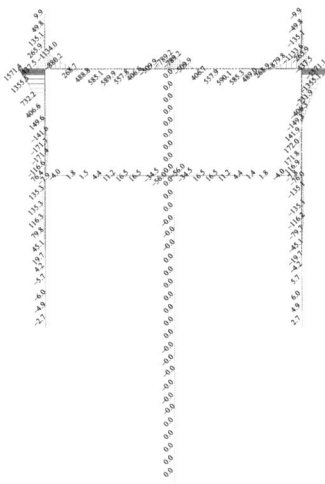

(e) 第五步施工弯矩图

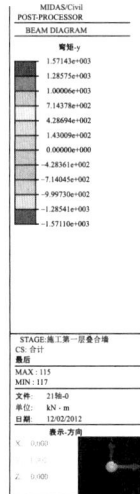

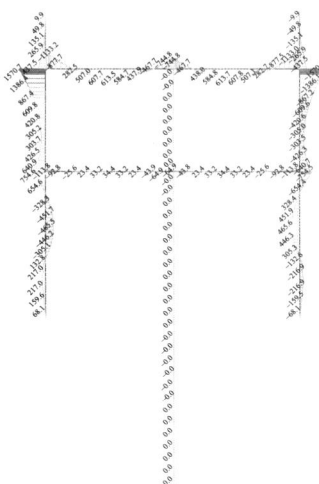

(f) 第六步施工弯矩图

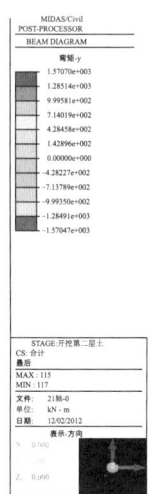

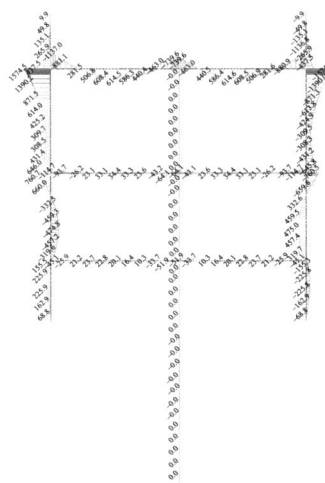

(g) 第七步施工弯矩图

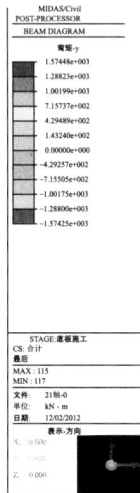

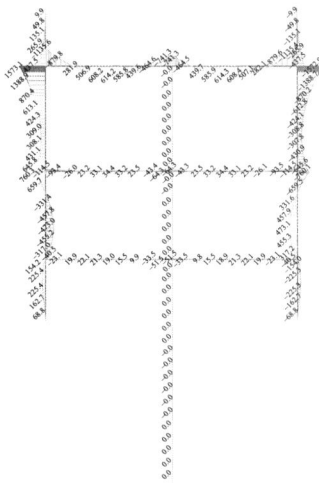

(h) 第八步施工弯矩图

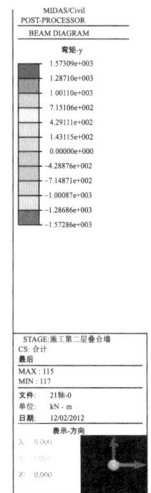

图 7-39　标准段施工阶段施工弯矩图（kN·m）（二）

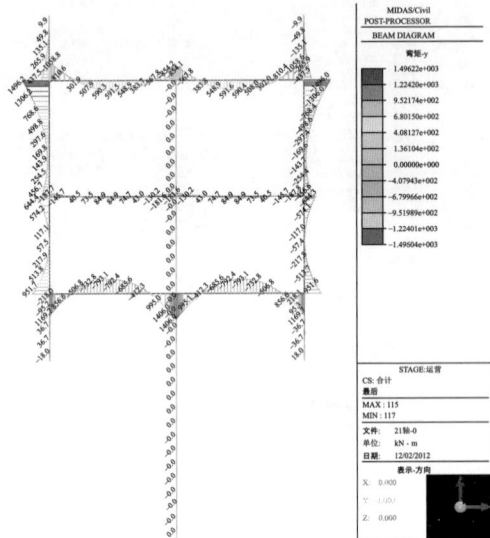

(i) 第九步施工弯矩图

图 7-39 标准段施工阶段施工弯矩图（kN·m）（三）

② 运营阶段总量法模拟及计算结果（图 7-40）

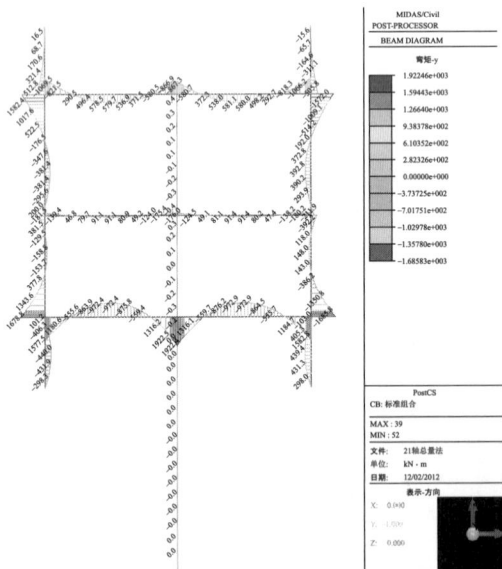

图 7-40 标准段运营阶段施工弯矩图（kN·m）

（3）大里程端计算结果：

① 施工阶段增量法模拟及计算结果（图 7-41）

② 运营阶段总量法模拟及计算结果（包括盾构吊装阶段，图 7-42）

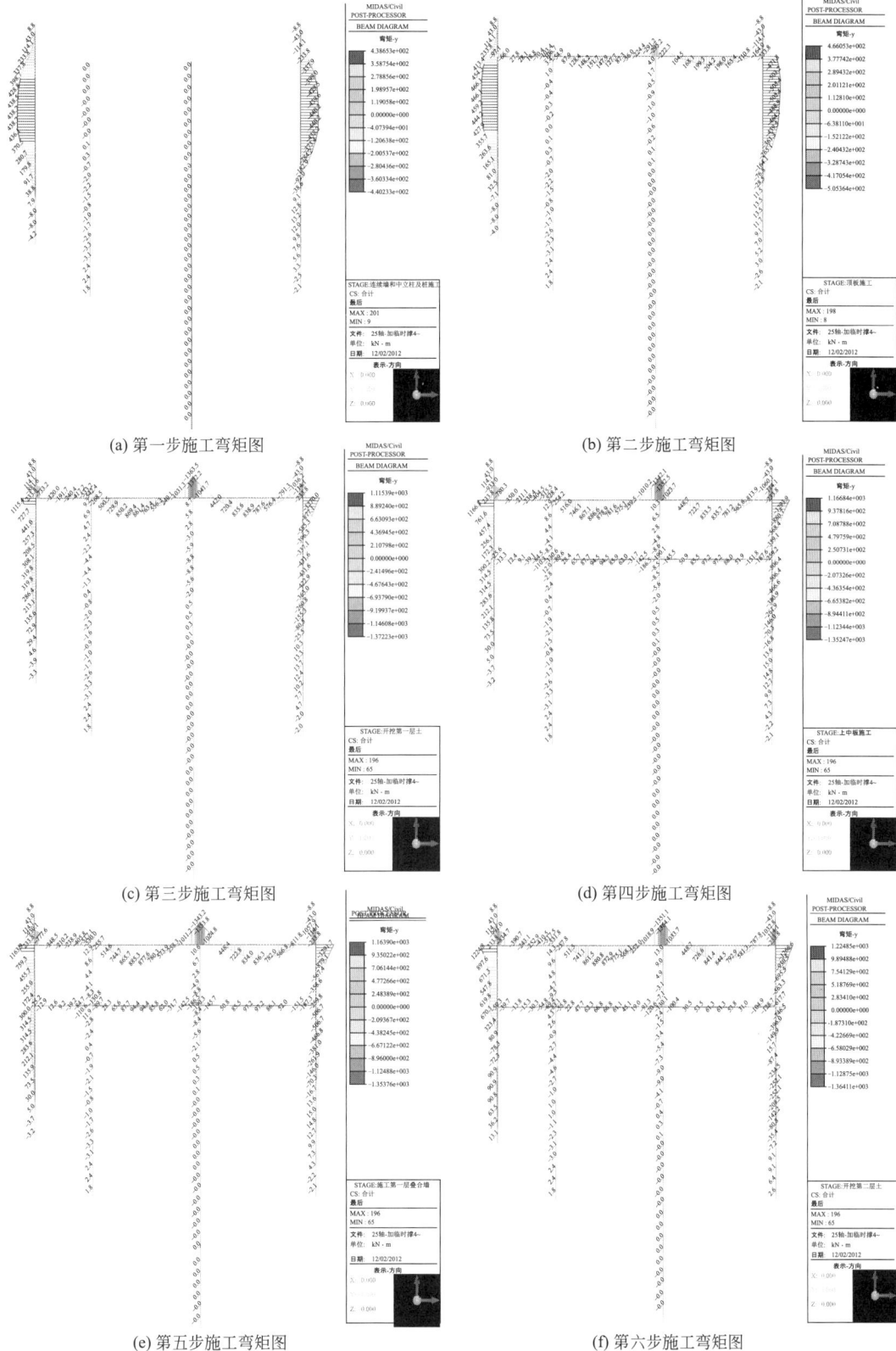

(a) 第一步施工弯矩图

(b) 第二步施工弯矩图

(c) 第三步施工弯矩图

(d) 第四步施工弯矩图

(e) 第五步施工弯矩图

(f) 第六步施工弯矩图

图 7-41　大里程端施工阶段施工弯矩图（kN・m）（一）

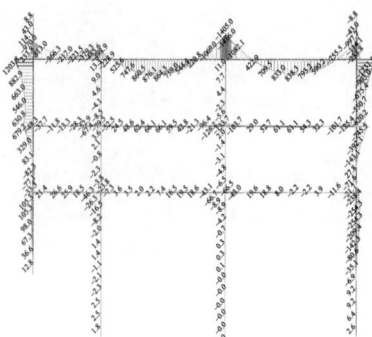

(g) 第七步施工弯矩图

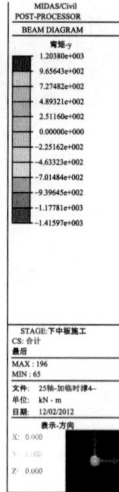

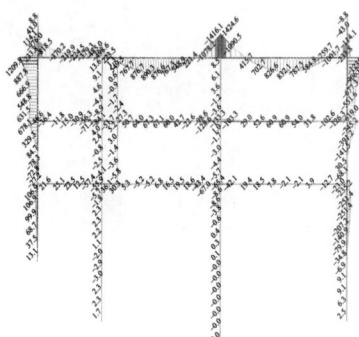

(h) 第八步施工弯矩图

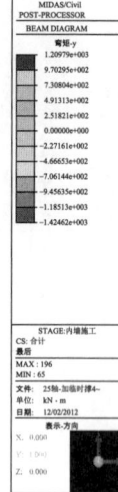

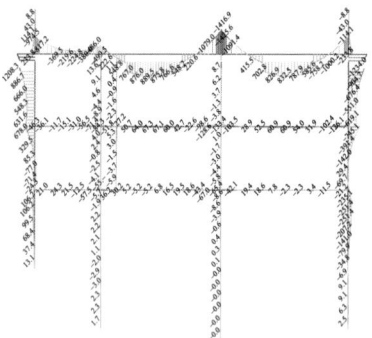

(i) 第九步施工弯矩图

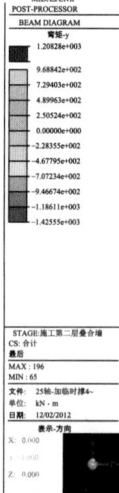

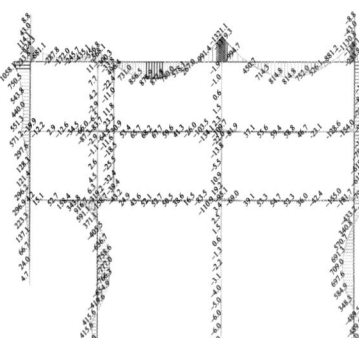

(j) 第十步施工弯矩图

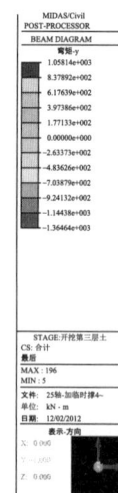

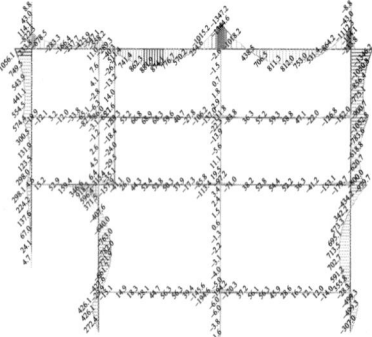

(k) 第十一步施工弯矩图

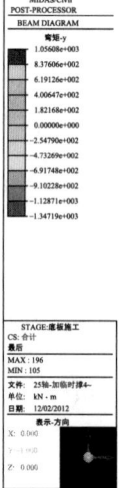

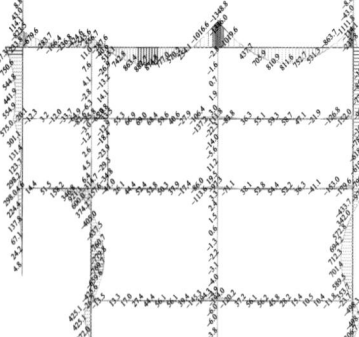

(l) 第十二步施工弯矩图

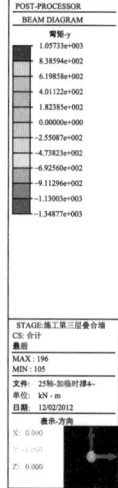

图 7-41　大里程端施工阶段施工弯矩图（kN·m）（二）

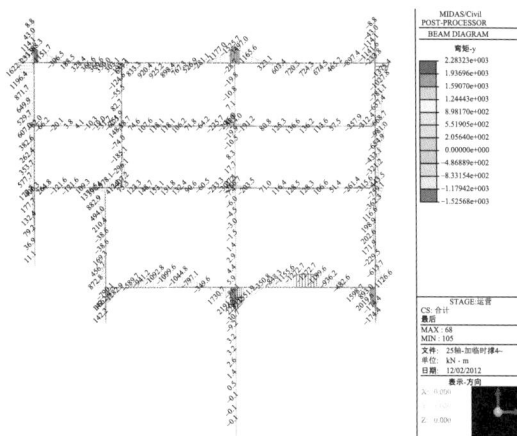

(m) 第十三步施工弯矩图

图 7-41　大里程端施工阶段施工弯矩图（kN·m）（三）

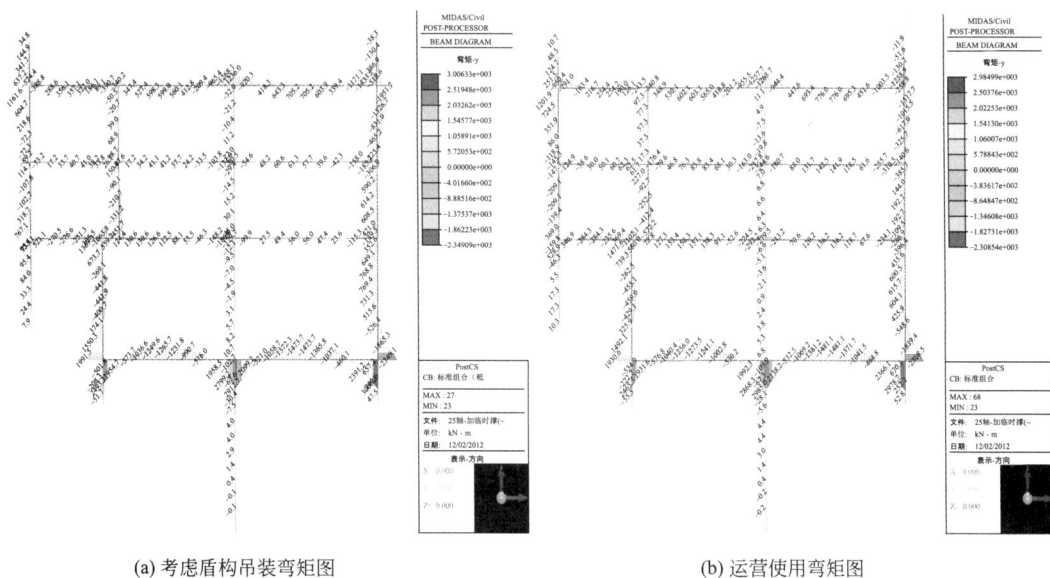

(a) 考虑盾构吊装弯矩图

(b) 运营使用弯矩图

图 7-42　大里程端运营阶段施工弯矩图（kN·m）

3）配筋计算

根据《混凝土结构设计规范》GB 50010—2010 第 9.1.1 条规定，顶板和底板平面可分为单向板和双向板，中板平面全为单向板。其中，顶板和底板的单向板、双向板的划分分别如图 7-43、图 7-44 所示。

双向板的设计参照《实用建筑结构静力计算手册》进行配筋计算，单向板的计算取 1m 板宽，按照梁截面设计进行配筋计算。

各构件根据基本组合的计算内力进行承载能力（即强度）配筋计算，根据标准组合的计算内力进行裂缝控制配筋计算，构件实际配筋按两者的较大值选筋。计算内力的选取以增量

表 7-10

小里程端单向板及侧墙结构配筋统计表

位置	构件	厚度	部位	最不利施工步骤	计算弯矩 M 设计值	计算弯矩 M 标准值	强度计算 配筋面积	裂缝控制 配筋面积	实际配筋	实际 配筋面积	配筋率 %	裂缝 宽度
小里程端	顶板	950	板上方支座处						详见双向板配筋			
			柱上方									
			板下方跨中									
	中板	400	板上方支座处	第九步	−369.0	−239.6	3308	3054	2D18@150	3393	0.85	0.2198
			柱上方	第九步	−127.1	−82.5	1272	1018	D18@150	1696	0.42	0.0591
			板下方跨中	第九步	139.2	90.4	1206	1206	D16@150	1340	0.34	0.1627
	底板	900	板下方支座处	盾构吊装	1567.7	1156.8	5630	10455	2D32@150	10723	1.07	0.1616
			柱下方	盾构吊装	923.4	684.3	3217	5630	2D32@150	7149	0.71	0.0770
			板上方跨中	盾构吊装	−1171.6	−868.0	3801	4942	2D22@150	5068	0.51	0.2065
	连续墙	800	背土面站厅层跨中	—	—	—	1963	—	D25@150	3272	0.41	—
			背土面站台层跨中	第七步	781.6	507.5	3436	3436	D25@150+D18@150	4969	0.62	0.1459
			迎土面顶板处	第三步	−1532.5	−995.1	6773	12315	D28@150+D28@150+(D28@150)	12315	1.54	0.1881
			迎土面中板处	第七步	−1442.4	−936.6	6158	11084	D28@150+D28@150+(2D18@150)	11603	1.45	0.1862
			迎土面底板处	—	—	—	2463	—	D28@150	4105	0.51	—
	叠合墙	1200	背土面站厅层跨中	—	—	—	2454	—	D25@150	3272	0.27	—
			背土面站台层跨中	第八步	779.4	506.1	2454	2454	D25@150	3272	0.27	0.0876
			迎土面顶板处	第四步	−1532.0	−994.8	4310	6158	D28@150+(D28@150)	8210	0.68	0.0924
			迎土面中板处	第八步	−1440.7	−935.5	3695	5542	D28@150+(2D18@150)	7498	0.62	0.0799
			迎土面底板处	盾构吊装	−1995.5	−1468.2	5542	10468	D28@150+(2D32@150)	14828	1.24	0.1154

注：1. 弯矩单位 kN·m，配筋面积单位 mm²，裂缝宽度单位 mm，D 表示 HRB400 钢筋；2. 括号中钢筋为板配筋弯入连续墙钢筋。

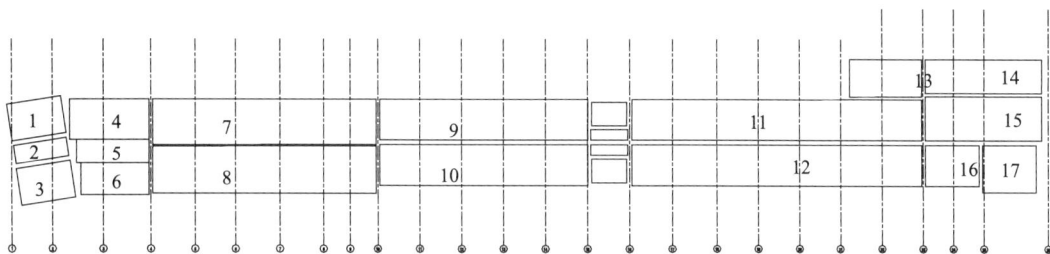

图 7-43 顶板单向、双向板划分图

（其中，单向板有：2、5、7~15，双向板有：1、3、4、6、16、17）

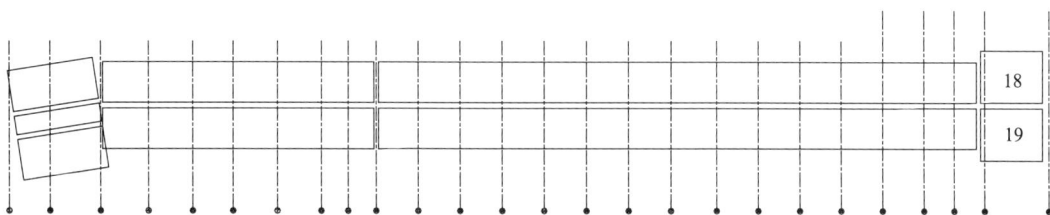

图 7-44 底板单向、双向板划分图

（其中，双向板有：18、19，其余均为单向板）

法为主，适当参考总量法的计算结果。配筋计算时，考虑混凝土塑性内力重分布的影响，对计算内力进行调幅，支座负弯矩调幅系数取 0.85，并按力学规律相应增大跨中正弯矩，且考虑到连续墙与内衬墙之间采用接驳器连接时，其结点很难做到绝对刚性，故计算断面配筋时，均考虑跨中截面弯矩增加 10%。

构件配筋计算详见配筋统计表（表 7-10）。

（1）小里程端各截面配筋计算：

① 单向板及侧墙结构配筋计算（表 7-10）

② 双向板（顶板）配筋计算（按弹性板计算）

（a）计算条件：计算跨度：2 轴顶板 $L_x = 11.800$m，$L_y = 7.8$m；3 轴顶板 $L_x = 16.900$m，$L_y = 8.4$m，板厚 $h = 950$mm。恒载分项系数 $= 1.35$，活载分项系数 $= 1.40$。板表观密度为 25kN/m³，覆土重度为 19.4kN/m³，地面超载为 20kN/m²。混凝土强度等级：C35，$f_c = 16.70$N/mm²，$f_t = 1.57$N/mm²，$E_c = 3.15 \times 10^4$N/mm²。支座纵筋级别：HRB400，$f_y = 360.00$N/mm²，$E_s = 2.00 \times 10^5$N/mm²。纵筋混凝土保护层 $= 50$mm，配筋计算 $a_s = 55$mm，泊松比 $= 0.20$。

支撑条件：四边　上：固定　下：固定　左：固定　右：固定

　　　　　角柱　左下：无　右下：无　右上：无　左上：无

（b）弯矩计算

基本组合荷载：$q_1 = 1.35 \times 0.95 \times 25 + 1.35 \times 2.9 \times 19.4 + 1.4 \times 20 = 136.01$kN/m²；

标准组合荷载：$q_2 = 0.95 \times 25 + 2.9 \times 19.4 + 20 = 100.01$kN/m²。

查《实用建筑结构静力计算手册》，得均布荷载作用下双向板的单位板宽弯矩系数：

固端系数 υ_x^0、υ_y^0，跨中系数 υ_x、υ_y。

基本组合弯矩：$M_x^0=\upsilon_x^0 q_1 l_y^2$，$M_y^0=\upsilon_y^0 q_1 l_y^2$，$M_x=\upsilon_x q_1 l_y^2$，$M_y=\upsilon_y q_1 l_y^2$

标准组合弯矩：$M_x^0=\upsilon_x^0 q_2 l_y^2$，$M_y^0=\upsilon_y^0 q_2 l_y^2$，$M_x=\upsilon_x q_2 l_y^2$，$M_y=\upsilon_y q_2 l_y^2$

四边固定，跨中弯矩需作修正：$M_x^\upsilon=M_x+\upsilon M_y$，$M_y^\upsilon=M_y+\upsilon M_x$，其中 υ 为泊松比。2 轴、3 轴双向板弯矩如表 7-11 所示。

小里程端双向板弯矩（kN·m） 表 7-11

位置	弯矩	基本组合	标准组合
2 轴板	X 向固端弯矩	−515.2	344.4
	Y 向固端弯矩	−685.4	458.2
	X 向跨中弯矩	387.2	258.8
	Y 向跨中弯矩	721.5	482.3
3 轴板	X 向固端弯矩	−591.2	390.5
	Y 向固端弯矩	−872.0	582.9
	X 向跨中弯矩	387.4	259.0
	Y 向跨中弯矩	1055.4	705.5

（c）强度配筋

截面抵抗矩系数 $\alpha_s=M/(\alpha_1 f_c b h_0^2)$，相对受压区高度 $\xi=1-\sqrt{1-2\alpha_s}$

内力矩的力臂系数 $\gamma_s=0.5\times(1+\sqrt{1-2\alpha_s})$，计算钢筋面积 $A_s=M/(f_y \gamma_s h_0)$

2 轴板、3 轴顶板强度配筋如表 7-12 所示。

小里程端双向板（顶板）强度计算配筋 表 7-12

位置	配筋	α_s	ξ	γ_s	A_s（mm²）	强度计算配筋面积（mm²）
2 轴板	X 向支座	0.039	0.040	0.980	1640.6	1697
	Y 向支座	0.052	0.053	0.973	2197.7	2534
	X 向跨中	0.029	0.029	0.985	1212.7	1340
	Y 向跨中	0.053	0.055	0.973	2289.5	2534
3 轴板	X 向支座	0.045	0.046	0.977	1888.3	2094
	Y 向支座	0.066	0.068	0.966	2817.7	3273
	X 向跨中	0.029	0.029	0.985	1213.4	1340
	Y 向跨中	0.078	0.081	0.959	3395.6	4105

（d）裂缝配筋

裂缝宽度：$\omega_{\max} = \alpha_{cr}\psi\dfrac{\sigma_s}{E_s}\left(1.9c_s + 0.08\dfrac{d_{eq}}{\rho_{te}}\right)$

其中，$\sigma_{sq} = \dfrac{M_q}{0.87h_0A_s}$，$\rho_{te} = \dfrac{A_s}{0.5bh}$，$\psi = 1.1 - 0.65\dfrac{f_{tk}}{\rho_{te}\sigma_s}$

2 轴板、3 轴顶板裂缝配筋如表 7-13 所示。

小里程端双向板（顶板）裂缝控制配筋 表 7-13

位置	配筋	裂缝控制配筋面积(mm²)	σ_{sq}（MPa）	ρ_{te}	ψ	$\omega_{\max}$（mm）	$\omega_{\lim}$（mm）
2 轴板	X 向支座	2534	175.5	0.010	0.28522	0.12888	0.20
	Y 向支座	3273	180.8	0.010	0.30915	0.15666	0.20
	X 向跨中	2094	157.8	0.010	0.20000	0.07077	0.30
	Y 向跨中	2534	243.0	0.010	0.51162	0.29768	0.30
3 轴板	X 向支座	2534	199.0	0.010	0.38140	0.1954	0.20
	Y 向支座	4105	183.4	0.010	0.32021	0.17795	0.20
	X 向跨中	2094	157.9	0.010	0.20000	0.07081	0.30
	Y 向跨中	4105	219.5	0.010	0.44853	0.28059	0.30

（e）配筋结果（表 7-14）

小里程端双向板（顶板）配筋结果 表 7-14

位置	配筋	强度计算配筋面积(mm²)	裂缝控制配筋面积(mm²)	实际配筋	实际配筋面积(mm²)	配筋率（%）	裂缝宽度（mm）
2 轴板	X 向支座	1697	2534	D22@150	2534	0.267	0.1289
	Y 向支座	2534	3273	D25@150	3273	0.345	0.1567
	X 向跨中	1340	2094	D20@150	2094	0.220	0.0708
	Y 向跨中	2534	2534	D22@150	2534	0.267	0.2977
3 轴板	X 向支座	2094	2534	D22@150	2534	0.267	0.1954
	Y 向支座	3273	4105	D28@150	4105	0.432	0.1780
	X 向跨中	1340	2094	D20@150	2094	0.220	0.0708
	Y 向跨中	4105	4105	D28@150	4105	0.432	0.2806

注：D 表示 HRB400 钢筋。

表 7-15

（2）标准段各截面配筋计算（表 7-15）

标准段单向板及侧墙结构配筋统计表

位置	构件	厚度	部位	最不利施工步骤	计算弯矩 M 设计值	计算弯矩 M 标准值	强度计算配筋面积	裂缝控制配筋面积	实际配筋	实际配筋面积	配筋率（%）	裂缝宽度
	顶板	900	板上方支座处	第三步	-1538.2	-998.8	5630	9651	2D32@150	10723	1.19	0.1562
			柱上方	第九步	-837.3	-543.7	4021	4825	D32@150	5362	0.60	0.0992
			板下方跨中	第七步	920.3	597.6	3695	3695	D28@150	4105	0.46	0.2125
	中板	400	板上方支座处	第九步	-232.7	-151.1	2036	1781	2D18@150	2262	0.57	0.1883
			柱上方	第九步	-196.7	-127.7	1781	1527	2D18@150	2262	0.57	0.1248
			板下方跨中	第九步	128.4	83.4	1206	1005	D16@150	1340	0.34	0.1306
	底板	900	板下方支座处	运营使用	1606.1	1189.3	8042	10455	2D32@150	10723	1.07	0.1700
			柱下方	运营使用	1776.9	1314.8	8847	11259	2D32@150+D32@300	13404	1.34	0.1438
			板上方跨中	运营使用	-1313.0	-972.0	4181	4942	2D22@150	5068	0.51	0.2714
标准段	连续墙	800	背土面站厅层跨中	第四步	315.1	204.6	1963	1473	D25@150	3272	0.41	0.0546
			背土面站台层跨中	第七步	786.3	510.6	3436	3436	D25@150+D25@150	3927	0.49	0.2240
			迎土面顶板处	第三步	-2129.4	-1382.7	9236	16625	D28@150+D22@150+（2D32@150）	17363	2.17	0.1889
			迎土面中板处	第七步	-1016.4	-660.0	5542	7389	D28@150+D22@150+（2D18@150）	8336	1.04	0.1627
			迎土面底板处	—	—	—	2463	1473	D28@150	4105	0.51	—
	叠合墙	1200	背土面站厅层跨中	第五步	312.1	202.7	2454	1473	D25@150	3272	0.27	0.0351
			背土面站台层跨中	第八步	783.6	508.8	2454	2454	D25@150	3272	0.27	0.0881
			迎土面顶板处	第五步	-2087.5	-1355.5	6773	9236	D28@150+（2D32@150）	14828	1.24	0.0971
			迎土面中板处	第八步	-1015.9	-659.7	3695	4310	D28@150+（2D18@150）	5801	0.48	0.0794
			迎土面底板处	运营使用	-1824.8	-1350.8	6158	9236	D28@150+（2D32@150）	14828	1.24	0.0963

注：1. 弯矩单位 kN·m，配筋面积单位 mm²，裂缝宽度单位 mm，D 表示 HRB400 钢筋；2. 括号中钢筋为板弯入连续墙筋。

（3）大里程端各截面配筋计算（表7-16）

①单向板及侧墙结构配筋计算

大里程端单向板及侧墙结构配筋统计表

表7-16

位置	构件	厚度	部位	最不利施工步骤	计算弯矩M 设计值	计算弯矩M 标准值	强度计算配筋面积	裂缝控制配筋面积	实际配筋	实际配筋面积	配筋率（%）	裂缝宽度
	顶板	950	板上方支座处	第十三步	-1773.6	-1151.7	9651	10455	2D32@150	10723	1.13	0.1787
			柱上方	第十三步	-1795.0	-1165.6	10455	10455	2D32@150	10723	1.13	0.1824
			板下方跨中	第十三步	1421.6	923.1	4942	4942	2D22@150	5068	0.53	0.2796
	中板	400	板上方支座处	第十三步	-443.7	-288.1	4072	3308	2D18@100	5089	1.27	0.1533
			柱上方	第十三步	-410.6	-266.6	3817	3308	2D18@100	3817	0.95	0.2135
			板下方跨中	第十三步	233.8	151.8	2011	2011	D16@100	2011	0.50	0.2127
	底板	900	板上方支座处						详见双向板配筋			
			板上方跨中									
大里程端	连续墙	800	背土面风道层跨中	—	—	—	1963	1473	D25@150	3272	0.41	—
			背土面站厅层跨中	第七步	123.2	80.0	1963	1963	D25@150	3272	0.41	0.0214
			背土面站台层跨中	第十一步	1188.7	771.9	5400	5890	2D25@150	6545	0.82	0.2369
			迎土面顶板处	第四步	-1992.6	-1293.9	8621	16010	D28@150+D25@150+(2D32@150)	18101	2.26	0.1641
			迎土面风道板处	第六步	-1149.6	-746.5	4926	8621	D28@150+(2D18@100)	9194	1.15	0.1777
			迎土面中板处	第十一步	-1508.7	-979.7	6158	11699	D28@150+D25@150+(2D18@100)	12467	1.56	0.1808
			迎土面底板处	—	—	—	2463	—	D28@150	4105	0.51	—
大里程端	叠合墙	1200	背土面风道层跨中	—	—	—	2945	—	D25@150	3272	0.27	—
			背土面站厅层跨中	第九步	115.7	75.1	2945	982	D25@150	3272	0.27	0.0130
			背土面站台层跨中	第十二步	1200.9	779.8	3436	3927	2D25@150	3927	0.33	0.2178
			迎土面顶板处	第十三步	-2498.0	-1622.1	6773	11699	2D28@150+(2D32@150)	14828	1.24	0.1404
			迎土面风道板处	第十一步	-1621.3	-1052.8	4310	6158	D28@150+(2D18@100)	9194	0.77	0.0966
			迎土面中板处	第十一步	-1507.4	-978.8	4310	5542	D28@150+(2D18@100)	9194	0.77	0.0724
			迎土面底板处	盾构吊装	-2521.0	-1865.3	8621	14162	2D28@150+(2D32@150)	18028	1.58	0.1285

注：1. 弯矩单位 kN·m，配筋面积单位 mm²，裂缝宽度单位 mm，D 表示 HRB400 钢筋；2. 括号中钢筋为板弯入连续墙钢筋。

②双向板（顶板）配筋计算（按弹性板计算）

（a）计算条件：计算跨度：24 轴板 $L_x=11.65\text{m}$，$L_y=8.6\text{m}$；②25 轴板 $L_x=11.50\text{m}$，$L_y=9.9\text{m}$，板厚 $h=950\text{mm}$。恒载分项系数=1.35；活载分项系数=1.40。板表观密度=25.00kN/m³，覆土重度=19.4kN/m³，地面超载=20kN/m²。混凝土强度等级：C35，$f_c=16.70\text{N/mm}^2$，$f_t=1.57\text{N/mm}^2$，$E_c=3.15\times10^4\text{N/mm}^2$。支座纵筋级别：HRB400，$f_y=360.00\text{N/mm}^2$，$E_s=2.00\times10^5\text{N/mm}^2$。纵筋混凝土保护层=50mm，配筋计算 $a_s=55\text{mm}$，泊松比=0.20。

支撑条件：四边 上：固定 下：固定 左：固定 右：固定

角柱 左下：无 右下：无 右上：无 左上：无

（b）弯矩计算基本组合荷载：$q_1=1.35\times0.8\times25+1.35\times3.3\times19.4+1.4\times20=141.43\text{kN/m}^2$；标准组合荷载：$q_2=0.8\times25+3.3\times19.4+20=104.02\text{kN/m}^2$。

查《实用建筑结构静力计算手册》，得均布荷载作用下双向板的单位板宽弯矩系数：固端系数 v_x^0、v_y^0，跨中系数 v_x、v_y。

基本组合弯矩：$M_x^0=v_x^0 q_1 l_y^2$，$M_y^0=v_y^0 q_1 l_y^2$，$M_x=v_x q_1 l_y^2$，$M_y=v_y q_1 l_y^2$

标准组合弯矩：$M_x^0=v_x^0 q_2 l_y^2$，$M_y^0=v_y^0 q_2 l_y^2$，$M_x=v_x q_2 l_y^2$，$M_y=v_y q_2 l_y^2$

四边固定，跨中弯矩需作修正：$M_x^v=M_x+vM_y$，$M_y^v=M_y+vM_x$，其中 v 为泊松比。24 轴、25 轴双向板弯矩如表 7-17 所示。

大里程端双向板（顶板）弯矩（kN·m） 表 7-17

位置	弯矩	基本组合	标准组合
24 轴板	X 向固端弯矩	−625.2	417.9
	Y 向固端弯矩	−780.1	521.5
	X 向跨中弯矩	487.3	325.8
	Y 向跨中弯矩	768.8	513.9
25 轴板	X 向固端弯矩	−803.6	537.1
	Y 向固端弯矩	−897.4	599.9
	X 向跨中弯矩	658.7	440.3
	Y 向跨中弯矩	829.9	554.8

（c）配置钢筋

截面抵抗矩系数 $\alpha_s=M/\alpha_1 f_c b h_0^2$，相对受压区高度 $\xi=1-\sqrt{1-2\alpha_s}$

内力矩的力臂系数 $\gamma_s=0.5\times(1+\sqrt{1-2\alpha_s})$，计算钢筋面积 $A_s=M/f_y\gamma_s h_0$

24、25 轴板强度配筋如表 7-18 所示。

大里程端双向板（顶板）强度计算配筋 表 7-18

位置		α_s	ξ	γ_s	$A_s(\text{mm}^2)$	强度计算配筋面积（mm²）
24 轴板	X 向支座	0.047	0.048	0.976	1999.7	2094
	Y 向支座	0.059	0.061	0.970	2511.1	2534
	X 向跨中	0.036	0.037	0.982	1532.2	1697
	Y 向跨中	0.057	0.059	0.971	2444.4	2534

位置		α_s	ξ	γ_s	$A_s(\text{mm}^2)$	强度计算配筋面积(mm^2)
25轴板	X向支座	0.061	0.063	0.969	2589.2	3273
	Y向支座	0.068	0.070	0.965	2902.9	3273
	X向跨中	0.049	0.050	0.975	2085.0	2094
	Y向跨中	0.061	0.063	0.968	2645.4	3273

（d）验算裂缝

裂缝宽度：$\omega_{max}=\alpha_{cr}\psi\dfrac{\sigma_s}{E_s}\left(1.9c_s+0.08\dfrac{d_{eq}}{\rho_{te}}\right)$

其中，$\sigma_{sq}=\dfrac{M_q}{0.87h_0A_s}$，$\rho_{te}=\dfrac{A_s}{0.5bh}$，$\psi=1.1-0.65\dfrac{f_{tk}}{\rho_{te}\sigma_s}$

24、25轴板裂缝配筋如表7-19所示。

大里程端双向板（顶板）裂缝控制配筋　　　　　　　　表7-19

位置		裂缝控制配筋面积(mm^2)	σ_{sq}（MPa）	ρ_{te}	ψ	ω_{max}（mm）	ω_{lim}（mm）
24轴板	X向支座	4105	131.5	0.010	0.20000	0.07969	0.20
	Y向支座	4105	164.1	0.010	0.22837	0.11354	0.20
	X向跨中	2094	198.6	0.010	0.38011	0.16928	0.30
	Y向跨中	4105	159.9	0.010	0.20564	0.09371	0.30
25轴板	X向支座	4105	169.0	0.010	0.25381	0.12999	0.20
	Y向支座	4105	188.7	0.010	0.34230	0.19578	0.20
	X向跨中	3273	171.8	0.010	0.26781	0.12066	0.30
	Y向跨中	4105	172.6	0.010	0.27152	0.13357	0.30

（e）配筋结果大里程端顶板配筋结果如表7-20所示。

大里程端双向板（顶板）配筋结果　　　　　　　　表7-20

位置	配筋	强度计算配筋面积（mm^2）	裂缝控制配筋面积（mm^2）	实际配筋	实际配筋面积（mm^2）	配筋率（%）	裂缝宽度（mm）
24轴板	X向支座	2094	4105	D28@150	4105	0.432	0.0797
	Y向支座	2534	4105	D28@150	4105	0.432	0.1135
	X向跨中	1697	2094	D20@150	2094	0.220	0.1693
	Y向跨中	2534	4105	D28@150	4105	0.432	0.0937
25轴板	X向支座	3273	4105	D28@150	4105	0.432	0.1300
	Y向支座	3273	4105	D28@150	4105	0.432	0.1958
	X向跨中	2094	3273	D25@150	3273	0.345	0.1207
	Y向跨中	3273	4105	D28@150	4105	0.432	0.1336

③双向板（底板）配筋计算（按弹性双向板计算）

（a）计算条件：计算跨度：$L_x = 13.3$m，$L_y = 10.95$m，板厚 $h = 900$mm。恒载分项系数 $= 1.35$；活载分项系数 $= 1.40$；板表观密度 $= 25.00$kN/m³，水浮力重度 $= 10$kN/m³。混凝土强度等级：C35，$f_c = 16.70$ N/mm²，$f_t = 1.57$N/mm²，$E_c = 3.15 \times 10^4$ N/mm²。支座纵筋级别：HRB400，$f_y = 360.00$N/mm²，$E_s = 2.00 \times 10^5$N/mm²，纵筋混凝土保护层为 50mm，配筋计算 $a_s = 55$mm，泊松比 $= 0.20$。

支撑条件：四边　上：固定　下：固定　左：固定　右：固定

角柱　左下：无　右下：无　右上：无　左上：无

（b）弯矩计算（结构重要性系数取 1.1，表 7-21）

基本组合荷载：$q_1 = 1.1 \times 1.35 \times 10 \times (25.28 - 6.17 + 1.1) = 300.1$kN/m²；标准组合荷载：$q_2 = 10 \times (25.28 - 6.17 + 1.1) = 202.1$kN/m²。

查《实用建筑结构静力计算手册》，得均布荷载作用下双向板的单位板宽弯矩系数：固端系数 v_x^0、v_y^0，跨中系数 v_x、v_y（$l_y/l_x = 10.95/13.3 = 0.82$）。

$v_x^0 = -0.0555$，$v_y^0 = -0.0645$，$v_x = 0.0148$，$v_y = 0.0261$

基本组合弯矩：$M_x^0 = v_x^0 q_1 l_y^2$，$M_y^0 = v_y^0 q_1 l_y^2$，$M_x = v_x q_1 l_y^2$，$M_y = v_y q_1 l_y^2$

标准组合弯矩：$M_x^0 = v_x^0 q_2 l_y^2$，$M_y^0 = v_y^0 q_2 l_y^2$，$M_x = v_x q_2 l_y^2$，$M_y = v_y q_2 l_y^2$

四边固定，跨中弯矩需作修正：$M_x^v = M_x + vM_y$，$M_y^v = M_y + vM_x$。其中，v 为泊松比。

大里程端双向板（底板）弯矩（kN·m）　　　　表 7-21

位置	弯矩	基本组合	标准组合
大里程端底板	X 向固端弯矩	−1997.0	−1344.9
	Y 向固端弯矩	−2320.9	−1563.0
	X 向跨中弯矩	720.4	485.1
	Y 向跨中弯矩	1045.7	704.2

（c）配置钢筋（表 7-22）

截面抵抗矩系数 $\alpha_s = M/\alpha_1 f_c b h_0^2$，相对受压区高度 $\xi = 1 - \sqrt{1 - 2\alpha_s}$

内力矩的力臂系数 $\gamma_s = 0.5 \times (1 + \sqrt{1 - 2\alpha_s})$，计算钢筋面积 $A_s = M/f_y \gamma_s h_0$

大里程端双向板（底板）强度计算配筋　　　　表 7-22

位置		α_s	ξ	γ_s	A_s(mm²)	强度计算配筋面积(mm²)
大里程端底板	X 向支座	0.092	0.097	0.952	5113.3	6158
	Y 向支座	0.107	0.113	0.943	5995.0	6158
	X 向跨中	0.060	0.062	0.969	2429.0	3801
	Y 向跨中	0.087	0.091	0.955	3579.7	3801

（d）验算裂缝（表 7-23）

裂缝宽度：$w_{max} = \alpha_{cr} \psi \dfrac{\sigma_s}{E_s} \left(1.9 c_s + 0.08 \dfrac{d_{eq}}{\rho_{te}} \right)$

其中，$\sigma_{sq} = \dfrac{M_q}{0.87h_0 A_s}$，$\rho_{te} = \dfrac{A_s}{0.5bh}$，$\psi = 1.1 - 0.65\dfrac{f_{tk}}{\rho_{te}\sigma_s}$

大里程端双向板（底板）裂缝控制配筋   表 7-23

位置		裂缝控制配筋面积 (mm^2)	σ_{sq} (MPa)	ρ_{te}	ψ	w_{max} (mm)	w_{lim} (mm)
大里程端 底板	X 向支座	9818	138.1	0.016	0.46726	0.13319	0.20
	Y 向支座	9818	160.5	0.016	0.55555	0.18403	0.20
	X 向跨中	3801	172.6	0.010	0.27139	0.11212	0.30
	Y 向跨中	4909	194.0	0.011	0.42423	0.20276	0.30

（e）配筋结果（表 7-24）

大里程端双向板（底板）配筋结果   表 7-24

位置	配筋	强度计算配筋面积 (mm^2)	裂缝控制配筋面积 (mm^2)	实际配筋	实际配筋面积 (mm^2)	配筋率 (%)	裂缝宽度 (mm)
大里程端 底板	X 向支座	6158	9818	2D32@150＋D32@450	9818	0.591	0.1962
	Y 向支座	6158	9818	2D32@150＋D32@150	9818	0.676	0.1682
	X 向跨中	3801	3801	D25@150	3801	0.422	0.1121
	Y 向跨中	3801	4909	D25@150＋D25@450	4909	0.545	0.2028

第 8 章

基坑降水设计与实例计算

8.1 基坑降水概述

8.1.1 基坑降水的基本概念

基坑降水是指在基坑开挖过程中，地下水位高于开挖底面时，土的含水层常被切断，地下水会不断渗入坑内；同时，如果在雨期施工时，地面水也会流入基坑内。为保证基坑能在干燥的条件下施工，防止边坡坍塌和地基承载力下降而做的降水工程。

基坑降水的主要目的包括：防止涌水、流砂，保证在较干燥的状态下施工；防止滑坡、塌方、坑底隆起；减少坑壁支护结构的水平荷载。

基坑降水包括排除地下自由水、地表水和雨水，其中地下自由水处于地下含水层中，如图 8-1 所示。地下含水层内的水分有水气、结合水和自由水三种状态。结合水一般没有出水性，而自由水又分为潜水和承压水两种。

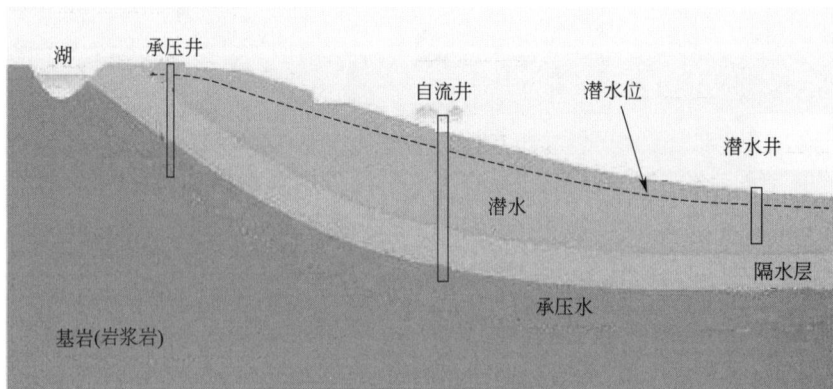

图 8-1　地下含水层示意图

在进行基坑降水设计的过程中，首先要了解设计场地相应的气象条件、地质结构、地层结构以及水文地质条件，同时在具体工程中要根据具体情况清楚基坑支护和降水设计着重要解决的问题。在整个设计过程中，要确保基坑四周安全稳定，提出合理的支护和降水方案，为后续的施工提供良好的条件。

8.1.2　基坑降水术语定义

（1）地下水：存在于地面以下岩体和土体孔隙、缝隙和空洞中的水；

（2）上层滞水：包气袋中局部隔水层或弱透水层上积聚的具有自由水面的重力水；

（3）潜水：埋藏在地表以下具有自由表面的地下水；

（4）承压水：充满在上下两个隔水层之间的含水层之中，水头高出其上层隔水顶底面的地下水；

（5）影响半径：由抽水井中心到水位下降漏斗边缘的水平距离；

（6）渗透系数：当水力梯度等于1时，地下水的渗透速度；

（7）设计降水深度：自地面高程至设计要求的水位高程之间的差值；

（8）降深：自某一水位高程至隔水顶板高程之间的差值；

（9）含水层厚度：自静止水位高程至隔水顶板高程之间的差值；

（10）水头高度：自隔水顶板高程向上至某一水位高程的差值；

（11）基坑涌水量：当基坑开挖深度超过地下水静止水位或稳定水位时，地下水进入基坑的水量；

（12）干扰井群总抽水量：人工布置的所有出水井总的出水量；

（13）单井抽水量：人工布置的所有抽水井群中某一个井的抽水量；

（14）管井出水能力：人工布置的抽水管井所能通过的水量。

8.2　基坑降水方案选择

8.2.1　基坑降水须考虑的因素

1. 场地条件及建筑物设计施工资料

场地条件制约着降水方案的制定，它主要包括场地四周已有建筑物的高度、分布、结构和离拟建工程的距离；地基四周的地下设施（包括给水排水管道、光纤电缆、供气管道等）；向外抽水排水通道以及供电情况等。有关设计施工资料包括基坑开挖尺寸和分布；地下建筑物施工的有关要求等。这些条件决定了所采用降水方法和具体的设计施工方案，也决定了具体保证周边建筑物和地下设施安全的实施措施。

2. 地质情况

了解地基土分层地质柱状图及地质剖面图，各层岩土的物理力学性质，地下水类型及埋藏情况，水文地址情况，水质分析结果，特别是土层的渗透性。土的渗透系数取决土的形成条件、颗粒级配、胶体颗粒含量和土的结构等因素，因此场区土层的不同深度和不同方位的渗透系数是不同的。渗透系数计算结果的真实性，势必直接影响降水方案的选择。由于影响渗透系数的因数复杂，一般勘察报告提供的数值多是室内试验数据，误差往往较大，只能供降水设计时参考，对重要工程应做现场抽水试验加以确定。

3. 场地地下水情况

地下水分潜水和承压水两种。潜水储存于地表与第一层不透水层之间，是无压力重力水，可向四周渗透。从工程实践来看，潜水大多来源于大气降水和地下埋设的上下水管道破裂漏水，主要积存于地表下杂填土和老建筑物被冲刷掏空的地基中。承压水储存于两个不透水层之间含水层中，若水充满此含水层，则水具有压力。所以，要根据地质和水文资料，查明场区各处透水层和不透水层向下沿深度的分布厚度和变化情况；掌握场区各处承压静止水位埋深，混合静止水位埋深和他们的年变化幅度及水位标高；查明场地地下水补给源的方位、距离和透水层的联系情况；查明地下水层是否与江、河、湖、海等无限水源连通；不论潜水或承压水若与无限水源连通，都会造成降水困难甚至于降水无效。

综上所述，在基坑工程降水存在许多缺陷，如会引起邻近建筑物的不均匀沉降，施工时要采取措施防止不均匀沉降；根据场地条件及该建筑物的设计和施工资料；地质情况；场地地下水情况选择合适的降水方法，以减少基坑工程施工中的事故。

8.2.2 井点降水

井点降水是人工降低地下水位最常用的一种方法，具体做法是在基坑一侧或周围埋入深于基底的井点滤水管或管井，以总管连接抽水，使地下水位低于基坑底，以便在干燥状态下挖土，这样不但可防止流砂现象和增加边坡稳定，而且便于施工。

1. 轻型井点降水的构造

轻型井点降水（一级轻型井点）是国内应用很广的降水方法，它比其他井点系统施工简单、安全、经济，特别适用于基坑面积不大、降低水位不深的场合。该方法降低水位深度一般为3～6m。若要求降水深度大于6m，理论上可以采用多级井点系统，但要求基坑四周外需要足够的空间，以便于放坡或挖槽，这对于场地受限的基坑支护工程一般是不允许的，故常用的是一级轻型井点系统。轻型井点适用的土层渗透系数为0.1～50m/d，当土层渗透系数偏小时，需要采用在井点管顶部用黏土封填和保证井点系统各连接部位的气密性等措施，以提高整个井点系统的真空度，才能达到良好的效果。

轻型井点系统主要由滤管、井点管、弯联管、集水总管和抽水设备等组成，如图8-2所示。

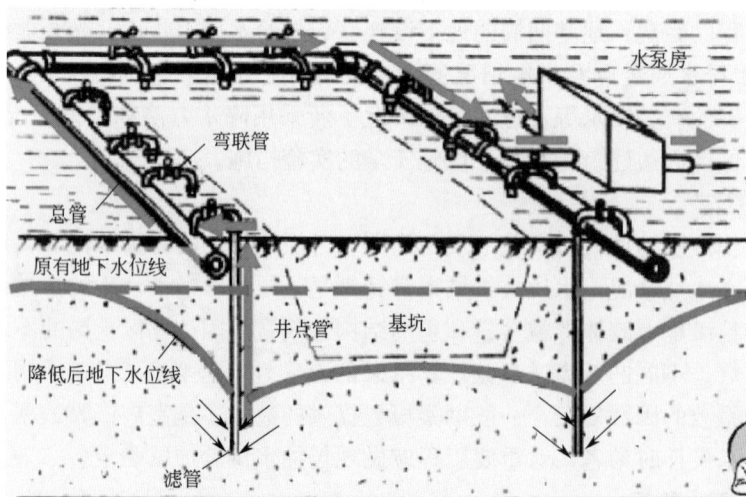

图 8-2　轻型井点示意图

（1）滤管与井点管。滤管是进水设备，构造是否合理对抽水效果影响很大。滤管用直径 38～55mm 钢管制成，长度一般为 0.9～1.7m。管壁上有直径为 12～18mm，呈梅花形布置的孔，外包粗、细两层滤网。为避免滤孔淤塞，在管壁与滤网间用塑料管或钢丝绕成螺旋状隔开，滤网外面再围一层粗钢丝保护层。滤管下端配有堵头，上端同井点管相连。井点管直径同滤管，长度 6～9m，可整根或分节组成，井点管上端用弯联管与总管相连。

（2）弯联管与集水总管。弯联管采用塑料管、橡胶管或钢管制成，并且宜装设阀门，以便检修井点。集水总管一般用直径 75～150mm 的钢管分节连接，每节长 4～6m，上面装有与弯联管连接的短接头（三通口），间距 0.8～1.6m。总管要设置一定的坡度坡向泵房。

（3）抽水设备。轻型井点的抽水设备有干式真空泵、射流泵、隔膜泵等。干式真空泵井点，可根据含水层的渗透系数选用相应型号的真空泵及卧式水泵；在粉砂、粉质黏土等渗透系数较小的土层中，可采用射流泵和隔膜泵。

2. 明沟加集水井降水的构造

明沟加集水井降水是一种人工排降法。它具有施工方便、用具简单、费用低廉的特点，在施工现场应用的最为普遍。在高水位地区基坑边坡支护工程中，这种方法往往作为阻挡法或其他降水方法的辅助排降水措施，它主要排除地下潜水、施工用水和天降雨水。在地下水较丰富地区，若仅单独采用这种方法降水，由于基坑边坡渗水较多，锚喷网支护时使混凝土喷射难度加大（喷不上），有时加排水管也很难奏效，并且作业面泥泞不堪阻碍施工操作。因此，这种降水方法一般不单独应用于高水位地区基坑边坡支护中，但在低水位地区或土层渗透系数很小及允许放坡的工程中可单独应用，集水井的示意图详见图 8-3。

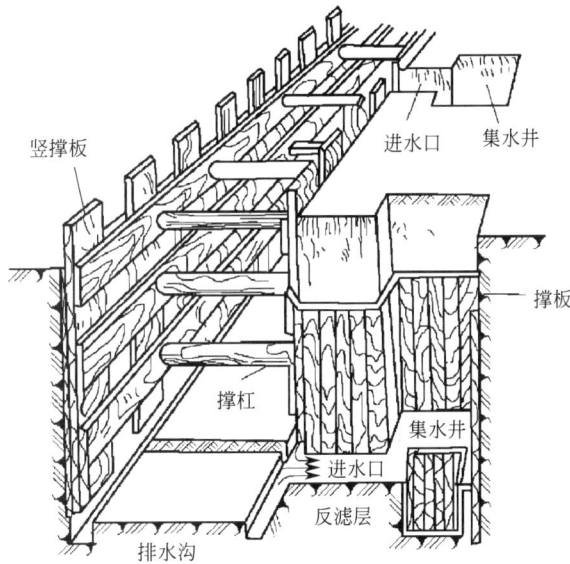

图 8-3　集水井示意图

8.2.3　其他井点降水方法

1. 喷射井点降水

喷射井点系统能在井点底部产生 250mm 水银柱的真空度，其降低水位深度大，一般在 8～20m 范围。它适用的土层渗透系数与轻型井点一样，一般为 0.1～50m/d。但其抽水系统和喷射井管很复杂，运行故障率较高且能量损耗很大，所需费用比其他井点法要高。

2. 电渗井点降水

电渗井点适用于渗透系数很小的细颗粒土，如黏土、粉质黏土、淤泥和淤泥质黏土等。这些土的渗透系数小于 0.1m/d，用一般井点很难达到降水目的。利用电渗现象能有效地把细粒土中的水抽吸排出。它需要与轻型井点或喷射井点结合应用，其降低水位深度决定于轻型井点或喷射井点。在电渗井点降水过程中，应对电压、电流密度和耗电量等进行量测与必要的调整并做好记录，因此比较烦琐。

3. 管井井点降水

管井井点适用于渗透系数大的砂砾层，地下水丰富的地层，以及轻型井点不易解决的场合。每口管井出水流量可达到 $50\sim100\text{m}^3/\text{h}$，土的渗透系数在 $20\sim200\text{m/d}$ 范围内，降低地下水位深度约 $3\sim5\text{m}$。这种方法一般用于潜水层降水。

4. 深井井点降水

深井井点是基坑支护中应用较多的降水方法，它的优点是排水量大、降水深度大、降水范围大等。对于砂砾层等渗透系数很大且透水层厚度大的场合，一般用轻型井点和喷射井点等方法不能奏效，采用此法最为适宜。深井井点适用的土层渗透系数为 $10\sim250\text{m/d}$、降低水位深度可大于 15m，常用于降低承压水。它可以布置在基坑四周外围，必要时也可布置在基坑内。有时，此方法与其他井点系统组合应用，降低水位效果更好。对于基坑底部有可能发生突涌、流砂、隆起的危险场合，深井点降低承压水位，有助于减除压力，保证基坑的安全性。深井点的缺点是：由于降水深度大、出水量大和水位降落曲线陡等原因，势必造成降水的影响范围和影响程度大，因此基坑周围建筑物的不均匀沉降要足够重视、慎重对待、定时观察、及时处理。

8.3 基坑降水设计

8.3.1 轻型井点降水涌水量计算

进行面状基坑涌水量计算所依据的主要工作规范有《建筑与市政工程地下水控制技术规范》JGJ 111—2016、《建筑基坑工程技术规范》YB 9258—1997、《建筑基坑支护技术规程》JGJ 120—2012、《城市轨道交通岩土工程勘察规范》GB 50307—2012。现将各规范有关潜水完整井降水计算的规定，摘录如下：

1. 均质含水层潜水完整井

1）基坑远离边界

$$Q = 1.336k \frac{(2H-s)s}{\lg(1+\dfrac{R}{r_0})} \tag{8.3-1}$$

式中　Q——基坑涌水量（m^3/d）；

k——渗透系数（m/d）；

H——潜水含水层厚度（m）；

s——基坑水位降深（m）；

R——降水影响半径（m）；

r_0——基坑等效半径（m），矩形：$r_0 = 0.29(a+b)$；不规则：$r_0 = \sqrt{A/\pi}$，A 为基坑面积。见图 8-4。

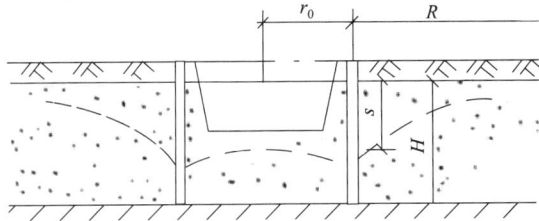

图 8-4 均质含水层潜水完整井基坑远离边界降水工况示意

2）岸边降水

$$Q = 1.336k \frac{(2H-s)s}{\lg \dfrac{2b}{r_0}} \tag{8.3-2}$$

式中 b——基坑中心至水岸边距离，$b < 0.5R$。见图 8-5。

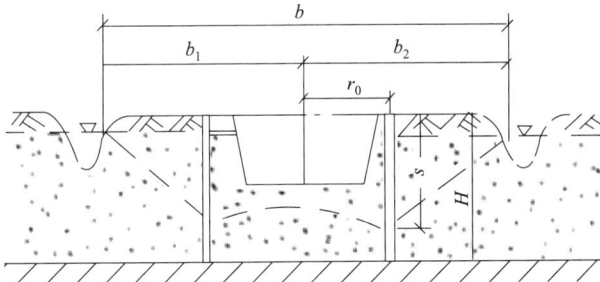

图 8-5 均质含水层潜水完整井岸边降水工况示意

2. 均质含水层潜水非完整井

1）基坑远离边界

$$Q = 1.366k \frac{H^2 - h_m^2}{\lg\left(1 + \dfrac{R}{r_0}\right) + \dfrac{h_m - l}{l}\lg\left(1 + 0.2\dfrac{h_m}{r_0}\right)} \tag{8.3-3}$$

$$h_m = (H+h)/2 \tag{8.3-4}$$

式中 h——降水水位至含水层底板的距离，见图 8-6。

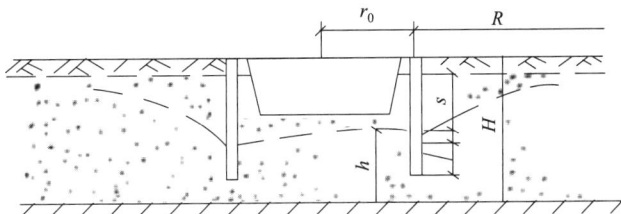

图 8-6 均质含水层潜水非完整井基坑远离边界降水工况示意

2）岸边降水，含水层厚度不大时

$$Q = 1.366ks\left\{\frac{l+s}{\lg(2b/r_0)} + \frac{l}{\lg(0.66/r_0) + 0.25l/M \times \lg[b^2/(M^2 - 014^2)]}\right\} \tag{8.3-5}$$

$$b > M/2 \tag{8.3-6}$$

式中 M——由含水层底板到过滤器有效工作部分中点的长度。见图 8-7。

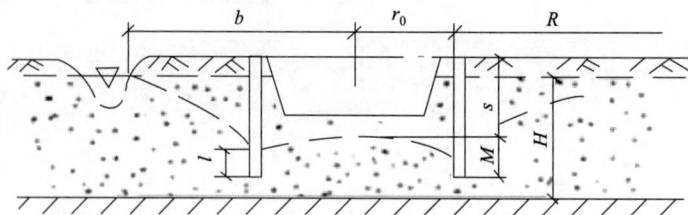

图 8-7 均质含水层潜水非完整井基坑远离边界降水工况示意

3. 均质含水层承压水完整井

1）基坑远离边界

$$Q = 2.73k \frac{Ms}{\lg\left(1 + \frac{R}{r_0}\right) + \frac{M-l}{l}} \tag{8.3-7}$$

式中，涉及相关字母解释同上。

2）岸边降水

$$Q = 2.73k \frac{Ms}{\lg \frac{2b}{r_0}} \tag{8.3-8}$$

$$b < 0.5R \tag{8.3-9}$$

式中，涉及相关字母解释同上。

4. 均质含水层承压水非完整井

$$Q = 2.73k \frac{Ms}{\lg\left(1 + \frac{R}{r_0}\right) + \frac{M-l}{l}\lg\left(1 + 0.2\frac{M}{r_0}\right)} \tag{8.3-10}$$

式中，涉及相关字母解释同上。见图 8-8。

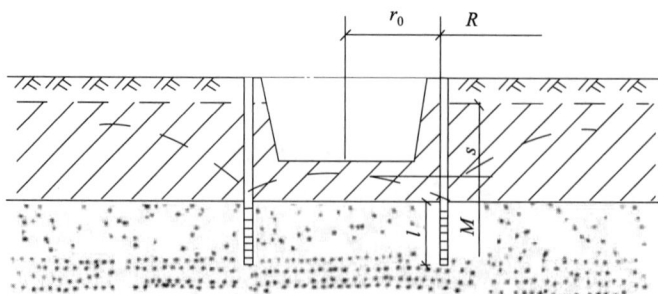

图 8-8 均质含水层承压水非完整井示意图

5. 均质含水层承压—潜水非完整井

$$Q = 1.366k \frac{(2H-M)M-h^2}{\lg\left(1 + \frac{R}{r_0}\right)} \tag{8.3-11}$$

式中，涉及相关字母解释同上。见图8-9。

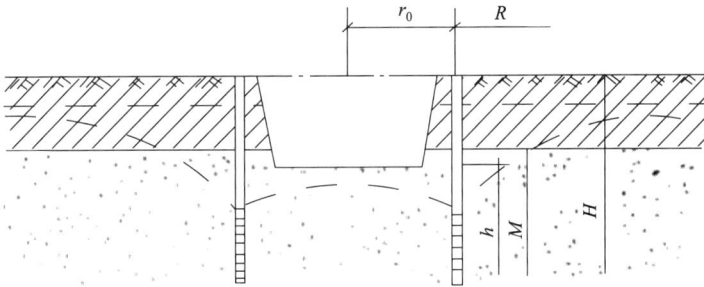

图8-9 均质含水层承压—潜水非完整井示意图

6. 数量、井深及出水能力计算

1）降水井数量计算

根据《建筑与市政工程地下水控制技术规范》JGJ 111—2016第5.3.4节，降水井的数量可根据基坑涌水量和设计单井出水量按下式计算：

$$n = \lambda Q / q \tag{8.3-12}$$

式中　n——降水井数量（个）；

　　　Q——基坑涌水量（m^3/d）；

　　　q——设计单井出水量（m^3/d）；

　　　λ——调整系数，一级安全等级取1.2。

2）单井出水能力

根据《建筑与市政工程地下水控制技术规范》JGJ 111—2016附录C，降水管井的单井出水能力应选择群井出水中水位干扰影响最大的井，并应按下式确定：

$$q' = 120\pi r l^3 \sqrt{k} \tag{8.3-13}$$

式中　q'——单井出水能力（m^3/d）；

　　　r——过滤器半径（m）；

　　　l——过滤器进水部分长度（m）；

　　　k——含水层渗透系数（m/d），取150m/d。

3）降水井深度计算

根据《建筑与市政工程地下水控制技术规范》JGJ 111—2016第5.3.6节，降水井的深度可根据基地深度、降水深度、含水层的埋藏分布、地下水类型、降水井的设备条件以及降水期间的地下水位动态等因素，按下式确定：

$$H_w = H_{w1} + H_{w2} + H_{w3} + H_{w4} + H_{w5} + H_{w6} \tag{8.3-14}$$

式中　H_w——降水井深度（m）；

　　　H_{w1}——基坑深度（m）；

　　　H_{w2}——降水水位距离基坑底要求的深度（m）；

　　　H_{w3}——水力坡度，在降水井分布范围内宜为1/10～1/15；

　　　H_{w4}——降水期间的地下水位变幅（m）；

　　　H_{w5}——降水井过滤器工作长度；

H_{w6}——沉砂管长度（m）。

为有效降低和控制含水层的水头，确保基坑开挖施工顺利进行，必须进行专门的水文地质渗流计算与分析。根据拟建场地的工程地质与水文地质条件、基坑围护结构特点以及开挖深度等因素，采用软件 Visual ModFlow 进行三维渗流数值法计算，为降水设计与施工提供理论依据。该计算方法已成功应用于长三角、珠三角、天津等多地的深大基坑工程的降水工程。

8.3.2　水文地质概念模型

考虑到降水过程中，上覆潜水含水层将与下伏承压含水层组之间将发生一定的水力联系，因此，将上覆潜水含水层、弱透水层以及下伏深层承压含水层组一起纳入模型参与计算，并将其概化为三维空间上的非均质各向异性水文地质概念模型。为了克服由于边界的不确定性给计算结果带来随意性，定水头边界应远离源汇项。通过试算，本次计算以整个基坑的东、西、南、北最远边界点为起点，向外扩展，扩展实际计算平面尺寸约为2000m×2000m，四周均按定水头边界处理。

8.3.3　地下水运动数学模型

根据上述水文地质概念模型，建立下列与之相适应的三维地下水运动非稳定流数学模型：

$$\begin{cases} \dfrac{\partial}{\partial x}\left(k_{xx}\dfrac{\partial h}{\partial x}\right)+\dfrac{\partial}{\partial y}\left(k_{yy}\dfrac{\partial h}{\partial y}\right)+\dfrac{\partial}{\partial z}\left(k_{zz}\dfrac{\partial h}{\partial z}\right)-W=\dfrac{E}{T}\dfrac{\partial h}{\partial t}\quad(x,y,z)\in\Omega \\ h(x,y,z,t)\big|_{t=0}=h_0(x,y,z)\cdots\cdots\cdots\cdots\cdots(x,y,z)\in\Omega \\ h(x,y,z,t)\big|_{\Gamma_1}=h_1(x,y,z,t)\cdots\cdots\cdots\cdots\cdots(x,y,z)\in\Gamma_1 \end{cases}$$

(8.3-15)

$$S_s=\frac{S}{M},\ H(x,y,z,t)\big|_{t=0}=H_0(x,y,z,t_0)$$

(8.3-16)

式中　　　T——承压含水层 M 或潜水含水层 B；

　　　　　S——储水系数；

　　　　　M——承压含水层单元体厚度（m）；

　　　　　B——潜水含水层单元体地下水饱和厚度（m）；

k_{xx}，k_{yy}，k_{zz}——各向异性主方向渗透系数（m/d）；

　　　　　h——点（x，y，z）在 t 时刻的水头值（m）；

　　　　　W——源汇项（1/d）；

　　　　　h_0——计算域初始水头值（m）；

　　　　　h_1——第一类边界的水头值（m）；

　　　　　S_s——储水率（1/m）；

　　　　　t——时间（d）；

　　　　　Ω——计算域；

　　　　　Γ_1——第一类边界。

对整个渗流区进行离散后，采用有限差分法将上述数学模型进行离散，就可得到数值模型。以此为基础编制计算程序，计算、预测降水引起的地下水位的时空分布。

8.3.4 渗流数值模型建立

根据已有的岩土工程勘察报告、水文地质条件、钻孔资料，模拟区平面范围按下述原则确定：以基坑为中心，边界布置在降水井影响半径以外。

1. 含水层的结构特征

根据研究区的几何形状以及实际地层结构条件，对研究区进行三维剖分。根据研究区工程地质及水文地质特性等信息，水平方向将水文地质概念模型剖分 301 行、424 列。见图 8-10、图 8-11。

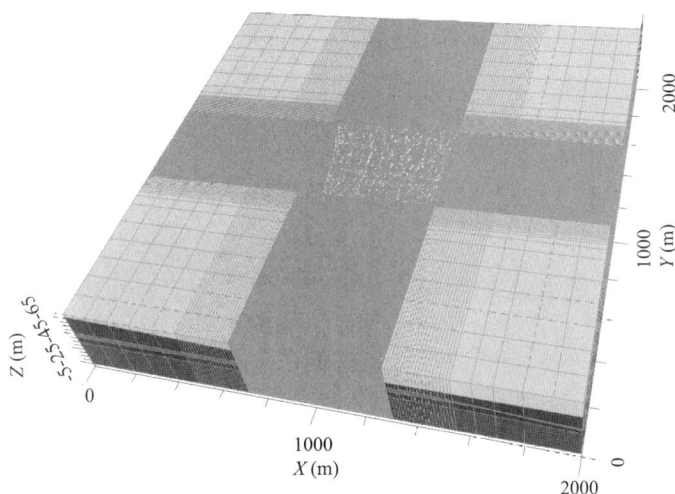

图 8-10　离散模型网络三维图

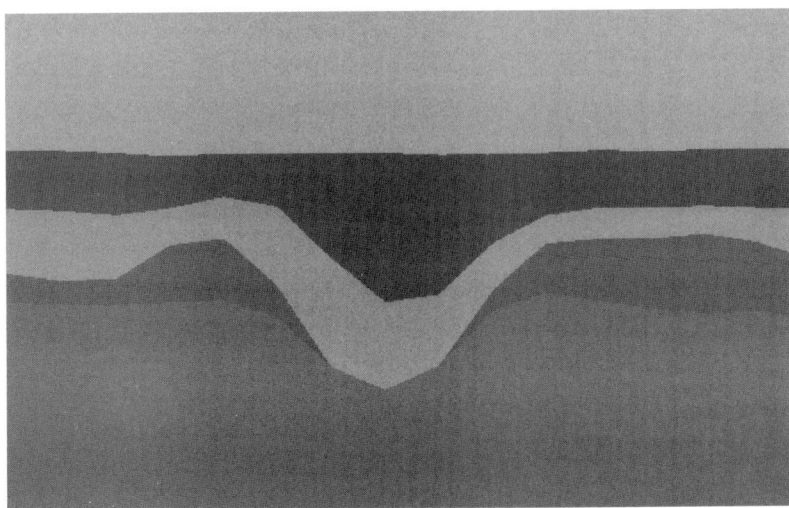

图 8-11　离散模型地层分布

2. 模型参数特征

根据本工程的勘察资料、相关工程资料，对模型进行赋值。

3. 水力特征

地下水渗流系统符合质量守恒定律和能量守恒定律；含水层分布广、厚度大，在常温常压下地下水运动符合达西定律；考虑浅、深层之间的流量交换以及渗流特点，地下水运动可概化成空间三维流；地下水系统的垂向运动主要是层间的越流，三维立体结构模型可以很好地解决越流问题；地下水系统的输入、输出随时间、空间变化，参数随空间变化，体现了系统的非均质性，但没有明显的方向性，所以参数概化成水平向各向同性。

综上所述，模拟区可概化成非均质水平向各向同性的三维非稳定地下水渗流系统。模拟区水文地质渗流系统通过概化、单元剖分，即可形成地下水三维非稳定渗流模型。

4. 源汇项处理方式

1）减压井处理

在 Visual Modflow 中，减压降水井可以设置过滤器长度、出水量等参数。

2）边界条件处理

在本次基坑降水模拟中，模型边界在降水井影响边界以外。故可将模型边界定义为定水头边界，水位不变。

8.3.5　基坑降水的缺陷及防护措施

（1）基坑工程中对场区地下水处理采用排降法较阻挡法的最大缺陷是会引起邻近建筑物的不均匀沉降。

（2）由于每个井点周围的水位降低是呈漏斗状分布，整个基坑周围的水位降落必然是近大远小呈曲面分布。水位降低一方面减小了土中地下水对地上建筑物的浮托力，使软弱土层受压缩而沉降；另一方面，空隙水从土中排出，土体固结变形，本身就是压缩沉降过程。地面沉降量与地下水位降落量是对应的，地下水位降落的曲面分布必然引起邻近建筑物的不均匀沉降。

（3）当不均匀沉降达到一定程度时，邻近建筑物就会裂缝、倾斜甚至于倒塌。因此配合基坑边坡支护进行降水设计和施工，必须高度重视降水对邻近建筑物的影响，将不均匀沉降限制在允许的范围内，以确保基坑及周围建筑物的安全。为此，可以从以下几方面制定减少不均匀沉降的措施。

（4）由于基坑周围的水位降落曲线随降水要求、降水方法和具体方案的不同而差别较大，因此不要提出过高的降水深度，在满足基本降水要求的前提下，对各种降水方法应分析和比较，筛选最佳的降水方案。

（5）降水井点与重要建筑物之间设置回灌井、回灌沟，降水的同时降水回灌其中，使靠近基坑的建筑物一侧地下水位降落大大减小，从而控制地面沉降。减缓降水速度，使建筑物沉降均匀。在邻近建筑物一侧将井点间距加大以及调小抽水设备的阀门等，减小出水量，以达到降水速度减缓的目的。

（6）提高降水工程施工质量，严格控制出水的含砂土量，以防止地下砂土流失掏空，导致地面建筑物开裂。布设观测井和沉降、位移、倾斜等观测点，进行定时观察、记录、分析，随时掌握水位降低和基坑周围建筑物变化动态。同时，还要了解抽水量和含砂量。做到心中有数，发现问题及时采取措施，预防事故的发生。

8.4 基坑降水实例计算

8.4.1 某大道道路建设工程基坑降水实例计算

1. 工程概况

1）项目概况

该项目道路设计西起规划白石路，东起规划白佃路西侧，道路红线宽度65m，本次设计全长1575m，其中暗埋段全长480m，桩号范围为K0+533～K0+013；U超段全长640m，桩号范围K0+233～K0+533及K1+013～K1+353；其余路段为地面改造段，地下水标高约14.90m，除泵房外基坑底面最低标高约111.2m，泵房基坑底面标高约108.45m，泵房需降水深度约7.00m，桩号K0+478～K0+600段需降水约1.9m，桩号K0+600～K1+013段需降水约4.2m，桩号K1+013～K1+067段需降水约2.0m。污水管顶管坑基坑底标高为13.20～113.90m，降深约1.5～2.0m，主要采用"管井"进行降水，地下水安全控制等级为一级。见图8-12。

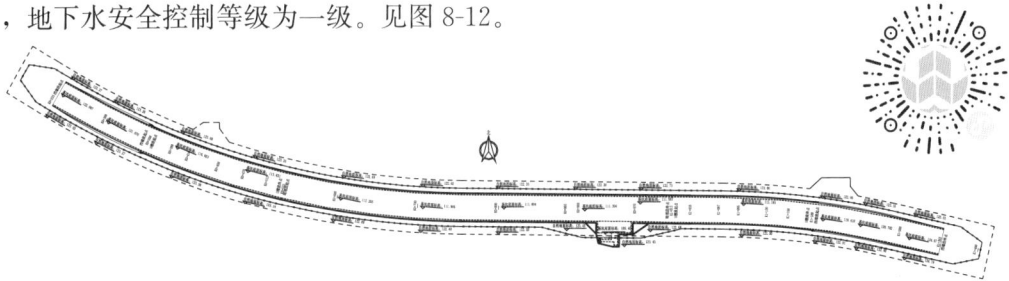

图8-12 华北某市某大道道路建设工程平面图

2）工程地质概况

根据《洛阳市释源大道（中州东路下穿释源广场段）建设工程岩土工程勘察报告》（详勘GK2020—064），工程地质层划分是依据地层岩性、地质时代、成因、埋藏分布、物理力学性质指标划分。主要包括第四纪全新世人工堆积层、第四纪全更新世冲洪积层，勘探深度内共划为4个工程地质层。其中，场地表层为现状路的路面、路基及垫层，其下为第四全新世冲洪积形成的黄土状粉质黏土、淤泥质砂土、粗砂、圆砾及卵石（中州东路东侧路基以下分布有一定厚度的素填土）。岩土参数建议值表如表8-1所示。

岩土参数建议表   表8-1

地基土名称	黏聚力（kPa）	内摩擦角（°）	重度（kN/m³）	渗透系数（m/d）
人工填土	10.0	12.0	17.0	2
黄土状粉质黏土	23.4	24.4	18.1	0.8
粗砂	0.0	28.0	19.0	10
淤泥质砂土	1.0	10.0	18.0	1
卵石	0.0	45.0	20.0	150
圆砾	0.0	35.0	20.0	50

3）水文地质条件

根据勘察成果，地下水深度约为8m，需进行降水。地下水标高约114.90m，除泵房外基坑底面最低标高约111.2m，泵房基坑底面标高约108.45m，泵房需降水深度约

7.00m，桩号 K0+478~K0+600 段需降水约 1.9m，桩号 K0+600~K1+013 段需降水约 4.2m，桩号 K1+013~K1+067 段需降水约 2.0m。

2. 三维渗流数值法计算

1）模型建立

根据已有的岩土工程勘察报告、水文地质条件、钻孔资料，模拟区平面范围按下述原则确定：以基坑为中心，边界布置在降水井影响半径以外开始建立模型。

（1）打开软件，见图 8-13。

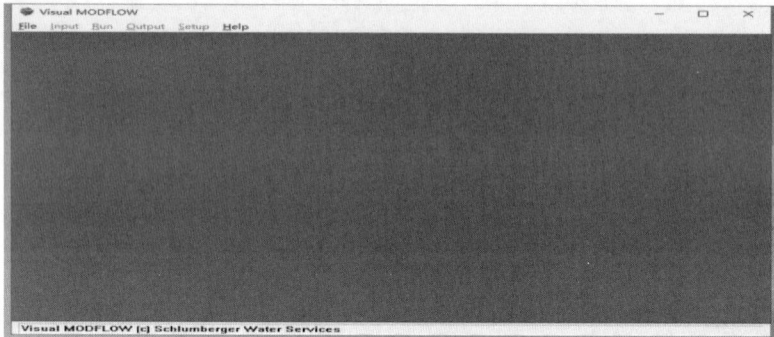

图 8-13　软件界面示意图

（2）新建模型（File→New），选择目标文件夹保存。见图 8-14。

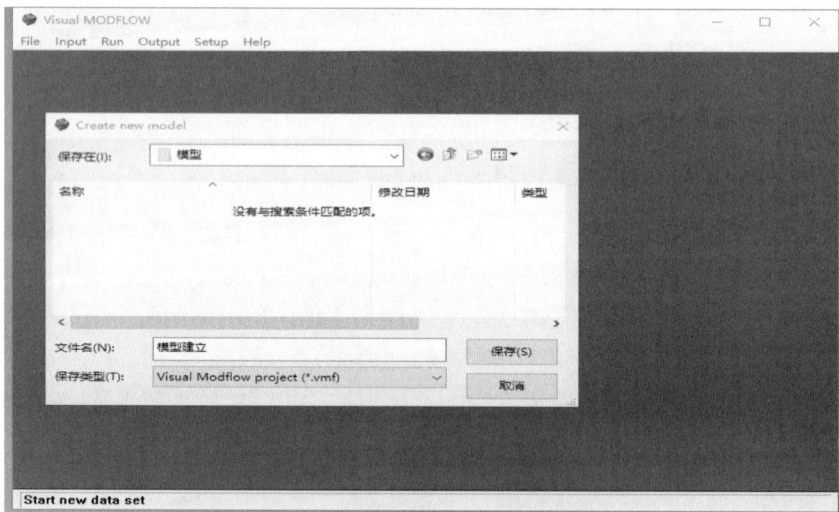

图 8-14　新建模型并保存示意图

（3）模型中参数单位选择。新建完成后弹出对话框 Project Outline 对话框，在 Units 选项卡下选择参数的单位：Length（长度）、Time（时间）、Conductivity（导电度）、Pumping Rate（流速）等，选择好单位后点击 Next。见图 8-15。

（4）抽水模式及周期确定，点击 Time Option，在 Run Type 下选择 Transient Flow，单击 Steady-State Simulation Time 选择 120 天，然后接着点击 Next 按钮。见图 8-16。

（5）导入底图和初步网格剖分，单击 Back ground Map 然后点击 Browe 选择底图所在文件夹，在 Import a site Map 选项打上对钩，在 Grid 选项卡中输入坐标系参数，然后点击 Finish 按钮。见图 8-17。

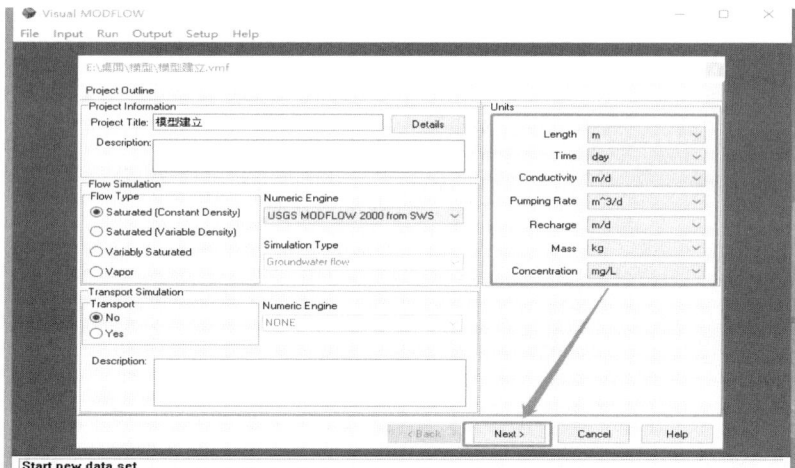

图 8-15　选择模型参数单位示意图

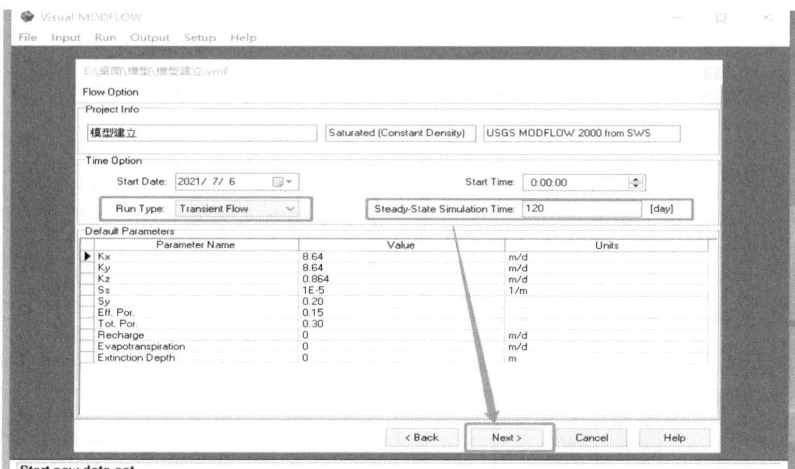

图 8-16　确定抽水模式及周期示意图

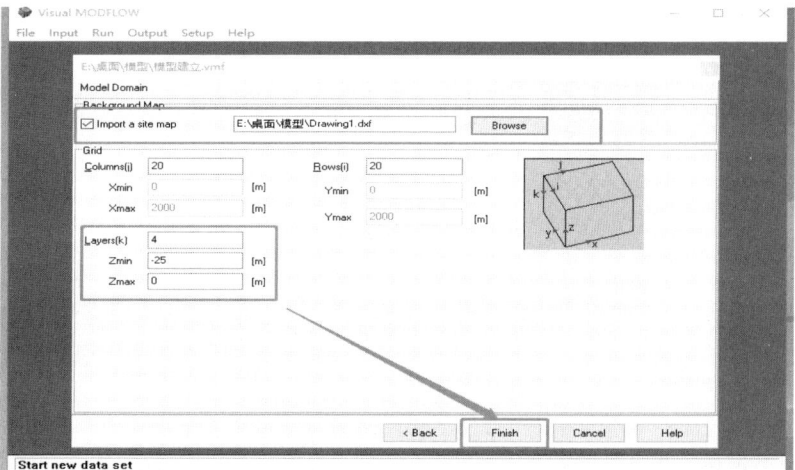

图 8-17　导入底图和初步网格剖分示意图

（6）底图矫正。进入模型演示界面，选择 Model Origin（模型原点）设置为 0，Model Corners 选择 $X_1 = 0$，$Y_1 = 0$，$X_2 = 2000$，$Y_2 = 2000$。见图 8-18。

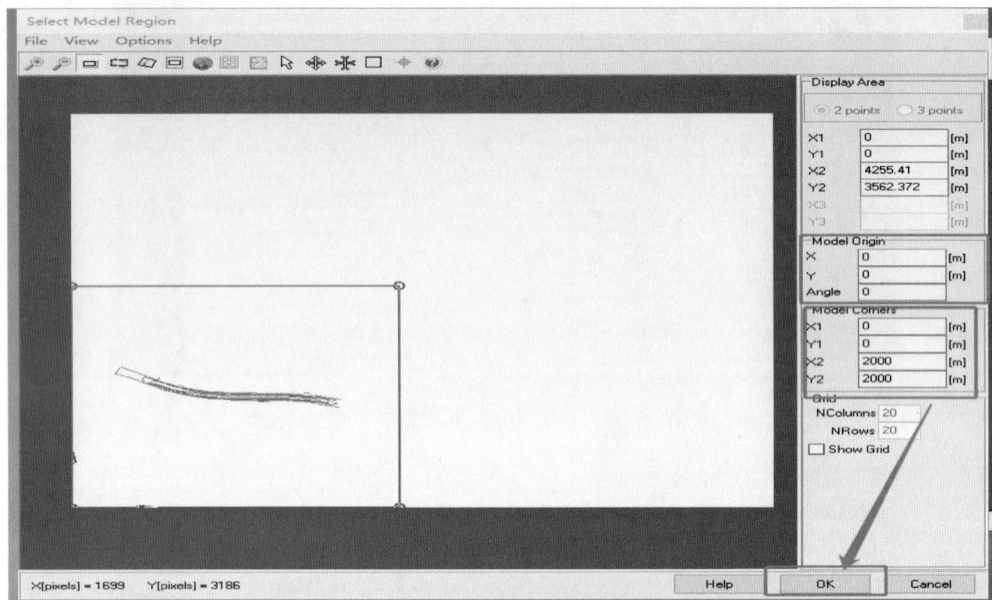

图 8-18　底图矫正示意图

（7）点击 OK 按钮，模型初步建立完成，同时进入"模型输入"（Input）模块，下方各选项卡功能简介：F1：帮助；F2：3D 效果；F3：保存；F4：导入底图；F5：放大；F6：缩小；F7：移动；F8：垂向放大；F9：图层处理；F10：返回主菜单。见图 8-19。

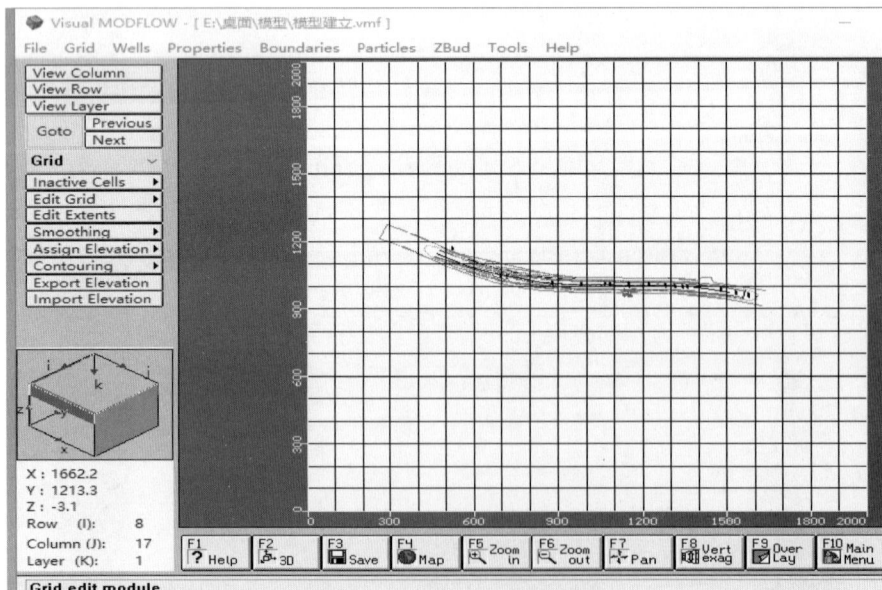

图 8-19　模型输入模块界面

2）模型参数确定

根据研究区的几何形状以及实际地层结构条件，对研究区进行三维剖分。根据研究区工程地质及水文地质特性等信息，水平方向将水文地质概念模型剖分。根据本工程的勘察资料、相关工程资料，对模型进行赋值。

（1）细化网格。使需要降水的区域网格剖分为大约 1.0～2.0m 的单元格，单击 Edit Columns，然后将鼠标移至网格的任一处。注意：在模型网格上有一个高亮度的竖线会随鼠标移动，这条竖线可以用来在模拟区的任何位置加上一列，见图 8-20。

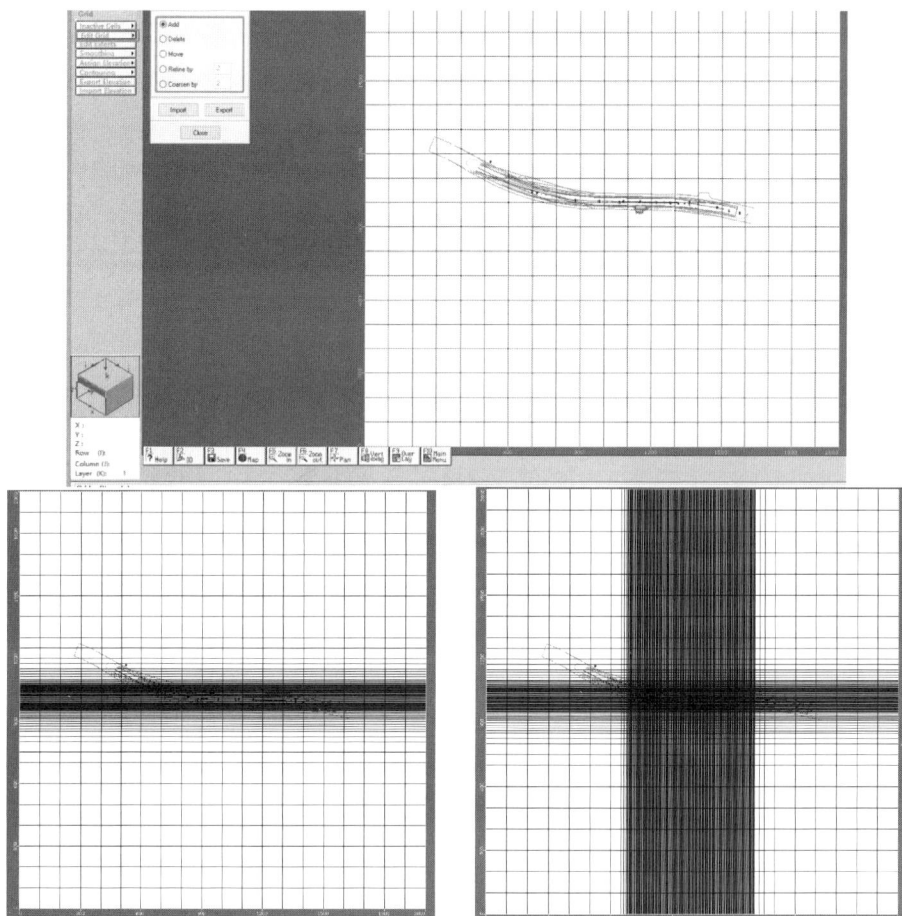

图 8-20　细化网格示意图

（2）根据勘察成果对地层厚度赋值。本项目按渗透系数，可将第③层含水层渗透系数取 10m/d，第③-1 层含水层渗透系数取 1m/d；将第④层含水层渗透系数取 150m/d，第④-1 层含水层渗透系数取 50m/d。见图 8-21、图 8-22。

（3）根据勘察成果对地层渗透系数等参数赋值，单击 Conductivity 下 Assion 选项，弹出对话框，点击 New 按钮新增渗透系数参数，然后点击 OK 按钮。见图 8-23。

（4）渗透系数赋值。见图 8-24、图 8-25。

点击 Database 选项卡，弹出 Conductivity 对话框，修改坐标参数。见图 8-26。

（5）储水系数赋值。见图 8-27。

（6）边界条件赋值：

①初始水位赋值。见图 8-28。

②定水头边界赋值。见图 8-29。

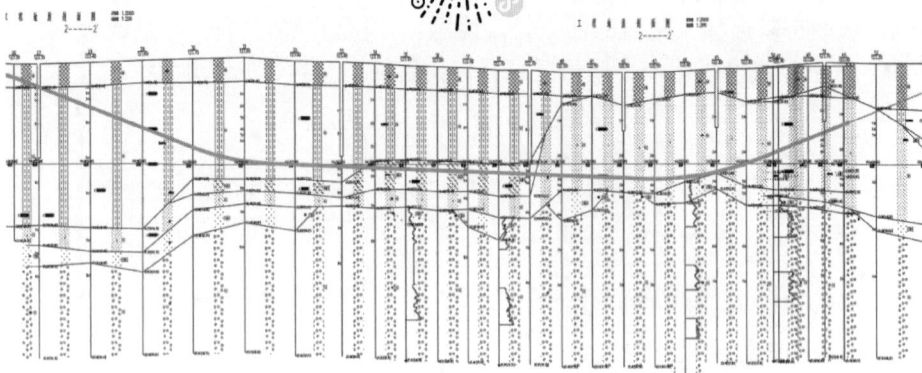

图 8-21　工程地质剖面图

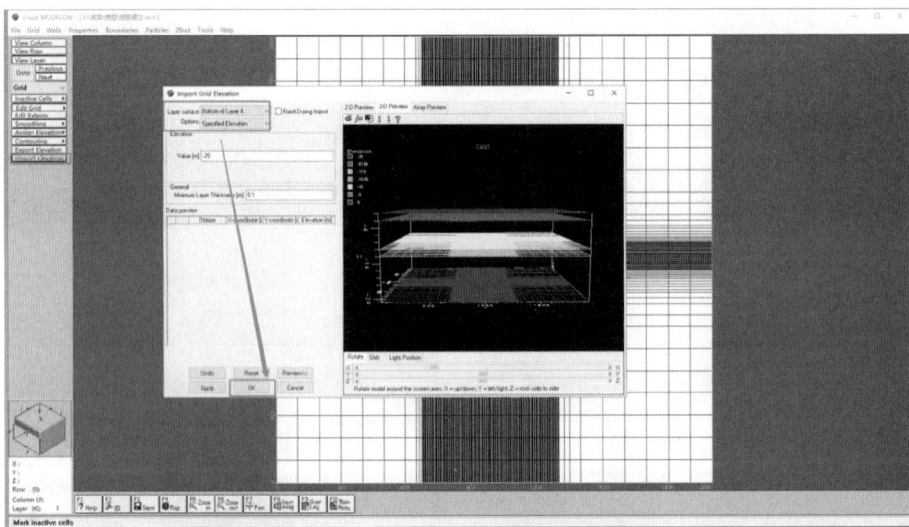

图 8-22　对地层厚度赋值示意图

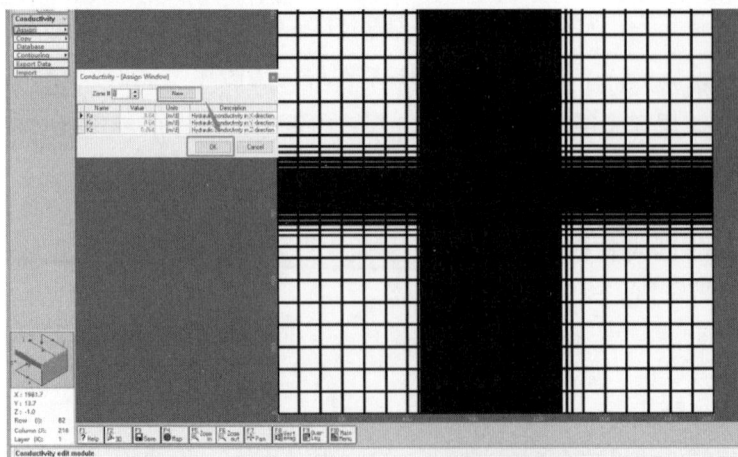

图 8-23　对地层渗透系数等参数赋值示意图

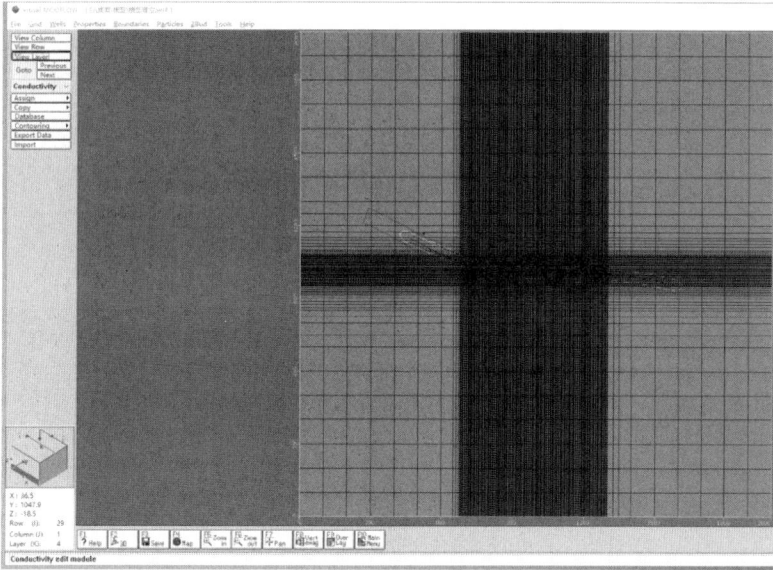

图 8-24　渗透系数赋值示意图

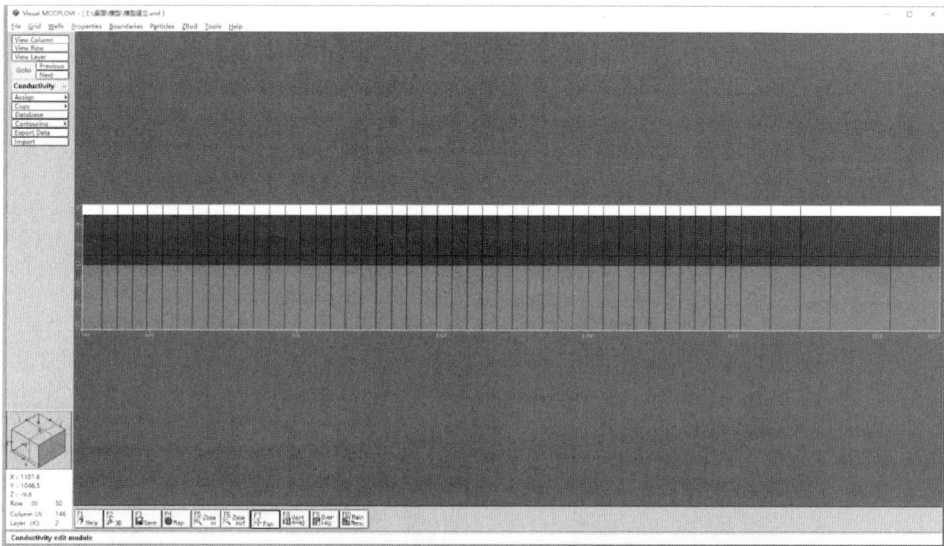

图 8-25　渗透系数赋值示意图

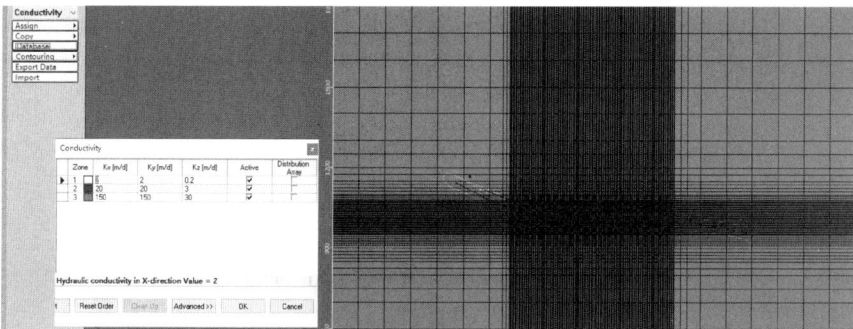

图 8-26　渗透系数赋值示意图

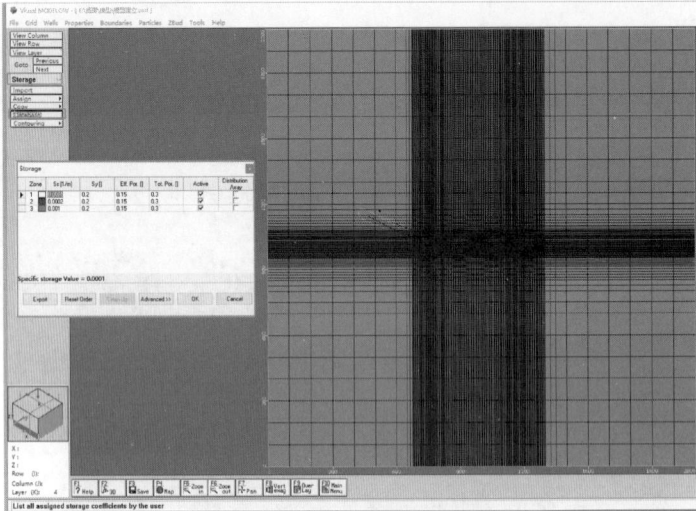
图 8-27　储水系数赋值示意图

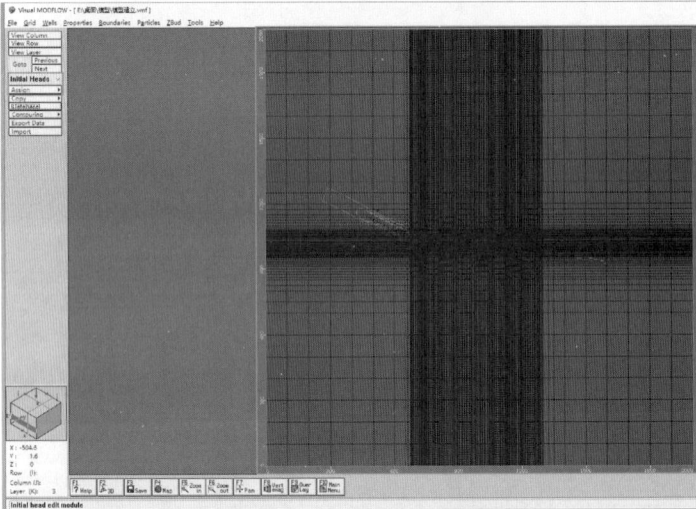
图 8-28　初始水位赋值示意图

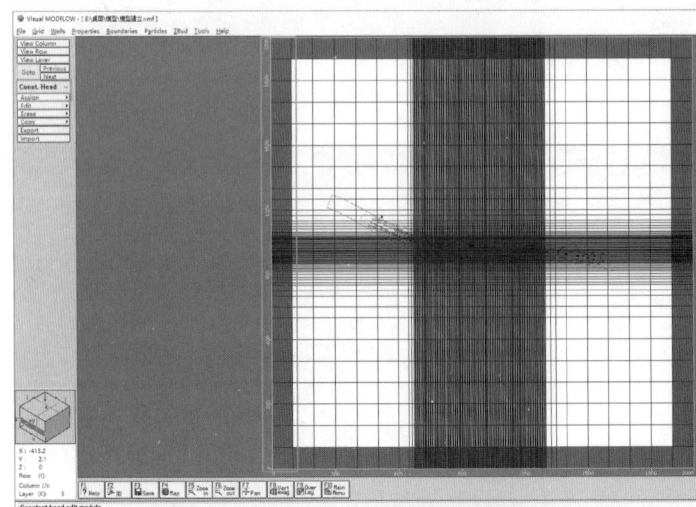
图 8-29　定水头边界赋值示意图

3）添加降水井设计井深及流量

注意：流量正值为回灌，流量负值为抽水。

边界条件：本次降水三维渗流模型建立假设条件：

（1）含水层初始水位埋深分别为 $-8\mathrm{m}$；

（2）单井出水量 $80\mathrm{m}^3/\mathrm{h}$。

点击窗口上面菜单栏中的"Wells"，采用"Add Well"功能，把光标移到西侧眼井上，单击鼠标左键就会出现一个井位编辑窗口，在此输入井位资料。见图 8-30、图 8-31。

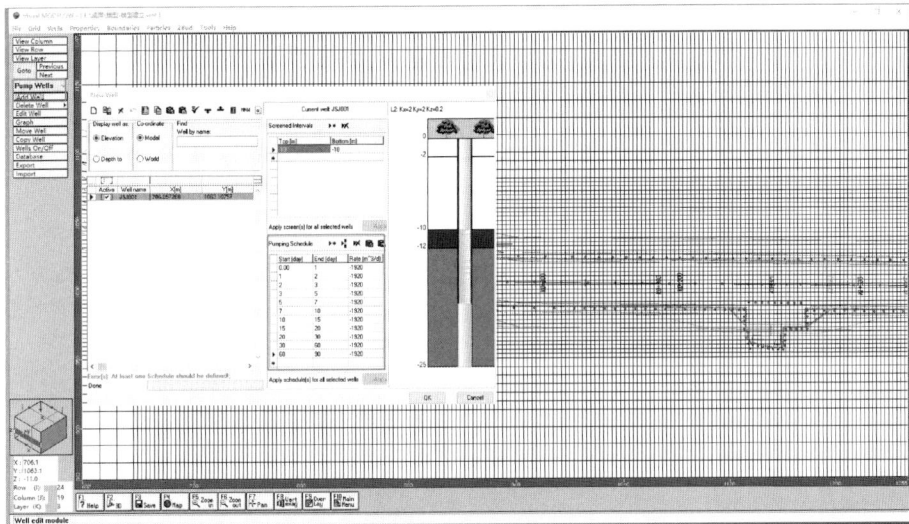

图 8-30　添加降水井设计井深及流量示意图

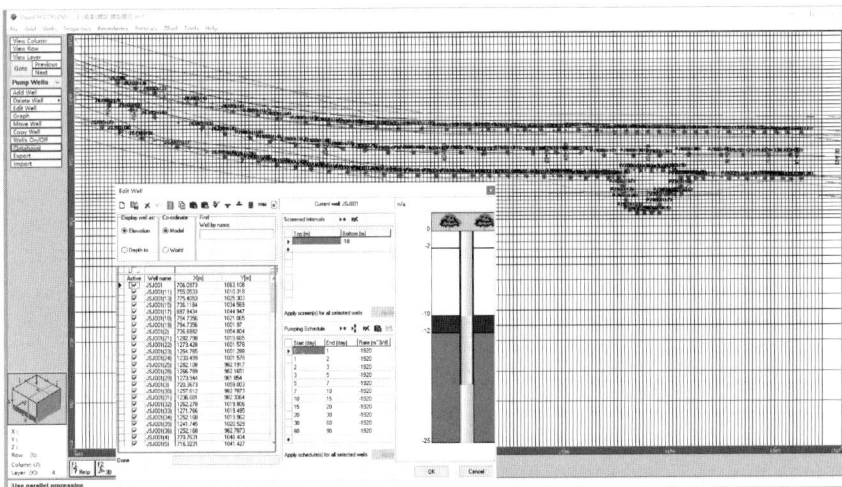

图 8-31　添加降水井设计井深及流量示意图

4）渗流数值模型展示

（1）离散模型展示：离散模型由图 8-32 进入 3D 界面。见图 8-33。

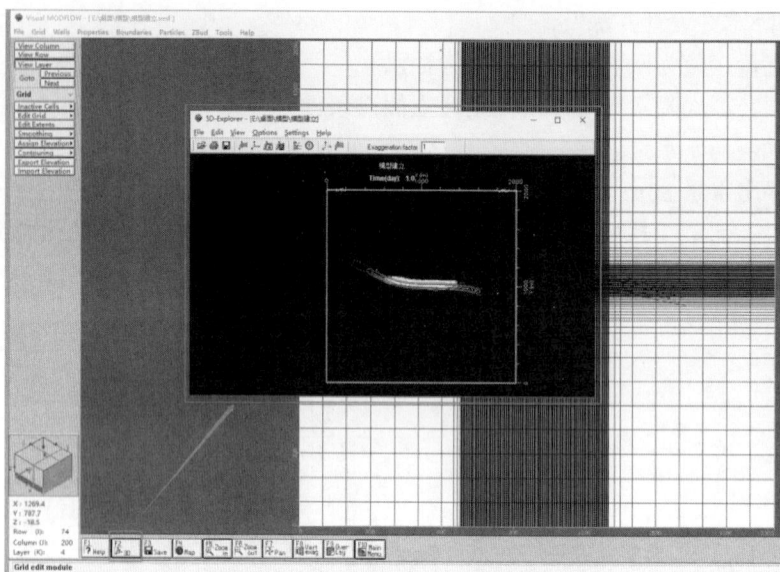

图 8-32　离散模型 3D 界面示意图

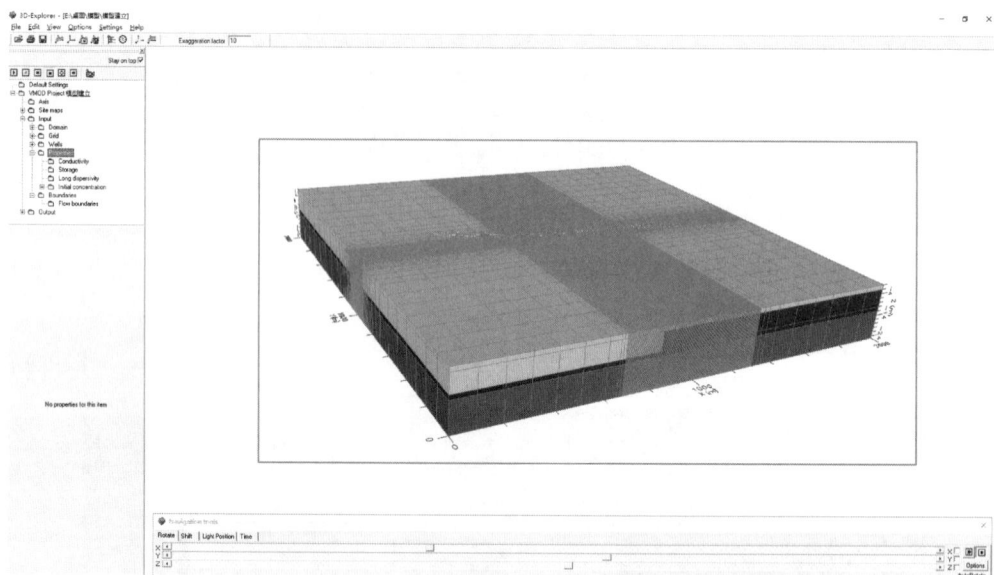

图 8-33　离散模型 3D 界面示意图

注：上图 Z 轴（即高程）放大 10 倍，左侧可选择图层的开启与关闭

（2）降水井展示。见图 8-34。

5）渗流数值模型计算

根据勘察成果，地下水深度约 8m，需进行降水。地下水标高约 114.9m，除泵房外基坑底面最低标高 111.2m，泵房基坑底面标高 108.45m，泵房需降水深度 7.0m，桩号 K0＋478～K0＋600 段需降水 1.9m，桩号 K0＋600～K1＋013 段需降水 4.2m，桩号 K1＋013～K1＋067 段需降水 2.0m。按 F10 键回到模型主界面运行模型，点击运行（Run）。见图 8-35。

单击 Run 选项卡弹出 Engines to Run 对话框，选择 MODFLOW 2000 的运行选项，然后选择 Translate to Run。见图 8-36。

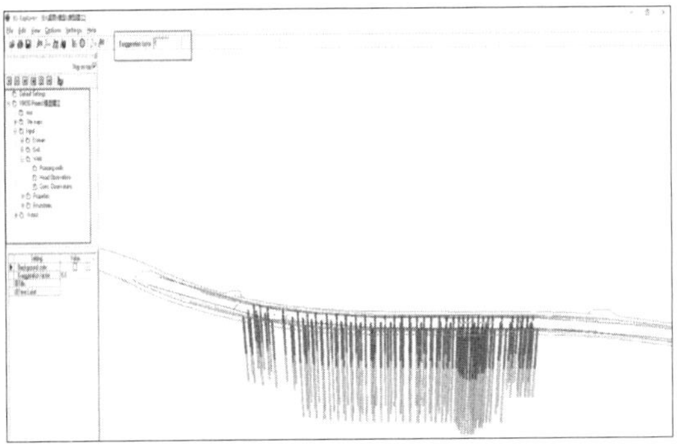

图 8-34　降水井展示示意图

注：上图 Z 轴（即高程）放大 5 倍，

左侧可选择图层的开启与关闭

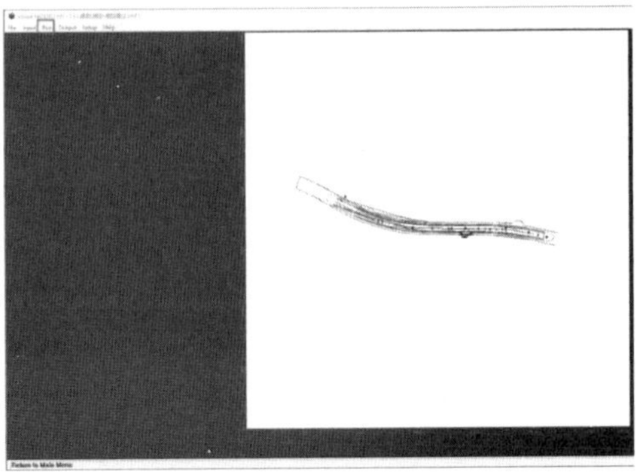

图 8-35　渗流数值模型计算示意图

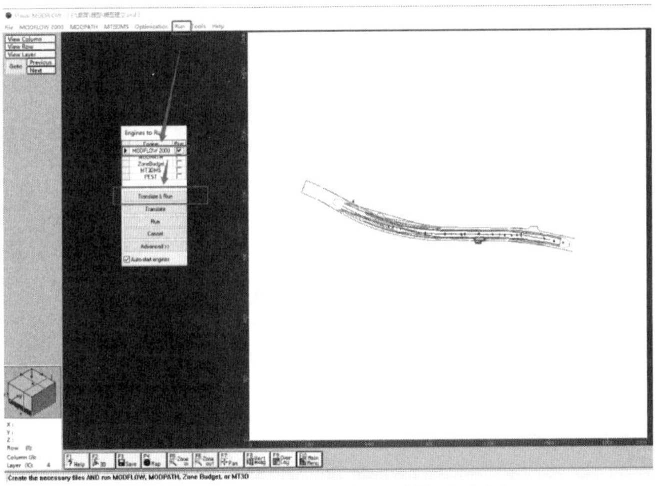

图 8-36　渗流数值模型计算示意图

运行完毕后点击 Close 按钮关闭运行对话框，进入 Output 界面查看计算结果。见图 8-37。

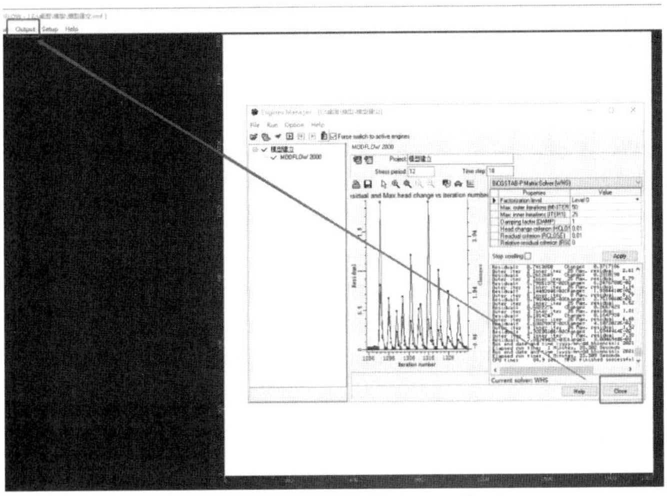

图 8-37　Output 计算结果示意图

6）渗流数值模型结果查看及输出

在计算结果界面选择目标含水层及降深等值线展示，单击 Options 就会出现一个等水头绘制选项（Equipotential Overlay Contouring Options）的窗口，选择 Color shading 激活颜色填充，在标明间隔（Interval：）的文本框中，将值从 0.5 改为 0.25。在标着标注（Labels）的框中，将小数位数改为 2。然后，单击 OK 按钮接受。见图 8-38。

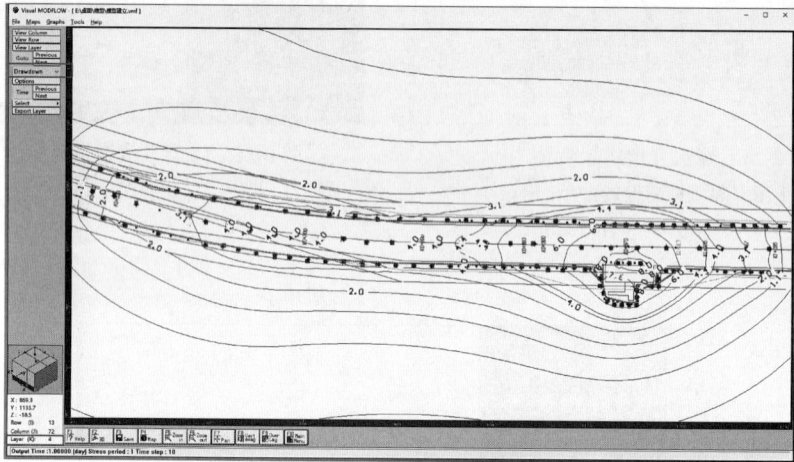

图 8-38　含水层及降深等值线示意图

在时间功能项中可以查看个阶段的计算情况，单击 Time 选项卡弹出 Select Output Time，选择各个时间段的数据情况。见图 8-39。

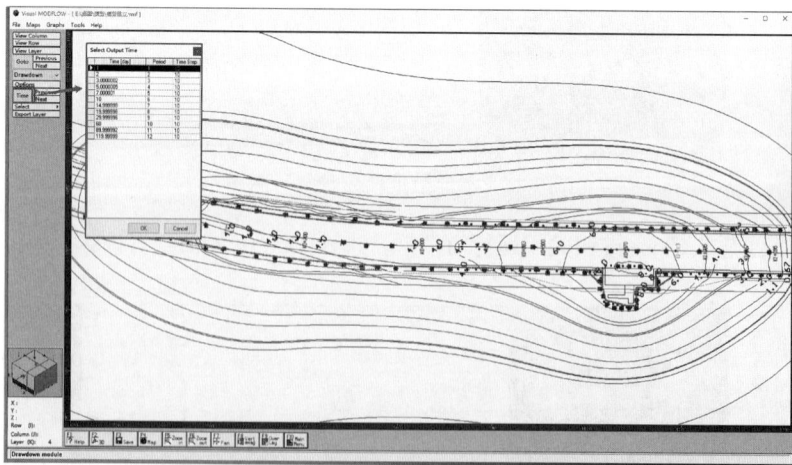

图 8-39　含水层及降深等值线示意图

选择 Options 功能键选择颜色填充，单击 Drawdown 下选择 Options 功能键，弹出对话框，点击 Color shading 选项卡，在 Ranges to color 选择颜色。见图 8-40。

颜色填充后，计算结果等值线图展示如图 8-41 所示。

3. 基坑涌水量计算

根据《建筑与市政工程地下水控制技术规范》JGJ 111—2016 附录 B，基坑涌水量按等效大井涌水量计算，参照潜水非完整井按下式确定：

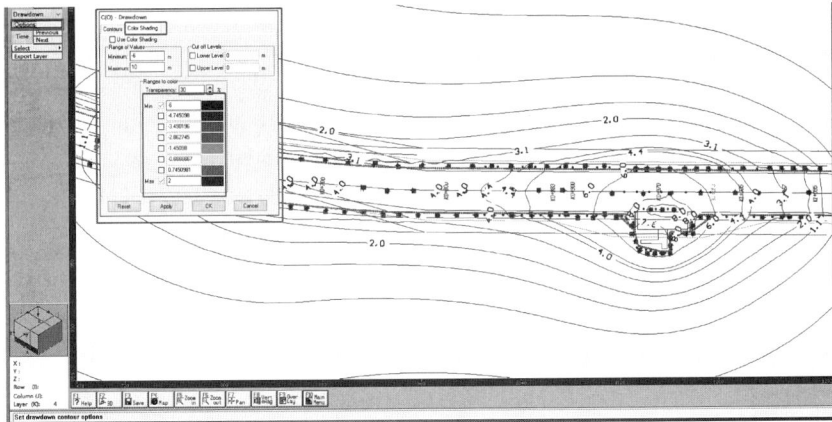

图 8-40　Output 选择颜色填充示意图

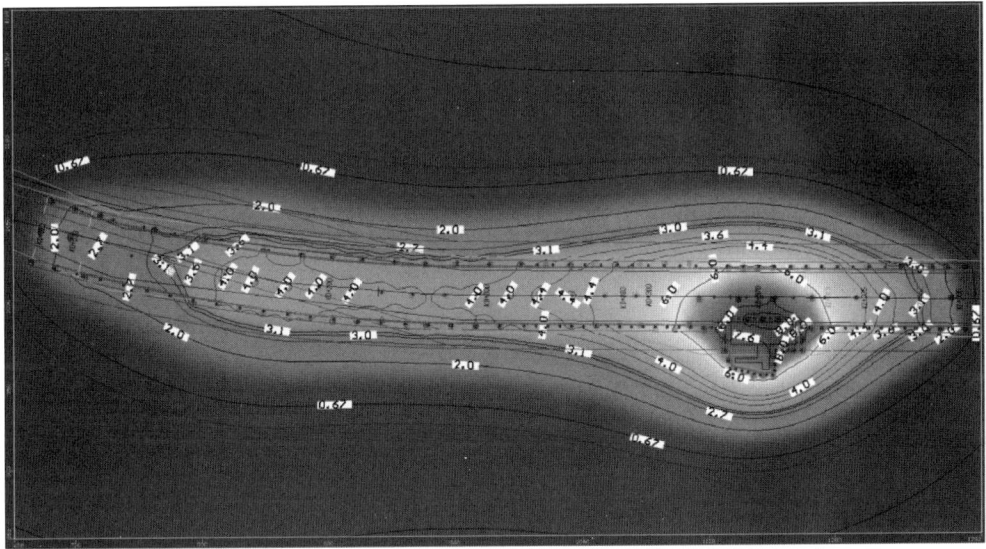

图 8-41　计算结果等值线图

$$Q = \frac{1.366k(H^2 - h^2)}{\lg\dfrac{R + r_0}{r_0} + \dfrac{\bar{h} - l}{l}\lg\left(1 + \dfrac{0.2\bar{h}}{r_0}\right)} \tag{8.4-1}$$

式中　　Q——基坑计算涌水量（$\mathrm{m^3/s}$）；

$\quad\quad k$——含水层渗透系数（$\mathrm{m/d}$）；

$\quad\quad H$——潜水含水层厚度（m）；

$\quad\quad R$——引用影响半径（m）；

$\quad\quad h$——基坑动水位至含水层底板的距离（m）；

$\quad\quad \bar{h}$——平均动水位（m），$\bar{h} = (H + h)/2$；

$\quad\quad l$——滤管有效工作部分长度（m）；

$\quad\quad r_0$——等效大井半径（m），可按 $r_0 = 0.565\sqrt{F}$，F 为井点系统围合面积（$\mathrm{m^2}$）。

计算结果如表 8-2 所列。

区域	自然地面标高(m)	基坑底标高(m)	计算地下水位标高(m)	渗透系数 k(m/d)	潜水含水层厚度 H(m)	设计水位降深 s(m)	引用影响半径 R(m)	基坑动水位至含水层底板距离 h(m)	平均动水位 $\bar{h}$(m)	滤管有效工作部分 l(m)	等效大井半径 r_0(m)	基坑等效面积 F(m²)	基坑涌水量 Q(m³/d)
K0+478～K0+600	122.69～123.25	112.205～114.9	114.9	150	70	1.90	389.38	68.10	69.05	8.00	36.39	4148	25188
K1+013～K1+067	122.89～123.01	111.967～114.9	114.9	150	70	2.00	409.88	68.00	69.00	8.00	24.87	1938	20914
K0+600～K1+013	122.27～123.45	111.207～112.205	114.9	150	70	4.20	860.74	65.80	67.90	8.00	67.93	14455	67614
泵房	122.68～123.45	108.45	114.9	150	70	7.00	1434.57	63.00	66.50	10.00	17.14	920	57159
合计													170874

4. 降水方法

1) 降水方法的选择

根据建筑物的结构特征、拟建场地的岩土工程条件、降水工程的具体要求，结合本地降水经验进行选择。本工采用"管井"降水方法，即在基坑四周设置及内部设置降水管井，降水将至基坑底部 0.5m 以下。

2) 管井设计方案

基坑外侧沿支护桩周边设置降水管井，基坑北侧管井间距为 20m，泵房附近管井间距为 10m，由于南侧临近洛河，基坑南侧管井间距为 15m。基坑中间疏干井间距为 20m，泵房附近为 10m，另外与泵房周边管井间距为 4m。管井详细位置见平面布置图，管井具体位置可以根据现场情况调整。管井采用泥浆护壁冲孔成孔，管井成孔直径约 600mm，外径 500mm，内径 400mm，井深自然地面下 10m，降水管井采用无砂混凝土管做井管，外壁间填充砂砾滤料，砂砾粒径为 3～8mm，填滤料要一次性连续完成，从底填到井口下约 1m，上部采用不含砾石的黏土封口。

3) 洗井

降水井成孔完成后，应立即进行洗井，洗井先用大泵冲洗泥浆减少沉淀，并应立即下管注入清水。稀释泥浆相对密度接近 1.05 后，投入滤料不少于计算量 95%，严禁井管强行插入导致井壁坍塌。

（1）井孔完成，首先安装过滤罐，然后安装混凝土试管，填入透水性强的砾石滤料，接着安装水泵，最后进行洗井。洗井不应搁置时间过长或完全成孔后集中洗井。

（2）完成水泥管井施工，洗井后进行单井试验性抽水，做好抽水记录。

（3）主体抗浮条件达成后，方可进行封井，将井管处理至垫层下皮，井内回填及配砂卵石［配比宜为 5：2：3（卵石：圆砾：中粗砾）］填充，采用插入式振动器振实，填至距垫层顶 100cm 位置，距垫层顶 100cm 采用 C30 细石混凝土浇筑至垫层顶，垫层上部采用 C35 微膨胀速凝混凝土填充；管径与四周相接位置将防水保护层剔除至卷材外露 10cm 以上为止，然后在该部位铺贴双层 4mm 厚 SBS 卷材防水。具体设计如图 8-42 所示。

4）排水系统

（1）排水系统：基坑两侧布置直径 800mm、坡度 0.2% 的铸铁管，管井井点抽至基坑上侧布置的直径 800mm 铸铁管内，经铸铁管至沉淀池内，经沉淀过滤后排至排水渠，最后汇入洛河，部分距离市政管网较近的管径经沉淀池过滤后可排入市政管网；单根排水管设计流量为 50000m³/d，现场可根据实际水量大小增加排水管数量。

（2）土方开挖基坑行驶路段，下埋混凝土管，有效保护降水运行的安全，开挖过程中采取有效措施保护井口及排水管道。

5）降水过程中抽排水含砂量的规定

（1）抽水 0.5h 内含砂量，粗砂含量应小于 1/50000，中砂含量应小于 1/20000，细砂含量应小于 1/10000；

（2）降水正常运行时，含砂量应小于 1/50000。

综合考虑，本工程项目降水排水设计如图 8-42 所示。

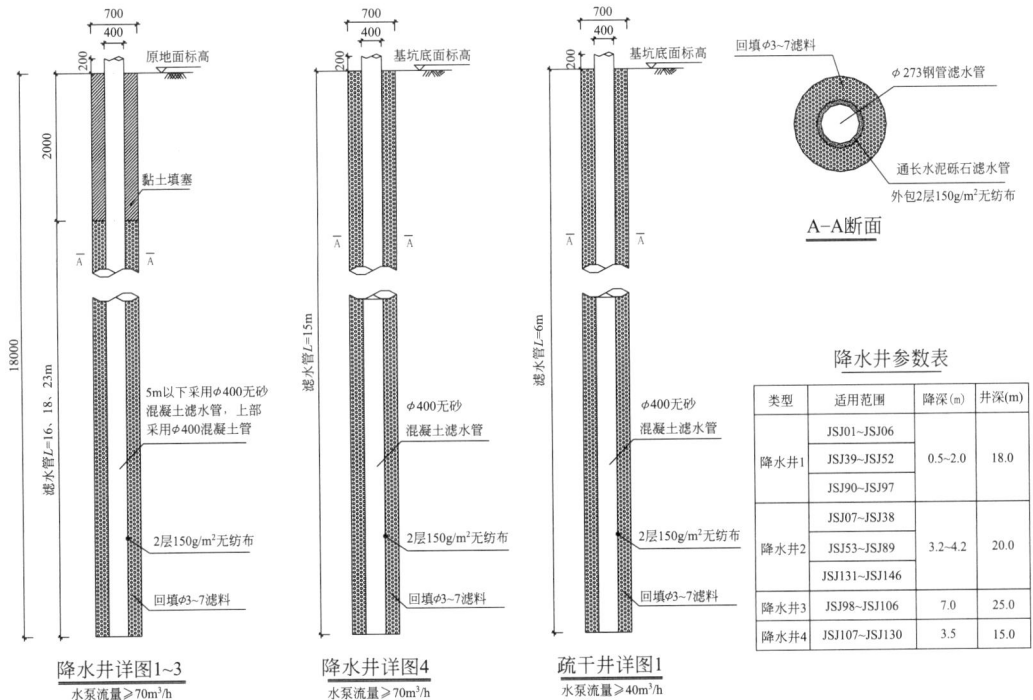

图 8-42　基坑排水设计详图

5. 水位监测

施工期间应对地下水位进行跟踪监测，实行信息化施工，监测等级为一级，委托第三方监测单位编写监测方案，并将监测方案抄送支护设计单位。监测报表须及时反馈支护设计单位及其他有关单位，以及时采取相应的技术措施，调整施工速率和施工顺序，做到单位化施工。监测须由有资质的单位进行，施工单位应与监测单位密切配合，做好监测元件的安放和保护工作。

（1）基坑监测项目主要包括地下水位监测点等；

（2）在基坑施工过程中，须监测报警值；

（3）基坑开挖期间应每天进行地下水位监测，直到停止降水。

6. 风险工程安全设计

1）自身风险

根据本工程的技术特点，地下水主要赋存于卵石层中，卵石渗透系数较大，局部降深达 6m，基坑整体用水量较大，降深大、基坑涌水量大是本项目的难点和关键点。另外，本工程存在地下水突涌风险，可能造成主体结构破坏、人员伤亡、工期延误等危害。

2）降水风险措施

降水运行前，降水井应合理布设排水管道并便于接入施工现场排水设施；

（1）降水运行前应做好降水供电系统，配备独立的电源线；

（2）所有抽水井应在供电电箱插座、抽水泵电缆插头及排水管上做好对应的标示，并在每次发生变动时进行相应的标示变更，便于抽水运行管理，供电电箱应定期进行检查并备有检查记录；

（3）降水正式运行前，降水工人应熟悉水泵开启、电路切换，以确保降水连续进行，避免因供电原因造成井底突水；

（4）降水前，各降水井均应测量其井口标高、静止水位并进行相关记录；

（5）正式降水前必须试运行，进一步检验供电系统、抽水设备、排水系统及应急预案能否满足降水要求；试运行结果进行记录并备案，根据试运行结果，对于无法满足降水要求的部分进行相应的整改；通过试运行掌握与调整水泵开启及电路切换的工作性能，以确保降水的连续进行；

（6）疏干井应成井一口，降水运行一口，确保能及时疏干基坑开挖范围内土体，并降低其水位在当前开挖面以下 0.5～1.0m；

（7）基坑开挖后，降水井割管时应及时测量井深并采取清淤措施；

（8）抽水过程中应做好抽水井流量及观测水位观测数据记录；抽水井应均安装流量表进行流量测量；降水井水位观测时，可考虑利用一口抽水井抽水后静止 12h 测量其水位，降水井水位观测可利用相应观测井进行；

（9）现场应配备应急发电机，以确保降水工作的连续进行。

8.4.2 轨道交通号线一期工程站点附属出入口基坑降水实例计算

1. 工程概况

1）项目概况

华中某轨道交通号线一期工程站点附属出入口，基坑长约 52.5m，净宽约 4.95～8.2m，围护结构采用钻孔灌注桩＋内支撑的支护形式，基坑开挖深度 2.5～13.55m。基坑基底以下一定深度范围内为第四系的孔隙承压含水层（3-5 粉砂、粉土、粉质黏土互层），基坑开挖过程中会出现流水、涌砂险情，为确保基坑安全，需对场地地下水（孔隙承压水）进行有效控制，其控制办法为管井降水。降水的目的为：

（1）降低基坑开挖范围内土体中的地下水，方便挖掘机和工人在坑内施工作业；

（2）降低坑内土体含水量，提高坑内土体强度，减少坑底隆起和围护结构的变形量，防止坑外地表过量沉降；

（3）提高开挖过程中土体稳定性，防止流砂、土层纵向滑坡等不良现象的发生；

（4）及时降低下部承压含水层的承压水水头高度，防止基坑底部突涌的发生，确保施工时基坑底板的稳定性。见图 8-43。

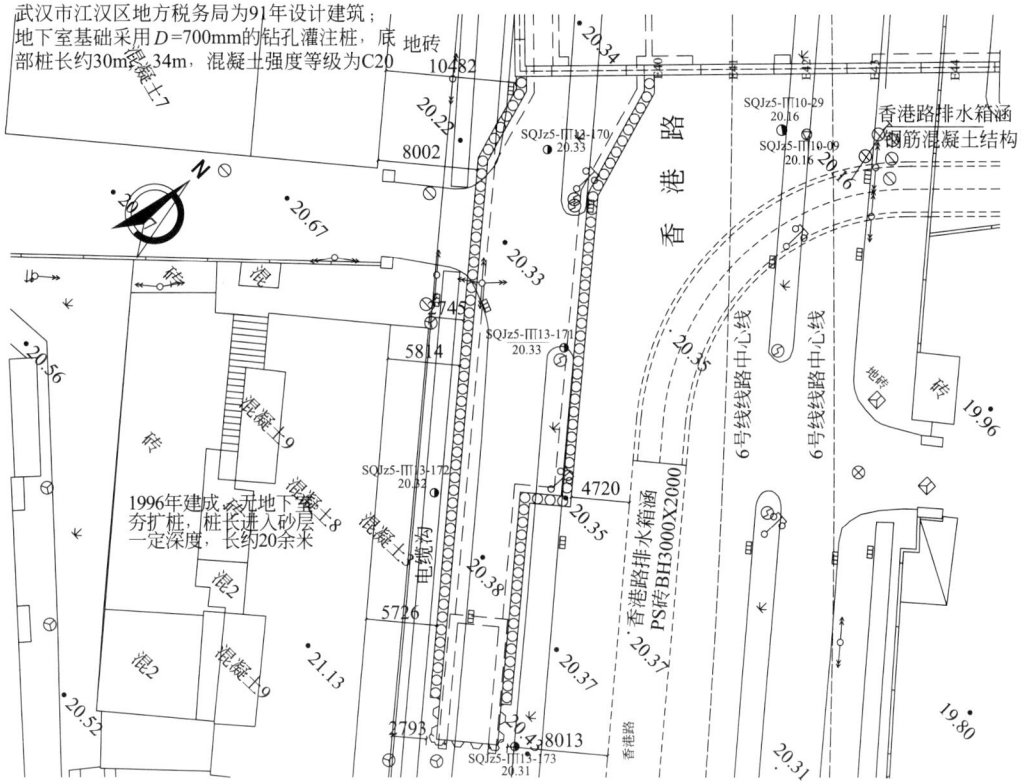

图 8-43 基坑平面布置图

2）工程地质条件

香港路站场地位于汉口主城区，长江北岸，相当于长江Ⅰ级阶地，地面标高 19～21m。地层由全新统黏性土、砂性土及砂卵石层构成。区内原有众多湖泊、堰塘、残存的沼泽地及暗沟、暗浜等，现经城市建设已成为城市主城区。根据野外钻孔岩性描述，原位测试结果及室内土工试验成果可将拟建工程场地勘探深度范围内地层划分为五大层十八个亚层，各岩土层地层岩性按工程地质分区分述如下：

（1）（Q^{ml}）1-1 杂填土：层厚 2.0～5.8m，表层分布。杂色，湿～饱和，稍密～中密，主要组成成分为建筑垃圾、生活垃圾混黏性土，表层 30cm 为沥青混凝土路面，硬质物含量约为 20%～40%，粒径一般 1～7cm，该层土物质构成复杂、结构松散、均匀性差，堆积时间一般大于 10 年，局部小于 10 年。

（2）（Q^{ml}）1-2 素填土：层厚 4.5，表层分布。杂色，湿～饱和，稍密～中密，主要成分以黏性土为主，该层土结构松散、均匀性差，堆积时间一般大于 10 年，局部小于

10年。

(3)（Q^l）1-3 淤泥：层厚 0.7～3.7m，层顶标高 16.50～18.72m，局部零星分布。灰～灰黑色，饱和，流塑状态，高压缩性，富含有机质及生活垃圾，具流变性，有腐臭味。

(4)（Q_4^{al}）3-2 黏土：厚度 1.30～4.20m，层顶标高 15.9～18.7m，局部分布。褐黄色～褐灰色，饱和，可塑状态，含铁锰质氧化物斑点，光滑，干强度高，韧性高。

(5)（Q_4^{al}）3-3 淤泥质黏土：厚度 2.4～19.5m，层顶标高 12.5～18.8m，局部分布。灰～褐灰色，饱和，流塑状态，含有机质、腐殖物及少量云母片，具臭味。该层在香港路处厚度较大，最大厚度黏土夹粉土：厚度 0.8～10.4m，层顶标高 1.4～14.56m，普遍分布。灰～褐灰色，饱和，粉质黏土呈软塑状态，粉土呈稍密状态，厚 0.1～0.5m，局部含有机质及腐殖物。

(6)（Q_4^{al}）3-5 粉砂、粉土、粉质黏土互层：厚度 1.2～11.6m，层顶标高 1.97～12.95m，普遍分布。灰～灰褐色，饱和，粉土、粉砂呈稍密状态、粉质黏土呈软塑状态。互层单层厚度 0.1～0.5m，局部达 1.0～2.0m。

(7)（Q_4^{al}）4-1 粉细砂：厚度 2.0～10.9m，层顶标高 -4.11～12.46m，普遍分布。灰色～青灰色，饱和，稍密～中密状态，主要成分为云母片、长石、石英等矿物，局部夹粉质黏土及朽木碎屑、腐殖物。

(8)（Q_4^{al}）4-2 细砂：厚度 0.5～21.3m，层顶标高 -21.6～-0.83m，普遍分布。灰～青灰色，饱和，中密状态，主要成分为云母、长石、石英等矿物，局部夹粉土、粉质黏土（呈透镜体分布）。

(9)（Q_4^{al}）4-2a 粉质黏土：厚度 0.1～6.1m，层顶标高 -19.68～-13.18m，局部呈透镜体状分布。灰～灰褐色，湿，软塑～可塑状态，夹薄层粉土。

(10)（Q_4^{al}）4-3 中粗砂夹砾卵石：厚度 3.7m，层顶标高 -19.34m，局部分布。灰色～青灰色，饱和，中密～密实状态，低压缩性，砾卵石粒径 10～80mm，成分主要有石英岩、石英砂岩、燧石等，磨圆度呈次棱角状、亚圆形。砾卵石含量约 5%～20%。

(11)（K-Edn）5-1 强风化砂砾岩：厚度 4.7～19.0m，层顶标高 -24.68～-21.65m，普遍分布。灰绿～褐红色，主要由砂岩、石英砂岩、硅质岩等岩屑组成，褐铁泥质、钙质胶结，具砂砾状结构，取芯困难，岩芯呈碎块状，少量短柱状，属极软岩，岩体较破碎，岩体基本质量等级为 V 级。

(12)（K-Edn）5a-2 中风化泥质粉砂岩：厚度 1.0～5.9m，层顶标高 -48.37～-32.6m，局部揭露。褐红色，泥质、粉砂质结构，层状构造，胶结性较差，岩芯采取率高，岩芯一般呈长柱状，少量短柱状。属软岩，岩体较完整，岩体基本质量等级为 Ⅳ 级。

(13)（K-Edn）5b-2 中风化砂砾岩：厚度 1.8～20.2m，层顶标高 -46.3～-29.42m，局部揭露。灰～褐红色，主要由砂岩、石英砂岩、硅质岩等岩屑组成，褐铁质、钙质胶结，具砂砾状结构，层状构造，岩芯呈柱状，属较硬岩～较软岩，岩体较完整，岩体基本质量等级为 Ⅲ～Ⅳ 级。

3）水文地质条件

地下水按埋藏条件，主要为上层滞水、孔隙承压水和基岩裂隙水三种类型。

（1）上层滞水：上层滞水主要赋予于场地上部人工填土中，水位不连续，无统一自由水面，主要接受大气降水、生活用水及给水排水管涵的渗透入渗补给。水位、水量与地形及季节关系密切，并受人类活动影响明显。勘察期间实测场地上层滞水静止地下水位埋深为1.3～2.7m，相当于黄海高程18.25～19.15m。上层滞水对拟建工程基坑开挖施工影响较小。

（2）孔隙承压水：孔隙承压水主要赋存于粉土、砂土层（地层编号为3-5层及4层）中，含水层厚度一般为20～40m，含水层渗透性一般随深度递增，主要受侧向地下水的补给及向侧向排泄，与长江水水力联系密切，呈互补关系，地下水位季节性变化规律明显，水量较为丰富。根据武汉地区区域水文地质资料，承压水测压水位标高一般为18.0～20.0m，年度幅为3.0～4.0m。勘察期间实测场地内承压水位16.67m。基坑开挖时3-5层及4层在地下水动力作用下会产生流砂现象，直接影响基坑稳定性，故承压对基坑工程施工影响较大。根据岩土工程勘察报告，孔隙承压水渗透系数取15m/d，此渗透系数下对应影响半径R选取250m。

（3）基岩裂隙水：基岩裂隙水主要赋予于下部基岩中，主要接受其上部含水层中地下水的下渗及侧向渗流补给。基岩裂隙水与承压水呈连通关系，对基坑工程施工影响较小。

（4）降水分析：基底以下一定深度范围内为3-5粉砂、粉土、粉质黏土互层孔隙承压含水层，采用管井进行减压降水。由于基底下有一定厚度的隔水层，需进行抗突涌验算，将场地承压水降低至安全水位标高。地层与基坑深度关系参数表见表8-3。

地层与基坑深度关系参数表　　　　　　　　　　表8-3

工程范围	地面标高（m）	含水层面板埋深（m）		开挖深度（m）		剩余土层厚度（m）
		深度	标高	深度	标高	
II号出入口	20.4	15	5.4	2.5～13.55	6.85～17.9	1.45～12.5

2. 基坑抗突涌验算

由于道基底有一定厚度的隔水岩层，需进行抗突涌验算，根据抗突涌验算公式：

$$F = \gamma_m H / (\gamma_w h_w) \geqslant 1.1 \tag{8.4-2}$$

式中　F——抗突涌安全系数，取$\geqslant 1.1$；

　　　γ_m——承压含水层顶板至基坑底板剩余土层的平均重度（kN/m³）；

　　　H——承压含水层顶板至基坑底剩余土层的厚度（m）；

　　　γ_w——水的重度（kN/m³）；

　　　h_w——从承压含水层顶板算起的承压水头高度（m），见表8-4。

抗突涌安全系数表（水位标高取16m）　　　　　　表8-4

工程范围	F	γ_m	H	γ_w	h_w	水位降低	水位标高
	$\geqslant 1.1$	kN/m³	m	kN/m³	m	m	m
II号出入口	0.24～2.12	18	1.45～12.5	10	10.6	9	7

注：经计算，除局部降低水位9m后，$F \geqslant 1.1$不会发生突涌，其他部位均能满足开挖要求。

3. 基坑涌水量估算

基坑出水量计算可根据地下水类型、补给条件、降水井的完整性以及基坑面积、形状、降水深度、布井方式、基底加固、基坑开挖等因素，综合选择计算公式来进行计算。基坑出水量计算采用坑外布井的方式进行计算。基坑出水量按"大井"法承压完整井公式计算：

$$Q = \frac{2.73kMs}{\lg R - \lg r_0} \tag{8.4-3}$$

式中　Q——基坑降水出水量（$\mathrm{m^3/d}$）；

　　　M——含水层厚度，取 $M=26\mathrm{m}$；

　　　s——基坑中心水位降，按上述抗突涌验算，取 $s=9\mathrm{m}$；

　　　R——降水期间影响半径，取 $R=250\mathrm{m}$；

　　　r_0——大井圆概化半径，取 $L+B/4$，L 为基坑长度，B 为基坑宽度。见表 8-5。

基坑涌水量计算表　　　　　　　　　　　　　　　　表 8-5

工程范围	k	L	B	M	s	R	r_0	Q
	(m/d)	(m)	(m)	(m)	(m)	(m)	(m)	($\mathrm{m^3/d}$)
IV 出入口	15	19	8.2	26	9	250	6.8	6103

4. 降水井数量计算及布置

根据水文地质勘察结果，取干扰井群单井出水量 $q=1440\mathrm{m^3/d}$，则需降水井数量为：$n=Q/q\times1.1$（安全系数）$=6103/1440\times1.1=4.66\approx5$ 口。经优化布置，天汉降水软件模拟计算后，实际需要降水井 4 口就能将场地承压水降低至安全水位。本次未布置观测井，以部分降水井兼观测井，故降水井（观测井）总数为 4 口。降水井布置时应避开梁、柱、桩、建（构）筑物等，在正式施工前应对井位进行核对，井位可在一定范围内调整，降水井具体布置见图 8-44。

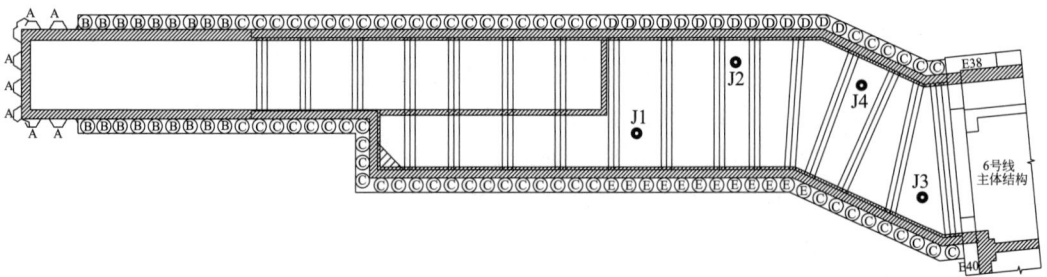

图 8-44　降水井平面布置

5. 降水井结构设计

1）降水井井身结构

降水井结构系依据降水地段地质岩性构成、水文地质条件、钻孔工艺、施工要求及有关规范规定设计。管井深度与过滤管安装深度以开采含水层（段）的埋深、厚度、渗透性、富水性及其出水能力等因素来综合确定，经场地岩土工程和水文地质专门勘察表明：埋藏基坑坑底下面的下部承压含水层，以下部 4-1、4-2 砂层为主要取水层。其孔径和井管管径则按反滤层厚度、排水含砂量要求及安泵深度、泵型决定。综合考虑上述因素，降水井结构设计如下。

2）井深

井深可根据公式（8.3-14）计算（其中，$H_{w1}=13.55$m；H_{w2} 未取；H_{w3} 可忽略不计；$H_{w4}=3$m；$H_{w5}=15$m；H_{w6} 未取）。则 $H_w=13.55+0+0+3+15+0=31.55$m，综合考虑地质条件、基坑开挖深度等其他因素，降水井实际深度为35m。降水井钻探井径 600mm。

3）井管

降水井管全部采用钢质焊管，其中井壁管长度为 20.0m，壁厚 3mm，过滤管长度为15m，壁厚 3mm，管径 250mm。

4）填砾与管外封闭

自过滤管顶部以上 2m 至井底的承压含水层深度段环填硅质圆砾，以形成良好的人工反滤层，在滤料顶部至井口段环填黏土球以进行管外封填。基坑剖面及降水井结构图如图 8-45 所示。

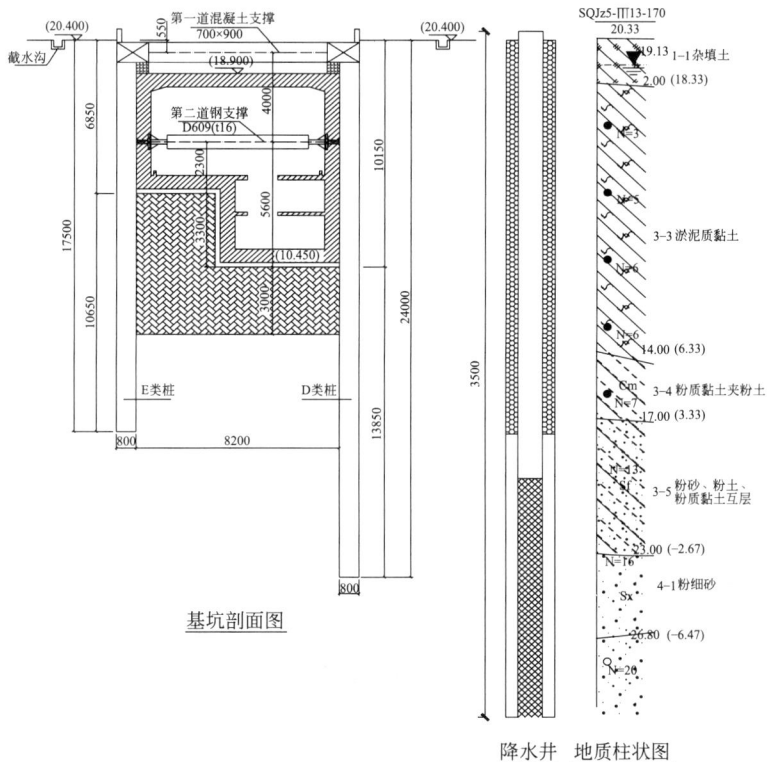

图 8-45　基坑剖面及降水井结构图

6. 降水预测及降水动态控制

1）降水水位预测

基坑降水期间，坑内外任意点处的水位降可视为群井在该点水位降叠加，并以此预测降水水位。水位降预测采用公式为：

$$s_r = \frac{0.366Q}{mk} \sum Q_i (\lg R - \lg r_i) \tag{8.4-4}$$

式中 s_r——基坑内、外任意距离处水位降（m）；

k——渗透系数（m/d）；

m——含水层概化厚度（m）；

Q——基坑排水量（m³/d）；

R——降水期间影响半径（m）；

r_i——任意点距抽水井的距离（m）。

其计算结果详见水位降幅等值线图（图 8-46），满足设计水位降 9m 要求。

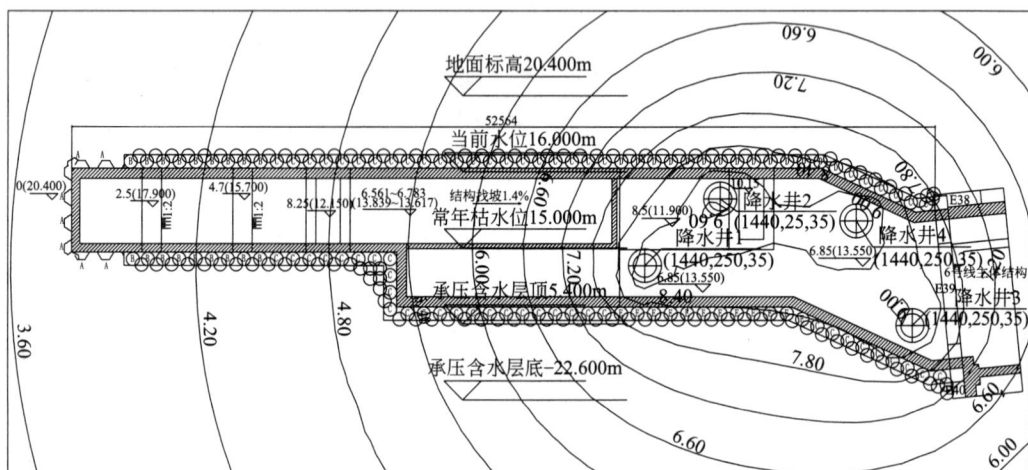

图 8-46　水位降幅等值线图

2）降水动态控制

根据公式的计算结果来确定是否启动降水井及其数量。在土方开挖过程中，根据基坑开挖深度和开挖期间长江水位及场地地下水渗流情况，对降水井运行情况进行动态控制。需开启的降水井编号及数量由设计代表会同现场技术负责人计算确定，以确保降水经济运行且有助于保护周边环境。

7. 基坑降水对周边环境影响的预测及评价

从理论上讲，基坑降水时，抽降水引起地面沉降影响范围就是抽水水位下降漏斗的范围，并具有离基坑越近水位降越大、影响地面沉降越大的特点。抽降地下水引起地面沉降原因是：由于降低承压水水位使上覆盖层浮托力降低，产生自重排水固结压密引起地面沉降；在上部弱透水层中，因地下水水位下降或被疏干，也产生土体自重排水固结压密而引起地面沉降；另外，承压水水位降低后，土体产生的附加有效应力，扣除含水层中水压降低引起的减压后而对其下卧层固结压密引起沉降。根据武汉地区基坑降水引起基坑周边地面沉降的监测数据表明，在距基坑周边 10 倍于水位下降值范围处，其沉降量仅为最大沉降量的 45%，而相当于 30 倍水位下降值范围处，其沉降量仅为最大沉降量的 12%左右。根据地面沉降等值线图，其最大沉降均小于 10mm，其不均匀沉降率小于 1‰，因此对于基坑开挖附近的桩基础建筑物，降水所产生的沉降对其影响较小；但对于浅基础的建

（构）筑物来说，降水会对其产生不同程度的影响，但只要降水井的出水含砂量控制好，抽排水量的顺序组织合理，亦不致危害这些建（构）筑物的安全使用。为安全考虑，降水运行前应在地面和建（构）筑物布置沉降观测点，在降水运行期间加强沉降监测，及时反馈沉降信息，采取预防应急措施，以确保建（构）筑物的安全。

地面沉降计算预测值如下。

本工程降水属于减压降水，承压水位下降引起的地面沉降可由以下数学公式计算预测。

$$\Delta s_{\mathrm{w}} = m_{\mathrm{s}} \sum_{i=1}^{n} \sigma_{\mathrm{w}i} \frac{\Delta h_i}{E_{si}} \tag{8.4-5}$$

式中　Δs_{w}——水位下降引起的地面沉降（mm）；

m_{s}——经验系数（与水压力的减压回弹和压缩模量取值有关），取 0.2～0.5；

$\sigma_{\mathrm{w}i}$——水位下降引起的各计算分层有效应力增量（kPa）；

Δh——受降水影响地层的分层厚度（cm）；

n——计算土层数；

E_{si}——各土层的压缩模量（kPa）。

经天汉软件对地面沉降模拟计算，其地面沉降预测值详见地面沉降等值线图（图 8-47）。

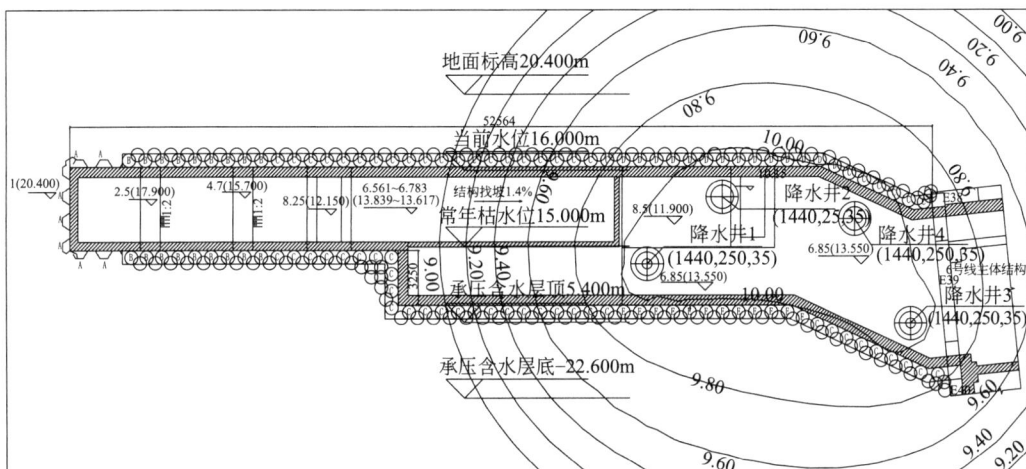

图 8-47　地面沉降等值线图

第 **9** 章
基坑土方开挖与基坑监测

9.1　基坑土方开挖

9.1.1　基坑土方开挖分类

　　基坑开挖一般分为放坡开挖和有围护开挖两种基本方式，视场地的工程地质、水文地质条件以及开挖深度和环境条件等因素，有不同的具体方式。

　　根据基坑支护设计的不同，基坑开挖又可分为无内支撑基坑开挖和有内支撑基坑开挖。

　　无内支撑基坑是指在基坑开挖深度范围内不设置内部支撑的基坑，包括采用放坡开挖的基坑，采用水泥土重力式围护墙、土钉支护、悬臂式支护、桩锚式支护的基坑。有内支撑基坑是指在基坑开挖深度范围内设置一道或多道内部临时支撑，以及以水平结构代替内部临时支撑的基坑。

　　按照基坑挖土方法的不同，基坑开挖可分为明挖法和暗挖法。无内支撑基坑开挖一般采用明挖法；有内支撑基坑开挖一般有明挖法、暗挖法、明挖法与暗挖法相结合三种方法。基坑内部有临时支撑或水平结构梁代替临时支撑的基坑开挖，一般采用明挖法。基坑内部水平结构梁板代替临时支撑的基坑开挖，一般采用暗挖法。盖挖法施工工艺中的基坑开挖属于暗挖法的一种形式。明挖法与暗挖法相结合，是指在基坑内部部分区域采用明挖和部分区域采用暗挖的一种挖土方式。

9.1.2　基坑土方开挖的基本要求

1. 基坑土方开挖的基本原则
　　基坑开挖前应根据工程地质与水文地质资料、结构和支护设计文件、环境保护要求、施工场地条件、基坑平面形状、基坑开挖深度等，遵循"分层、分段、分块、对称、平衡，限时"和"先撑后挖、限时支撑、严禁超挖"的原则编制基坑开挖施工方案。基坑开挖施工方案应履行审批手续，并按照有关规定进行专家评审论证。

2. 基坑土方开挖的基本规定
　　基坑开挖应符合下列规定：

　　（1）当支护结构构件强度达到开挖阶段的设计强度要求时，方可下挖基坑；对采用预应力锚杆的支护结构，应在锚杆施加预应力后，方可下挖基坑；对土钉墙，应在土钉、喷射混凝土面层达到设计强度后，方可下挖基坑。

（2）应按支护结构设计规定的施工顺序和开挖深度分层开挖。

（3）锚杆、土钉的施工作业面与锚杆、土钉的高差不宜大于 500mm。

（4）开挖时，挖土机械不得碰撞或损害锚杆、腰梁、土钉墙面、内支撑及其连接件等构件，不得损害已施工的基础桩。

（5）当基坑采用降水时，应在降水后开挖地下水位以下的土方。

（6）当开挖揭露的实际土层性状或地下水情况与设计依据的勘察资料明显不符，或出现异常现象、不明物体时，应停止开挖，在采取相应处理措施后方可继续开挖。

（7）开挖至坑底时，应避免扰动基底持力土层的原状结构。

（8）当基坑开挖面上方的锚杆、土钉、支撑未达到设计规定要求时，严禁向下超挖土方。

（9）采用锚杆或支撑的支护结构，在未达到设计规定的拆除条件时，严禁拆除锚杆或支撑。

（10）基坑挖土机械及土方运输车辆直接进入坑内进行施工作业时，应采取措施保证坡道稳定。挖土机械的停放和行走路线布置挖土顺序、土方驳运、材料堆放等应避免引起对工程桩、支护结构、降水设施、监测设施和周边环境的不利影响。

（11）基坑工程中坑内栈桥道路和栈桥平台应根据施工要求及荷载情况进行专项设计，施工过程中应严格按照设计要求对施工栈桥的荷载进行控制。

（12）基坑周边施工材料、设施或车辆荷载严禁超过设计要求的地面荷载限值，施工时应按照设计要求控制基坑周边区域的堆载。

3. 软土土方开挖的规定

软土基坑开挖除应符合以上的规定外，尚应符合下列规定：

（1）应按分层、分段、对称、均衡、适时的原则开挖。

（2）当主体结构采用桩基础且基础桩已施工完成时，应根据开挖面下软土的性状，限制每层开挖厚度，不得造成基础桩偏位。

（3）对采用内支撑的支护结构，宜采用局部开槽方法浇筑混凝土内支撑或安装钢支撑；开挖到支撑作业面后，应及时进行支撑的施工。

（4）对重力式水泥土墙，沿水泥土墙方向应分区段开挖，每一开挖区段的长度不宜大于 40m。

4. 土方开挖期间的维护要求

基坑开挖期间应按下列要求对基坑进行维护：

（1）雨期施工时，应在坑顶、坑底采取有效的截排水措施；对地势低洼的基坑，应考虑周边汇水区域地面径流向基坑汇水的影响；排水沟、集水井应采取防渗措施。

（2）基坑地面宜作硬化或防渗处理。

（3）基坑周边的施工用水应有排放措施，不得渗入土体内。

（4）当坑体渗水、积水或有渗流时，应及时进行疏导、排泄、截断水源。

（5）开挖至坑底后，应及时进行混凝土垫层和主体地下结构的施工。

（6）主体地下结构施工时，结构外墙与基坑侧壁之间应及时回填。

9.1.3 基坑土方开挖的基本方法

根据土方开挖的方法，基坑工程土方开挖方法可以分为放坡开挖、分层平面开挖、岛式开挖、盆式开挖、岛式与盆式结合方法等几大类。各类土方开挖方法的施工方法及其相关要求各有特点，详见后。

1. 放坡开挖

放坡开挖充分利用土体的自稳能力，是最经济的一种基坑开挖方式。当场地条件允许并且经验算能保证土坡稳定性时，可采用一级或分级放坡开挖。

其适用范围如下：

（1）当场地开阔、土质较好、地下水位较深及基坑开挖深度较浅或具有足够放坡空间时，可优先采用放坡支护。同一工程可视场地具体条件，采用局部放坡或全深度、全范围放坡开挖。

（2）当放坡开挖深度不大于 5m 时，不需支护及降水的基坑工程可采用一级放坡开挖，但应由基坑土方开挖单位对其施工的可行性进行评价。

（3）当放坡开挖深度大于 5m 时，应采用分级放坡开挖，分级处设过渡平台，平台宽度一般为 1～1.5m。

（4）当有下列情况之一时，不应采用放坡开挖：

① 放坡开挖对拟建或相邻建（构）筑物及重要管线有不利影响；

② 不能有效降低地下水位和保持基坑内干作业；

③ 填土较厚或土质松软、饱和、稳定性差；

④ 受场地条件限制，不允许放坡时。

2. 分层平面开挖

分层平面开挖主要是利用垂直支护结构保证基坑的安全稳定，根据支锚结构的垂直分布情况采取大面积的分层开挖。这类土方开挖形式也是当前最常用的土方开挖形式之一，大量应用于无放坡空间桩锚式、桩撑式基坑支护工程中。

1）适用范围

本开挖形式适用于各类地质条件下的土方开挖，主要应用于桩锚式、桩撑式等分级支护的基坑支护工程中。

2）开挖方式

分层平面开挖的主要特点是结合支护结构的施工进度进行土方开挖，为基坑支护结构施工提供工作面。通常，此类开挖方式是伴随着基坑支护结构的施工进度进行调整的。当基坑支护结构满足进行下一层土方开挖的条件时，即进行下一层土方的开挖工作。从平面上，此类土方开挖通常沿着基坑边延伸方向跟随施工进度进行土方开挖；当基坑四周同时满足进行下一层土方开挖的条件时，也可对整个基坑进行整体分层开挖。

3. 岛式开挖

岛式开挖是先开挖基坑周边的土方，挖土过程中在基坑中部形成类似岛状的土体，然后再开挖基坑中部的土方。基坑中部临时留置的土方具有反压作用，可有效地防止软土地基中的坑底土的隆起。基坑中部大面积无支撑空间的土方，可在支撑系统养护阶段进行开挖。必要时还可以在留土区与围护墙之间架设支撑，在边缘土方开挖到基底以后，先浇筑该区域的底板以形成底部支撑，然后再开挖中央部分的土方。当基坑面积较大且地下室结构底板设计有后浇带或可以留设施工缝时，可采用岛式开挖的方法。岛式开挖可以在较短时间内完成基坑周边土方开挖及支撑系统施工，这种开挖方式对基坑底部土体隆起控制较为有利。中心岛土体可作为支点搭设栈桥，挖掘机可利用栈桥下到基坑挖土，运土的汽车亦可利用栈桥进入基坑运土。这样，可以加快挖土和运土的速度。

1）适用范围

岛式开挖适用于支撑系统沿基坑周边布置且中部留有较大空间、由明挖法施工的基坑。边桁架与角撑相结合的支撑体系、圆环形桁架支撑体系的基坑，采用岛式开挖较为典型。土钉支护、土层喷锚支护的基坑也可采用岛式基坑开挖方式。

岛式开挖可适用于全深度范围基坑开挖，也可适用于分层开挖基坑的某一层或几层基坑开挖，具体可根据实际情况确定。

2）开挖方式

岛式开挖可根据实际情况选择不同的方式。同一个基坑可采用如下的一种或几种方式的组合进行基坑开挖，这种组合可以是平面上的组合，也可以是立面上的组合。岛式开挖主要有以下三种方式：

（1）在开挖基坑周边土方阶段，挖掘机在基坑边或基坑边栈桥平台上作业，取土后由坑边运输车将土方外运。在开挖基坑中部岛状土方阶段，先由基坑内的挖掘机将土方挖出或驳运至基坑边，再由基坑边或基坑边栈桥平台上的挖掘机取土装车，最终由坑边运输车将土方外运。采用这种方式进行岛式开挖，施工灵活，互不干扰，不受基坑开挖深度的限制。

（2）在开挖基坑周边土方阶段，挖掘机在岛状土体顶面作业，取土后由岛状土体顶面上的运输车通过内外相连的栈桥道路将土方外运。在开挖基坑中部岛状土方阶段，先由基坑内的挖掘机将土方挖出或驳运至基坑中部，由基坑中部岛状土体顶面的挖掘机取土装车，再由基坑中部的运输车通过内外相连的栈桥道路将土方外运。采用这种方式进行岛式基坑开挖，施工灵活，互不干扰，但受基坑开挖深度的限制。

（3）在开挖基坑周边土方阶段，挖掘机在岛状土体顶面作业，取土后由岛状土体顶面上的运输车通过内外相连的土坡将土方外运。在开挖基坑中部岛状土方阶段，先由基坑内的挖掘机将土方挖出或驳运至基坑中部，由基坑中部岛状土体顶面的挖掘机取土装车，再由基坑中部的运输车通过内外相连的土坡将土方外运。采用这种方式进行岛式土方开挖，施工繁琐，相互干扰，基坑开挖深度有限。

4. 盆式开挖

盆式开挖是先开挖基坑中间部分的土体，挖土过程中在基坑中部形成类似盆状的土体，基坑周边留土坡，土坡最后挖除。必要时，可先施工中央区域内的基础底板及地下室结构，形成"中心岛"。在地下室结构达到一定强度后开挖留坡部位的土方，并按"随挖随撑、先撑后挖"的原则，在支护结构与中心部分地下结构底板楼板之间设置支撑，最后再施工边缘部位的地下室结构。这种挖土方式的优点是保留了基坑周边的土方，周边的土坡将对围护墙有支撑作用，对控制围护墙的变形和减小周边环境的影响较为有利。其缺点是大量的土方不能直接外运，需集中提升后装车外运。基坑周边的土方可在中部支撑系统养护阶段进行开挖。

1）适用范围

盆式开挖适用于明挖法或暗挖法施工工程，适用于基坑中部无支撑或支撑较为密集的大面积基坑，盆式开挖也适用于全深度范围基坑开挖以及分层开挖基坑的某一层或几层基坑开挖。具体可根据实际情况确定。

2）开挖方式

（1）采用盆式开挖时，基坑中部盆状土体的开挖量应根据基坑变形和环境保护等因素确定。基坑盆状土体形成的边坡应满足相应的构造要求，以保证挖土过程中盆边土体的稳定。盆边土体的高度应结合土层条件、降水情况、施工荷载等因素综合确定。盆边土体宽度不应小于 8.0m。当盆边与盆底高差不大于 4.0m 时，可采用一级放坡；当盆边与盆底高差大于 4.0m 时，可采用二级放坡，但盆边与盆底总高差一般不大于 7.0m。当采用二级放坡时，为满足挖掘机停放、土体临时堆放等要求，放坡平台宽度一般不小于 4m。每级边坡坡度一般不大于 1∶1.5，采用二级放坡时总边坡坡度一般不大于 1∶2。为满足稳定性要求，应根据实际工况和荷载条件，对各级边坡和总边坡进行稳定性验算。

（2）在基坑中部进行基坑开挖形成盆状土体后，盆边土体应按照对称的原则进行开挖。对于顺作法施工盆中采用对撑的基坑，盆边土体开挖应结合支撑系统的平面布置，先行开挖与对撑相对应的盆边分块土体，以使支撑系统尽早形成。对于逆作法施工，盆式开挖时盆边土体应根据分区大小，采用分小块先后开挖的方法。对于利用盆中结构作为竖向斜撑支点的基坑，应在竖向斜撑达到设计要求后方可开挖盆边土体。

9.1.4　土方开挖案例

1. 放坡开挖

本基坑开挖深度 7.0m，基坑外场地为空地，具备放坡开挖条件，基坑开挖深度范围内地层自上而下分别为素填土厚 2.0m、角砾厚 7.0m。基坑采用 2 级放坡支护，上部边坡高 3.0m，下部边坡高 4.0m，平台宽度 2.0m，边坡坡比均为 1∶1，坡面采用挂网喷混凝土护面防冲刷，基坑顶与基坑底分别设置截排水沟。见图 9-1、图 9-2。

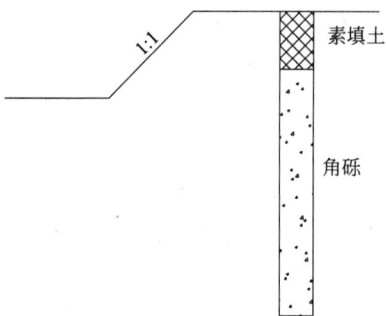

图 9-1　第一级放坡开挖　　　　　　　　　图 9-2　第二级放坡开挖

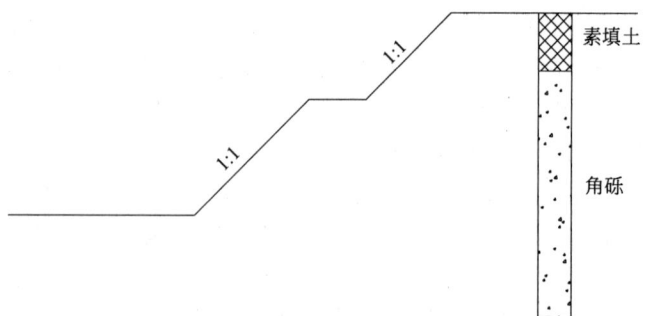

2. 分层平面开挖

本基坑开挖深度 12.0m，基坑外场地为市政道路，不具备放坡开挖条件，基坑开挖深度范围内地层自上而下分别为素填土厚 2.0m、淤泥质土厚 2.2m、粉质黏土厚 5.5m、微风化石灰岩厚 5.0m。基坑采用排桩＋2 道预应力锚索支护，基坑顶与基坑底分别设置截排水沟。见图 9-3～图 9-7。

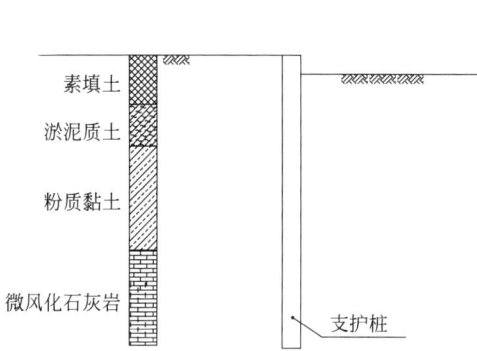

图 9-3　土方开挖至冠梁底标高

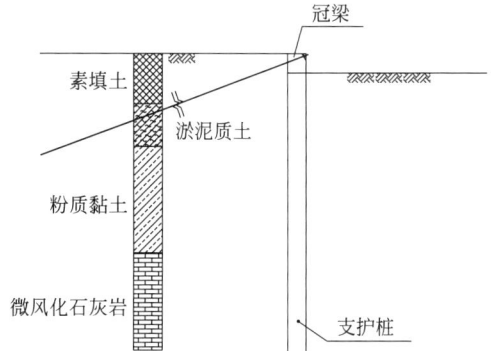

图 9-4　施工冠梁、冠梁锚索

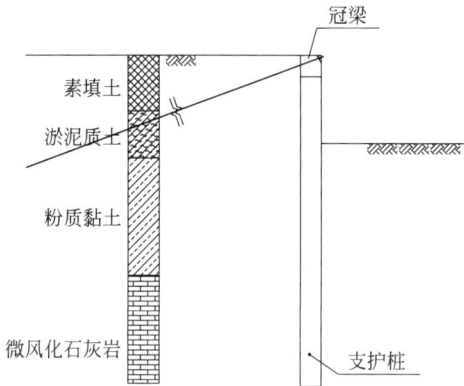

图 9-5　土方开挖至腰梁底标高

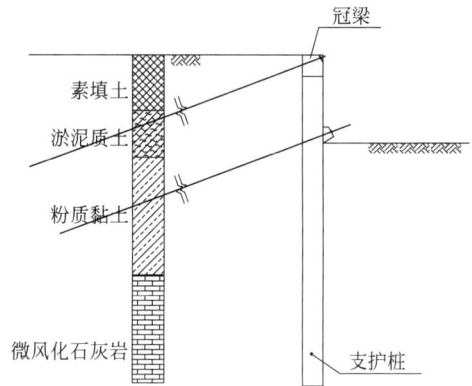

图 9-6　施工第二道锚索、腰梁

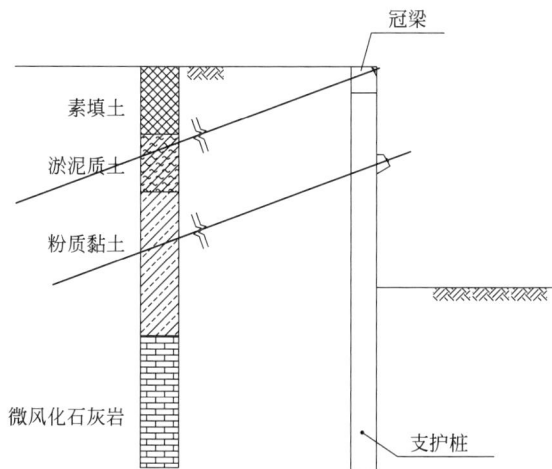

图 9-7　土方开挖至基坑底标高

3. 盆式开挖

本基坑开挖深度 7.0m，基坑外场地为市政道路，地层自上而下分别为杂填土厚 10.0m、强风化石灰岩未揭穿。基坑采用排桩＋竖向斜支撑支护，基坑顶与基坑底分别设置截排水沟。见图 9-8～图 9-12。

图 9-8　施工支护桩

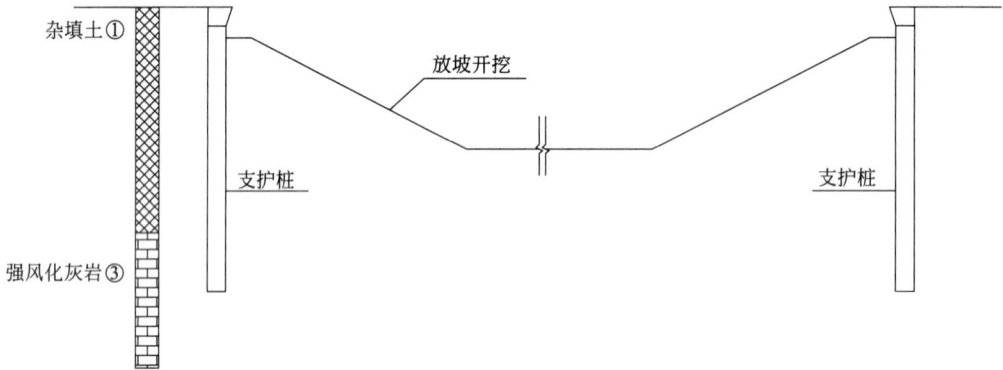

图 9-9　土方放坡开挖，中部基坑开挖至基坑底标高

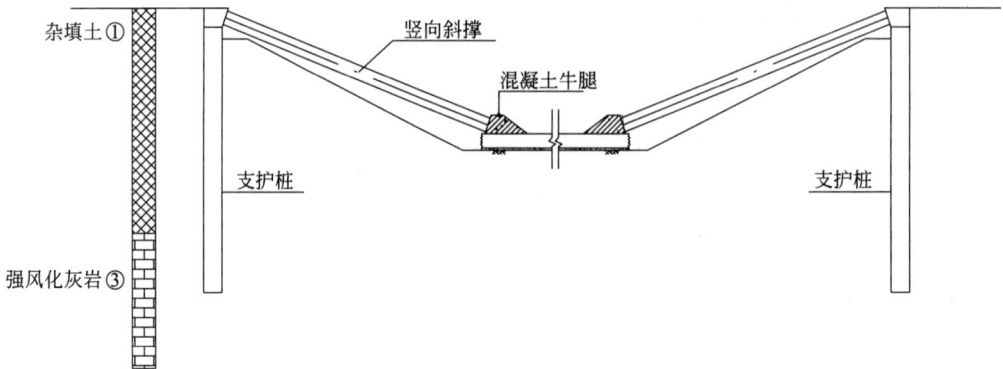

图 9-10　施工基坑中部主体结构底板、安装竖向斜支撑

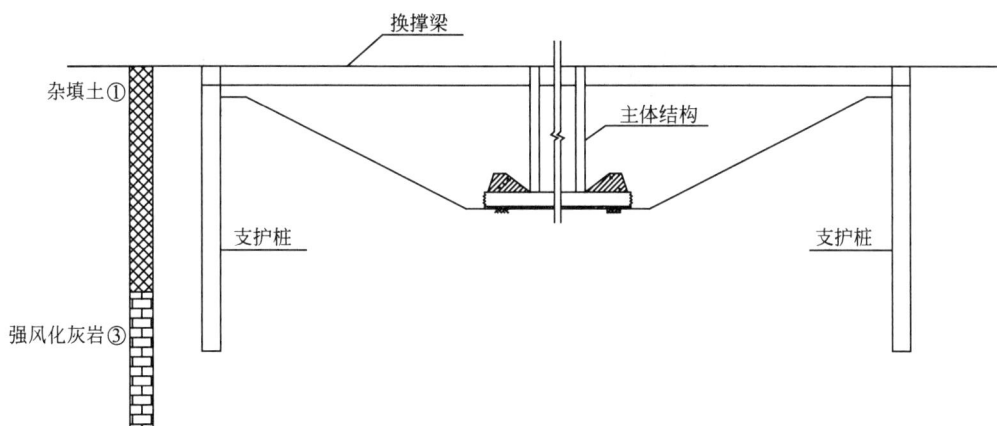

图 9-11　施工换撑梁、拆除竖向斜支撑

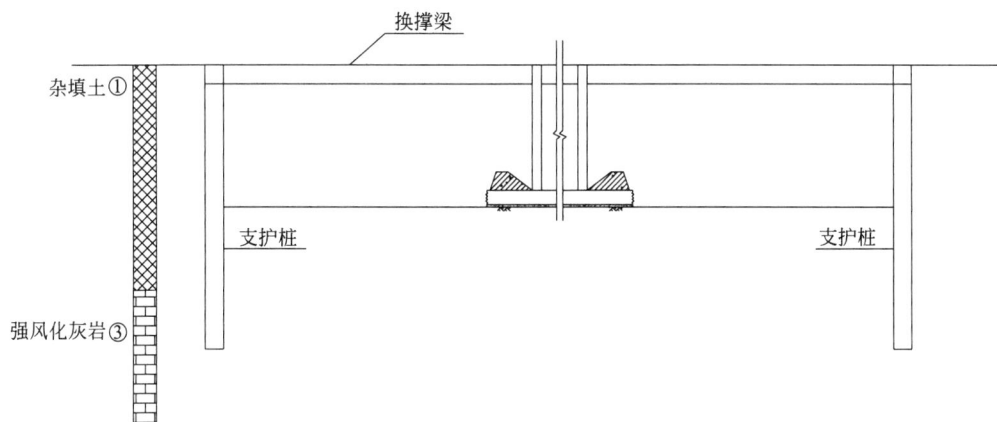

图 9-12　两边土方开挖到基坑底标高

9.2　基坑监测

9.2.1　基坑工程监测的必要性

由于基坑工程地质条件、荷载条件、环境条件的复杂性与多变性，理论计算无法精确地确定基坑支护结构将发生的变形量及基坑工程对周边环境的影响。实际工程中，也经常发现实际监测结果与理论计算存在较大的偏差的情况，为了及时获取基坑支护结构及其对周边环境造成的实际影响，实施基坑监测成为必不可少的技术手段。目前，基坑监测、基坑设计和基坑施工同被列为深基坑工程质量保证的三大基本要素。对基坑工程实施监测的必要性主要表现在以下方面。

1. 与支护结构设计结果互相印证，为信息化设计施工提供基础数据

目前，基坑支护设计理论主要采用朗肯土压力理论及弹性力学方法，这与实际土压力以及材料的实际性质存在一定差别。通过基坑监测，可以将实际变形位移结果与计算结果相互印证，为后期的基坑支护设计提供参考经验。

同时，基坑监测数据还可以为设计变更及施工方案变更提供基础数据。如监测中发现位移变形过大或急剧增大时，设计与施工人员可根据信息反馈进行相应的加强或采取必要的处置措施，以确保基坑的安全。

2. 基坑监测是保证基坑周边环境安全的必要措施

现有的勘察手段尚难以避免可能存在的未探明的地质体，同时基坑周边环境的多变性与复杂性也使得基坑工程存在不确定性。基坑工程周边经常有其他建筑物、交通设施、管线等构筑物存在，以现有的土力学理论尚无法精确计算基坑工程对周边现有建（构）筑物的影响。有必要通过实施基坑监测及时获取建构筑物受基坑工程的影响，并根据监测结果进行方案调整，以达到保护周边既有建（构）筑物的目的。

3. 基坑监测是评价基坑安全状态的必要手段

根据大量实际工程经验，基坑失事前往往可以通过基坑监测发现明显的险情征兆，可以通过基坑监测及时发现基坑出现的异常，评价基坑的安全状态，并根据监测结果有针对性地调整方案及施工，以达到切实保证基坑安全的目的。

9.2.2 基坑监测要求

（1）观测工作必须是有计划的，应严格按照有关的技术文件（监测方案）执行。监测方案的内容，至少应包括工程概况、监测依据、监测方法、监测仪器、监测精度、监测点的布置及观测周期、监测结果的提交等。计划性是观测数据完整性的保证。

（2）监测数据必须是可靠的。数据的可靠性由监测仪器的精度、可靠性以及观测人员的素质来保证。

（3）观测必须是及时的。因为基坑开挖是一个动态的施工过程，只有保证及时观测才能有利于发现隐患，并及时采取措施。现有自动化观测系统有效降低了观测人员的劳动强度，并实现了自动上传数据等功能，正在大量推广应用。

（4）对于观测的项目，应按照工程具体情况预先设定预警值，预警值应包括变形值、内力值及其变化速率。当观测发现超过预警值的异常情况，要立即考虑采取应急补救措施。

（5）每个工程的基坑支护监测，应该有完整的观测记录、形象的图表、曲线及观测报告。

9.2.3 基坑监测项目与监测方法

基坑监测分为巡视检查和仪器监测。巡视检查主要通过肉眼配合一些简单的工具进行；仪器监测则通过仪器、频率读数仪等设备进行。

1. 巡视检查

基坑监测工作是一个系统工作，巡视检查工作是非常简便、经济而有效的方法，是仪器监测的重要补充。巡视检查工作主要应由施工单位、监理单位完成，可及时发现肉眼可见的异常情况，为评估基坑安全状况及改进施工管理与质量提供依据，主要内容应包括：

1）支护结构

支护结构成型质量情况，这可以作为判断施工质量的重要依据之一；冠梁、支撑、围檩或腰梁是否有裂缝及其连续性，可作为判断围檩结构安全性的重要依据；围檩或腰梁与支护桩墙的密贴性，围檩与支撑的防坠措施；止水帷幕有无开裂、渗漏，发现止水帷幕有渗漏时，应及时采取封堵或导排等措施，避免发生渗透破坏或因地下水流失造成地面沉降等；锚杆垫板有无松动、变形，可作为判断锚索是否失效的直观依据；立柱有无倾斜、沉陷或隆起；基坑有无涌土、流砂、管涌；面层有无开裂、脱落。

2) 施工状况

开挖后暴露的土质情况与岩土勘察报告有无差异；基坑开挖分段长度及分层厚度及支锚结构设置是否与设计要求一致；基坑侧壁开挖暴露面是否及时封闭；支撑锚杆是否及时施工；基坑壁及截排水沟措施是否到位，基坑底有无积水；基坑降水井、回灌设施运转是否正常；基坑周围地面堆载是否满足设计要求。

3) 基坑周边环境

管线有无破损、泄漏情况；围护墙后土体有无沉陷、裂缝及滑移；周边建（构）筑物有无新增裂缝出现；周边道路（地面）有无裂缝、沉陷；邻近基坑及建（构）筑物的施工情况；临近水体的水位变化情况。

4) 监测设施

基准点、观测点完好状况；有无影响观测工作的障碍物；监测元器件的完好及保护情况。

巡视检查方法以目测为主，可辅以锤、钎、量尺、放大镜等工器具以及摄像、摄影等设备进行。巡视检查应对自然条件、支护结构、施工工况、周边环境、监测设施等的检查情况进行详细记录。如发现异常，应及时通知委托方及相关单位。巡视检查记录应及时整理，并配合仪器监测数据综合分析。

2. 仪器监测

采用仪器监测是基坑监测的主要手段。根据现行规范要求，基坑监测项目应根据基坑支护安全等级、基坑支护形式、基坑壁岩土体性质、基坑周边环境等设置监测项目。表9-1为土质基坑监测项目，表9-2为岩质基坑监测项目，表9-3为常用的监测仪器。

土质基坑工程监测项目 表9-1

监测项目	基坑支护安全等级		
	一级	二级	三级
围护墙（边坡）顶部水平位移	应测	应测	应测
围护墙（边坡）顶部竖向位移	应测	应测	应测
深层水平位移	应测	应测	宜测
立柱竖向位移	应测	应测	宜测
围护墙内力	宜测	可测	可测
支撑轴力	应测	应测	宜测
立柱内力	可测	可测	可测
锚杆轴力	应测	宜测	可测
坑底隆起	可测	可测	可测
围护墙侧向土压力	可测	可测	可测
孔隙水压力	可测	可测	可测
地下水位	应测	应测	应测
土体分层竖向位移	可测	可测	可测
周边地表竖向位移	应测	应测	宜测

岩质基坑工程监测项目 表9-2

监测项目		基坑支护安全等级		
		一级	二级	三级
坑顶水平位移		应测	应测	应测
坑顶竖向位移		应测	宜测	可测
锚杆轴力		应测	宜测	可测
地下水、渗水与降雨的关系		宜测	可测	可测
周边地表竖向位移		应测	宜测	可测
周边建筑	竖向位移	应测	宜测	可测
	倾斜	宜测	可测	可测
	水平位移	宜测	可测	可测
周边建筑物裂缝、地表裂缝		应测	宜测	可测
周边管线	竖向位移	应测	宜测	可测
	水平位移	宜测	可测	可测
周边道路竖向位移		应测	宜测	可测

基坑工程监测项目及常用仪器 表9-3

序号	监测对象	监测项目	监测仪器
(一)	支护结构		
1	围护桩(墙)	桩(墙)顶水平位移	全站仪
		桩(墙)顶竖向位移	水准仪
		桩(墙)深层水平位移	测斜仪
2	水平支撑	支撑轴力(混凝土)	钢筋应力计或应变计
		支撑轴力(钢支撑)	轴力计或表面应力计
3	锚杆、锚索	轴力	轴力计或应变计
4	圈梁、围檩	内力	表面应力计
		水平位移	全站仪
5	立柱	垂直沉降	水准仪
6	坑底土层	垂直隆起	水准仪
7	坑内地下水	水位	钢尺水位计或水位探测仪
(二)	相邻环境		
8	周边地表	地表沉降	水准仪
		水平位移	全站仪
9	地下管线	垂直沉降	水准仪
		水平位移	全站仪
10	周边建筑物	垂直沉降	水准仪
		倾斜	全站仪
		裂缝	裂缝监测仪、钢尺

序号	监测对象	监测项目	监测仪器
（二）		相邻环境	
11	坑外地下水	水位	钢尺水位计或水位探测仪
		水压	孔隙水压力计

9.2.4　基坑监测点的布置

1. 一般要求

基坑工程监测点的布置要能反映监测对象的实际状态及其变化趋势，监测点布置在变形、应力等的关键特征点上，并满足监控要求。监测点的布置不应妨碍监测对象的正常工作，并且易于监测和保护。不同监测目的的监测点宜布置在同一监测断面上。监测标志点应稳固、可靠，标志清晰，整个监测周期内应做好监测点的保护工作，避免破坏，以确保监测数据的连续性及完整性。

2. 基坑监测点布置

1）桩墙顶水平位移和沉降

当基坑支护采用支护桩、地下连续墙支护时，桩墙顶的位移监测点应沿基坑周长布置在冠梁上。基坑各侧边的中点、阳角、临近保护对象的部位均应布置监测点。当支护体系中有布置内支撑时，监测点应布置在两根支撑的中间部位；监测点距不宜大于 20m。水平位移及竖向位移点宜为共用点。

2）立柱水平位移和沉降

当基坑支护体系中有立柱时，应对立柱竖向位移进行观测。当基坑支撑存在受力不对称时，应对立柱的水平位移也进行观测。立柱的水平位移和竖向位移监测点应设置于基坑中部、多根支撑交汇处、地质条件复杂处，如在支撑体系上设置栈桥、工作台等特殊荷载时，存在荷载处也应设置监测点。监测点数量不小于立柱总数的 5%。当采用逆作法时，监测点数量不小于立柱总数的 10%，并且均不小于 3 个。

3）桩墙倾斜及桩墙内力

桩墙倾斜监测即桩身或土体深度水平位移监测，宜布置于基坑侧边的中部、阳角以及其他有代表性的部位。监测点的水平距离宜为 20～60m，每个侧边的监测点数量不小于 1点。当采用测斜管进行桩身倾斜监测时，测斜管长度应与桩长一致。当测斜管安装于土层中时，其长度不应小于基坑深度的 1.5 倍。

桩墙内力的监测点应布置于计算受力、变形较大且具有代表性的部位，平面上监测点的数量应视具体情况而定。同一监测桩位监测点在垂直方向上间距宜为 2～4m，并且应在计算弯矩极值处布置。每一个监测高度应在垂直于围护桩墙方向对称放置，且不少于一对监测点。

4）支撑内力

内支撑轴力监测点的平面位置应设置于计算内力较大、基坑阳角处或在整个支撑系统中起控制作用的杆件上；如支撑系统上设置工作台、栈桥等特殊荷载时，也应在施加荷载处布置监测点。每层支撑的轴力监测点不应少于 3 个，各层支撑监测点位置宜在竖向保持一致。钢支撑的监测断面宜选择在支撑的端头或两立柱之间 1/3 位置；混凝土支撑监测点的位置宜布置于两立柱之间 1/3 位置，并避开接头位置。

5）锚杆（索）拉力

锚杆（索）轴力监测断面的平面位置应设置于计算受力较大且具有代表性的部位，基坑每侧边中部、基坑阳角处和地质条件复杂处、施工中发现地质异常处，宜布置监测点。每层锚杆（索）监测点的数量应为该层锚杆（索）数量的 1%～3%，且每基坑侧边不少于 1 根。各层监测点在竖向上宜保持一致。应力计宜安装于锚头处，以利于监测操作及应力计保护。

6）坑底隆起

基坑隆起监测主要是为了监测基坑在土方开挖过程中因坑底以下土体卸荷回弹以及在承压水头或抗隆起失稳时产生的土体竖向抬升位移量。

坑底隆起监测点位的布置，应按基坑形状及地质条件以能测出所需各纵横断面回弹量为原则。可按下列要求布点：

监测点宜按纵向或横向断面布置，断面宜选择在基坑的中央以及其他能反映变形特征的位置、存在软土等易发生隆起的位置，监测断面的数量不宜少于 2 个；同一断面上监测点的横向距离宜为 10～30m，数量不宜少于 3 个；监测点的位置宜埋入基坑底以下 20～30cm。

7）地下水位监测

基坑地下水位监测包括坑内、坑外水位监测。按含水层的性质来分，又分为潜水和承压水含水层的地下水位监测。通过坑内的水位观测，可以检验降水的效果或止水效果。坑内水位观测井一般采用直径较大的水位观测孔。通过对坑外的地下水位监测结合沉降观测数据，可以了解基坑降水对周边地下水位的影响范围和影响程度，防止对周边环境（建筑物）造成破坏。

当采用深井降水时，水位监测点宜布置在基坑中央和两相邻降水井的中间部位；当采用轻型井点、喷射井点降水时，水位监测点宜布置在基坑中央和周边拐角处，监测点数量视具体情况确定。

布置基坑外地下水位监测点时，应沿基坑、被保护对象的周边或两者之间布置，监测点间距宜为 20～50m。相邻建筑、重要的管线或管线密集处应布置水位监测点；如有止水帷幕，宜布置在止水帷幕的外侧约 2m 处。

水位观测管的管底埋置深度应在最低设计水位或最低允许地下水位之下 3～5m。承压水水位监测管的滤管应埋置在所测的承压含水层中。如有多层承压水时，宜分层监测。

回灌井点观测井应设置在回灌井点与被保护对象之间。

3. 基坑周边环境的监测点布置

环境监测包括基坑边缘外 3 倍基坑开挖深度范围内的建（构）筑物和地下管线。当地层为砂层或受降水影响敏感时，应扩大监测范围。建筑物变形监测项目如下：

1）沉降观测

建（构）筑物的沉降除了由地基土压缩、基础和上部结构荷载等因素作用引起时，也会受邻近基坑施工（地下水位变化）等影响而产生。沉降观测点布置原则一般为：与建筑

（构）物长期沉降观测点的布设一致；尽量利用建（构）筑物既有沉降观测点；在墙角、柱身、门边等外形凸出部位；能反映基础差异沉降处。新、旧建筑物或高、低建筑物交接处的两侧；烟囱、水塔和大型储仓罐等高耸构筑物基础轴线的对称部位，每一建（构）筑物不得少于4点。

2）水平位移观测

水平位移观测难度较大，由于目前观测仪器及现场条件等条件的限制，一般根据地质条件、建（构）筑物的基础及结构等因素来布置水平位移监测点。当地基土为非软弱土层且为桩基础时，距离基坑坡顶超过一倍开挖深度时，可不布置水平位移点。对于结构为非框架的，地基土为软弱土层或土层坡度超过30°时，距离基坑坡顶两倍开挖深度以内的建（构）筑物，应布置水平位移观测点。水平位移监测点应布置在建（构）筑物的墙角、柱基及裂缝的两端，每侧墙体的观测点不应少于3处。

3）倾斜观测

观测点宜布置在建（构）筑物角点、变形缝或防震缝两侧的承重柱或墙上；观测点应沿主体顶部、底部对应布设，上、下观测点应布置在同一竖直线上；当采用铅垂观测法、激光铅直仪观测法时，应保证上、下测点之间具有一定的通视条件。

4）裂缝观测

当建（构）筑物基础局部产生不均匀沉降时，其墙体往往出现裂缝，系统地进行裂缝变化监测，根据裂缝和沉降监测资料分析变形特征及原因，采取措施保证建（构）筑物的安全。建（构）筑物的裂缝监测点应选择有代表性的裂缝进行布置。在基坑施工期间，当发现新裂缝或原有裂缝有增大趋势时，应及时增设监测点。每一条裂缝的测点至少设两组，裂缝的最宽处及裂缝末端宜设置测点。

5）挠度观测

当基坑周边有钢结构建（构）筑物时，应对主要的平面承重构件进行挠度监测。对于平置构件，在两端及中间设置沉降点进行沉降监测，根据测得某时间段内此3点的沉降量计算挠度；对于直立构件，设置上、中、下3个位移监测点，进行位移监测，利用3点的位移量计算挠度。

6）地下管线监测

地下管线监测最好能听取管线主管部门的意见；有弯头和丁字形接头，每隔10~15m布设1个测点；管线越长，测点间隔可以放长；对变形敏感的部位，测点间距要缩小；承接式接头每2~3个节点，布设1个测点。地下管线监测点的布置应符合下列要求：

（1）应根据管线年份、类型、材料、尺寸及现状等情况，确定监测点设置；

（2）监测点宜布置在管线的节点、转角点和变形曲率较大的部位，监测点平面间距宜为15~25m，并宜延伸至基坑以外20m；

（3）供水、煤气、暖气等压力管线宜设置直接监测点，直接监测点应设置在管线上，也可以利用阀门开关、抽气孔及检查井等管线设备作为监测点；

（4）在无法埋设直接监测点的部位，可利用埋设套管法设置监测点，也可采用模拟式测点将监测点设置在靠近管线埋深部位的土体中。

9.2.5 监测点的埋设及精度要求

1. 监测点的埋设

监测点埋设时，应考虑现场条件、施工影响、观测条件等因素。当监测点被破坏后，应及时补点或采取其他有效的替补监测措施。监测方法的选择应根据基坑等级、精度要求、设计要求、场地条件、地区经验和方法适用性等因素综合确定，监测方法应合理易行。选择的监测仪器应满足监测精度要求，监测仪器应定期送检，以检验是否满足监测精度要求。

2. 监测精度要求（表9-4）

变形测量的等级划分及精度要求（mm） 表 9-4

变形测量等级	垂直位移测量		水平位移测量	适用范围
	变形点的高程中误差	相邻变形点的高程中误差	变形点的点位中误差	
一等	±0.3	±0.1	±1.5	距离 0.5 倍基坑开挖深度范围内有变形特别敏感的高层建筑、工业建筑、高耸构筑物、重要古建筑、精密工程设施时
二等	±0.5	±0.3	±3.0	距离基坑 0.5～1 倍范围内有变形比较敏感的高层建筑、高耸构筑物、古建筑、重要工程设施、地铁等地下重要构筑物时
三等	±1.0	±0.5	±6.0	距离基坑 1～2 倍范围内有一般性的高层建筑、工业建筑、高耸构筑物时
四等	±2.0	±1.0	±12.0	距离基坑 2～3 倍范围内有观测精度要求较低的建筑物、构筑物和滑坡监测

注：1. 变形点的高程中误差和点位中误差，系相对于最近基准点而言。
　　2. 当水平位移变形测量用坐标向量表示时，向量中误差为表中相应等级点位中误差的。
　　3. 垂直位移的测量，可视需要按变形点的高程中误差或相邻变形点高差中误差确定测量等级。

9.2.6 基坑监测频率及预警值

1. 监测频率

1）常规监测频率

基坑工程监测是从基坑施工前的准备工作开始，直至地下工程完成且对周边环境影响消除为止。地下工程完成一般是指地下室结构完成、基坑回填完毕。对于一些监测项目如周边建（构）筑物变形位移，如果不能在基坑施工前开展初值观测，就无法获取基坑造成的建（构）筑物的真实位移量，也无法评估剩余容许变形量，这将使得基坑监测的效果大打折扣。

一般情况下，地下工程回填完成就可以结束监测工作。对于一些邻近基坑的重要建筑及管线的监测，由于基坑的回填或地下水停止抽水，建筑及管线会进一步调整，变形会继续发展，监测工作还需要延续至变形趋于稳定后才能结束。

基坑类别、基坑及地下工程的不同施工阶段以及周边环境、自然条件的变化等，是确定监测频率应考虑的主要因素。

基坑工程的监测频率不是一成不变的，应根据基坑开挖及地下工程的施工进程、施工工况以及其他外部环境影响因素的变化、监测数据的变化及时地做出调整。通常在基坑开挖期间，地基土处于卸荷阶段，支护体系处于逐渐加荷状态，应适当加密监测；当基坑开挖完后一段时间，监测值相对稳定时，可适当降低监测频率。

当出现异常现象和数据，或临近报警状态时，应提高监测频率甚至连续监测。《建筑基坑工程监测技术标准》GB 50497—2019对监测频率的要求详见表9-5。

现场仪器监测的监测频率表　　　　　　　　　表9-5

基坑安全等级	施工进程		监测频率
一级	开挖深度（m）	≤H/3	1次/(2~3)d
		H/3~2H/3	1次/(1~2)d
		2H/3~H	1~2次/d
	底板浇筑后时间(d)	≤7	1次/d
		7~14	1次/3d
		14~28	1次/5d
		>28	1次/7d
二级	开挖深度（m）	≤H/3	1次/3d
		H/3~2H/3	1次/2d
		2H/3~H	1次/d
	底板浇筑后时间(d)	≤7	1次/2d
		7~14	1次/3d
		14~28	1次/7d
		>28	1次/10d

注：1. h—基坑开挖深度；H—基坑设计深度。

2. 支撑结构开始拆除到拆除完成后3d内监测频率应加密为1次/d。

3. 基坑工程施工至开挖前的监测频率应视具体情况确定。

4. 当基坑设计安全等级为三级时，监测频率可视具体情况适当降低。

5. 宜测、可测项目的仪器监测频率，可视具体情况适当降低。

6. 当基坑的监测值相对稳定，开挖工况无明显变化时，可适当降低对支护结构的监测频率。

7. 当支护结构、地下水位的监测值相对稳定时，可适当降低对周边环境的监测频率。

2）加密监测

当出现下列情况之一时，应提高监测频率：

(1) 监测值达到预警值；

(2) 监测值变化较大或速率加快；

(3) 存在勘察未发现的不良地质情况；

(4) 超深、超长开挖或未及时加撑等违反设计工况的施工；

(5) 基坑及周边大量积水、长时间连续降雨、市政管道出现泄漏；

(6) 基坑附近地面荷载突然增大或超出设计限值；

(7) 支护结构出现开裂；

(8) 周边地面突发较大沉降或出现严重开裂；

(9) 临近建筑突发较大沉降、不均匀沉降或出现严重开裂；

(10) 基坑底部、侧壁出现管涌、渗漏或流砂现象；

(11) 膨胀土、湿陷性黄土等水敏性特殊土基坑出现防水、排水等防护设施损坏，开挖暴露面有被水浸湿的现象；

(12) 多年冻土、季节性冻土等温度敏感性土基坑经历冻融季节；

（13）高灵敏性软土基坑受施工扰动严重、支撑施作不及时、有软土侧壁挤出、开挖暴露面未及时封闭等异常情况；

（14）出现其他影响基坑及周边环境安全的异常情况。

2. 监测预警

基坑支护系统具有临时性、复杂性和动态性的特点，由此造成了基坑支护系统在使用周期内安全方面的许多不确定性。因此，必须根据这些特点来考虑安全预警问题。超过预警值的基坑工程，不一定就必然破坏，但必定是需要引起警觉并采取对策的基坑工程。预警指标取得过大，可能导致思想麻痹；取得过小，则可能造成不必要的浪费。基坑工程具有很强的区域性和个体性差异。每个基坑工程的相邻构筑物及地下管线的位置、抵御变形的能力、重要性以及周围场地条件也各不相同。因此，对基坑工程预警指标规定统一标准比较困难。

但基坑工程监测必须确定监测报警值，监测报警值应满足基坑工程设计、地下主体结构设计以及周边环境中被保护对象的控制要求。监测报警值应由基坑工程设计方根据基坑工程的实际条件综合确定。监测数据达到监测预警值时，应立即预警并及时通知相关各方分析原因并采取相应的措施。

当出现下列情况之一时，应立即进行危险预警并通知有关各方对基坑支护结构和周边环境保护对象采取应急措施：

（1）基坑支护结构的位移值突然明显增大或基坑出现流砂、管涌、隆起、陷落等；

（2）基坑支护结构的支撑或锚杆体系出现过大的变形、压屈、断裂、松弛或拔出现象；

（3）基坑周边建筑物的结构部分出现危害结构安全的变形或裂缝；

（4）基坑周边地面出现严重的突发裂缝或地下空洞、地面下陷；

（5）基坑周边管线变形突然明显增长或出现裂缝、泄漏等；

（6）冻土基坑经受冻融循环时，基坑周边土体温度显著上升，发生明显的冻融变形；

（7）出现基坑工程设计方提出的其他危险报警情况，或根据当地工程经验判断，出现其他必须进行危险预警的情况。

基坑支护结构的监测预警值详见表 9-6，基坑工程周边环境监测预警值详见表 9-7。

基坑支护结构的监测预警值表 表 9-6

序号	监测项目	支护结构类型	基坑设计安全等级								
			一级			二级			三级		
			累计值		变化速率(mm/d)	累计值(mm)		变化速率(mm/d)	累计值(mm)		变化速率(mm/d)
			绝对值(mm)	相对基坑深度		绝对值(mm)	相对基坑深度		绝对值(mm)	相对基坑深度	
1	围护墙（边坡）顶部水平位移	土钉墙、复合土钉墙、喷锚支护、水泥土墙	30～40	0.3%～0.4%	3～5	40～50	0.5%～0.8%	4～5	50～60	0.7%～1.0%	5～6
		灌注桩、地下连续墙、钢板桩、型钢水泥土墙	20～30	0.2%～0.3%	2～3	30～40	0.3%～0.5%	2～4	40～60	0.6%～0.8%	3～5

序号	监测项目	支护结构类型	基坑设计安全等级								
			一级			二级			三级		
			累计值		变化速率 (mm/d)	累计值(mm)		变化速率 (mm/d)	累计值(mm)		变化速率 (mm/d)
			绝对值 (mm)	相对基坑深度		绝对值 (mm)	相对基坑深度		绝对值 (mm)	相对基坑深度	
2	围护墙(边坡)顶部竖向位移	土钉墙、复合土钉墙、喷锚支护	20~30	0.2%~0.4%	2~3	30~40	0.4%~0.6%	3~4	40~60	0.6%~0.8%	4~5
		水泥土墙、型钢水泥土墙	—	—	—	30~40	0.6%~0.8%	3~4	40~60	0.8%~1.0%	4~5
		灌注桩、地下连续墙、钢板桩	10~20	0.1%~0.2%	2~3	20~30	0.3%~0.5%	2~3	30~40	0.5%~0.6%	3~4
3	深层水平位移	复合土钉墙	40~60	0.4%~0.6%	3~4	50~70	0.6%~0.8%	4~5	60~80	0.7%~1.0%	5~6
		型钢水泥土墙	—	—	—	50~60	0.6%~0.8%	4~5	60~70	0.7%~1.0%	5~6
		钢板桩	50~60	0.6%~0.7%	2~3	60~80	0.7%~0.8%	3~4	70~90	0.8%~1.0%	4~5
		灌注桩、地下连续墙	30~50	0.3%~0.4%	2~3	40~60	0.4%~0.6%	2~3	50~70	0.6%~0.8%	4~5
4	立柱竖向位移		20~30	—	2~3	20~30	—	2~3	20~40	—	2~4
5	地表竖向位移		25~35	—	2~3	35~45	—	3~4	45~55	—	4~5
6	坑底隆起(回弹)		累计值 30~60mm,变化速率 4~10mm/d								
7	支撑轴力		最大值:$(60\%\sim80\%)f_2$			最大值:$(70\%\sim80\%)f_2$			最大值:$(70\%\sim80\%)f_2$		
8	锚杆轴力		最大值:$(80\%\sim100\%)f_y$			最大值:$(80\%\sim100\%)f_y$			最大值:$(80\%\sim100\%)f_y$		
9	土压力		$(60\%\sim70\%)f_1$			$(70\%\sim80\%)f_1$			$(70\%\sim80\%)f_1$		
10	孔隙水压力										
11	围护墙内力		$(60\%\sim70\%)f_2$			$(70\%\sim80\%)f_2$			$(70\%\sim80\%)f_2$		
12	立柱内力										

注:1. H—基坑设计深度;f_1—荷载设计值;f_2—构件承载能力设计值,锚杆为极限抗拔承载力;f_y—钢支撑、锚杆预应力设计值。

2. 累计值取绝对和相对基坑深度 H 控制值两者的较小值。

3. 当监测项目的变化速率达到表中规定值或连续 3 次超过该值的 70% 时应预警。

4. 底板完成后,监测项目的位移变化速率不宜超过表中速率预警值的 70%。

基坑工程周边环境监测预警值表

表 9-7

监测对象项目			累计值(mm)	变化速率(mm/d)	备注
1	地下水位变化		1000~2000 (常年变幅以外)	500	—
2	管线位移	刚性管道 压力	10~20	2	直接观察点数据
		刚性管道 非压力	10~30	2	
		柔性管线	10~40	3~5	—

	监测对象项目		累计值(mm)	变化速率(mm/d)	备注
3	邻近建筑位移		小于建筑物地基变形允许值	2～3	—
4	邻近道路路基沉降	高速公路、道路主干	10～30	3	—
		一般城市道路	20～40	3	—
5	裂缝宽度	建筑结构性裂缝	1.5～3(既有裂缝) 0.2～0.25(新增裂缝)	持续发展	—
		地表裂缝	10～15(既有裂缝) 1～3(新增裂缝)	持续发展	—

注:1. 建筑整体倾斜度累计值达到 2/1000 或倾斜速度连续 3d 大于 $0.0001H/d$(这里,H 为建筑承重结构高度)时应预警。

2. 建筑物地基变形允许值应按现行国家标准《建筑地基基础设计规范》GB 50007 的有关规定取值。

参 考 文 献

[1] 中华人民共和国行业标准.建筑基坑支护技术规程：JGJ 120—2012 [S].北京：中国建筑工业出版社，2012.

[2] 中华人民共和国国家标准.建筑边坡工程技术规范：GB 50330—2013 [S].北京：中国建筑工业出版社，2013.

[3] 中华人民共和国建筑行业标准.建筑桩基技术规范：JGJ 94—2008 [S].北京：中国建筑工业出版社，2008.

[4] 中华人民共和国国家标准.建筑基坑工程监测技术标准：GB 50497—2019 [S].北京：中国计划出版社，2019.

[5] 中华人民共和国国家标准.复合土钉墙基坑支护技术规范：GB 50739—2011 [S].北京：中国计划出版社，2012.

[6] 中华人民共和国国家标准.复合土钉墙基坑支护技术规范：GB 50739—2011 [S].北京：中国计划出版社，2012.

[7] 中华人民共和国国家标准.建筑结构荷载规范：GB 50009—2012 [S].北京：中国建筑工业出版社，2012.

[8] 中华人民共和国国家标准.混凝土结构设计规范：GB 50010—2010 [S].北京：中国建筑工业出版社，2015.

[9] 中华人民共和国国家标准.钢结构设计标准：GB 50017—2017 [S].北京：中国建筑工业出版社，2017.

[10] 广东省标准.地下连续墙结构设计规程：DBJ/T 15—13—95 [S].广州：华南理工大学出版社，1995.

[11] 中国建筑标准设计研究院.建筑基坑支护结构构造：11SG814 [S].北京：中国计划出版社，2011.

[12] 刘国彬，王卫东.基坑工程手册（第二版）[M].北京：中国建筑工业出版社，2009.

[13] 龚晓南，侯伟生.深基坑工程设计施工手册（第二版）[M].北京：中国建筑工业出版社，2018.

[14] 中国土木工程学会土力学及岩土工程分会.深基坑支护技术指南 [M].北京：中国建筑工业出版社，2012.

[15] 马海龙，梁发云.基坑工程 [M].北京：清华大学出版社，2018.

[16] 徐日庆.基坑工程安全技术 [M].北京：中国建筑工业出版社，2015.